テレコムデータブック 2022
（TCA編）

一般社団法人　電気通信事業者協会
Telecommunications Carriers Association

はじめに

一般社団法人電気通信事業者協会は、日本における情報通信の状況について取りまとめ、情報通信産業に関係する方々および広く一般の方々にご活用いただくことを目的として、「テレコムデータブック」（旧「電気通信事業者協会年報」）を毎年発行しております。

本書は、変化の激しい情報通信産業や情報通信サービスについて数多いデータの中から重要と思われるものを厳選し、一年間の動きを見られるようデータブックとして集大成したものです。

また、各年の掲載項目に継続性を持たせ、出来るだけ時系列的に各事項のデータの推移や制度等の変遷を把握していただけるよう編集しております。具体的には、「情報通信産業全体の動向」、「情報通信サービス利用状況」について、トラヒックの動向、事業者が提供している各種サービスや料金等の各種データなどを掲載しています。

さらに、データ等を読んでいただく際の参考ともなるよう、「通信政策をめぐる行政の動き」、「電気通信をめぐる海外の動向」、「TCA 会員事業者の状況」などについて概要を取りまとめ掲載しております。

情報通信産業に関心を持つ実務者、研究者、学生等の皆様にとって、より効率よく産業全体を概観し、分析・予測が可能となるよう、本書がお役に立てましたら幸いです。

最後に本書の作成にあたり、統計資料の提供、原稿の作成等に労を惜しまずご協力くださった総務省並びに当協会会員各位に対し深く感謝する次第です。

2022 年 12 月

一般社団法人電気通信事業者協会

目　次

第１章　情報通信産業全体の動向

第２章　情報通信サービス利用状況

第5章 TCA会員事業者の状況

第１章
情報通信産業全体の動向

1-1 通信・放送業の事業別売上高の推移

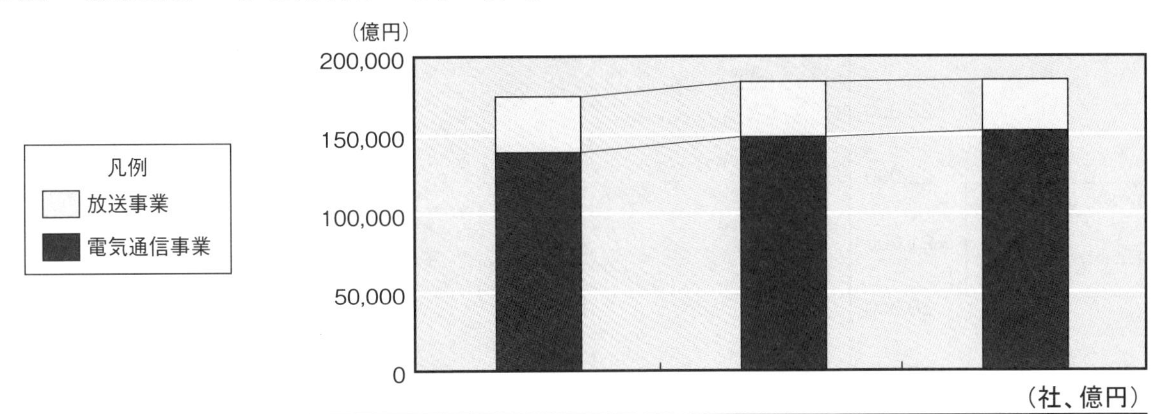

（社、億円）

	2018年度		2019年度		2020年度	
	企業数	売上高	企業数	売上高	企業数	売上高
通信・放送業	976	174,578	948	183,760	1,009	184,727
電気通信事業	403	139,032	407	148,726	443	152,405
放送事業	573	35,546	541	35,033	566	32,322
民間放送事業	376	23,875	351	22,523	373	20,115
有線テレビジョン放送事業	196	4,298	189	5,137	192	5,069
NHK	1	7,373	1	7,373	1	7,138

（注）NHK は公表資料による。
　　　調査年によって有効回答数が異なるため、経年比較には注意を要する。
※総務省資料より TCA 作成

1-2 通信・放送業の事業別取得設備投資額の推移

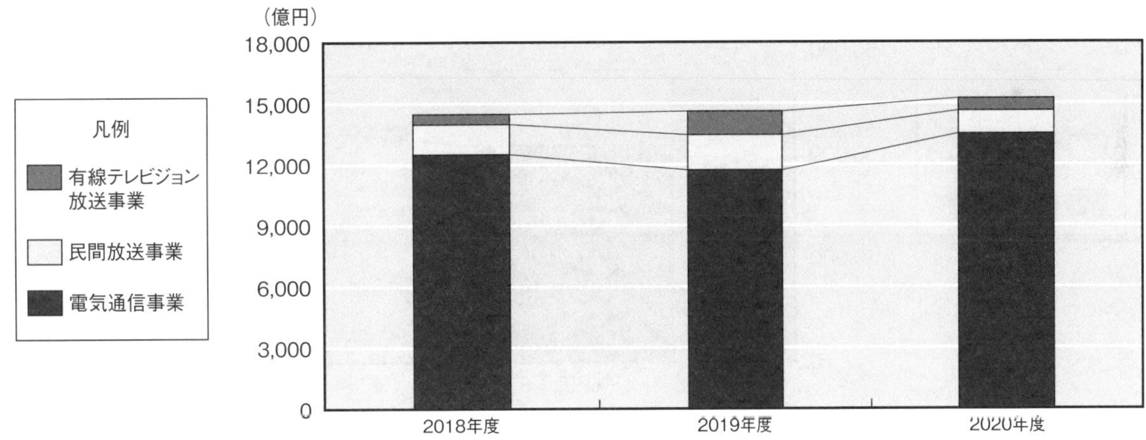

		通信・放送業		電気通信事業		放送事業		民間放送事業		有線テレビジョン放送事業	
		（社）	（億円）	（社）	（億円）	（社）	（億円）	（社）	（億円）	（社）	（億円）
2018年度実績	取得設備投資額	599	14,481	232	12,508	367	1,974	209	1,472	158	501
	取得設備投資額（ソフトウェアを除く）	574	12,829	218	10,994	356	1,835	201	1,348	155	486
	ソフトウェア	281	1,652	109	1,513	172	139	125	124	47	15
2019年度実績	取得設備投資額	561	14,610	216	11,729	345	2,882	196	1,726	149	1,155
	取得設備投資額（ソフトウェアを除く）	542	12,460	204	9,712	338	2,748	190	1,610	148	1,138
	ソフトウェア	274	2,151	106	2,017	168	133	119	116	49	17
2020年度実績	取得設備投資額	586	15,230	237	13,501	349	1,729	202	1,129	147	600
	取得設備投資額（ソフトウェアを除く）	555	13,432	213	11,810	342	1,622	197	1,039	145	583
	ソフトウェア	290	1,798	121	1,691	169	107	124	90	45	17

（注）調査年によって有効回答数が異なるため、経年比較には注意を要する。
※総務省資料より TCA 作成

1-3 電気通信事業者数の推移

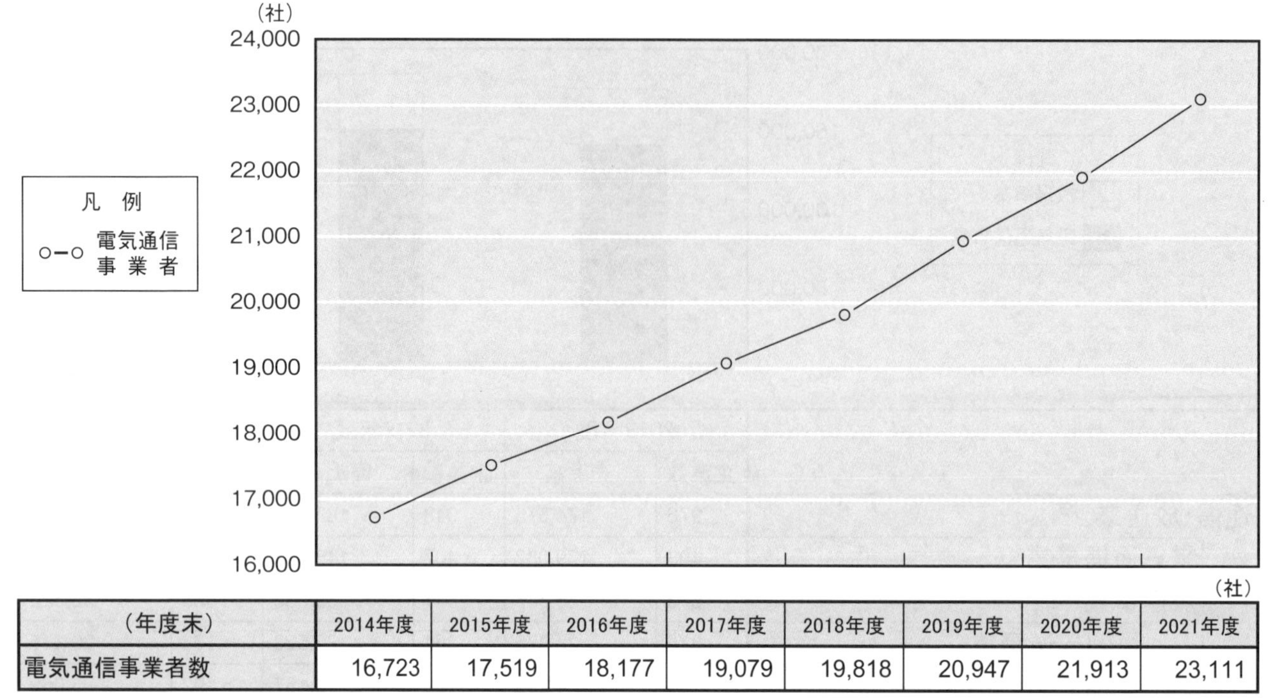

(社)

(年度末)	2014年度	2015年度	2016年度	2017年度	2018年度	2019年度	2020年度	2021年度
電気通信事業者数	16,723	17,519	18,177	19,079	19,818	20,947	21,913	23,111

※総務省資料より TCA 作成

1-4 通信・放送業の事業別、就業形態別従業者数の推移

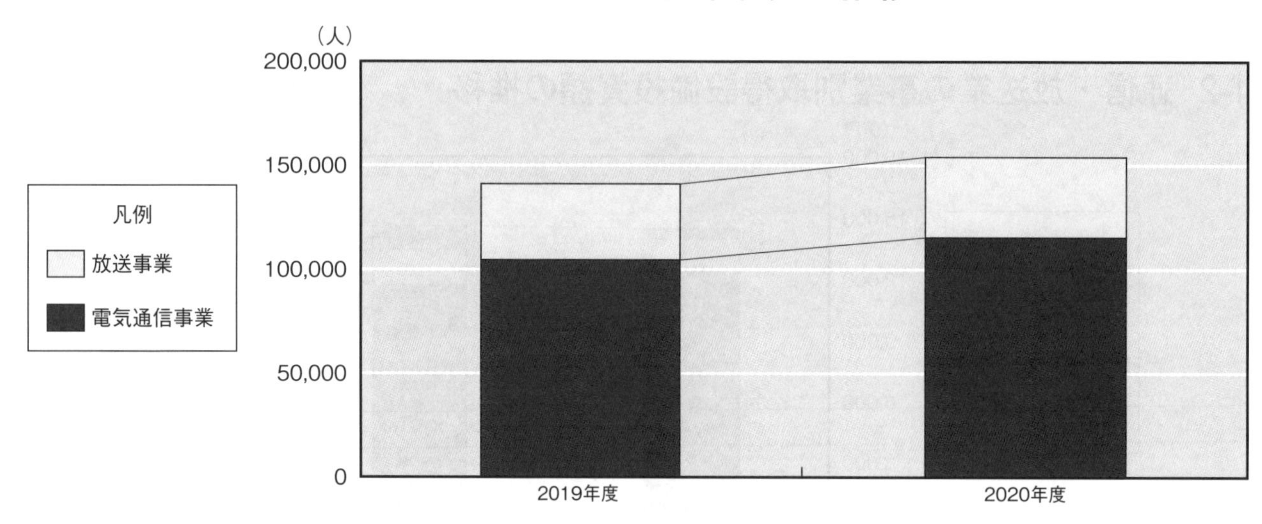

(単位：社、人)

	通信・放送業		電気通信事業		放送事業		民間放送事業		有線テレビジョン放送事業	
	2019年度	2020年度	2019年度	2020年度	2019年度	2020年度	2019年度	2020年度	2019年度	2020年度
企業数	896	962	374	408	522	554	342	371	180	183
従業者数	141,033	154,030	104,578	115,456	36,455	38,574	25,875	27,439	10,580	11,135
常時従業者数	140,359	152,441	104,516	114,666	35,843	37,775	25,265	26,643	10,578	11,132
正社員・正職員	100,840	117,799	71,523	86,358	29,317	31,441	20,662	21,968	8,655	9,473
正社員・正社員以外(パート・アルバイトなど)	20,193	19,236	16,227	15,168	3,966	4,068	2,634	2,975	1,332	1,093
他企業等への出向者	13,098	12,335	12,116	11,416	982	919	718	816	264	103
臨時雇用者	674	1,589	62	790	612	799	610	796	2	3
受入れ派遣従業者	22,524	23,535	15,899	17,074	6,625	6,461	5,649	5,306	976	1,155
1企業当たり従業者数	157	160	280	283	70	70	76	74	59	61

(注) 調査年によって有効回答数が異なるため、経年比較には注意を要する。
※総務省資料より TCA 作成

第２章
情報通信サービス利用状況

2-1 各種サービスの加入数・契約数の状況

2-1-1 契約数等の推移

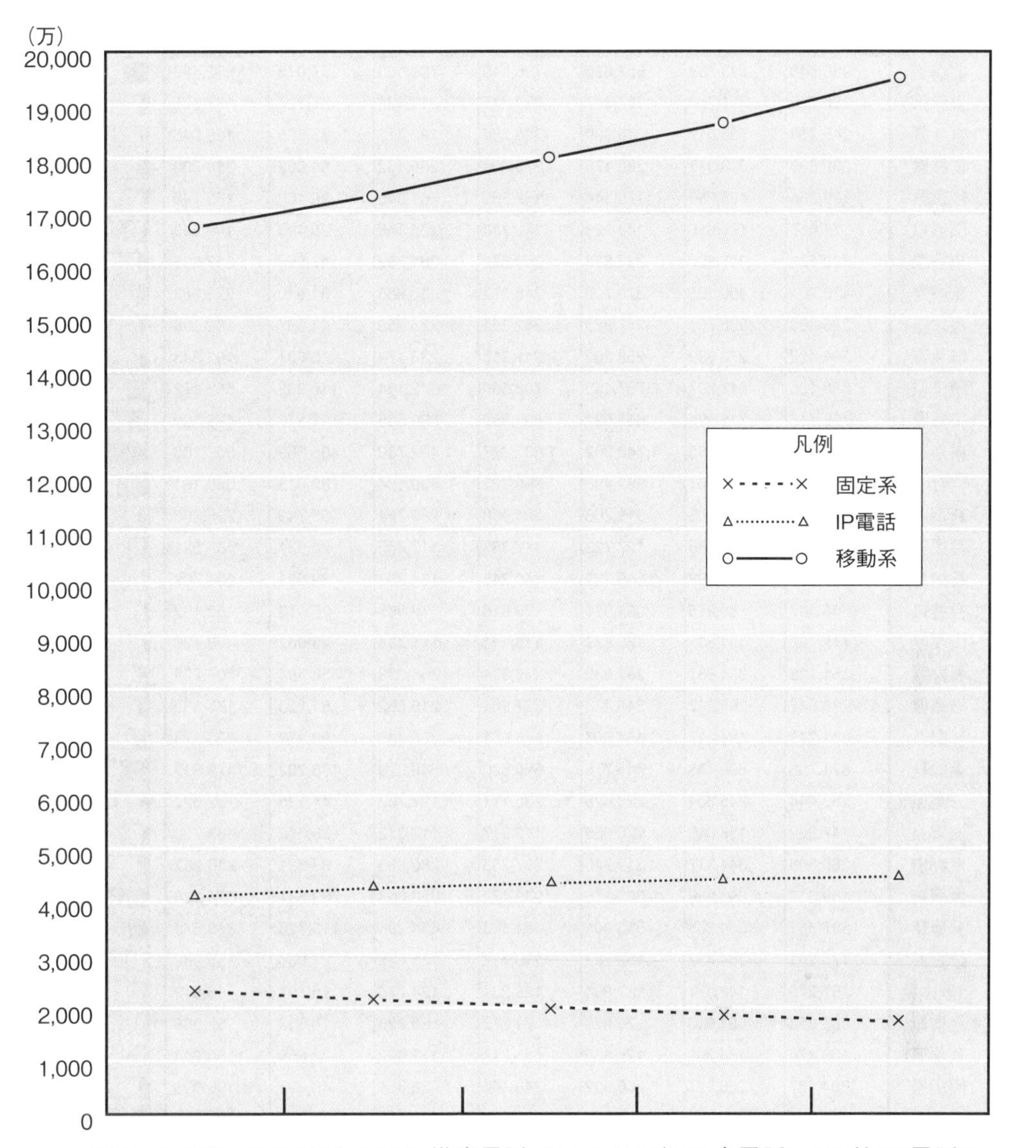

(単位:万契約(加入電話、ISDN、携帯電話、PHS)/万台(公衆電話)/万件(IP電話))

		2016年度	2017年度	2018年度	2019年度	2020年度
固定系合計		2,315	2,151	2,011	1,861	1,731
	加入電話	1,987	1,845	1,724	1,595	1,486
	ISDN	312	290	272	251	231
	公衆電話	16	16	16	15	15
IP電話		4,099	4,255	4,341	4,413	4,467
	(0ABJ−IP電話)	3,245	3,364	3,446	3,521	3,568
	(050−IP電話)	853	891	895	892	899
移動系合計		16,685	17,279	17,987	18,651	19,505
	携帯電話	16,350	17,019	17,782	18,490	19,440
	PHS	336	260	206	162	66

(注) 公衆電話は設置台数を記載。
※総務省資料より TCA 作成

2-1-2　都道府県別加入電話契約数の推移

（加入）

都道府県	2017年度	2018年度	2019年度	2020年度			
	事業者計	事業者計	事業者計	事業者計	NTT（再掲）		
					合計	事務用	住宅用
北海道	986,548	923,739	851,620	796,415	769,563	137,075	632,488
青森県	266,625	251,263	232,337	220,235	213,429	35,824	177,605
岩手県	245,938	233,019	216,909	206,255	199,472	33,526	165,946
宮城県	339,839	318,343	296,178	279,251	265,162	54,962	210,200
秋田県	199,855	188,956	176,344	167,366	161,846	28,100	133,746
山形県	171,957	160,955	149,321	140,238	135,348	25,499	109,849
福島県	328,538	307,809	285,623	269,270	261,769	47,864	213,905
茨城県	428,704	400,105	370,700	348,577	335,886	61,918	273,968
栃木県	286,363	266,751	247,955	232,351	223,055	41,657	181,398
群馬県	294,422	276,539	258,205	242,358	233,174	40,831	192,343
埼玉県	880,136	817,897	757,130	708,569	672,104	119,932	552,172
千葉県	768,715	715,804	663,591	621,850	590,005	114,876	475,129
東京都	2,008,796	1,876,185	1,746,802	1,632,327	1,492,760	485,652	1,007,108
神奈川県	1,122,205	1,041,101	962,496	895,725	839,184	180,023	659,161
新潟県	358,366	335,803	311,268	291,960	280,754	55,349	225,405
富山県	150,742	139,585	127,722	117,353	112,462	25,931	86,531
石川県	168,099	159,298	149,183	140,245	134,283	29,581	104,702
福井県	98,907	88,915	81,638	75,826	72,965	20,473	52,492
山梨県	145,796	134,501	123,877	115,143	111,788	23,062	88,726
長野県	351,126	324,681	297,636	275,624	265,623	58,394	207,229
岐阜県	286,642	265,742	245,433	227,804	218,562	51,223	167,339
静岡県	531,745	494,447	454,097	416,951	394,145	90,772	303,373
愛知県	871,708	809,403	745,776	690,630	646,020	166,202	479,818
三重県	263,444	245,304	223,625	205,111	197,762	45,135	152,627
滋賀県	147,322	138,045	128,055	119,017	113,312	29,612	83,700
京都府	366,308	344,377	319,745	297,333	280,253	63,291	216,962
大阪府	1,169,017	1,093,866	1,007,276	933,172	856,663	232,537	624,126
兵庫県	597,351	559,365	518,001	481,673	454,296	113,726	340,570
奈良県	175,261	164,482	152,252	140,712	133,025	27,036	105,989
和歌山県	157,279	148,574	137,894	128,224	124,276	25,704	98,572
鳥取県	86,353	81,943	76,073	71,072	68,926	15,938	52,988
島根県	139,870	134,306	125,435	115,811	113,602	22,659	90,943
岡山県	304,737	286,727	266,902	248,164	238,351	48,028	190,323
広島県	472,271	446,484	416,457	389,825	374,005	75,249	298,756
山口県	287,885	272,802	254,499	237,910	232,624	37,169	195,455
徳島県	121,631	113,946	104,816	96,540	93,522	20,957	72,565
香川県	149,222	139,600	128,440	118,793	112,483	24,549	87,934
愛媛県	251,024	234,922	217,179	201,157	195,537	36,667	158,870
高知県	150,803	141,651	130,410	121,011	118,189	23,443	94,746
福岡県	708,115	661,901	608,481	561,601	527,299	115,936	411,363
佐賀県	117,064	109,016	100,260	92,939	89,613	17,843	71,770
長崎県	273,987	256,654	237,908	220,404	214,126	39,677	174,449
熊本県	298,020	280,380	260,663	240,309	233,405	42,806	190,599
大分県	218,726	203,951	188,985	175,422	169,889	32,268	137,621
宮崎県	189,497	175,738	160,800	148,004	143,954	25,856	118,098
鹿児島県	337,552	315,219	290,522	264,769	258,515	44,859	213,656
沖縄県	175,580	162,126	147,354	134,449	129,469	31,067	98,402
全国計	**18,450,091**	**17,242,220**	**15,953,873**	**14,855,745**	**14,102,455**	**3,120,738**	**10,981,717**

※総務省等資料より TCA 作成

NTT 都道府県電話加入数

（2020 年度）

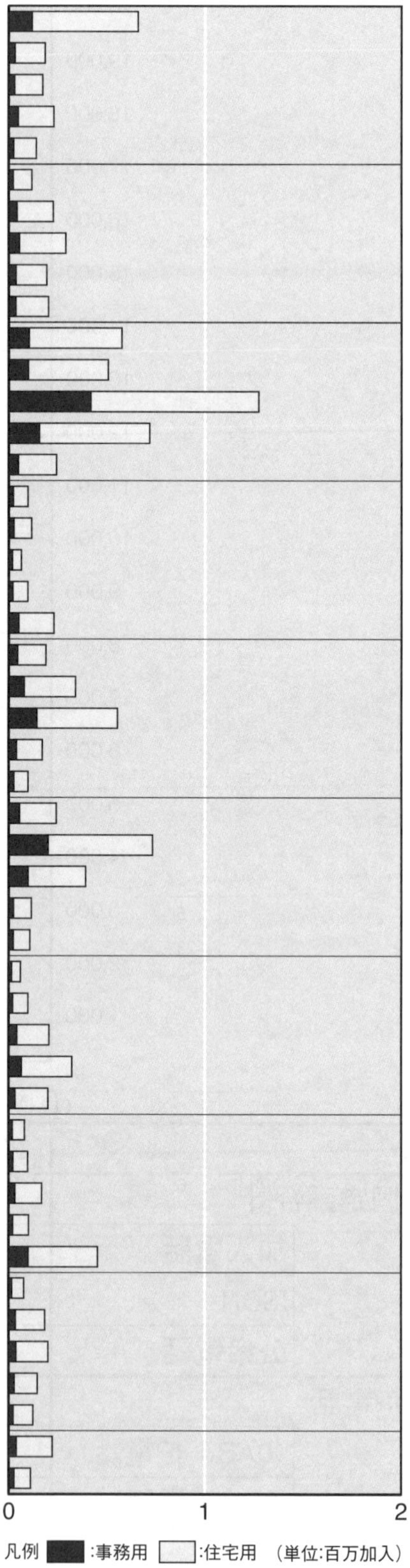

2-1-3　都道府県別 ISDN 契約数の推移

（契約）

都道府県	基本インターフェース							一次群インターフェース				
	2017年度	2018年度	2019年度	2020年度				2017年度	2018年度	2019年度	2020年度	
	事業者計	事業者計	事業者計	事業者計	NTT東西（再掲）			事業者計	事業者計	事業者計	事業者計	NTT東西（再掲）
					合計	事務用	住宅用					
北海道	125,374	116,055	106,018	96,904	76,624	67,509	9,115	808	787	744	648	361
青森県	24,456	22,536	20,891	19,441	15,164	14,344	820	124	118	112	112	81
岩手県	25,928	24,172	22,302	20,915	16,056	15,070	986	100	97	88	83	54
宮城県	52,458	48,994	45,352	41,782	29,359	27,728	1,631	435	449	431	420	158
秋田県	19,806	18,294	16,895	15,922	12,668	11,891	777	99	97	93	90	71
山形県	21,274	19,657	18,122	16,569	12,982	12,213	769	96	93	93	90	62
福島県	36,088	33,518	31,015	28,605	22,477	20,783	1,694	134	125	118	105	65
茨城県	50,787	46,688	42,538	39,402	29,402	27,471	1,931	277	250	219	214	145
栃木県	37,890	34,712	31,698	29,360	21,562	19,902	1,660	271	263	252	242	177
群馬県	37,445	34,139	31,425	29,164	21,350	19,586	1,764	277	228	229	221	134
埼玉県	127,097	117,783	108,487	101,027	64,876	58,525	6,351	923	898	918	862	398
千葉県	108,923	100,981	92,803	85,720	58,570	53,945	4,625	1,066	1,028	945	865	461
東京都	510,787	476,007	440,386	400,743	251,876	233,306	18,570	16,485	15,873	15,248	14,562	6,289
神奈川県	180,573	167,789	156,573	144,260	95,925	87,373	8,552	2,752	2,668	2,549	2,436	1,155
新潟県	45,173	41,720	38,380	35,639	26,390	24,865	1,525	167	160	148	141	81
富山県	23,629	22,293	20,319	18,538	14,626	13,444	1,182	175	159	149	135	79
石川県	26,104	24,520	22,508	20,698	16,165	14,777	1,388	208	186	180	175	82
福井県	16,937	15,667	14,269	13,162	10,830	10,159	671	88	75	71	66	56
山梨県	16,822	15,409	14,316	13,181	10,640	9,693	947	80	78	75	70	55
長野県	46,038	41,981	38,466	35,286	27,508	24,888	2,620	224	200	189	170	86
岐阜県	42,317	39,703	36,506	33,747	26,974	24,443	2,531	203	197	166	162	104
静岡県	78,385	73,513	67,137	61,060	43,646	41,283	2,363	411	386	377	343	220
愛知県	163,259	152,646	140,621	129,553	90,071	83,811	6,260	1,459	1,371	1,342	1,226	698
三重県	38,356	36,363	33,548	31,212	25,635	23,490	2,145	170	170	155	143	104
滋賀県	27,381	25,892	23,739	21,818	16,876	15,653	1,223	152	144	137	121	56
京都府	57,341	54,208	49,791	45,485	31,504	28,178	3,326	350	341	336	324	181
大阪府	248,123	232,199	214,062	197,113	121,148	111,771	9,377	4,285	3,972	3,847	3,765	1,837
兵庫県	94,127	88,503	82,250	76,196	55,639	51,462	4,177	796	779	760	743	399
奈良県	22,217	20,836	19,194	17,713	12,857	11,034	1,823	105	95	90	89	61
和歌山県	17,437	16,323	15,010	13,803	11,233	10,263	970	65	63	69	64	49
鳥取県	12,901	12,032	11,182	10,344	9,024	8,263	761	65	54	52	46	35
島根県	16,170	15,405	14,423	13,431	11,936	10,941	995	135	128	122	117	62
岡山県	43,059	40,761	37,761	35,287	28,110	25,763	2,347	238	221	210	191	138
広島県	65,442	63,269	58,886	54,292	41,912	38,552	3,360	383	365	340	320	198
山口県	30,008	28,633	26,520	24,268	19,972	18,171	1,801	135	128	131	103	68
徳島県	15,194	14,429	13,383	12,251	10,193	9,358	835	79	71	59	57	39
香川県	22,657	21,397	19,519	18,086	13,842	13,087	755	153	148	143	130	75
愛媛県	27,581	25,832	23,655	21,325	17,790	16,326	1,464	170	152	142	123	71
高知県	15,776	14,955	13,962	12,947	11,304	10,535	769	80	74	73	68	57
福岡県	117,118	111,003	102,674	94,743	62,162	58,404	3,758	1,121	1,068	1,008	921	359
佐賀県	14,702	13,904	12,970	11,951	9,506	8,799	707	59	60	56	54	46
長崎県	26,487	25,234	23,388	21,362	17,311	16,149	1,162	158	152	151	141	74
熊本県	34,446	32,442	30,041	27,381	21,673	20,299	1,374	196	183	162	143	78
大分県	26,393	25,078	23,144	21,683	17,477	16,167	1,310	109	97	89	81	43
宮崎県	21,200	20,156	18,461	16,878	13,683	12,723	960	121	118	105	108	73
鹿児島県	32,514	30,663	28,422	25,802	21,247	19,909	1,338	137	123	121	118	74
沖縄県	23,503	22,202	20,665	19,043	14,959	14,456	503	283	252	232	223	132
全国計	**2,867,683**	**2,680,496**	**2,473,677**	**2,275,092**	**1,612,734**	**1,486,762**	**125,972**	**36,407**	**34,744**	**33,326**	**31,631**	**15,381**

※総務省等資料より TCA 作成

2-1-4　都道府県別携帯電話・PHS 契約数の推移

（契約）

都道府県	2017年度	2018年度	2019年度	2020年度
北海道	5,843,959	5,895,707	5,819,753	5,975,105
青森県	1,192,605	1,193,077	1,176,981	1,193,270
岩手県	1,167,778	1,168,610	1,150,198	1,171,489
宮城県	2,737,821	2,680,955	2,795,336	2,957,708
秋田県	923,138	918,106	899,429	908,889
山形県	1,038,527	1,039,742	1,024,110	1,041,223
福島県	1,875,172	1,868,427	1,838,020	1,859,929
茨城県	2,916,082	2,912,004	2,856,172	2,899,444
栃木県	1,960,781	1,959,606	1,944,132	1,985,280
群馬県	2,001,265	2,020,847	1,981,904	2,028,492
埼玉県	7,836,813	7,896,874	7,686,590	7,901,584
千葉県	6,643,408	6,654,827	6,544,681	6,761,478
東京都	48,432,052	53,622,797	60,034,916	62,247,537
神奈川県	10,489,043	10,362,330	10,149,863	10,864,406
新潟県	2,185,331	2,171,151	2,133,268	2,164,965
富山県	1,078,515	1,089,369	1,082,649	1,131,203
石川県	1,196,666	1,190,816	1,179,718	1,208,789
福井県	787,978	785,987	770,213	787,995
山梨県	856,877	852,212	830,699	841,432
長野県	2,109,586	2,209,218	2,509,160	3,284,352
岐阜県	2,041,326	2,029,266	1,990,436	2,092,344
静岡県	3,784,624	3,859,571	3,814,373	3,946,736
愛知県	8,911,004	9,617,688	9,871,726	10,383,697
三重県	1,832,030	1,821,398	1,781,566	1,832,072
滋賀県	1,396,090	1,388,804	1,365,235	1,406,632
京都府	2,846,721	2,848,874	2,801,816	2,891,224
大阪府	11,415,942	11,562,119	11,585,950	12,229,891
兵庫県	5,787,715	5,672,086	5,531,958	5,726,188
奈良県	1,346,126	1,341,371	1,321,433	1,367,343
和歌山県	954,555	943,434	920,099	929,237
鳥取県	551,930	547,967	533,619	541,380
島根県	674,419	670,166	657,315	668,920
岡山県	1,991,408	1,976,981	1,929,221	1,970,231
広島県	3,341,318	3,355,221	3,373,136	3,550,125
山口県	1,408,333	1,399,108	1,383,085	1,416,291
徳島県	732,379	730,036	717,519	730,836
香川県	1,097,300	1,046,049	1,020,433	1,034,491
愛媛県	1,387,275	1,394,763	1,376,297	1,414,327
高知県	706,034	699,776	685,580	695,020
福岡県	8,113,926	9,278,106	10,316,489	11,669,800
佐賀県	809,666	804,274	787,075	809,684
長崎県	1,341,208	1,331,605	1,301,392	1,333,284
熊本県	1,791,146	1,787,918	1,755,511	1,837,404
大分県	1,137,315	1,147,839	1,135,313	1,151,247
宮崎県	1,061,712	1,057,817	1,042,396	1,062,780
鹿児島県	1,584,914	1,577,438	1,545,044	1,568,619
沖縄県	1,470,177	1,490,457	1,562,300	1,580,520
合　計	**172,789,990**	**179,872,794**	**186,514,109**	**195,054,893**

※総務省資料より TCA 作成

2-1-5　国内専用回線数の推移

（万回線）

	2016年度	2017年度	2018年度	2019年度	2020年度
一般専用（帯域品目）	20.9	20.3	19.7	19.2	19.1
一般専用（符号品目）	2.1	2.0	1.9	1.8	1.7
高速デジタル伝送	12.1	10.9	7.8	4.3	4.2

※総務省資料より TCA 作成

2-1-6　ブロードバンドサービス等の契約数の推移

（契約）

	2018年度	2019年度	2020年度	2021年度
インターネット接続サービス（固定通信向け）（55事業者の合計）	41,271,495	41,882,985	42,743,542	43,165,134
インターネット接続サービス（移動通信向け）（29事業者の合計）	181,674,422	185,242,351	191,334,287	196,516,577
FTTHアクセスサービス（305事業者の合計）	31,668,714	33,084,964	35,016,693	36,669,874
DSLアクセスサービス（13事業者の合計）	1,729,646	1,397,840	1,073,135	689,816
CATVアクセスサービス（234事業者の合計）	6,836,853	6,712,063	6,584,060	6,469,642
FWAアクセスサービス（27事業者の合計）	4,576	4,343	3,549	3,111
BWAアクセスサービス（95事業者の合計）	66,240,686	71,200,105	75,703,994	79,709,876
3.9-4世代携帯電話アクセスサービス（5事業者の合計）	136,642,057	152,623,405	154,366,473	139,054,534
第5世代携帯電話アクセスサービス（5事業者の合計）	—	24,040	14,185,509	45,018,488
ローカル5Gサービス（4事業者の合計）	—	—	17	70
携帯電話・PHSアクセスサービス（5事業者の合計）	179,617,886	186,310,026	194,935,826	203,269,615
公衆無線LANアクセスサービス（21事業者の合計）	113,352,609	119,071,867	125,051,323	101,005,848
IP-VPNサービス（45事業者の合計）	616,892	659,271	660,031	660,213
広域イーサネットサービス（81事業者の合計）	622,370	643,819	662,524	678,402

※総務省資料より TCA 作成

2-2 トラヒックの状況

2-2-1　総トラヒックの状況

2-2-1-1　総通信回数の推移

（単位：億回）

発信＼着信	加入電話・ISDN					IP電話				
	2016年度	2017年度	2018年度	2019年度	2020年度	2016年度	2017年度	2018年度	2019年度	2020年度
加入電話	91.2	76.9	65.8	53.8	42.3	1.6	1.4	1.3	1.2	1.2
公衆電話	0.8	0.7	0.6	0.5	0.4					
ISDN	78.8	72.9	63.8	57.3	47.3					
IP電話	115.7	120.2	121.5	121.1	110.2	11.2	11.5	12.1	12.0	11.3
携帯電話・PHS	60.8	56.6	50.5	45.6	39.6	64.7	70.5	72.0	72.3	69.9
合計	**347.4**	**327.3**	**302.2**	**278.2**	**239.7**	**77.5**	**83.4**	**85.4**	**85.5**	**82.4**

発信＼着信	携帯電話・PHS					合計				
	2016年度	2017年度	2018年度	2019年度	2020年度	2016年度	2017年度	2018年度	2019年度	2020年度
加入電話	25.6	23.0	21.2	19.5	17.4	198.1	174.9	152.7	132.2	108.6
公衆電話										
ISDN										
IP電話	27.8	29.2	30.4	31.3	32.1	154.8	160.9	164.0	164.3	153.5
携帯電話・PHS	378.5	358.9	343.8	327.4	307.1	503.9	486.1	466.3	445.3	416.5
合計	**431.9**	**411.1**	**395.5**	**378.1**	**356.5**	**856.8**	**821.8**	**783.0**	**741.8**	**678.7**

※総務省資料より TCA 作成

2-2-1-2　固定電話・移動電話間の総通信回数の推移

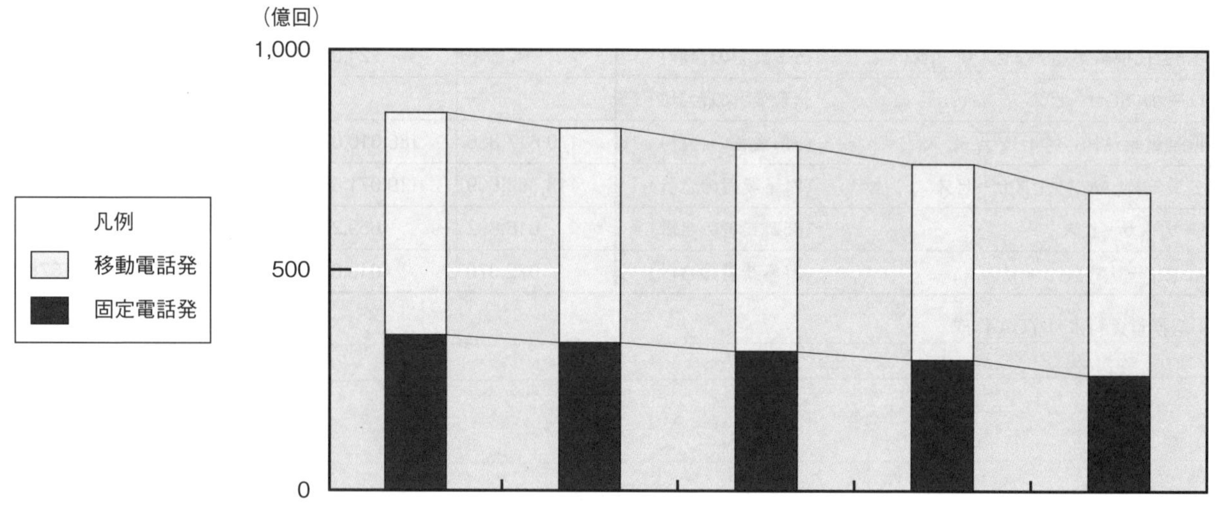

（億回）

発信	着信	2016年度	2017年度	2018年度	2019年度	2020年度
固定電話	固定電話	299.3	283.6	265.1	245.9	212.7
固定電話	移動電話	53.4	52.2	51.6	50.8	49.5
移動電話	移動電話	378.5	358.9	343.8	327.4	307.1
移動電話	固定電話	125.5	127.1	122.5	117.9	109.5
合　計		**856.8**	**821.8**	**783.0**	**741.8**	**678.7**

（注）固定電話発：加入電話、公衆電話、ISDN、IP 電話からの発信
　　　移動電話発：携帯電話、PHS からの発信
　　　固定電話着：加入電話、ISDN、IP 電話への着信
　　　移動電話着：携帯電話、PHS への着信

※総務省資料より TCA 作成

2-2-1-3　1 加入（契約）1 日当り の通信回数の推移

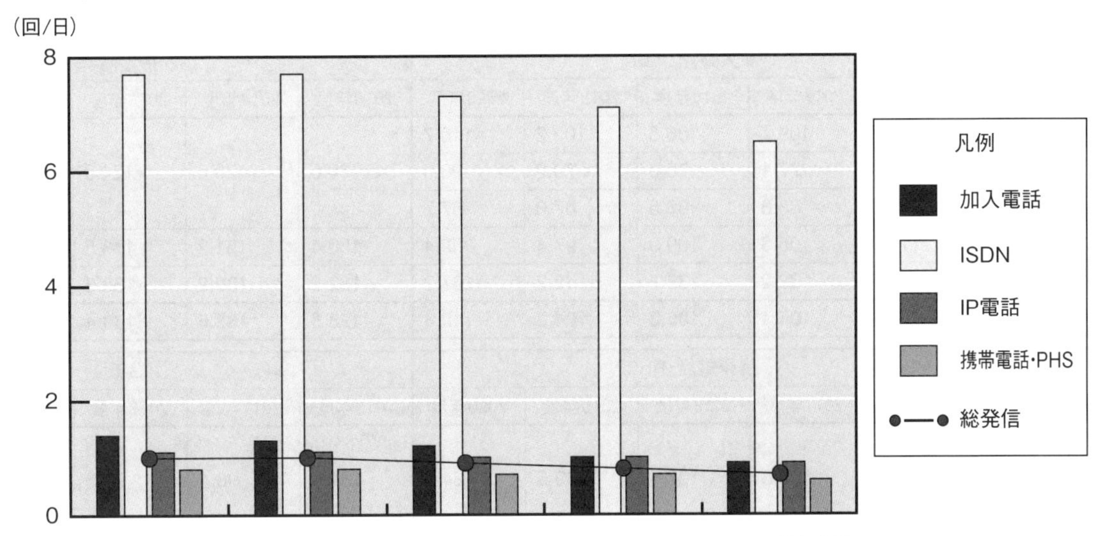

（回／日）

発　信	2016年度	2017年度	2018年度	2019年度	2020年度
加入電話	1.4	1.3	1.2	1.0	0.9
ISDN	7.7	7.7	7.3	7.1	6.5
IP電話	1.1	1.1	1.0	1.0	0.9
携帯電話・PHS	0.8	0.8	0.7	0.7	0.6
総発信	**1.0**	**1.0**	**0.9**	**0.8**	**0.7**

（注）それぞれの発信回数の範囲は下表のとおり。
例えば加入電話からの発信回数は、加入電話発固定電話着、加入電話発 IP 電話着、加入電話発携帯電話着、加入電話発 PHS 着の合計である。
なお、固定電話発 IP 電話着、固定電話発携帯電話着、固定電話発 PHS 着は実数が把握できないため、固定電話発固定電話着における比率で案分して算出した。

発信	ISDN	携帯電話	PHS
着信	固定電話、IP電話、携帯電話、PHS	固定電話、IP電話、携帯電話、PHS	固定電話、IP電話、携帯電話、PHS

※総務省資料より TCA 作成

2-2-1-4　総通信時間の推移

（百万時間）

発信＼着信	加入電話・ISDN					IP電話				
	2016年度	2017年度	2018年度	2019年度	2020年度	2016年度	2017年度	2018年度	2019年度	2020年度
加入電話	288.0	234.3	194.6	154.3	130.1	5.8	5.0	4.4	4.2	4.3
公衆電話	1.8	1.5	1.3	1.1	1.0					
ISDN	186.2	169.6	153.3	138.4	115.2					
IP電話	359.5	351.7	340.4	327.5	304.2	49.9	48.3	49.9	48.2	48.7
携帯電話・PHS	210.2	201.5	194.6	183.9	183.9	220.9	256.3	276.5	303.2	334.1
合計	**1,045.7**	**958.6**	**884.1**	**805.2**	**734.3**	**276.7**	**309.6**	**330.8**	**355.6**	**387.1**

発信＼着信	携帯電話・PHS					合計				
	2016年度	2017年度	2018年度	2019年度	2020年度	2016年度	2017年度	2018年度	2019年度	2020年度
加入電話	74.0	67.6	63.3	59.3	60.3	555.8	478.0	416.9	357.3	310.9
公衆電話										
ISDN										
IP電話	83.8	89.3	93.6	97.8	114.1	493.3	489.2	483.9	473.5	466.9
携帯電話・PHS	1,800.2	1,722.6	1,656.1	1,607.1	1,736.2	2,231.4	2,180.4	2,127.2	2,094.2	2,254.2
合計	**1,958.1**	**1,879.4**	**1,813.0**	**1,764.2**	**1,910.6**	**3,280.5**	**3,147.6**	**3,027.9**	**2,925.0**	**3,032.1**

※総務省資料より TCA 作成

2-2-1-5　１呼当りの平均通信時間の推移

（秒）

発信＼着信	加入電話・ISDN					IP電話				
	2016年度	2017年度	2018年度	2019年度	2020年度	2016年度	2017年度	2018年度	2019年度	2020年度
加入電話	113.7	109.7	106.5	103.2	110.7	130.5	128.6	121.8	126.0	129.0
公衆電話	81.0	77.1	78.0	79.2	90.0					
ISDN	85.1	83.8	86.5	87.0	87.7					
IP電話	111.9	105.3	100.9	97.4	99.4	160.4	151.2	148.5	144.6	155.2
携帯電話・PHS	124.5	128.2	138.7	145.2	167.2	122.9	130.9	138.3	151.0	172.1
合計	**108.4**	**105.4**	**105.3**	**104.2**	**110.3**	**128.5**	**133.6**	**139.4**	**149.7**	**169.1**

発信＼着信	携帯電話・PHS					合計				
	2016年度	2017年度	2018年度	2019年度	2020年度	2016年度	2017年度	2018年度	2019年度	2020年度
加入電話	104.1	105.8	107.5	109.5	124.8	101.0	98.4	98.3	97.3	103.1
公衆電話										
ISDN										
IP電話	108.5	110.1	110.8	112.5	128.0	114.7	109.5	106.2	103.7	109.5
携帯電話・PHS	171.2	172.8	173.4	176.7	203.5	159.4	161.5	164.2	169.3	194.8
合計	**163.2**	**164.6**	**165.0**	**168.0**	**192.9**	**137.8**	**137.9**	**139.2**	**142.0**	**160.8**

（注）総通信時間（秒）÷ 総通信回数（呼）
※総務省資料より TCA 作成

2-2-1-6　１加入（契約）１日当りの通信時間の推移

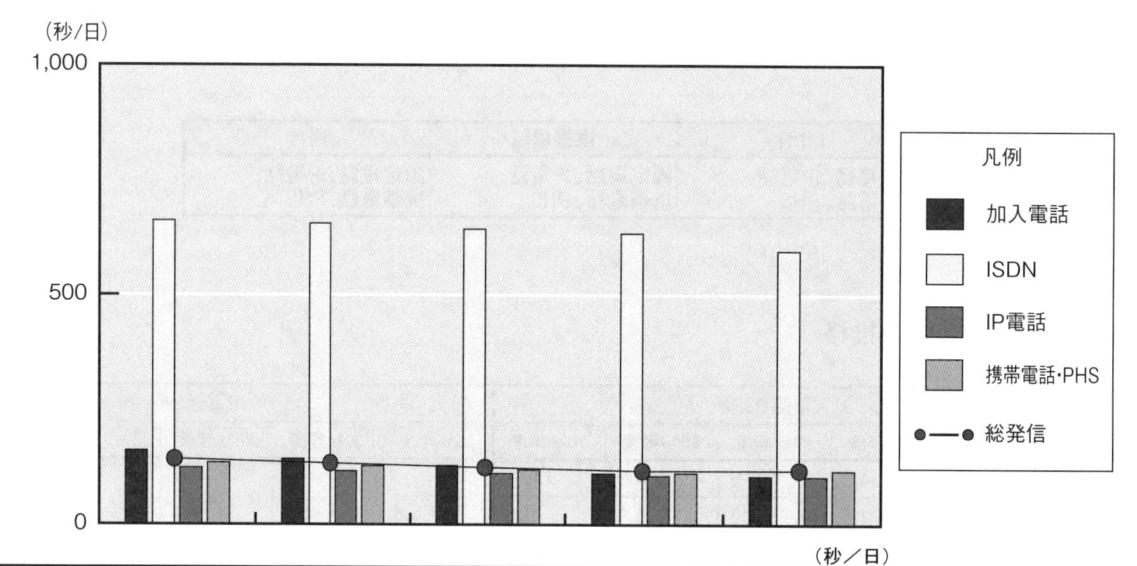

（秒／日）

発信	2016年度	2017年度	2018年度	2019年度	2020年度
加入電話	160	142	128	111	105
ISDN	661	655	643	634	596
IP電話	123	116	111	106	104
携帯電話・PHS	134	127	119	112	117
総発信	**142**	**133**	**124**	**117**	**118**

（注）発信時間の対象範囲及び計算方法は「2-2-1-3」の（注）と同じ。
※総務省資料より TCA 作成

2-2-2　加入電話・ISDN のトラヒックの状況

2-2-2-1　時間帯別通信状況

2-2-2-1-1　時間帯別通信回数の推移

（百万回）

区分	2016年度	2017年度	2018年度	2019年度	2020年度
0～1時	129	116	100	87	71
1～2時	113	102	89	79	66
2～3時	101	92	81	71	61
3～4時	94	84	75	67	58
4～5時	96	86	76	68	60
5～6時	118	107	93	81	73
6～7時	166	148	130	113	97
7～8時	321	283	244	202	164
8～9時	789	697	616	509	415
9～10時	1,645	1,454	1,267	1,085	869
10～11時	1,710	1,518	1,323	1,132	919
11～12時	1,586	1,406	1,227	1,055	862
12～13時	963	852	733	626	519
13～14時	1,401	1,242	1,074	925	757
14～15時	1,403	1,247	1,082	932	767
15～16時	1,403	1,245	1,077	933	768
16～17時	1,413	1,244	1,083	939	760
17～18時	1,203	1,048	905	774	597
18～19時	834	714	602	503	381
19～20時	584	493	410	344	260
20～21時	385	322	267	226	175
21～22時	238	201	169	144	109
22～23時	171	149	128	109	82
23～24時	145	128	111	95	74
合計	**17,003**	**14,975**	**12,961**	**11,103**	**8,966**

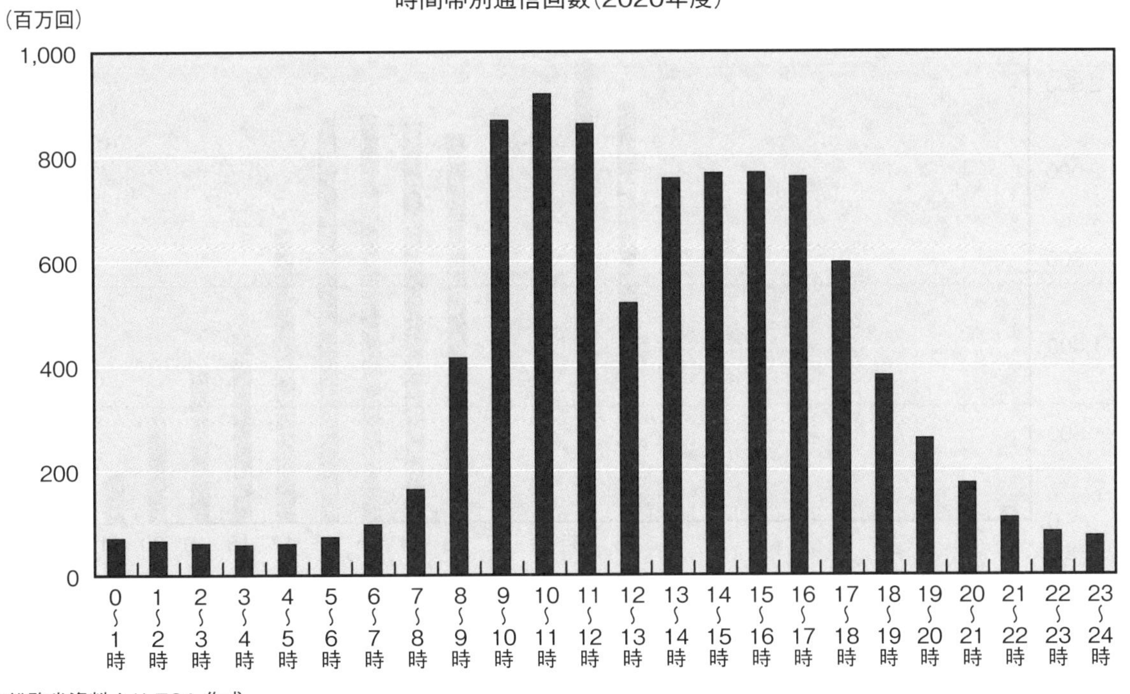

※総務省資料より TCA 作成

2-2-2-1-2　時間帯別通信時間の推移

（万時間）

区分	2016年度	2017年度	2018年度	2019年度	2020年度
0～1時	193	159	127	107	78
1～2時	144	120	101	87	67
2～3時	117	100	84	74	57
3～4時	152	126	113	101	79
4～5時	123	103	90	124	68
5～6時	137	120	100	86	71
6～7時	226	191	168	143	112
7～8時	593	506	426	344	266
8～9時	1,870	1,594	1,387	1,137	929
9～10時	4,643	3,972	3,444	2,905	2,405
10～11時	4,806	4,154	3,628	3,071	2,648
11～12時	4,256	3,685	3,232	2,751	2,381
12～13時	2,626	2,258	1,966	1,653	1,453
13～14時	3,946	3,416	2,978	2,539	2,225
14～15時	4,008	3,478	3,035	2,602	2,297
15～16時	4,110	3,566	3,115	2,668	2,335
16～17時	4,258	3,674	3,202	2,738	2,319
17～18時	3,516	2,975	2,550	2,124	1,679
18～19時	2,557	2,115	1,760	1,409	1,081
19～20時	2,123	1,715	1,399	1,108	864
20～21時	1,582	1,242	998	785	605
21～22時	807	621	496	390	288
22～23時	384	300	240	194	131
23～24時	241	193	156	127	90
合計	**47,417**	**40,385**	**34,790**	**29,271**	**24,527**

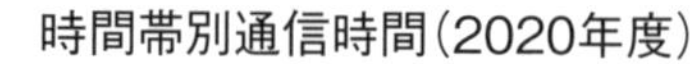

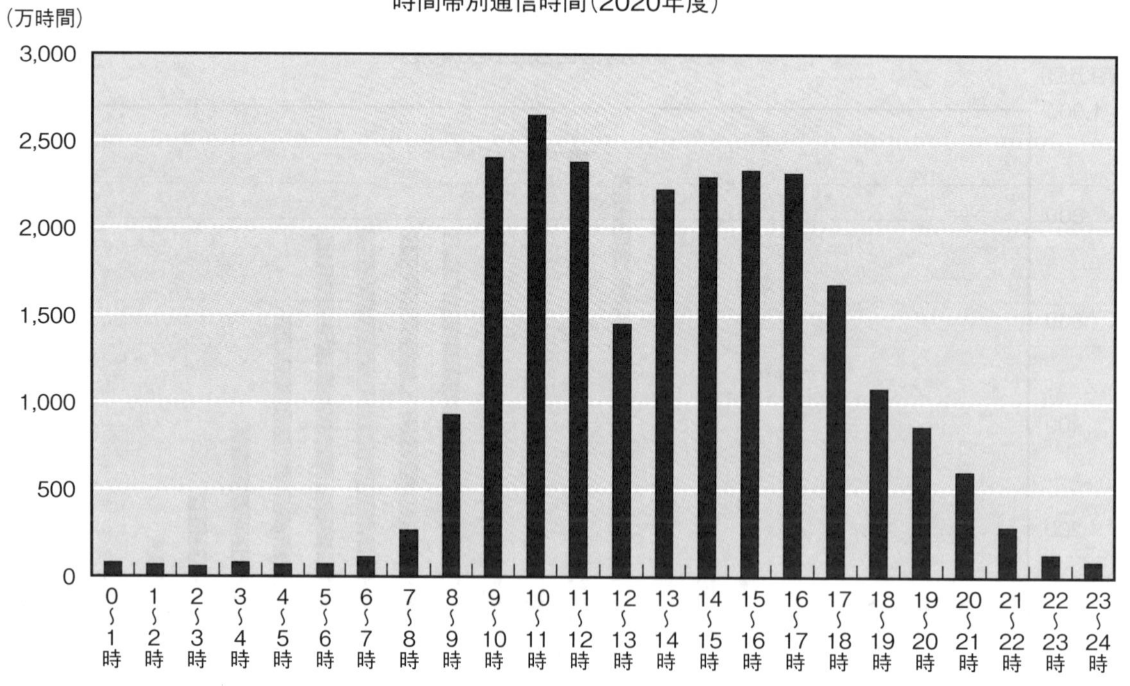

※総務省資料よりTCA作成

2-2-2-2　通信時間別通信回数の状況

2-2-2-2-1　通信時間別の通信回数の推移

（百万回）

区　分	2016年度	2017年度	2018年度	2019年度	2020年度
1分以内	11,297	10,064	8,709	7,515	6,122
1～3分	3,696	3,217	2,798	2,364	1,828
3分～	2,008	1,693	1,454	1,225	1,019
合　計	**17,003**	**14,975**	**12,961**	**11,103**	**8,966**

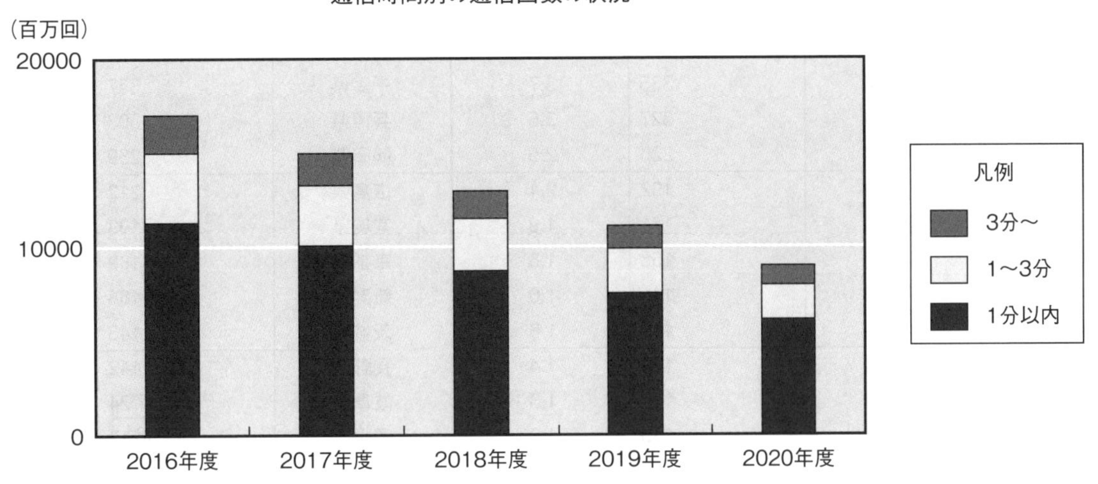

※総務省資料より TCA 作成

2-2-2-2-2　10 秒毎の通信回数（2020 年度）

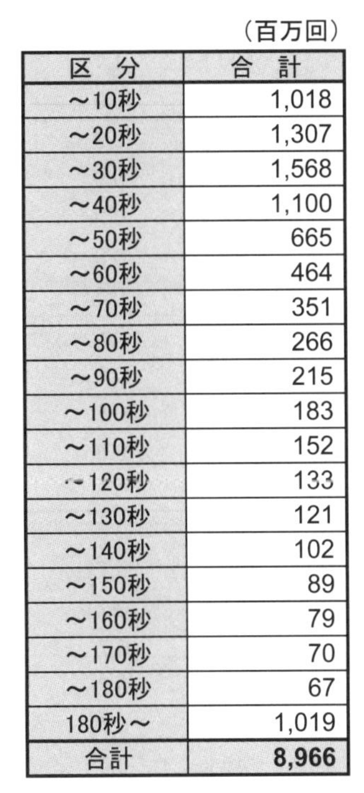

（百万回）

区　分	合　計
～10秒	1,018
～20秒	1,307
～30秒	1,568
～40秒	1,100
～50秒	665
～60秒	464
～70秒	351
～80秒	266
～90秒	215
～100秒	183
～110秒	152
～120秒	133
～130秒	121
～140秒	102
～150秒	89
～160秒	79
～170秒	70
～180秒	67
180秒～	1,019
合計	**8,966**

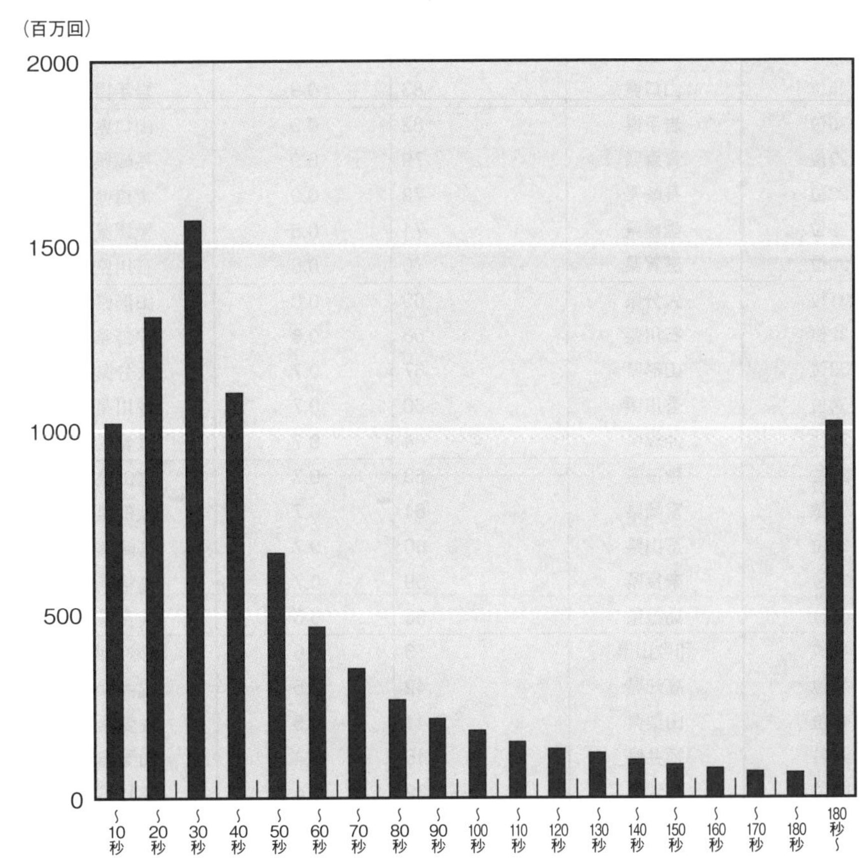

※総務省資料より TCA 作成

2-2-2-3　都道府県毎の通信状況

2-2-2-3-1　発信回数・着信回数の都道府県別順位（2020 年度）

（百万回）

順 位	発信			着信		
	都道府県	発信回数	構成比（%）	都道府県	着信回数	構成比（%）
1位	東京都	1,773	19.8	東京都	1,639	18.3
2位	大阪府	883	9.8	大阪府	874	9.7
3位	神奈川県	577	6.4	神奈川県	530	5.9
4位	愛知県	485	5.4	愛知県	514	5.7
5位	埼玉県	462	5.2	埼玉県	396	4.4
6位	北海道	379	4.2	福岡県	376	4.2
7位	福岡県	371	4.1	北海道	370	4.1
8位	兵庫県	335	3.7	千葉県	357	4.0
9位	千葉県	327	3.6	兵庫県	303	3.4
10位	静岡県	226	2.5	静岡県	239	2.7
11位	広島県	192	2.1	広島県	212	2.4
12位	宮城県	171	1.9	宮城県	193	2.1
13位	京都府	158	1.8	京都府	189	2.1
14位	新潟県	145	1.6	新潟県	168	1.9
15位	茨城県	141	1.6	茨城県	143	1.6
16位	長野県	124	1.4	長野県	142	1.6
17位	岐阜県	116	1.3	岐阜県	124	1.4
18位	岡山県	115	1.3	岡山県	117	1.3
19位	福島県	112	1.2	群馬県	117	1.3
20位	鹿児島県	107	1.2	福島県	115	1.3
21位	群馬県	107	1.2	栃木県	105	1.2
22位	熊本県	96	1.1	熊本県	101	1.1
23位	栃木県	94	1.0	鹿児島県	101	1.1
24位	三重県	94	1.0	三重県	100	1.1
25位	山口県	83	0.9	岩手県	83	0.9
26位	岩手県	82	0.9	山口県	81	0.9
27位	青森県	79	0.9	長崎県	79	0.9
28位	長崎県	79	0.9	青森県	78	0.9
29位	愛媛県	71	0.8	愛媛県	78	0.9
30位	滋賀県	70	0.8	石川県	75	0.8
31位	大分県	69	0.8	山形県	73	0.8
32位	石川県	68	0.8	沖縄県	70	0.8
33位	山形県	67	0.7	大分県	68	0.8
34位	香川県	66	0.7	香川県	68	0.8
35位	沖縄県	64	0.7	滋賀県	68	0.8
36位	秋田県	63	0.7	富山県	68	0.8
37位	宮崎県	61	0.7	秋田県	66	0.7
38位	富山県	60	0.7	宮崎県	64	0.7
39位	奈良県	59	0.7	島根県	62	0.7
40位	島根県	53	0.6	奈良県	59	0.7
41位	和歌山県	53	0.6	和歌山県	55	0.6
42位	高知県	42	0.5	福井県	45	0.5
43位	山梨県	41	0.5	佐賀県	43	0.5
44位	福井県	40	0.4	山梨県	43	0.5
45位	佐賀県	39	0.4	高知県	43	0.5
46位	徳島県	36	0.4	徳島県	38	0.4
47位	鳥取県	33	0.4	鳥取県	35	0.4
	合計	**8,966**	**100.0**	合計	**8,966**	**100.0**

※総務省資料より TCA 作成

2-2-2-3-2 都道府県別の主な発信対地の状況（2020 年度）

発信	総発信回数（百万回）	着信 1位 都道府県	1位 構成比（%）	2位 都道府県	2位 構成比（%）	3位 都道府県	3位 構成比（%）	4位 都道府県	4位 構成比（%）	5位 都道府県	5位 構成比（%）
北海道	379	北海道	76.6	東京都	8.0	宮城県	2.5	神奈川県	1.4	埼玉県	1.1
青森県	79	青森県	73.3	宮城県	7.6	東京都	5.7	岩手県	2.7	秋田県	1.5
岩手県	82	岩手県	71.1	宮城県	10.1	東京都	5.7	青森県	2.5	山形県	1.5
宮城県	171	宮城県	62.6	東京都	9.1	福島県	4.3	岩手県	3.4	山形県	3.1
秋田県	63	秋田県	74.5	宮城県	6.6	東京都	5.7	山形県	2.1	青森県	1.6
山形県	67	山形県	71.9	宮城県	9.0	東京都	6.5	神奈川県	1.2	埼玉県	1.1
福島県	112	福島県	68.0	宮城県	10.0	東京都	9.6	埼玉県	1.4	神奈川県	1.3
茨城県	141	茨城県	56.3	東京都	12.4	千葉県	8.0	埼玉県	7.6	栃木県	2.5
栃木県	94	栃木県	61.0	東京都	13.1	埼玉県	7.1	茨城県	3.3	群馬県	2.9
群馬県	107	群馬県	57.8	東京都	13.1	埼玉県	6.3	新潟県	4.3	栃木県	3.4
埼玉県	462	埼玉県	43.4	東京都	18.9	千葉県	5.3	神奈川県	3.3	群馬県	2.2
千葉県	327	千葉県	59.1	東京都	20.8	埼玉県	3.9	神奈川県	3.0	茨城県	2.0
東京都	1,773	東京都	54.0	神奈川県	6.6	埼玉県	5.2	大阪府	4.5	千葉県	3.9
神奈川県	577	神奈川県	53.3	東京都	21.3	大阪府	2.7	埼玉県	2.5	千葉県	2.1
新潟県	145	新潟県	76.9	東京都	7.8	埼玉県	1.5	大阪府	1.4	神奈川県	1.3
富山県	60	富山県	68.8	石川県	5.6	東京都	5.5	大阪府	4.4	京都府	3.0
石川県	68	石川県	62.6	東京都	6.2	富山県	4.9	大阪府	4.8	京都府	3.8
福井県	40	福井県	70.3	大阪府	5.8	東京都	4.9	石川県	4.3	京都府	3.5
山梨県	41	山梨県	61.7	東京都	13.5	埼玉県	7.1	静岡県	4.8	神奈川県	2.8
長野県	124	長野県	69.0	東京都	9.0	千葉県	4.3	新潟県	4.0	愛知県	2.2
岐阜県	116	岐阜県	62.4	愛知県	17.4	東京都	5.2	大阪府	3.8	神奈川県	1.1
静岡県	226	静岡県	70.5	東京都	7.7	愛知県	7.5	大阪府	3.1	神奈川県	2.9
愛知県	485	愛知県	66.4	東京都	6.9	大阪府	4.8	兵庫県	3.6	岐阜県	3.1
三重県	94	三重県	66.0	愛知県	12.8	大阪府	5.4	東京都	5.2	神奈川県	1.1
滋賀県	70	滋賀県	52.6	大阪府	16.6	京都府	11.8	東京都	5.0	愛知県	2.2
京都府	158	京都府	60.6	大阪府	15.7	東京都	5.7	滋賀県	2.8	兵庫県	2.2
大阪府	883	大阪府	56.1	東京都	7.7	兵庫県	5.5	愛知県	3.5	京都府	3.0
兵庫県	335	兵庫県	49.1	大阪府	21.6	東京都	6.2	京都府	2.2	愛知県	1.7
奈良県	59	奈良県	52.7	大阪府	21.3	京都府	9.7	東京都	4.9	兵庫県	1.6
和歌山県	53	和歌山県	64.0	大阪府	13.2	東京都	5.7	京都府	4.5	愛知県	1.6
鳥取県	33	鳥取県	66.4	島根県	9.1	大阪府	4.6	広島県	4.6	東京都	4.3
島根県	53	島根県	62.4	東京都	9.3	広島県	6.2	大阪府	5.5	鳥取県	2.9
岡山県	115	岡山県	63.3	広島県	9.3	大阪府	6.6	東京都	5.0	兵庫県	3.6
広島県	192	広島県	69.7	大阪府	5.3	東京都	4.8	岡山県	3.6	山口県	2.8
山口県	83	山口県	65.5	福岡県	9.5	広島県	8.5	東京都	4.4	大阪府	3.9
徳島県	36	徳島県	68.8	大阪府	5.9	香川県	5.6	東京都	4.9	広島県	3.7
香川県	66	香川県	61.7	大阪府	6.5	東京都	5.3	愛媛県	4.6	広島県	3.7
愛媛県	71	愛媛県	70.4	大阪府	5.3	東京都	5.2	広島県	4.1	香川県	3.9
高知県	42	高知県	75.0	東京都	4.5	大阪府	4.4	香川県	3.4	広島県	2.7
福岡県	371	福岡県	63.6	東京都	5.9	大阪府	5.1	熊本県	2.2	佐賀県	1.9
佐賀県	39	佐賀県	66.3	福岡県	16.6	東京都	4.0	大阪府	2.8	長崎県	2.7
長崎県	79	長崎県	71.4	福岡県	9.9	東京都	4.4	大阪府	2.9	佐賀県	1.6
熊本県	96	熊本県	69.8	福岡県	11.2	東京都	4.1	大阪府	3.1	鹿児島県	1.5
大分県	69	大分県	70.5	福岡県	11.2	東京都	3.7	大阪府	3.1	兵庫県	2.5
宮崎県	61	宮崎県	73.3	福岡県	6.6	東京都	4.0	鹿児島県	3.0	大阪府	2.8
鹿児島県	107	鹿児島県	69.0	福岡県	6.0	東京都	3.8	大阪府	3.3	熊本県	2.3
沖縄県	64	沖縄県	71.9	東京都	7.1	大阪府	5.4	福岡県	4.5	神奈川県	1.3

※総務省資料より TCA 作成

2-2-2-3-3　各都道府県着信呼の主な発信元の状況（2020 年度）

着信	総着信回数（百万回）	発信									
		1 位		2 位		3 位		4 位		5 位	
		都道府県	構成比（%）	都道府県	構成比（%）	都道府県	構成比（%）	都道府県	構成比（%）	都道府県	構成比（%）
北海道	370	北海道	78.4	東京都	8.5	埼玉県	2.7	大阪府	1.8	神奈川県	1.5
青森県	78	青森県	74.1	東京都	7.1	宮城県	3.9	埼玉県	2.8	岩手県	2.6
岩手県	83	岩手県	69.7	東京都	7.7	宮城県	6.9	埼玉県	2.8	青森県	2.6
宮城県	193	宮城県	55.6	東京都	9.7	福島県	5.8	北海道	4.8	岩手県	4.3
秋田県	66	秋田県	71.3	東京都	7.7	宮城県	4.0	埼玉県	2.9	岩手県	1.9
山形県	73	山形県	65.5	東京都	8.2	宮城県	7.2	埼玉県	3.2	神奈川県	1.9
福島県	115	福島県	66.3	東京都	9.7	宮城県	6.5	埼玉県	3.7	神奈川県	1.8
茨城県	143	茨城県	55.4	東京都	15.2	埼玉県	6.8	千葉県	4.6	神奈川県	3.1
栃木県	105	栃木県	54.4	東京都	15.0	埼玉県	7.2	神奈川県	3.7	群馬県	3.5
群馬県	117	群馬県	52.8	東京都	14.2	埼玉県	8.8	神奈川県	3.5	大阪府	2.6
埼玉県	396	埼玉県	50.6	東京都	23.2	神奈川県	3.6	千葉県	3.2	茨城県	2.7
千葉県	357	千葉県	54.1	東京都	19.5	埼玉県	6.8	神奈川県	3.4	茨城県	3.1
東京都	1,639	東京都	58.4	神奈川県	7.5	埼玉県	5.3	大阪府	4.2	千葉県	4.1
神奈川県	530	神奈川県	58.1	東京都	22.1	埼玉県	2.9	大阪府	2.9	千葉県	1.9
新潟県	168	新潟県	66.5	東京都	9.2	大阪府	3.5	埼玉県	3.3	長野県	3.0
富山県	68	富山県	61.1	東京都	8.9	大阪府	6.1	石川県	4.9	神奈川県	2.9
石川県	75	石川県	56.5	東京都	7.8	大阪府	6.2	富山県	4.5	愛知県	3.9
福井県	45	福井県	61.3	東京都	8.5	大阪府	7.7	石川県	4.5	兵庫県	2.5
山梨県	43	山梨県	58.5	東京都	18.3	神奈川県	5.2	埼玉県	2.7	大阪府	2.5
長野県	142	長野県	60.4	東京都	10.7	大阪府	6.4	埼玉県	3.6	神奈川県	2.5
岐阜県	124	岐阜県	58.1	愛知県	12.1	東京都	7.9	大阪府	5.2	埼玉県	2.7
静岡県	239	静岡県	66.7	東京都	10.9	愛知県	4.3	大阪府	4.1	神奈川県	3.4
愛知県	514	愛知県	62.6	東京都	9.0	大阪府	6.0	岐阜県	3.9	静岡県	3.3
三重県	100	三重県	61.9	愛知県	10.2	東京都	7.9	大阪府	6.5	兵庫県	2.3
滋賀県	68	滋賀県	54.4	大阪府	12.5	東京都	8.6	京都府	6.4	兵庫県	3.6
京都府	189	京都府	50.6	大阪府	14.2	東京都	6.9	滋賀県	4.4	兵庫県	4.0
大阪府	874	大阪府	56.8	東京都	9.1	兵庫県	8.3	京都府	2.8	愛知県	2.7
兵庫県	303	兵庫県	54.3	大阪府	15.9	東京都	7.9	愛知県	5.8	神奈川県	2.0
奈良県	59	奈良県	52.9	大阪府	18.6	東京都	9.5	兵庫県	4.7	神奈川県	2.6
和歌山県	55	和歌山県	61.7	大阪府	15.5	東京都	7.4	兵庫県	3.2	神奈川県	2.7
鳥取県	35	鳥取県	62.4	東京都	7.4	大阪府	5.8	兵庫県	4.7	島根県	4.4
島根県	62	島根県	53.7	東京都	10.4	大阪府	6.1	広島県	4.8	鳥取県	4.8
岡山県	117	岡山県	62.5	大阪府	7.7	東京都	7.5	広島県	6.0	兵庫県	3.5
広島県	212	広島県	63.1	東京都	6.9	大阪府	5.3	岡山県	5.0	山口県	3.3
山口県	81	山口県	66.8	東京都	6.6	広島県	6.5	福岡県	4.6	大阪府	4.3
徳島県	38	徳島県	65.0	東京都	7.7	大阪府	6.6	香川県	5.2	兵庫県	3.2
香川県	68	香川県	60.0	東京都	7.1	大阪府	7.0	愛媛県	4.1	徳島県	3.0
愛媛県	78	愛媛県	64.3	東京都	8.4	大阪府	6.3	香川県	3.9	神奈川県	2.6
高知県	43	高知県	73.0	東京都	6.0	大阪府	4.9	香川県	3.3	兵庫県	1.9
福岡県	376	福岡県	62.8	東京都	7.6	大阪府	4.7	熊本県	2.9	埼玉県	2.1
佐賀県	43	佐賀県	59.6	福岡県	16.5	東京都	6.4	大阪府	3.6	長崎県	2.9
長崎県	79	長崎県	71.7	福岡県	7.7	東京都	7.1	大阪府	2.9	埼玉県	1.9
熊本県	101	熊本県	65.9	福岡県	8.1	東京都	7.1	大阪府	3.4	鹿児島県	2.5
大分県	68	大分県	71.3	福岡県	9.2	東京都	6.2	大阪府	2.8	埼玉県	1.9
宮崎県	64	宮崎県	69.8	東京都	7.2	福岡県	5.6	鹿児島県	3.8	大阪府	2.9
鹿児島県	101	鹿児島県	73.5	東京都	6.5	福岡県	4.9	大阪府	3.0	埼玉県	1.9
沖縄県	70	沖縄県	65.7	東京都	12.5	大阪府	4.4	福岡県	3.0	埼玉県	2.0

※総務省資料より TCA 作成

2-2-2-3-4　都道府県間通信回数（2020 年度）

（百万回）

発信＼着信	北海道	青森県	岩手県	宮城県	秋田県	山形県	福島県	茨城県	栃木県	群馬県
北海道	290	1	1	9	1	1	1	2	1	2
青森県	1	58	2	6	1	0	0	0	0	0
岩手県	0	2	58	8	1	1	0	0	0	0
宮城県	2	3	6	107	3	5	7	1	1	1
秋田県	0	1	1	4	47	1	0	0	0	0
山形県	0	0	0	6	0	48	1	0	0	0
福島県	0	0	0	11	0	1	76	1	1	0
茨城県	1	0	0	1	0	0	1	79	3	1
栃木県	0	0	0	1	0	0	1	3	57	3
群馬県	1	0	0	1	0	0	0	1	4	62
埼玉県	10	2	2	4	2	2	4	10	8	10
千葉県	3	0	0	2	0	1	2	7	2	2
東京都	31	6	6	19	5	6	11	22	16	17
神奈川県	6	1	2	3	1	1	2	4	4	4
新潟県	1	0	0	1	0	1	1	0	0	1
富山県	0	0	0	0	0	0	0	0	0	0
石川県	0	0	0	0	0	0	0	0	0	0
福井県	0	0	0	0	0	0	0	0	0	0
山梨県	0	0	0	0	0	0	0	0	0	0
長野県	0	0	0	0	0	0	0	0	0	1
岐阜県	0	0	0	0	0	0	0	0	0	0
静岡県	1	0	0	1	0	0	0	1	0	1
愛知県	2	0	0	1	0	0	1	1	1	1
三重県	0	0	0	0	0	0	0	0	0	0
滋賀県	0	0	0	0	0	0	0	0	0	0
京都府	1	0	0	0	0	0	0	1	0	0
大阪府	7	1	1	3	1	1	2	3	2	3
兵庫県	3	0	0	1	0	0	1	1	1	1
奈良県	0	0	0	0	0	0	0	0	0	0
和歌山県	0	0	0	0	0	0	0	0	0	0
鳥取県	0	0	0	0	0	0	0	0	0	0
島根県	0	0	0	0	0	0	0	0	0	0
岡山県	0	0	0	0	0	0	0	0	0	0
広島県	1	0	0	0	0	0	0	0	0	0
山口県	0	0	0	0	0	0	0	0	0	0
徳島県	0	0	0	0	0	0	0	0	0	0
香川県	0	0	0	0	0	0	0	0	0	0
愛媛県	0	0	0	0	0	0	0	0	0	0
高知県	0	0	0	0	0	0	0	0	0	0
福岡県	2	0	0	1	0	0	1	2	1	1
佐賀県	0	0	0	0	0	0	0	0	0	0
長崎県	0	0	0	0	0	0	0	0	0	0
熊本県	0	0	0	0	0	0	0	0	0	0
大分県	0	0	0	0	0	0	0	0	0	0
宮崎県	0	0	0	0	0	0	0	0	0	0
鹿児島県	0	0	0	0	0	0	0	0	0	0
沖縄県	0	0	0	0	0	0	0	0	0	0
合計	**370**	**78**	**83**	**193**	**66**	**73**	**115**	**143**	**105**	**117**

※総務省資料より TCA 作成

（百万回）

着信 発信	埼玉県	千葉県	東京都	神奈川県	新潟県	富山県	石川県	福井県	山梨県	長野県
北海道	4	4	30	5	1	0	0	0	0	2
青森県	1	0	5	1	0	0	0	0	0	0
岩手県	1	0	5	1	0	0	0	0	0	0
宮城県	3	2	16	3	1	0	0	0	0	1
秋田県	0	0	4	1	0	0	0	0	0	0
山形県	1	1	4	1	1	0	0	0	0	0
福島県	2	1	11	1	1	0	0	0	0	0
茨城県	11	11	17	3	1	0	0	0	0	3
栃木県	7	1	12	2	0	0	0	0	0	0
群馬県	7	2	14	2	5	0	0	0	0	1
埼玉県	201	24	87	15	6	2	2	1	1	5
千葉県	13	193	68	10	1	0	0	0	1	1
東京都	92	70	957	117	15	6	6	4	8	15
神奈川県	14	12	123	308	4	2	1	1	2	3
新潟県	2	1	11	2	111	1	1	0	0	1
富山県	0	0	3	1	1	41	3	1	0	0
石川県	1	0	4	1	1	3	43	2	0	0
福井県	0	0	2	0	0	1	2	28	0	0
山梨県	3	0	6	1	0	0	0	0	25	1
長野県	2	5	11	2	5	0	0	0	1	86
岐阜県	1	1	6	1	0	0	0	0	0	1
静岡県	2	2	17	6	0	0	0	0	1	1
愛知県	5	4	33	7	1	2	3	1	0	3
三重県	1	0	5	1	0	0	0	0	0	0
滋賀県	0	0	4	1	0	0	0	1	0	0
京都府	1	1	9	2	1	0	0	1	0	1
大阪府	10	8	68	15	6	4	5	3	1	9
兵庫県	3	4	21	5	1	1	1	1	0	2
奈良県	0	0	3	0	0	0	0	0	0	0
和歌山県	0	0	3	1	0	0	0	0	0	0
鳥取県	0	0	1	0	0	0	0	0	0	0
島根県	1	1	5	1	0	0	1	0	0	0
岡山県	1	0	6	1	0	0	0	0	0	0
広島県	1	1	9	2	0	0	0	0	0	1
山口県	0	0	4	1	0	0	0	0	0	0
徳島県	0	0	2	0	0	0	0	0	0	0
香川県	0	0	3	1	0	0	0	0	0	0
愛媛県	0	0	4	1	0	0	0	0	0	0
高知県	0	0	2	0	0	0	0	0	0	0
福岡県	3	3	22	4	1	1	1	0	0	2
佐賀県	0	0	2	0	0	0	0	0	0	0
長崎県	0	0	3	1	0	0	0	0	0	0
熊本県	0	0	4	1	0	0	0	0	0	0
大分県	0	0	3	0	0	0	0	0	0	0
宮崎県	0	0	2	0	0	0	0	0	0	0
鹿児島県	1	1	4	1	0	0	0	0	0	0
沖縄県	1	0	5	1	0	0	0	0	0	0
合計	**396**	**357**	**1,639**	**530**	**168**	**68**	**75**	**45**	**43**	**142**

（百万回）

着信 / 発信	岐阜県	静岡県	愛知県	三重県	滋賀県	京都府	大阪府	兵庫県	奈良県	和歌山県
北海道	1	1	3	0	0	1	4	1	0	0
青森県	0	0	0	0	0	0	1	0	0	0
岩手県	0	0	0	0	0	0	1	0	0	0
宮城県	1	1	1	1	0	1	2	1	0	0
秋田県	0	0	0	0	0	0	0	0	0	0
山形県	0	0	0	0	0	0	1	0	0	0
福島県	0	0	1	0	0	0	1	0	0	0
茨城県	0	1	1	0	0	0	2	1	0	0
栃木県	0	0	1	0	0	0	1	0	0	0
群馬県	0	1	1	0	0	0	2	1	0	0
埼玉県	3	6	7	1	1	2	9	5	1	1
千葉県	1	2	3	0	0	1	5	2	0	0
東京都	10	26	46	8	6	13	79	24	6	4
神奈川県	3	8	9	2	2	3	16	6	2	1
新潟県	0	0	1	0	0	1	2	1	0	0
富山県	0	0	1	0	0	2	3	0	0	0
石川県	0	0	2	0	0	3	3	0	0	0
福井県	0	0	1	0	0	1	2	0	0	0
山梨県	0	2	0	0	0	0	0	0	0	0
長野県	1	1	3	0	0	1	2	0	0	0
岐阜県	72	1	20	1	1	1	4	1	0	0
静岡県	1	159	17	1	0	1	7	1	0	0
愛知県	15	10	322	10	2	3	23	18	1	0
三重県	1	1	12	62	0	1	5	1	1	1
滋賀県	1	0	2	1	37	8	12	1	0	0
京都府	1	1	2	1	4	96	25	3	1	0
大阪府	6	10	31	6	9	27	496	48	11	8
兵庫県	1	2	6	2	2	8	72	164	3	2
奈良県	0	0	1	1	0	6	13	1	31	0
和歌山県	0	0	1	0	0	2	7	1	0	34
鳥取県	0	0	0	0	0	0	1	0	0	0
島根県	0	0	0	0	0	0	3	0	0	0
岡山県	0	0	1	0	0	1	8	4	0	0
広島県	0	0	2	0	0	1	10	2	0	0
山口県	0	0	1	0	0	0	3	1	0	0
徳島県	0	0	0	0	0	0	2	1	0	0
香川県	0	0	1	0	0	0	4	1	0	0
愛媛県	0	0	1	0	0	0	4	1	0	0
高知県	0	0	0	0	0	0	2	0	0	0
福岡県	1	2	6	1	1	2	19	6	0	0
佐賀県	0	0	0	0	0	0	1	0	0	0
長崎県	0	0	1	0	0	0	2	0	0	0
熊本県	0	0	1	0	0	0	3	1	0	0
大分県	0	0	0	0	0	0	2	2	0	0
宮崎県	0	0	0	0	0	0	2	0	0	0
鹿児島県	0	0	1	0	0	1	4	1	0	0
沖縄県	0	0	1	0	0	0	3	0	0	0
合計	**124**	**239**	**514**	**100**	**68**	**189**	**874**	**303**	**59**	**55**

（百万回）

発信＼着信	鳥取県	島根県	岡山県	広島県	山口県	徳島県	香川県	愛媛県	高知県	福岡県
北海道	0	1	1	1	0	0	0	0	0	2
青森県	0	0	0	0	0	0	0	0	0	0
岩手県	0	0	0	0	0	0	0	0	0	0
宮城県	0	0	0	0	0	0	0	0	0	1
秋田県	0	0	0	0	0	0	0	0	0	0
山形県	0	0	0	0	0	0	0	0	0	0
福島県	0	0	0	0	0	0	0	0	0	0
茨城県	0	0	0	0	0	0	0	0	0	0
栃木県	0	0	0	0	0	0	0	0	0	0
群馬県	0	0	0	0	0	0	0	0	0	1
埼玉県	1	2	1	2	2	0	1	1	0	8
千葉県	0	1	0	1	0	0	0	0	0	2
東京都	3	6	9	15	5	3	5	7	3	29
神奈川県	1	3	2	4	2	1	2	2	1	5
新潟県	0	0	0	0	0	0	0	0	0	0
富山県	0	0	0	0	0	0	0	0	0	0
石川県	0	0	0	0	0	0	0	0	0	1
福井県	0	0	0	0	0	0	0	0	0	0
山梨県	0	0	0	0	0	0	0	0	0	0
長野県	0	0	0	0	0	0	0	0	0	0
岐阜県	0	0	0	0	0	0	0	0	0	1
静岡県	0	0	0	0	0	0	0	0	0	1
愛知県	0	0	1	2	1	0	0	0	0	3
三重県	0	0	0	0	0	0	0	0	0	0
滋賀県	0	0	0	0	0	0	0	0	0	0
京都府	0	0	0	1	0	0	0	0	0	1
大阪府	2	4	9	11	4	3	5	5	2	18
兵庫県	2	1	4	3	1	1	2	2	1	4
奈良県	0	0	0	0	0	0	0	0	0	0
和歌山県	0	0	0	0	0	0	0	0	0	0
鳥取県	22	3	1	1	0	0	0	0	0	0
島根県	2	33	0	3	0	0	0	0	0	0
岡山県	1	1	73	11	0	0	1	1	0	1
広島県	1	3	7	134	5	0	1	1	0	3
山口県	0	0	0	7	54	0	0	0	0	8
徳島県	0	0	0	1	0	25	2	1	0	0
香川県	0	0	1	2	0	2	41	3	1	1
愛媛県	0	0	1	3	0	0	3	50	1	1
高知県	0	0	0	1	0	0	1	1	31	0
福岡県	0	1	1	4	4	0	1	1	0	236
佐賀県	0	0	0	0	0	0	0	0	0	6
長崎県	0	0	0	0	0	0	0	0	0	8
熊本県	0	0	0	0	0	0	0	0	0	11
大分県	0	0	0	0	0	0	0	0	0	8
宮崎県	0	0	0	0	0	0	0	0	0	4
鹿児島県	0	0	0	0	0	0	0	0	0	6
沖縄県	0	0	0	0	0	0	0	0	0	3
合計	**35**	**62**	**117**	**212**	**81**	**38**	**68**	**78**	**43**	**376**

（百万回）

発信＼着信	佐賀県	長崎県	熊本県	大分県	宮崎県	鹿児島県	沖縄県	合計	自都道府県内	比率
北海道	0	0	1	0	0	0	0	379	290	76.6%
青森県	0	0	0	0	0	0	0	79	58	73.3%
岩手県	0	0	0	0	0	0	0	82	58	71.1%
宮城県	0	0	0	0	0	0	1	171	107	62.6%
秋田県	0	0	0	0	0	0	0	63	47	74.5%
山形県	0	0	0	0	0	0	0	67	48	71.9%
福島県	0	0	0	0	0	0	0	112	76	68.0%
茨城県	0	0	0	0	0	0	0	141	79	56.3%
栃木県	0	0	0	0	0	0	0	94	57	61.0%
群馬県	0	0	0	0	0	0	0	107	62	57.8%
埼玉県	1	1	2	1	1	2	1	462	201	43.4%
千葉県	0	0	0	0	0	0	0	327	193	59.1%
東京都	3	6	7	4	5	7	9	1,773	957	54.0%
神奈川県	0	1	1	1	1	1	1	577	308	53.3%
新潟県	0	0	0	0	0	0	0	145	111	76.9%
富山県	0	0	0	0	0	0	0	60	41	68.8%
石川県	0	0	0	0	0	0	0	68	43	62.6%
福井県	0	0	0	0	0	0	0	40	28	70.3%
山梨県	0	0	0	0	0	0	0	41	25	61.7%
長野県	0	0	0	0	0	0	0	124	86	69.0%
岐阜県	0	0	0	0	0	0	0	116	72	62.4%
静岡県	0	0	0	0	0	1	0	226	159	70.5%
愛知県	1	0	1	0	0	1	1	485	322	66.4%
三重県	0	0	0	0	0	0	0	94	62	66.0%
滋賀県	0	0	0	0	0	0	0	70	37	52.6%
京都府	0	0	0	0	0	0	0	158	96	60.6%
大阪府	2	2	3	2	2	3	3	883	496	56.1%
兵庫県	0	1	1	1	0	1	1	335	164	49.1%
奈良県	0	0	0	0	0	0	0	59	31	52.7%
和歌山県	0	0	0	0	0	0	0	53	34	64.0%
鳥取県	0	0	0	0	0	0	0	33	22	66.4%
島根県	0	0	0	0	0	0	0	53	33	62.4%
岡山県	0	0	0	0	0	0	0	115	73	63.3%
広島県	0	0	0	0	0	0	0	192	134	69.7%
山口県	0	0	0	0	0	0	0	83	54	65.5%
徳島県	0	0	0	0	0	0	0	36	25	68.8%
香川県	0	0	0	0	0	0	0	66	41	61.7%
愛媛県	0	0	0	0	0	0	0	71	50	70.4%
高知県	0	0	0	0	0	0	0	42	31	75.0%
福岡県	7	6	8	6	4	5	2	371	236	63.6%
佐賀県	26	1	0	0	0	0	0	39	26	66.3%
長崎県	1	56	1	0	0	0	0	79	56	71.4%
熊本県	0	1	67	1	1	1	0	96	67	69.8%
大分県	0	0	1	49	0	0	0	69	49	70.5%
宮崎県	0	0	2	0	45	2	0	61	45	73.3%
鹿児島県	0	0	3	0	2	74	0	107	74	69.0%
沖縄県	0	0	0	0	0	0	46	64	46	71.9%
合計	**43**	**79**	**101**	**68**	**64**	**101**	**70**	**8,966**	**5,410**	**60.3%**

2-2-2-3-5　都道府県別通信回数の推移

（百万回）

発信	2016年度	2017年度		2018年度		2019年度		2020年度	
	回数	回数	対前年度伸び率	回数	対前年度伸び率	回数	対前年度伸び率	回数	対前年度伸び率
北海道	711	623	-12.3	539	-13.5	469	-13.0	379	-19.2
青森県	132	117	-11.2	105	-9.8	92	-12.5	79	-14.3
岩手県	135	120	-11.2	108	-9.7	97	-10.9	82	-15.4
宮城県	295	260	-12.0	228	-12.1	200	-12.3	171	-14.6
秋田県	110	99	-10.0	87	-12.0	75	-14.4	63	-15.3
山形県	114	102	-10.2	90	-11.6	79	-12.4	67	-15.7
福島県	193	172	-11.0	152	-11.6	133	-12.4	112	-15.9
茨城県	250	221	-11.5	195	-11.6	169	-13.6	141	-16.7
栃木県	166	148	-10.6	130	-12.5	113	-12.9	94	-16.6
群馬県	189	168	-11.2	148	-11.9	128	-13.4	107	-16.8
埼玉県	670	594	-11.3	547	-7.9	520	-5.0	462	-11.1
千葉県	615	539	-12.3	476	-11.8	408	-14.3	327	-19.9
東京都	3,975	3,692	-7.1	3,106	-15.9	2,458	-20.9	1,773	-27.9
神奈川県	1,018	898	-11.8	801	-10.9	699	-12.6	577	-17.5
新潟県	254	223	-12.2	197	-11.5	171	-13.1	145	-15.4
富山県	108	94	-12.7	83	-11.2	73	-12.9	60	-17.2
石川県	119	105	-12.0	92	-12.0	80	-13.3	68	-15.3
福井県	70	62	-11.0	54	-12.7	47	-13.5	40	-15.4
山梨県	76	65	-13.9	57	-12.6	49	-13.5	41	-16.8
長野県	223	196	-12.0	172	-12.1	150	-13.2	124	-16.8
岐阜県	197	176	-10.7	157	-11.0	137	-12.5	116	-15.6
静岡県	417	362	-13.2	316	-12.7	275	-13.1	226	-17.7
愛知県	895	787	-12.1	690	-12.3	598	-13.3	485	-18.9
三重県	166	145	-12.8	128	-11.5	112	-13.1	94	-15.8
滋賀県	126	111	-12.2	99	-11.1	85	-13.4	70	-17.9
京都府	303	269	-11.3	228	-15.2	196	-13.9	158	-19.4
大阪府	1,832	1,484	-19.0	1,293	-12.9	1,098	-15.1	883	-19.6
兵庫県	548	496	-9.5	419	-15.5	373	-11.0	335	-10.3
奈良県	105	91	-13.2	81	-11.3	71	-12.5	59	-16.1
和歌山県	91	79	-13.0	70	-11.2	62	-12.2	53	-14.3
鳥取県	59	52	-12.2	45	-13.5	39	-13.1	33	-16.4
島根県	81	73	-10.0	66	-10.0	59	-10.4	53	-9.8
岡山県	202	176	-12.7	157	-11.0	136	-12.9	115	-15.4
広島県	336	297	-11.6	267	-10.1	231	-13.6	192	-16.7
山口県	142	125	-11.8	113	-10.0	97	-13.4	83	-15.2
徳島県	69	57	-17.6	49	-13.6	43	-13.0	36	-15.7
香川県	120	109	-9.0	91	-16.6	78	-13.7	66	-15.8
愛媛県	133	116	-12.5	100	-13.7	85	-15.0	71	-16.3
高知県	70	62	-11.9	56	-10.3	49	-11.2	42	-15.2
福岡県	702	596	-15.1	519	-12.9	451	-13.1	371	-17.8
佐賀県	66	58	-11.9	53	-9.1	46	-13.0	39	-14.9
長崎県	140	122	-12.5	107	-12.2	93	-13.3	79	-14.9
熊本県	175	151	-13.6	132	-12.5	116	-12.5	96	-17.2
大分県	118	104	-11.9	92	-11.2	81	-11.8	69	-15.5
宮崎県	112	97	-13.2	84	-13.1	72	-14.3	61	-15.7
鹿児島県	193	170	-12.1	148	-13.2	129	-12.6	107	-16.9
沖縄県	139	113	-18.5	93	-18.1	81	-12.7	64	-20.6
合計	**16,957**	**14,975**	**-11.7**	**13,021**	**-13.0**	**11,103**	**-14.7**	**8,966**	**-19.2**

※総務省資料より TCA 作成

2-2-2-4　県間通信における各事業者別シェアの状況

2-2-2-4-1　県間通信における各事業者別通信回数の比率の推移

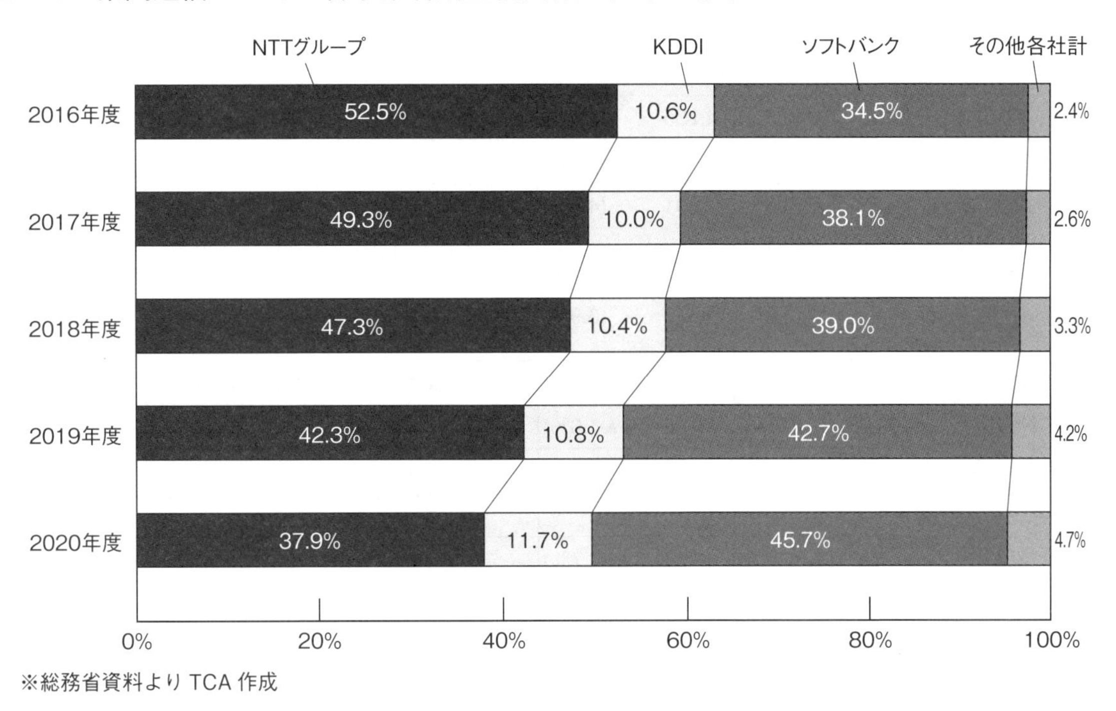

※総務省資料より TCA 作成

2-2-2-4-2　県間通信における各事業者別通信時間の比率の推移

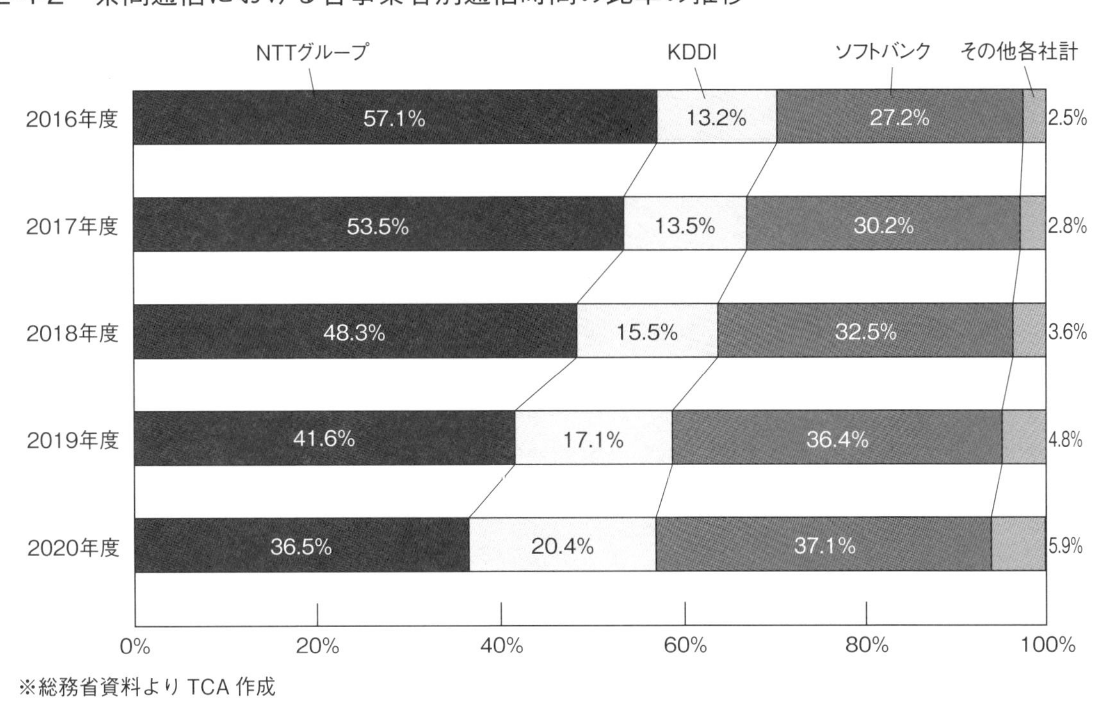

※総務省資料より TCA 作成

2-2-3　IP 電話のトラヒックの状況

2-2-3-1　利用番号数・通信量の推移

		2016年度		2017年度		2018年度		2019年度		2020年度	
総利用番号数〈万件〉		4,099	(6.5%)	4,255	(3.8%)	4,341	(2.0%)	4,413	(1.7%)	4,467	(1.2%)
	(うち0ABJ-IP電話)	3,245	(5.5%)	3,364	(3.7%)	3,446	(2.4%)	3,521	(2.2%)	3,568	(1.3%)
	(うち050-IP電話)	853	(10.8%)	891	(4.5%)	895	(0.4%)	892	(▲0.3%)	899	(0.7%)
通信回数〈億回〉		156.5	(3.3%)	162.3	(3.8%)	165.3	(1.8%)	165.5	(0.1%)	154.7	(▲6.5%)
	IP電話→加入電話、ISDN、IP電話、携帯電話・PHS	154.9	(3.8%)	160.9	(3.9%)	164.0	(1.9%)	164.3	(0.2%)	153.5	(▲6.6%)
	固定系→IP電話	1.6	(▲29.7%)	1.4	(▲11.7%)	1.3	(▲11.0%)	1.2	(▲9.2%)	1.2	(2.4%)
通信時間〈百万時間〉		499.3	(0.3%)	494.6	(▲1.0%)	488.5	(▲1.2%)	477.7	(▲2.2%)	471.2	(▲1.4%)
	IP電話→加入電話、ISDN、IP電話、携帯電話・PHS	493.5	(1.0%)	489.5	(▲0.8%)	483.9	(▲1.1%)	473.5	(▲2.1%)	466.9	(▲1.4%)
	固定系→IP電話	5.8	(▲35.6%)	5.1	(▲12.7%)	4.7	(▲7.9%)	4.2	(▲10.0%)	4.3	(2.3%)

（注）（　）内は対前年度比増減率。
※総務省資料より TCA 作成

2-2-4　携帯電話・PHSのトラヒックの状況

2-2-4-1　時間帯別通信状況

2-2-4-1-1　時間帯別通信回数の推移

（携帯電話・PHS発着信）　　　　　　　　　　　　　　　　　　　　　　（百万回）

区分	2016年度	2017年度	2018年度	2019年度	2020年度
0～1時	358	318	276	248	176
1～2時	229	208	181	164	118
2～3時	161	152	132	121	90
3～4時	128	125	110	100	78
4～5時	126	126	112	104	86
5～6時	206	204	186	174	149
6～7時	520	503	470	440	373
7～8時	1,223	1,188	1,136	1,073	929
8～9時	2,423	2,373	2,317	2,222	2,021
9～10時	3,754	3,696	3,638	3,530	3,394
10～11時	4,021	3,952	3,877	3,768	3,728
11～12時	3,915	3,828	3,739	3,627	3,609
12～13時	3,439	3,306	3,170	3,031	2,881
13～14時	3,662	3,567	3,474	3,355	3,311
14～15時	3,591	3,505	3,420	3,315	3,299
15～16時	3,891	3,802	3,706	3,582	3,524
16～17時	4,258	4,150	4,036	3,889	3,761
17～18時	4,693	4,515	4,328	4,118	3,820
18～19時	4,042	3,818	3,586	3,351	2,969
19～20時	3,010	2,798	2,586	2,393	2,044
20～21時	2,179	2,000	1,824	1,670	1,375
21～22時	1,512	1,360	1,224	1,107	857
22～23時	962	854	753	679	497
23～24時	585	515	447	400	289
合計	**52,889**	**50,864**	**48,728**	**46,460**	**43,379**

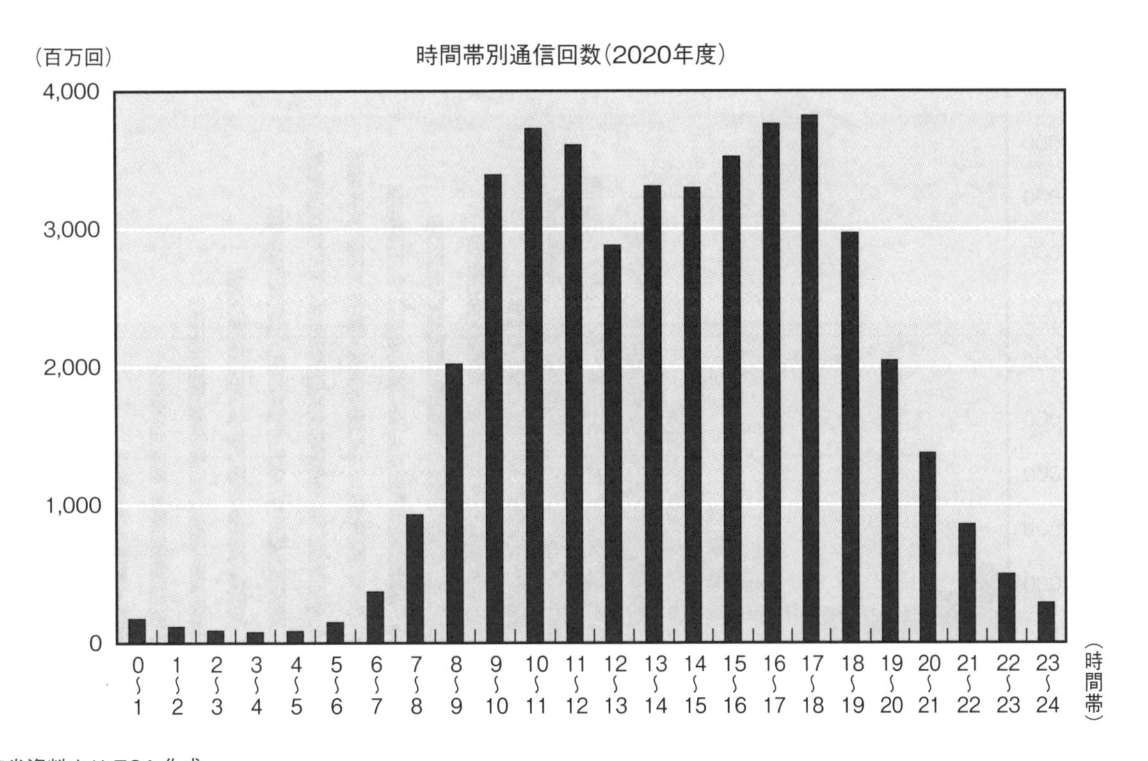

※総務省資料より TCA 作成

2-2-4-1-2　時間帯別通信時間の推移

（携帯電話・PHS発着信）　　（万時間）

区分	2016年度	2017年度	2018年度	2019年度	2020年度
0～1時	4,318	3,746	3,219	3,005	2,800
1～2時	2,638	2,318	2,003	1,916	1,818
2～3時	1,727	1,590	1,411	1,395	1,355
3～4時	1,277	1,235	1,128	1,147	1,143
4～5時	1,269	1,271	1,147	1,170	1,199
5～6時	1,304	1,333	1,279	1,327	1,379
6～7時	2,250	2,284	2,232	2,251	2,243
7～8時	4,653	4,697	4,637	4,582	4,466
8～9時	8,683	8,708	8,683	8,560	8,546
9～10時	13,835	13,844	13,873	13,777	14,769
10～11時	14,994	14,992	15,016	14,992	16,869
11～12時	14,059	14,016	14,020	14,024	16,060
12～13時	12,515	12,282	12,095	11,931	12,868
13～14時	13,064	12,982	12,957	12,927	14,736
14～15時	13,210	13,171	13,197	13,258	15,469
15～16時	14,348	14,341	14,368	14,377	16,599
16～17時	15,749	15,723	15,715	15,677	17,751
17～18時	17,587	17,356	17,132	16,887	18,272
18～19時	16,482	16,032	15,587	15,142	15,819
19～20時	14,666	14,141	13,620	13,166	13,625
20～21時	13,782	13,151	12,506	12,012	12,412
21～22時	12,017	11,193	10,441	9,899	9,941
22～23時	9,322	8,452	7,619	7,144	6,851
23～24時	6,643	5,846	5,097	4,736	4,433
合計	**230,394**	**224,702**	**218,983**	**215,300**	**231,422**

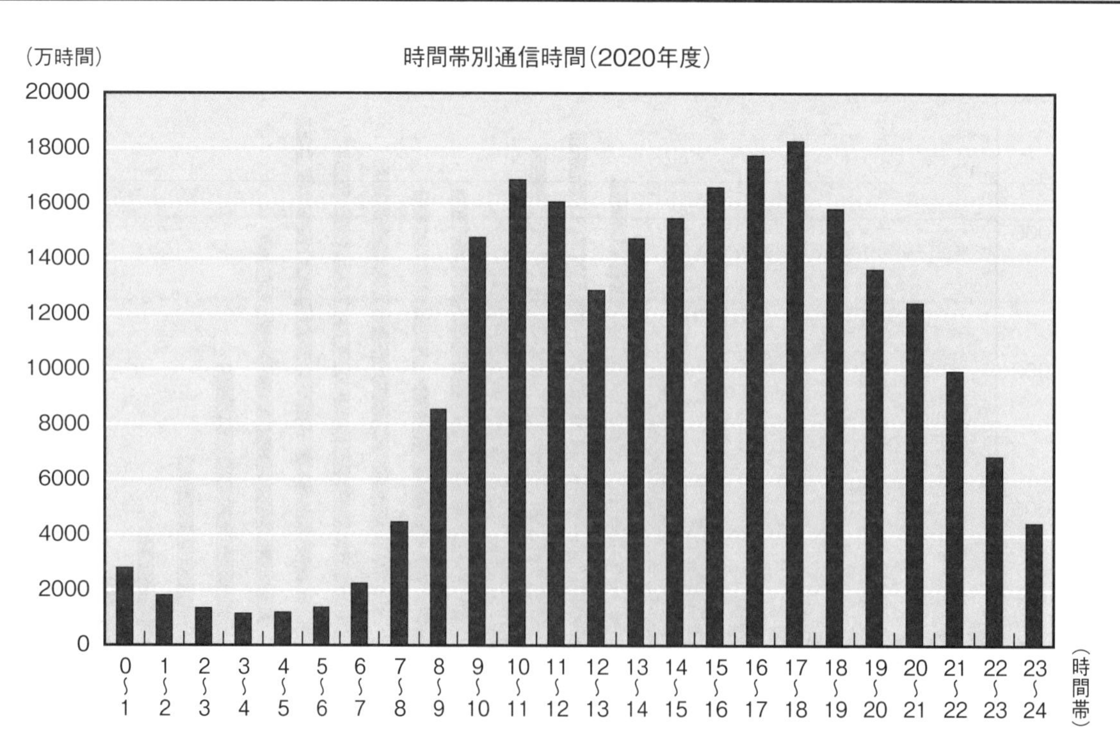

※総務省資料より TCA 作成

2-2-4-2　通信時間別の通信回数の状況

2-2-4-2-1　通信時間別の通信回数の推移

(携帯電話・PHS発着信)　　(百万回)

区　分	2016年度	2017年度	2018年度	2019年度	2020年度
～1分	29,177	27,701	26,235	24,894	22,107
1～3分	14,359	13,943	13,472	12,804	11,965
3分～	9,352	9,219	9,020	8,763	9,309
合　計	52,889	50,864	48,728	46,460	43,379

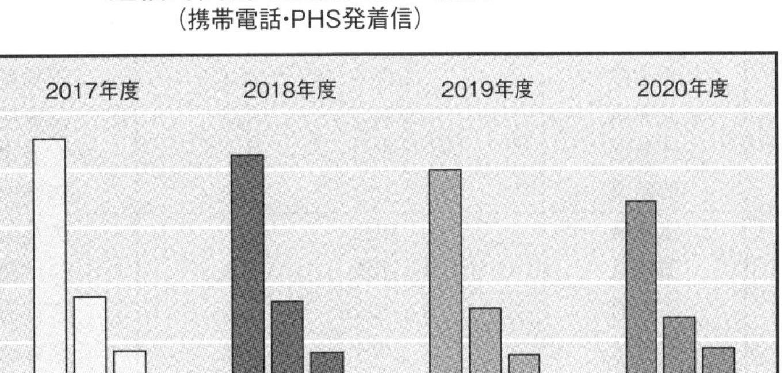

※総務省資料より TCA 作成

2-2-4-2-2　10秒毎の通信回数（2020年度）

(百万回)

区分	携帯電話・PHS発着信
～10秒	4,991
～20秒	4,488
～30秒	4,176
～40秒	3,406
～50秒	2,766
～60秒	2,280
～70秒	1,911
～80秒	1,631
～90秒	1,398
～100秒	1,213
～110秒	1,061
～120秒	933
～130秒	826
～140秒	733
～150秒	656
～160秒	589
～170秒	531
～180秒	483
180秒～	9,309
合計	**43,379**

携帯電話・PHS発着信
10秒毎の通信回数(2020年度)

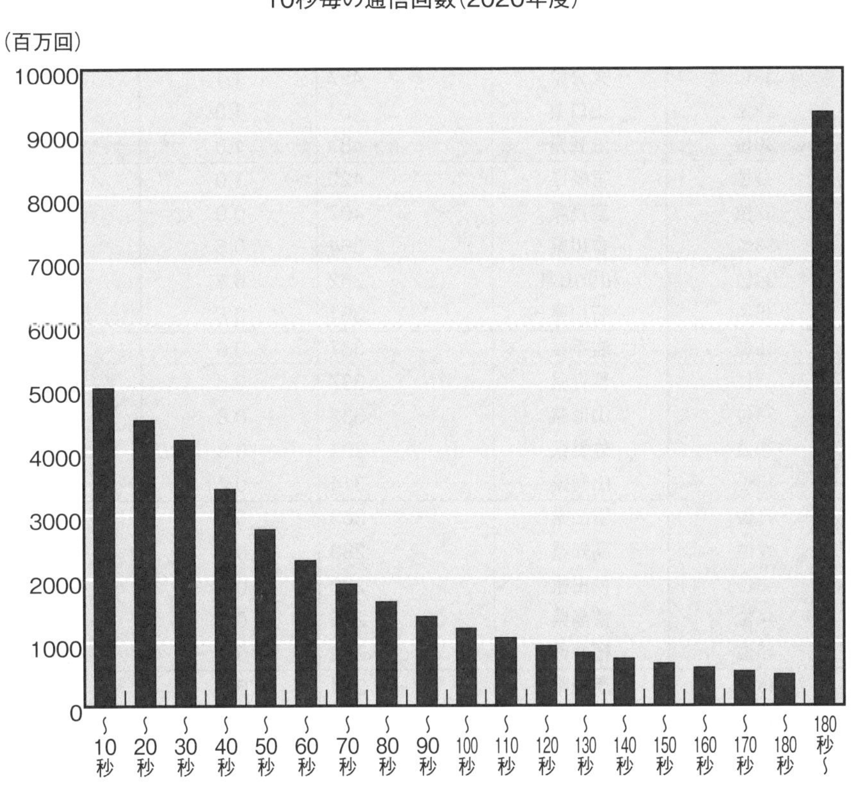

※総務省資料より TCA 作成

2-2-4-3　都道府県毎の通信状況

2-2-4-3-1　発信回数・着信回数の都道府県別順位（2020 年度）

（百万回）

順 位	発信			着信		
	都道府県	発信回数	構成比（%）	都道府県	着信回数	構成比（%）
1位	東京都	5,685	13.2	東京都	6,405	14.9
2位	大阪府	3,418	7.9	大阪府	3,365	7.8
3位	神奈川県	2,528	5.9	神奈川県	2,541	5.9
4位	愛知県	2,442	5.7	愛知県	2,367	5.5
5位	福岡県	2,107	4.9	福岡県	2,066	4.8
6位	埼玉県	2,043	4.7	埼玉県	2,010	4.7
7位	千葉県	1,844	4.3	千葉県	1,857	4.3
8位	兵庫県	1,705	4.0	兵庫県	1,592	3.7
9位	北海道	1,593	3.7	北海道	1,547	3.6
10位	静岡県	1,153	2.7	静岡県	1,131	2.6
11位	広島県	993	2.3	広島県	970	2.3
12位	茨城県	975	2.3	茨城県	951	2.2
13位	京都府	809	1.9	京都府	788	1.8
14位	宮城県	774	1.8	宮城県	765	1.8
15位	熊本県	712	1.7	熊本県	694	1.6
16位	岡山県	706	1.6	岡山県	684	1.6
17位	鹿児島県	679	1.6	鹿児島県	668	1.6
18位	沖縄県	677	1.6	沖縄県	657	1.5
19位	栃木県	651	1.5	長野県	647	1.5
20位	三重県	649	1.5	新潟県	642	1.5
21位	新潟県	648	1.5	栃木県	640	1.5
22位	長野県	646	1.5	三重県	631	1.5
23位	福島県	632	1.5	福島県	619	1.4
24位	群馬県	625	1.5	群馬県	616	1.4
25位	岐阜県	624	1.5	岐阜県	609	1.4
26位	愛媛県	496	1.2	長崎県	487	1.1
27位	長崎県	495	1.2	愛媛県	486	1.1
28位	大分県	457	1.1	大分県	450	1.0
29位	山口県	451	1.0	山口県	442	1.0
30位	滋賀県	433	1.0	滋賀県	423	1.0
31位	宮崎県	420	1.0	宮崎県	413	1.0
32位	奈良県	407	0.9	奈良県	392	0.9
33位	香川県	364	0.8	香川県	360	0.8
34位	和歌山県	362	0.8	石川県	359	0.8
35位	石川県	361	0.8	和歌山県	354	0.8
36位	岩手県	337	0.8	青森県	334	0.8
37位	青森県	337	0.8	岩手県	334	0.8
38位	山形県	333	0.8	山形県	327	0.8
39位	佐賀県	324	0.8	山梨県	310	0.7
40位	山梨県	314	0.7	佐賀県	305	0.7
41位	富山県	303	0.7	富山県	297	0.7
42位	高知県	283	0.7	高知県	278	0.6
43位	秋田県	280	0.7	秋田県	277	0.6
44位	徳島県	275	0.6	徳島県	268	0.6
45位	福井県	269	0.6	福井県	263	0.6
46位	島根県	217	0.5	島根県	214	0.5
47位	鳥取県	185	0.4	鳥取県	183	0.4
	合計	**43,018**	**100.0**	合計	**43,018**	**100.0**

（注）携帯電話・PHS 発着信のデータによる。
※総務省資料より TCA 作成

2-2-4-3-2　都道府県別の主な発信対地の状況（2020 年度）

発信	総発信回数（百万回）	着信 1位 都道府県	1位 構成比（%）	2位 都道府県	2位 構成比（%）	3位 都道府県	3位 構成比（%）	4位 都道府県	4位 構成比（%）	5位 都道府県	5位 構成比（%）
北海道	1,593	北海道	90.3	東京都	4.9	神奈川県	0.5	埼玉県	0.4	大阪府	0.4
青森県	337	青森県	86.1	東京都	4.0	宮城県	2.1	岩手県	2.0	北海道	0.9
岩手県	337	岩手県	82.6	宮城県	4.8	東京都	3.9	青森県	2.1	秋田県	1.2
宮城県	774	宮城県	80.6	東京都	5.6	福島県	2.5	岩手県	2.0	山形県	1.5
秋田県	280	秋田県	85.9	東京都	4.1	宮城県	2.3	岩手県	1.4	青森県	1.0
山形県	333	山形県	84.6	東京都	4.7	宮城県	3.7	福島県	1.1	神奈川県	0.7
福島県	632	福島県	82.7	東京都	5.4	宮城県	3.5	茨城県	1.1	埼玉県	0.9
茨城県	975	茨城県	77.8	東京都	7.3	千葉県	4.3	埼玉県	2.5	栃木県	2.3
栃木県	651	栃木県	78.0	東京都	6.3	茨城県	3.4	埼玉県	3.0	群馬県	2.8
群馬県	625	群馬県	78.9	東京都	6.2	埼玉県	5.1	栃木県	3.0	神奈川県	1.0
埼玉県	2,043	埼玉県	68.0	東京都	17.2	千葉県	2.8	神奈川県	2.4	群馬県	1.6
千葉県	1,844	千葉県	72.8	東京都	14.0	埼玉県	2.8	神奈川県	2.3	茨城県	2.2
東京都	5,685	東京都	67.2	神奈川県	7.3	埼玉県	6.0	千葉県	4.6	大阪府	2.1
神奈川県	2,528	神奈川県	73.1	東京都	15.5	千葉県	1.7	埼玉県	1.7	静岡県	1.0
新潟県	648	新潟県	86.9	東京都	4.8	埼玉県	1.0	長野県	0.8	神奈川県	0.8
富山県	303	富山県	82.9	石川県	4.4	東京都	4.4	大阪府	1.2	愛知県	1.1
石川県	361	石川県	82.3	東京都	4.4	富山県	3.1	福井県	1.9	大阪府	1.6
福井県	269	福井県	82.8	東京都	4.1	石川県	3.0	大阪府	2.1	愛知県	1.2
山梨県	314	山梨県	82.4	東京都	7.3	神奈川県	2.1	長野県	1.5	静岡県	1.5
長野県	646	長野県	85.0	東京都	5.2	愛知県	1.3	埼玉県	1.0	神奈川県	0.9
岐阜県	624	岐阜県	76.6	愛知県	11.5	東京都	4.7	大阪府	1.0	三重県	0.9
静岡県	1,153	静岡県	83.1	東京都	6.0	愛知県	3.0	神奈川県	2.0	大阪府	0.8
愛知県	2,442	愛知県	81.5	東京都	5.9	岐阜県	2.9	三重県	1.6	大阪府	1.4
三重県	649	三重県	80.2	愛知県	6.4	東京都	4.4	大阪府	1.9	岐阜県	0.9
滋賀県	433	滋賀県	74.6	京都府	6.0	大阪府	5.7	東京都	4.1	愛知県	1.3
京都府	809	京都府	72.4	大阪府	9.3	東京都	4.9	滋賀県	3.2	兵庫県	2.3
大阪府	3,418	大阪府	75.6	東京都	6.9	兵庫県	4.6	京都府	2.1	奈良県	1.6
兵庫県	1,705	兵庫県	73.9	大阪府	12.5	東京都	5.2	京都府	1.2	岡山県	0.6
奈良県	407	奈良県	70.3	大阪府	12.9	東京都	5.7	京都府	2.8	兵庫県	1.6
和歌山県	362	和歌山県	81.9	大阪府	7.9	東京都	3.7	兵庫県	1.0	奈良県	1.0
鳥取県	185	鳥取県	81.6	島根県	4.3	東京都	3.4	岡山県	1.9	広島県	1.8
島根県	217	島根県	82.2	広島県	3.8	鳥取県	3.7	東京都	2.9	大阪府	1.4
岡山県	706	岡山県	82.3	東京都	4.2	広島県	3.7	大阪府	1.9	兵庫県	1.5
広島県	993	広島県	82.3	東京都	4.6	岡山県	2.3	山口県	1.9	大阪府	1.6
山口県	451	山口県	81.7	広島県	4.2	東京都	3.8	福岡県	3.7	大阪府	1.1
徳島県	275	徳島県	84.6	東京都	3.4	香川県	3.1	大阪府	1.9	兵庫県	1.3
香川県	364	香川県	80.9	東京都	4.4	愛媛県	2.6	徳島県	2.0	大阪府	2.0
愛媛県	496	愛媛県	84.7	東京都	4.1	香川県	2.3	大阪府	1.5	広島県	1.3
高知県	283	高知県	87.2	東京都	3.2	愛媛県	1.8	香川県	1.7	大阪府	1.4
福岡県	2,107	福岡県	82.0	東京都	4.9	佐賀県	1.9	熊本県	1.6	大分県	1.3
佐賀県	324	佐賀県	71.8	福岡県	15.5	東京都	3.8	長崎県	3.1	熊本県	1.0
長崎県	495	長崎県	84.9	福岡県	4.6	東京都	3.4	佐賀県	1.9	熊本県	0.8
熊本県	712	熊本県	83.9	福岡県	5.1	東京都	3.9	鹿児島県	1.2	宮崎県	0.7
大分県	457	大分県	83.9	福岡県	5.9	東京都	3.6	熊本県	1.0	大阪府	0.7
宮崎県	420	宮崎県	84.9	東京都	3.7	鹿児島県	3.0	福岡県	2.6	熊本県	1.3
鹿児島県	679	鹿児島県	86.5	東京都	3.4	福岡県	2.4	宮崎県	2.0	熊本県	1.2
沖縄県	677	沖縄県	90.7	東京都	4.4	福岡県	0.9	大阪府	0.7	神奈川県	0.4

（注）携帯電話・PHS 発着信のデータによる。

※総務省資料より TCA 作成

2-2-4-3-3　各都道府県着信呼の主な発信元の状況（2020 年度）

着信	総着信回数（百万回）	発信									
		1 位		2 位		3 位		4 位		5 位	
		都道府県	構成比（%）	都道府県	構成比（%）	都道府県	構成比（%）	都道府県	構成比（%）	都道府県	構成比（%）
北海道	1,547	北海道	93.0	東京都	2.4	神奈川県	0.5	大阪府	0.4	埼玉県	0.4
青森県	334	青森県	86.7	東京都	2.7	岩手県	2.1	宮城県	1.9	秋田県	0.9
岩手県	334	岩手県	83.4	宮城県	4.6	東京都	2.7	青森県	2.1	秋田県	1.2
宮城県	765	宮城県	81.5	東京都	3.6	福島県	2.9	岩手県	2.1	山形県	1.6
秋田県	277	秋田県	86.8	東京都	2.8	宮城県	2.1	岩手県	1.4	青森県	1.0
山形県	327	山形県	86.2	宮城県	3.5	東京都	2.7	福島県	1.1	神奈川県	0.8
福島県	619	福島県	84.4	宮城県	3.2	東京都	3.2	茨城県	1.3	埼玉県	1.0
茨城県	951	茨城県	79.7	東京都	5.5	千葉県	4.2	埼玉県	2.5	栃木県	2.4
栃木県	640	栃木県	79.2	東京都	4.6	茨城県	3.5	埼玉県	3.3	群馬県	2.9
群馬県	616	群馬県	79.9	埼玉県	5.4	東京都	4.6	栃木県	2.9	神奈川県	1.1
埼玉県	2,010	埼玉県	69.1	東京都	17.1	千葉県	2.6	神奈川県	2.1	群馬県	1.6
千葉県	1,857	千葉県	72.3	東京都	13.9	埼玉県	3.0	神奈川県	2.4	茨城県	2.3
東京都	6,405	東京都	59.6	神奈川県	6.1	埼玉県	5.5	千葉県	4.0	大阪府	3.7
神奈川県	2,541	神奈川県	72.8	東京都	16.3	埼玉県	1.9	千葉県	1.6	静岡県	0.9
新潟県	642	新潟県	87.7	東京都	3.4	埼玉県	1.1	神奈川県	0.9	長野県	0.8
富山県	297	富山県	84.4	石川県	3.8	東京都	2.9	愛知県	1.2	大阪府	1.0
石川県	359	石川県	82.7	富山県	3.7	東京都	2.6	福井県	2.2	大阪府	1.5
福井県	263	福井県	84.9	石川県	2.6	東京都	2.2	大阪府	1.8	愛知県	1.3
山梨県	310	山梨県	83.4	東京都	6.2	神奈川県	2.2	長野県	1.5	静岡県	1.5
長野県	647	長野県	84.9	東京都	4.2	埼玉県	1.4	愛知県	1.3	神奈川県	1.1
岐阜県	609	岐阜県	78.5	愛知県	11.7	東京都	2.3	大阪府	1.1	三重県	0.9
静岡県	1,131	静岡県	84.7	東京都	4.1	愛知県	2.9	神奈川県	2.2	大阪府	0.9
愛知県	2,367	愛知県	84.0	岐阜県	3.0	東京都	2.9	三重県	1.8	静岡県	1.5
三重県	631	三重県	82.5	愛知県	6.3	大阪府	2.2	東京都	1.9	岐阜県	0.9
滋賀県	423	滋賀県	76.5	京都府	6.1	大阪府	5.9	東京都	1.9	兵庫県	1.4
京都府	788	京都府	74.3	大阪府	9.2	滋賀県	3.3	東京都	2.6	兵庫県	2.5
大阪府	3,365	大阪府	76.8	兵庫県	6.3	東京都	3.5	京都府	2.2	奈良県	1.6
兵庫県	1,592	兵庫県	79.2	大阪府	9.9	東京都	2.4	京都府	1.2	岡山県	0.7
奈良県	392	奈良県	72.9	大阪府	13.6	京都府	3.0	東京都	1.9	兵庫県	1.7
和歌山県	354	和歌山県	83.6	大阪府	7.9	東京都	1.5	兵庫県	1.2	奈良県	1.1
鳥取県	183	鳥取県	82.6	島根県	4.4	岡山県	2.0	東京都	2.0	大阪府	1.9
島根県	214	島根県	83.4	鳥取県	3.8	広島県	3.4	東京都	1.8	大阪府	1.3
岡山県	684	岡山県	85.0	広島県	3.4	大阪府	1.9	東京都	1.8	兵庫県	1.5
広島県	970	広島県	84.3	岡山県	2.7	東京都	2.0	山口県	2.0	大阪府	1.5
山口県	442	山口県	83.3	広島県	4.2	福岡県	3.8	東京都	1.8	大阪府	1.2
徳島県	268	徳島県	86.8	香川県	2.8	大阪府	1.8	東京都	1.6	兵庫県	1.4
香川県	360	香川県	81.7	愛媛県	3.1	徳島県	2.3	東京都	2.1	大阪府	1.9
愛媛県	486	愛媛県	86.5	東京都	2.4	香川県	1.9	大阪府	1.5	広島県	1.3
高知県	278	高知県	88.9	愛媛県	1.8	東京都	1.6	大阪府	1.4	香川県	1.4
福岡県	2,066	福岡県	83.7	佐賀県	2.4	東京都	2.4	熊本県	1.7	大分県	1.3
佐賀県	305	佐賀県	76.1	福岡県	13.1	長崎県	3.1	東京都	1.7	熊本県	1.0
長崎県	487	長崎県	86.3	福岡県	4.5	佐賀県	2.0	東京都	1.7	熊本県	0.8
熊本県	694	熊本県	86.1	福岡県	4.9	東京都	1.7	鹿児島県	1.2	宮崎県	0.8
大分県	450	大分県	85.3	福岡県	6.2	東京都	1.6	熊本県	1.1	宮崎県	0.7
宮崎県	413	宮崎県	86.2	鹿児島県	3.4	福岡県	2.4	東京都	1.8	熊本県	1.3
鹿児島県	668	鹿児島県	87.9	福岡県	2.2	宮崎県	1.9	東京都	1.8	熊本県	1.2
沖縄県	657	沖縄県	93.5	東京都	2.0	福岡県	0.8	大阪府	0.6	神奈川県	0.4

（注）携帯電話・PHS 発着信のデータによる。

※総務省資料より TCA 作成

2-2-4-3-4　都道府県間通信回数（2020 年度）

—携帯電話・PHS 発着信—

（百万回）

発信＼着信	北海道	青森県	岩手県	宮城県	秋田県	山形県	福島県	茨城県	栃木県	群馬県
北海道	1,439	3	2	5	1	1	3	2	1	1
青森県	3	290	7	7	3	1	1	1	0	0
岩手県	2	7	278	16	4	1	2	1	1	0
宮城県	6	6	15	623	6	12	20	2	2	1
秋田県	1	3	4	6	241	2	1	0	0	0
山形県	1	1	1	12	2	281	4	1	1	0
福島県	2	1	2	22	1	4	522	7	5	1
茨城県	2	1	1	3	1	1	8	758	22	5
栃木県	1	1	1	2	0	1	6	22	507	18
群馬県	1	0	0	1	0	0	1	4	19	492
埼玉県	6	2	2	6	2	2	6	24	21	33
千葉県	6	2	2	5	2	2	4	40	6	5
東京都	38	9	9	27	8	9	19	52	29	29
神奈川県	8	3	3	6	2	3	6	11	7	7
新潟県	1	0	0	2	1	2	3	1	1	3
富山県	0	0	0	0	0	0	0	0	0	0
石川県	1	0	0	0	0	0	0	0	0	0
福井県	0	0	0	0	0	0	0	0	0	0
山梨県	0	0	0	0	0	0	0	1	0	1
長野県	1	0	0	1	0	0	1	1	1	5
岐阜県	1	0	0	0	0	0	0	1	0	0
静岡県	2	0	1	1	0	0	1	2	2	2
愛知県	4	1	1	2	1	1	1	3	2	2
三重県	1	0	0	0	0	0	0	1	1	0
滋賀県	1	0	0	0	0	0	0	0	0	0
京都府	1	0	0	1	0	0	0	1	1	1
大阪府	7	1	1	4	1	1	2	4	2	3
兵庫県	2	0	0	1	0	0	1	2	1	1
奈良県	0	0	0	0	0	0	0	0	0	0
和歌山県	0	0	0	0	0	0	0	0	0	0
鳥取県	0	0	0	0	0	0	0	0	0	0
島根県	0	0	0	0	0	0	0	0	0	0
岡山県	1	0	0	0	0	0	0	1	0	0
広島県	1	0	0	1	0	0	0	1	0	0
山口県	0	0	0	0	0	0	0	0	0	0
徳島県	0	0	0	0	0	0	0	0	0	0
香川県	0	0	0	0	0	0	0	0	0	0
愛媛県	0	0	0	0	0	0	0	0	0	0
高知県	0	0	0	0	0	0	0	0	0	0
福岡県	3	0	0	2	0	0	1	2	1	1
佐賀県	0	0	0	0	0	0	0	0	0	0
長崎県	0	0	0	0	0	0	0	0	0	0
熊本県	1	0	0	0	0	0	0	0	0	0
大分県	0	0	0	0	0	0	0	0	0	0
宮崎県	0	0	0	0	0	0	0	0	0	0
鹿児島県	0	0	0	0	0	0	0	0	0	0
沖縄県	1	0	0	0	0	0	0	0	0	0
合計	**1,547**	**334**	**334**	**765**	**277**	**327**	**619**	**951**	**640**	**616**

※総務省資料より TCA 作成

（百万回）

発信＼着信	埼玉県	千葉県	東京都	神奈川県	新潟県	富山県	石川県	福井県	山梨県	長野県
北海道	7	6	78	8	1	0	1	0	0	1
青森県	2	1	13	2	0	0	0	0	0	0
岩手県	2	2	13	2	0	0	0	0	0	0
宮城県	6	5	44	6	2	0	0	0	0	1
秋田県	2	1	11	2	1	0	0	0	0	0
山形県	2	2	16	2	2	0	0	0	0	0
福島県	6	4	34	5	3	0	0	0	0	1
茨城県	24	42	71	11	2	0	0	0	1	1
栃木県	19	6	41	7	1	0	0	0	0	1
群馬県	32	5	39	6	4	0	0	0	1	5
埼玉県	1,389	56	351	48	7	1	1	1	3	9
千葉県	52	1,343	259	42	4	1	1	1	2	4
東京都	343	259	3,820	415	22	9	10	6	19	27
神奈川県	43	44	392	1,849	5	2	2	1	7	7
新潟県	7	4	31	5	563	2	2	1	0	5
富山県	1	1	13	2	2	251	13	2	0	1
石川県	1	1	16	2	2	11	297	7	0	1
福井県	1	1	11	1	1	2	8	223	0	0
山梨県	3	2	23	7	0	0	0	0	258	5
長野県	6	3	33	6	5	1	1	0	5	549
岐阜県	2	2	29	2	1	2	1	1	0	3
静岡県	7	6	69	23	1	1	1	1	5	3
愛知県	9	9	143	14	2	3	5	3	1	8
三重県	2	2	29	3	0	0	1	1	0	1
滋賀県	1	1	18	2	0	1	1	2	0	1
京都府	2	3	40	4	1	1	1	3	0	1
大阪府	12	15	237	18	4	3	6	5	2	4
兵庫県	5	6	89	8	1	1	2	2	0	1
奈良県	1	1	23	1	0	0	0	0	0	0
和歌山県	1	1	13	1	0	0	0	0	0	0
鳥取県	0	0	6	1	0	0	0	0	0	0
島根県	0	0	6	1	0	0	0	0	0	0
岡山県	1	2	30	2	0	0	0	0	0	0
広島県	2	2	46	4	0	0	0	0	0	0
山口県	1	1	17	2	0	0	0	0	0	0
徳島県	0	1	9	1	0	0	0	0	0	0
香川県	1	1	16	1	0	0	0	0	0	0
愛媛県	1	1	20	2	0	0	0	0	0	0
高知県	1	1	9	1	0	0	0	0	0	0
福岡県	6	6	104	9	1	1	1	1	0	1
佐賀県	1	1	12	1	0	0	0	0	0	0
長崎県	1	1	17	2	0	0	0	0	0	0
熊本県	2	1	28	2	0	0	0	0	0	0
大分県	1	1	17	1	0	0	0	0	0	0
宮崎県	1	1	15	1	0	0	0	0	0	0
鹿児島県	1	2	23	3	0	0	0	0	0	0
沖縄県	2	2	30	3	0	0	0	0	0	0
合計	**2,010**	**1,857**	**6,405**	**2,541**	**642**	**297**	**359**	**263**	**310**	**647**

（百万回）

着信／発信	岐阜県	静岡県	愛知県	三重県	滋賀県	京都府	大阪府	兵庫県	奈良県	和歌山県
北海道	1	2	4	1	1	1	7	2	1	0
青森県	0	0	1	0	0	0	1	0	0	0
岩手県	0	0	1	0	0	0	1	0	0	0
宮城県	0	1	2	0	0	1	4	1	0	0
秋田県	0	0	1	0	0	0	1	0	0	0
山形県	0	0	1	0	0	0	1	0	0	0
福島県	0	1	1	0	0	0	2	1	0	0
茨城県	1	2	3	1	1	1	4	2	0	0
栃木県	0	2	2	1	0	0	2	1	0	0
群馬県	0	2	2	0	0	1	2	1	0	0
埼玉県	2	8	10	2	1	3	14	5	1	1
千葉県	1	6	8	2	1	2	13	5	1	1
東京都	14	46	68	12	8	20	118	39	7	5
神奈川県	3	25	15	3	2	4	20	8	1	1
新潟県	1	1	2	0	0	1	2	1	0	0
富山県	1	1	3	0	0	1	4	1	0	0
石川県	1	1	5	1	1	1	6	1	0	0
福井県	1	1	3	1	2	3	6	2	0	0
山梨県	0	5	1	0	0	0	1	0	0	0
長野県	3	2	9	1	1	1	3	1	0	0
岐阜県	478	3	72	6	3	2	6	2	1	0
静岡県	3	958	35	3	1	2	9	3	1	0
愛知県	71	33	1,989	40	6	6	35	10	3	1
三重県	6	3	42	521	3	3	12	3	4	4
滋賀県	3	1	6	3	323	26	25	6	2	1
京都府	2	2	6	3	26	585	75	19	12	2
大阪府	7	10	31	14	25	73	2,584	158	53	28
兵庫県	2	3	10	3	6	20	212	1,261	7	4
奈良県	1	1	2	4	2	11	53	6	286	4
和歌山県	0	0	1	3	1	2	29	4	4	296
鳥取県	0	0	1	0	0	1	3	3	0	0
島根県	0	0	1	0	0	1	3	1	0	0
岡山県	1	1	3	1	1	2	13	11	1	0
広島県	1	1	4	1	1	2	16	7	1	0
山口県	0	0	1	0	0	1	5	2	0	0
徳島県	0	0	1	0	0	1	5	4	0	0
香川県	0	0	1	0	0	1	7	3	0	0
愛媛県	0	1	1	0	0	1	7	3	0	0
高知県	0	0	1	0	0	1	4	2	0	0
福岡県	1	2	8	1	1	3	24	7	1	1
佐賀県	0	0	1	0	0	0	2	1	0	0
長崎県	0	0	1	0	0	1	4	1	0	0
熊本県	0	1	2	0	0	1	5	2	0	0
大分県	0	0	1	0	0	1	3	1	0	0
宮崎県	0	0	1	0	0	0	3	1	0	0
鹿児島県	0	1	2	0	0	1	6	2	0	0
沖縄県	0	0	2	0	0	1	5	1	0	0
合計	**609**	**1,131**	**2,367**	**631**	**423**	**788**	**3,365**	**1,592**	**392**	**354**

（百万回）

着信 発信	鳥取県	島根県	岡山県	広島県	山口県	徳島県	香川県	愛媛県	高知県	福岡県
北海道	0	0	1	1	0	0	0	0	0	3
青森県	0	0	0	0	0	0	0	0	0	0
岩手県	0	0	0	0	0	0	0	0	0	0
宮城県	0	0	0	1	0	0	0	0	0	1
秋田県	0	0	0	0	0	0	0	0	0	0
山形県	0	0	0	0	0	0	0	0	0	0
福島県	0	0	0	0	0	0	0	0	0	1
茨城県	0	0	1	1	0	0	0	0	0	2
栃木県	0	0	0	0	0	0	0	0	0	1
群馬県	0	0	0	0	0	0	0	0	0	1
埼玉県	0	0	2	2	1	0	1	1	1	6
千葉県	0	0	2	2	1	0	1	1	1	6
東京都	4	4	12	20	8	4	8	12	4	49
神奈川県	1	1	3	4	2	1	1	2	1	9
新潟県	0	0	0	0	0	0	0	0	0	1
富山県	0	0	0	0	0	0	0	0	0	0
石川県	0	0	0	0	0	0	0	0	0	1
福井県	0	0	0	0	0	0	0	0	0	0
山梨県	0	0	0	0	0	0	0	0	0	0
長野県	0	0	0	0	0	0	0	0	0	1
岐阜県	0	0	1	1	0	0	0	0	0	1
静岡県	0	0	1	1	1	0	0	1	0	2
愛知県	1	1	3	4	1	1	1	1	1	8
三重県	0	0	1	1	0	0	0	0	0	1
滋賀県	0	0	1	1	0	0	0	0	0	1
京都府	1	1	2	2	1	1	1	1	1	3
大阪府	3	3	13	14	5	5	7	7	4	20
兵庫県	3	2	11	7	2	4	4	3	2	7
奈良県	0	0	1	1	0	0	0	0	0	1
和歌山県	0	0	0	0	0	0	0	0	0	1
鳥取県	151	8	4	3	0	0	0	0	0	1
島根県	8	178	2	8	2	0	0	0	0	1
岡山県	4	2	581	26	2	1	6	3	1	4
広島県	3	7	23	817	19	1	4	6	1	10
山口県	0	2	2	19	368	0	1	1	0	17
徳島県	0	0	1	1	0	233	8	3	2	1
香川県	0	0	6	3	0	7	294	9	4	2
愛媛県	0	0	3	7	1	3	11	420	5	2
高知県	0	0	1	1	0	2	5	5	247	1
福岡県	1	1	4	9	17	1	1	2	1	1,728
佐賀県	0	0	0	1	1	0	0	0	0	50
長崎県	0	0	0	1	1	0	0	0	0	23
熊本県	0	0	1	1	1	0	0	0	0	36
大分県	0	0	1	1	1	0	0	1	0	27
宮崎県	0	0	0	1	0	0	0	0	0	11
鹿児島県	0	0	1	1	1	0	0	0	0	16
沖縄県	0	0	0	1	0	0	0	0	0	6
合計	**183**	**214**	**684**	**970**	**442**	**268**	**360**	**486**	**278**	**2,066**

（百万回）

着信 発信	佐賀県	長崎県	熊本県	大分県	宮崎県	鹿児島県	沖縄県	衛星	合計	自都道府県内	比率
北海道	0	0	1	0	0	1	1	0	**1,593**	1,439	90.3%
青森県	0	0	0	0	0	0	0	0	**337**	290	86.1%
岩手県	0	0	0	0	0	0	0	0	**337**	278	82.6%
宮城県	0	0	0	0	0	0	0	0	**774**	623	80.6%
秋田県	0	0	0	0	0	0	0	0	**280**	241	85.9%
山形県	0	0	0	0	0	0	0	0	**333**	281	84.6%
福島県	0	0	0	0	0	0	0	0	**632**	522	82.7%
茨城県	0	0	0	0	0	1	0	0	**975**	758	77.8%
栃木県	0	0	0	0	0	0	0	0	**651**	507	78.0%
群馬県	0	0	0	0	0	0	0	0	**625**	492	78.9%
埼玉県	1	1	2	1	1	2	2	0	**2,043**	1,389	68.0%
千葉県	1	1	1	1	1	2	2	0	**1,844**	1,343	72.8%
東京都	5	8	12	7	7	12	13	0	**5,685**	3,820	67.2%
神奈川県	1	2	2	2	2	3	3	0	**2,528**	1,849	73.1%
新潟県	0	0	0	0	0	0	0	0	**648**	563	86.9%
富山県	0	0	0	0	0	0	0	0	**303**	251	82.9%
石川県	0	0	0	0	0	0	0	0	**361**	297	82.3%
福井県	0	0	0	0	0	0	0	0	**269**	223	82.8%
山梨県	0	0	0	0	0	0	0	0	**314**	258	82.4%
長野県	0	0	0	0	0	0	0	0	**646**	549	85.0%
岐阜県	0	0	0	0	0	0	0	0	**624**	478	76.6%
静岡県	0	0	1	0	1	1	1	0	**1,153**	958	83.1%
愛知県	1	2	2	1	1	2	2	0	**2,442**	1,989	81.5%
三重県	0	0	0	0	0	0	0	0	**649**	521	80.2%
滋賀県	0	0	0	0	0	0	0	0	**433**	323	74.6%
京都府	0	1	1	1	0	1	1	0	**809**	585	72.4%
大阪府	2	3	4	3	3	6	4	0	**3,418**	2,584	75.6%
兵庫県	1	1	2	1	1	2	1	0	**1,705**	1,261	73.9%
奈良県	0	0	0	0	0	0	0	0	**407**	286	70.3%
和歌山県	0	0	0	0	0	0	0	0	**362**	296	81.9%
鳥取県	0	0	0	0	0	0	0	0	**185**	151	81.6%
島根県	0	0	0	0	0	0	0	0	**217**	178	82.2%
岡山県	0	1	1	1	0	1	0	0	**706**	581	82.3%
広島県	1	1	1	1	1	1	1	0	**993**	817	82.3%
山口県	1	1	1	1	1	1	0	0	**451**	308	81.7%
徳島県	0	0	0	0	0	0	0	0	**275**	233	84.6%
香川県	0	0	0	0	0	0	0	0	**364**	294	80.9%
愛媛県	0	0	0	1	0	0	0	0	**496**	420	84.7%
高知県	0	0	0	0	0	0	0	0	**283**	247	87.2%
福岡県	40	22	34	28	10	15	5	0	**2,107**	1,728	82.0%
佐賀県	232	10	3	2	1	1	0	0	**324**	232	71.8%
長崎県	10	420	4	2	1	1	0	0	**495**	420	84.9%
熊本県	3	4	598	5	5	8	1	0	**712**	598	83.9%
大分県	1	2	5	384	3	1	0	0	**457**	384	83.9%
宮崎県	1	1	5	3	356	13	0	0	**420**	356	84.9%
鹿児島県	1	1	8	2	14	587	1	0	**679**	587	86.5%
沖縄県	0	1	1	1	0	1	614	0	**677**	614	90.7%
合計	**305**	**487**	**694**	**450**	**413**	**668**	**657**	**1**	**43,018**	**33,466**	**77.8%**

2-2-4-3-5　都道府県別通信回数の推移

―携帯電話・PHS 発着信―

（百万回）

発信	2016年度	2017年度		2018年度		2019年度		2020年度	
	回数	回数	対前年度伸び率	回数	対前年度伸び率	回数	対前年度伸び率	回数	対前年度伸び率
北海道	1,928	1,862	-3.4	1,802	-3.2	1,700	-5.6	1,593	-6.3
青森県	404	388	-4.0	371	-4.4	360	-2.9	337	-6.5
岩手県	409	393	-3.9	374	-4.8	365	-2.5	337	-7.7
宮城県	957	908	-5.1	859	-5.4	823	-4.2	774	-5.9
秋田県	322	316	-1.9	298	-5.7	294	-1.3	280	-4.7
山形県	393	383	-2.5	365	-4.6	354	-3.2	333	-6.0
福島県	766	728	-5.0	691	-5.1	682	-1.3	632	-7.4
茨城県	1,121	1,078	-3.8	1,035	-4.0	1,037	0.2	975	-6.0
栃木県	752	733	-2.5	699	-4.6	700	0.1	651	-7.1
群馬県	729	704	-3.4	674	-4.3	670	-0.6	625	-6.7
埼玉県	2,314	2,239	-3.2	2,133	-4.7	2,105	-1.3	2,043	-3.0
千葉県	2,163	2,085	-3.6	1,992	-4.5	1,951	-2.1	1,844	-5.5
東京都	7,235	7,087	-2.0	6,614	-6.7	6,360	-3.8	5,685	-10.6
神奈川県	2,983	2,845	-4.6	2,695	-5.3	2,626	-2.6	2,528	-3.7
新潟県	742	731	-1.5	690	-5.7	685	-0.7	648	-5.4
富山県	369	358	-3.0	339	-5.2	319	-6.0	303	-5.1
石川県	444	439	-1.1	410	-6.6	386	-5.8	361	-6.5
福井県	319	319	0.0	302	-5.4	284	-5.8	269	-5.2
山梨県	365	351	-3.8	339	-3.4	340	0.3	314	-7.8
長野県	774	746	-3.6	711	-4.8	700	-1.5	646	-7.7
岐阜県	762	731	-4.1	703	-3.8	665	-5.4	624	-6.1
静岡県	1,439	1,373	-4.6	1,323	-3.7	1,252	-5.3	1,153	-8.0
愛知県	3,039	2,914	-4.1	2,785	-4.4	2,607	-6.4	2,442	-6.3
三重県	781	756	-3.2	729	-3.6	695	-4.6	649	-6.6
滋賀県	532	512	-3.8	491	-4.2	464	-5.4	433	-6.6
京都府	1,020	977	-4.2	941	-3.7	877	-6.8	809	-7.8
大阪府	4,186	4,046	-3.3	3,925	-3.0	3,652	-7.0	3,418	-6.4
兵庫県	2,087	1,999	-4.2	1,927	-3.6	1,799	-6.6	1,705	-5.3
奈良県	510	497	-2.5	456	-8.3	426	-6.6	407	-4.5
和歌山県	414	401	-3.1	394	-1.7	383	-2.9	362	-5.5
鳥取県	232	220	-5.2	208	-5.6	198	-4.7	185	-6.3
島根県	256	247	-3.5	237	-4.2	230	-2.9	217	-5.7
岡山県	827	799	-3.4	785	-1.8	750	-4.4	706	-5.9
広島県	1,183	1,137	-3.9	1,117	-1.7	1,055	-5.6	993	-5.9
山口県	536	512	-4.5	497	-3.0	471	-5.1	451	-4.3
徳島県	317	307	-3.2	296	-3.7	293	-0.9	275	-5.9
香川県	428	415	-3.0	401	-3.4	389	-3.0	364	-6.5
愛媛県	576	564	-2.1	544	-3.6	529	-2.7	496	-6.2
高知県	326	317	-2.8	306	-3.3	301	-1.7	283	-6.0
福岡県	2,546	2,439	-4.2	2,329	-4.5	2,226	-4.4	2,107	-5.4
佐賀県	381	367	-3.7	352	-4.1	345	-2.1	324	-6.1
長崎県	573	549	-4.2	525	-4.4	515	-1.8	495	-3.9
熊本県	908	827	-8.9	781	-5.6	758	-2.9	712	-6.0
大分県	538	517	-3.9	495	-4.2	484	-2.2	457	-5.6
宮崎県	504	485	-3.8	468	-3.5	448	-4.2	420	-6.4
鹿児島県	794	766	-3.5	732	-4.4	719	-1.8	679	-5.5
沖縄県	884	846	-4.3	808	-4.5	756	-6.5	677	-10.4
合計	**52,071**	**50,211**	**-3.6**	**47,946**	**-4.5**	**46,381**	**-3.3**	**43,018**	**-7.3**

※総務省資料より TCA 作成

2-2-5　国際通信のトラヒック

2-2-5-1　国際電話の通信回数・通信時間の推移

（百万回、百万分）

区　分		2016年度	2017年度	2018年度	2019年度	2020年度
通信回数	発信	212.8	194.8	159.1	137.9	50.0
	着信	259.5	298.6	289.3	333.5	317.6
	合計	**472.2**	**493.4**	**448.5**	**471.4**	**367.6**
通信時間	発信	855.6	744.4	594.3	496.5	258.5
	着信	822.2	902.1	750.9	661.1	527.1
	合計	**1,677.8**	**1,646.5**	**1,345.2**	**1,157.6**	**785.7**

※総務省資料よりTCA作成

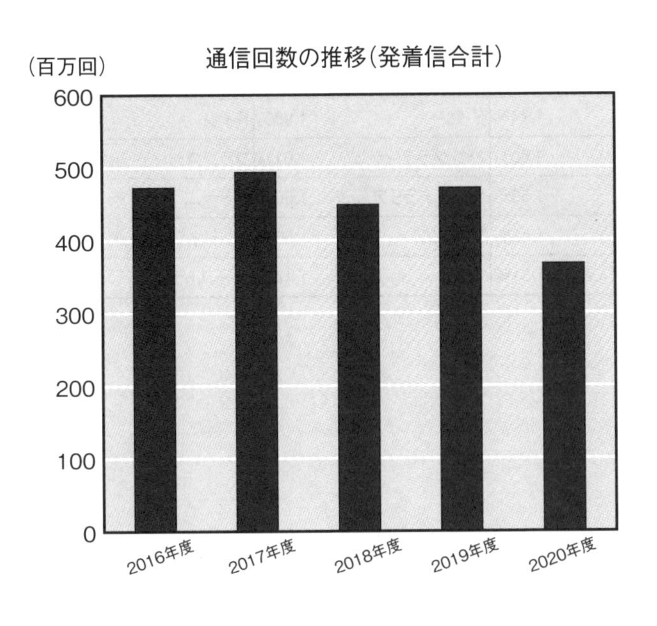

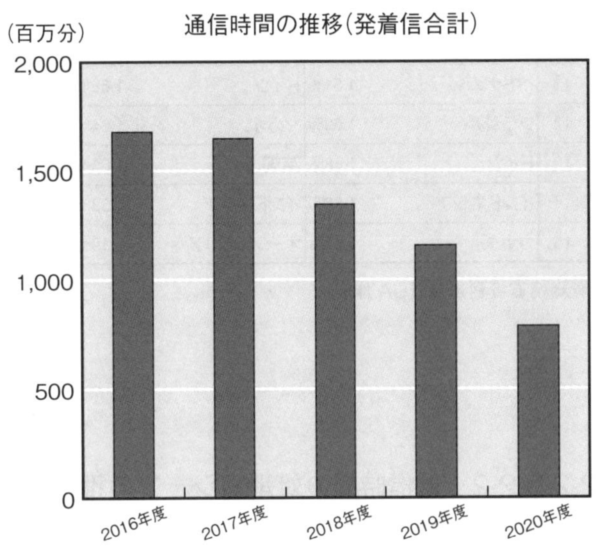

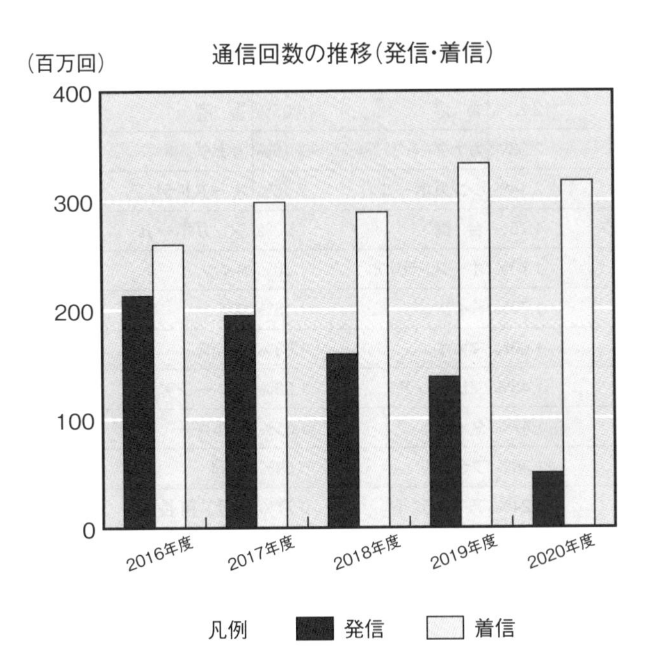

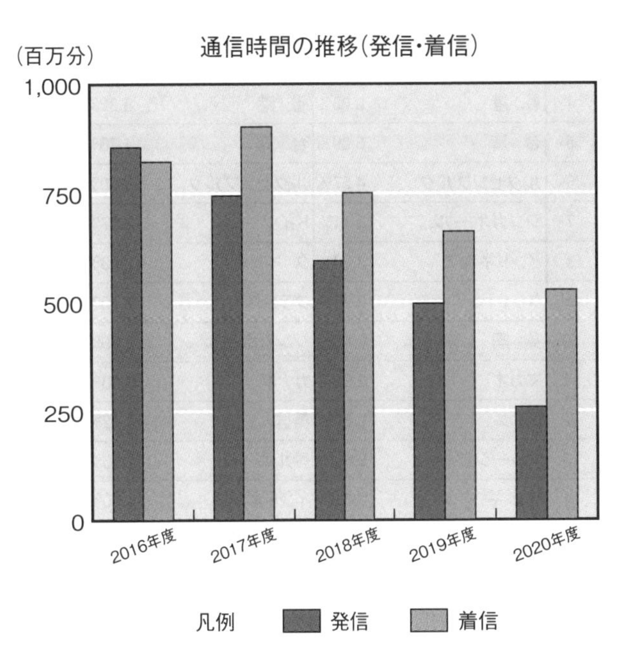

2-2-5-2　主要対地別通信時間の状況

2-2-5-2-1　発信時間の対地別シェアの推移

順位	2016年度		2017年度		2018年度		2019年度		2020年度	
1	中 国	22.58%	中 国	20.93%	米国(本土)	19.33%	米国(本土)	19.83%	米国(本土)	35.13%
2	米国(本土)	14.52%	米国(本土)	17.79%	中 国	17.75%	香 港	19.19%	中 国	16.15%
3	フィリピン	12.31%	香 港	10.80%	香 港	15.84%	中 国	16.46%	香 港	8.86%
4	韓 国	6.99%	フィリピン	8.46%	フィリピン	6.36%	韓 国	5.16%	韓 国	6.26%
5	香 港	4.53%	韓 国	6.01%	韓 国	6.06%	タ イ	3.49%	タ イ	3.51%
6	タ イ	4.06%	タ イ	3.63%	タ イ	3.74%	フィリピン	3.34%	フィリピン	3.49%
7	台 湾	3.45%	台 湾	3.11%	台 湾	3.19%	台 湾	3.02%	台 湾	3.20%
8	シンガポール	2.50%	シンガポール	2.83%	シンガポール	2.80%	シンガポール	2.85%	シンガポール	2.97%
9	マカオ	2.19%	インド	2.34%	インド	2.49%	インド	2.69%	英 国	2.01%
10	インド	2.15%	ベトナム	1.76%	ドイツ	1.80%	英 国	2.01%	インド	1.71%
11	ベトナム	1.81%	ドイツ	1.68%	英国	1.74%	ドイツ	1.98%	ドイツ	1.68%
12	ブラジル	1.69%	マカオ	1.64%	マカオ	1.68%	バングラディシュ	1.61%	フランス	1.30%
13	ドイツ	1.68%	英国	1.61%	ベトナム	1.50%	オーストラリア	1.60%	ベトナム	1.17%
14	インドネシア	1.66%	インドネシア	1.53%	フランス	1.42%	フランス	1.56%	インドネシア	1.13%
15	カナダ	1.57%	オーストラリア	1.39%	オーストラリア	1.31%	マカオ	1.47%	オーストラリア	1.10%

※総務省資料より TCA 作成

2-2-5-2-2　着信時間の対地別シェアの推移

順位	2016年度		2017年度		2018年度		2019年度		2020年度	
1	韓 国	16.66%	米国(本土)	18.75%	中 国	22.43%	中 国	25.12%	米国(本土)	27.52%
2	米国(本土)	15.06%	中 国	18.50%	米国(本土)	20.30%	米国(本土)	20.12%	韓 国	27.40%
3	中 国	13.28%	韓 国	12.60%	韓 国	18.48%	韓 国	18.92%	中 国	26.51%
4	香 港	6.03%	香 港	8.82%	香 港	12.73%	香 港	14.03%	香 港	3.17%
5	台 湾	5.09%	台 湾	4.26%	カナダ	2.33%	カナダ	3.16%	カナダ	2.05%
6	ルクセンブルク	4.57%	ルクセンブルク	3.29%	シンガポール	2.14%	シンガポール	2.45%	オーストラリア	1.62%
7	シンガポール	3.71%	ドイツ	2.87%	ルクセンブルク	1.75%	台 湾	1.23%	シンガポール	1.57%
8	インドネシア	3.20%	タ イ	2.83%	フランス	1.73%	オーストラリア	1.20%	ドイツ	1.38%
9	タ イ	3.20%	フランス	2.70%	台 湾	1.70%	ドイツ	1.15%	タイ	0.96%
10	英 国	3.15%	シンガポール	2.69%	ドイツ	1.66%	マカオ	1.08%	台 湾	0.91%
11	マカオ	2.91%	カナダ	2.68%	マレーシア	1.48%	マレーシア	1.06%	マレーシア	0.86%
12	ドイツ	2.81%	英国	2.12%	タイ	1.47%	タイ	1.05%	ベルギー	0.77%
13	マレーシア	2.03%	ベルギー	1.95%	マカオ	1.30%	フランス	0.89%	英国	0.66%
14	ベルギー	2.01%	インドネシア	1.90%	インドネシア	1.24%	アイスランド	0.77%	アラブ首長国	0.54%
15	フランス	1.91%	マレーシア	1.58%	オーストラリア	1.11%	インドネシア	0.74%	ベトナム	0.53%

※総務省資料より TCA 作成

2-2-5-2-3　対地別発着信時間（2020 年度）

取扱対地（発信時間による降順）	日本発信						日本着信					
	発信順位		発信時間（百万分）	対前年度増減率(%)	シェア(%)	シェア累積(%)	着信順位		着信時間（百万分）	対前年度増減率(%)	シェア(%)	シェア累積(%)
	2020	2019					2020	2019				
米国(本土)	1	(1)	90.8	▲7.76%	35.13%	35.13%	1	(2)	145.1	9.06%	27.52%	27.52%
中国	2	(3)	41.8	▲48.90%	16.15%	51.28%	3	(1)	139.8	▲15.83%	26.51%	54.04%
香港	3	(2)	22.9	▲75.97%	8.86%	60.14%	4	(4)	16.7	▲81.99%	3.17%	57.20%
韓国	4	(4)	16.2	▲36.83%	6.26%	66.40%	2	(3)	144.4	15.47%	27.40%	84.60%
タイ	5	(5)	9.1	▲47.60%	3.51%	69.92%	9	(12)	5.0	▲27.16%	0.96%	85.56%
フィリピン	6	(6)	9.0	▲45.69%	3.49%	73.40%	18	(23)	1.8	▲23.57%	0.34%	85.91%
台湾	7	(7)	8.3	▲44.75%	3.20%	76.60%	10	(7)	4.8	▲40.99%	0.91%	86.82%
シンガポール	8	(8)	7.7	▲45.69%	2.97%	79.57%	7	(6)	8.3	▲48.90%	1.57%	88.39%
英国	9	(10)	5.2	▲47.94%	2.01%	81.58%	13	(16)	3.5	▲22.46%	0.66%	89.05%
インド	10	(9)	4.4	▲66.79%	1.71%	83.29%	20	(20)	1.0	▲72.44%	0.18%	89.23%
ドイツ	11	(11)	4.4	▲55.71%	1.68%	84.98%	8	(9)	7.3	▲3.81%	1.38%	90.61%
フランス	12	(14)	3.4	▲56.73%	1.30%	86.27%	17	(13)	1.9	▲68.31%	0.35%	90.97%
ベトナム	13	(16)	3.0	▲56.30%	1.17%	87.44%	15	(17)	2.8	▲36.60%	0.53%	91.50%
インドネシア	14	(17)	2.9	▲52.97%	1.13%	88.57%	16	(15)	2.7	▲45.78%	0.50%	92.00%
オーストラリア	15	(13)	2.8	▲64.44%	1.10%	89.67%	6	(8)	8.5	7.30%	1.62%	93.62%
マレーシア	16	(18)	2.5	▲46.06%	0.95%	90.62%	11	(11)	4.5	▲35.69%	0.86%	94.48%
カナダ	17	(20)	2.4	▲35.60%	0.91%	91.53%	5	(5)	10.8	▲48.18%	2.05%	96.54%
米国(ハワイ)	18	(19)	2.4	▲41.92%	0.91%	92.45%	19	(24)	1.5	▲7.30%	0.28%	96.82%
ベルギー	19	(29)	1.3	▲4.55%	0.52%	92.96%	12	(19)	4.1	14.49%	0.77%	97.59%
パキスタン	20	(44)	1.1	134.64%	0.41%	93.37%	33	(41)	0.2	▲40.96%	0.04%	97.63%
ブラジル	21	(22)	1.0	▲59.12%	0.40%	93.77%	26	(30)	0.6	▲25.39%	0.11%	97.74%
イタリア	22	(21)	0.9	▲69.54%	0.35%	94.12%	27	(29)	0.6	▲29.26%	0.11%	97.85%
オランダ	23	(25)	0.8	▲57.08%	0.29%	94.41%	31	(38)	0.3	▲36.39%	0.05%	97.90%
ニュージーランド	24	(26)	0.7	▲57.71%	0.28%	94.69%	25	(22)	0.7	▲72.93%	0.13%	98.02%
ネパール	25	(24)	0.7	▲61.14%	0.27%	94.96%	62	(80)	0.0	▲48.72%	0.01%	98.03%
アラブ首長国	26	(27)	0.7	▲57.10%	0.27%	95.23%	14	(18)	2.9	▲23.82%	0.54%	98.57%
スリランカ	27	(28)	0.6	▲57.21%	0.25%	95.48%	22	(26)	0.7	▲37.43%	0.14%	98.71%
メキシコ合衆国	28	(33)	0.6	▲46.56%	0.24%	95.71%	22	(25)	0.8	▲36.09%	0.14%	98.86%
スペイン	29	(31)	0.6	▲58.29%	0.22%	95.93%	32	(34)	0.2	▲46.92%	0.05%	98.90%
ミャンマー	30	(34)	0.6	▲41.49%	0.22%	96.16%	29	(36)	0.3	▲25.53%	0.07%	98.97%
その他対地・合計	—	—	9.9		3.84%	100.00%	—	—	5.4		1.03%	100.00%
全対地・合計	—	—	**258.5**		—	—	—	—	**527.1**		—	—

※総務省資料より TCA 作成

2-3 料金・サービス内容等の動き

2-3-1 固定電話

2-3-1-1 通話料金等の推移

2-3-1-1-1 NTTの通話料金等の推移

1985年	320km超の最遠距離区間で平日・昼間3分間料金は400円であった。
1986年7月	民営化後最初の値下げ。土曜割引きを導入、土曜の料金を休日・夜間と同様に平日より約40%割引きとする。
1988年2月	最遠距離料金を平日昼間で3分間360円に値下げ。
1989年2月	最遠距離を平日昼間3分間330円に値下げ。 隣接区域内通話及び20km以内の通話を3分間30円から、3分間20円に値下げ。（近距離の値下げは昭和47年以来）
1990年3月	最遠距離を平日昼間3分間280円に値下げ。 市内、近距離及び中距離への深夜割引導入。
1991年3月	160km超を最遠距離区分として統一、平日昼間3分間240円に値下げ。20km～30kmも同40円に値下げ。深夜割引時間帯を夜11時から朝8時までと2時間延長。
1992年6月	最遠距離を平日昼間3分間200円に値下げ。
1993年10月	30km～100kmまでの距離区分を4段階～2段階に簡素化し、30kmを超える部分の料金を10円～60円値下げし、最遠距離は平日昼間3分間で180円となった。
1996年3月	最遠距離を平日昼間3分間で140円に値下げ。
1997年2月	100km超の遠距離を平日昼間3分間で110円に値下げ。
1998年2月	100km超を最遠距離区分とし、平日昼間3分間で90円に値下げ。
1999年7月	NTT再編に伴いNTT東日本・西日本が県内通話を、NTTコミュニケーションズが県間通信を受持つこととなる。
2000年10月	NTT東日本・西日本が20kmを超える県内市外料金を値下げ。20～60kmの平日・昼間3分間料金を30円に、60km超の平日・昼間3分間料金を40円とする。
2001年1月	NTT東日本が市内通話料金を値下げ。3分間9円とする。
2001年5月	NTT東日本・西日本が市内通話料金を値下げ。昼間・夜間3分間で8.5円とする。

2-3-1-1-2 長距離・国際系NCCの通話料金等の推移

1987年9月	長距離系新事業者3社がサービス開始。 当初料金は概ねNTTより25%安、340kmの最遠距離料金は平日昼間3分間300円（NTT部分の足回り料金20円の場合）。
1988年2月	夜間・深夜料金の値下げ。近距離料金への夜間割引の導入。
1989年2月	全ての距離区分で値下げ、最遠距離は平日昼間3分間280円に。
1990年3月	最遠距離料金を値下げ、平日昼間3分間240円に。 全ての距離区分で夜間・土日・祝日の料金を値下げ。
1991年3月	170km超を最遠距離区分とし、平日昼間3分間200円に値下げ。また夜間･土日･祝日の料金を値下げ。
1992年4月	最遠距離料金の値下げを行い平日昼間3分間で180円となった。
1993年11月	これまでの足し算料金（NCCが設定する中継部分の料金と、NTTが設定する足周り部分の料金を合算するもの）に代わり、エンドエンド料金（足回り部分も含めたNCCが発信者から着信者までを通して合算するもの）を導入し、併せて料金水準の引き下げを行った。この結果、最遠距離料金は平日昼間3分間で170円となった。深夜割引時間帯（夜11時から朝8時）を設け、60km～100kmまでの距離区分を2段階から1段階に簡素化。

1994年4月　NTTが提供する足回り部分の料金をユーザ料金からコストに基づく事業者間接続料金(アクセスチャージ）に変更。

1996年3月　NTT提供の足回り部分に係わるNCCからNTTへの事業者間接続料金（いわゆる「アクセスチャージ」）の引き下げを受け、最遠距離（170km超）料金（平日昼間のみ）を3分間当たり170円から130円に引き下げた。また従来「60kmまで」の一区分しかなかった近距離通話の距離区分を「30kmまで」と「30～60km」に細分化し、平日昼間「30kmまで」と深夜・早朝の「30kmまで」及び「30～60km」について値下げを実施。

1997年2月　最遠距離料金を平日昼間3分間で100円に値下げ。

1998年2月　最遠距離料金を平日昼間3分間で90円に値下げ。隣接区域内及び20km以内の距離段階の新設。

1998年7月　KDDが本格的に国内電話に参入し、最遠距離料金を平日昼間3分間で69円でサービス開始。

2000年4月　20～30km、30～60kmの昼間・夜間料金等を値下げ。
NTTコミュニケーションズが30～60km・60～100kmの昼間・夜間料金、60～100km・100km超の夜間・深夜料金を値下げ。

2000年10月　DDI、KDD及びIDOが合併しKDDIに。新たに県内料金を設定し、60km超の平日・昼間3分間料金を40円とする。

2000年12月　ケーブル・アンド・ワイヤレスIDCが本格的に国内電話に参入し、100km超の最遠距離料金を終日3分間45円でサービス開始。

2001年3月　最遠距離料金を平日昼間3分間で80円に、60～100kmを平日昼間3分間で60円に値下げ。
NTTコミュニケーションズが20～30kmの全時間帯、30～60kmの夜間・深夜、60～100kmの深夜及び100km超の昼間・深夜の料金を値下げ。

2001年4月　フュージョン・コミュニケーションズがIP電話を開始し、全国距離に関係なく3分間20円でサービス開始。

2001年5月　NTTコミュニケーションズが東京都・愛知県・大阪府で県内・市内通信に参入。通話料金は市内が8.5円／3分。
KDDI、日本テレコムが市内参入。通話料金は平日昼間3分間8.5円。

2004年12月　日本テレコムが固定電話サービス「おとくライン」サービス開始。

2005年2月　KDDIがメタルプラス電話サービス開始。

2006年6月　日本テレコムが平成電電、平成電電コミュニケーションズから電気通信事業を事業譲渡。

2006年10月　日本テレコムがソフトバンクテレコムに社名変更。

2015年4月　ソフトバンクモバイル、ソフトバンクBB、ソフトバンクテレコム及びワイモバイルが合併しソフトバンクモバイルに。

2015年7月　ソフトバンクモバイルがソフトバンクに社名変更。

2015年12月　フュージョン・コミュニケーションズが楽天コミュニケーションズに社名変更。

2016年6月　KDDIがメタルプラス電話サービス終了。

2019年7月　楽天コミュニケーションズが運営する国内電話サービス（マイライン）および「楽天でんわ」を、会社分割により楽天モバイルへ承継。

〔参考〕マイラインに参加する通信会社

（2022年10月現在）

事業者名＼通話区分	電話会社の識別番号	市内	市県外内	県外	国際	登録できる地域
東日本電信電話㈱	0036	○	○			東日本
西日本電信電話㈱	0039	○	○			西日本
NTTコミュニケーションズ㈱	0033	○	○	○	○	日本全国
KDDI㈱	0077 001（国際通話）	○	○	○	○	日本全国
ソフトバンク㈱	0088 0061（国際通話）	○	○	○	○	日本全国
楽天モバイル㈱	0038	○	○	○	○	日本全国
アルテリア・ネットワークス㈱	0060	○	○	○	○	全国18都道府県

※マイラインホームページ：http://www.myline.org/

2-3-1-1-3　地域系・CATV 系事業者の通話料金等の推移

1988 年 5 月	地域系事業者の東京通信ネットワーク（以下 TTNet、現パワードコム）が直加入電話サービス開始。
1997 年 6 月	ケーブルテレビ事業者のタイタス・コミュニケーションズが加入電話サービスを開始。通話料金に 20 秒単位のハドソン課金を導入。
1997 年 7 月	杉並ケーブルテレビ（現ジェイコム東京）が加入電話サービスを開始。
1998 年 1 月	TTNet が平日昼間 3 分間で区域内料金 9 円、最遠距離料金 72 円の中継電話サービスを開始。
1998 年 3 月	TTNet が最遠距離の平日・昼間 3 分間の料金を 63 円に値下げ。
1999 年 4 月	九州通信ネットワーク（以下、QTNet）が平日昼間 3 分間で区域内 9 円、最遠距離料金 70 円の中継電話サービスを開始。
2000 年 5 月	TTNet が 60 ～ 100km の平日・昼間 3 分間の料金を 54 円から 45 円に値下げ。
2000 年 11 月	QTNet が新たに県内料金を設定し、60km 超の平日・昼間 3 分間料金を 27 円とする。
2001 年 5 月	TTNet が各距離区分の料金を値下げ。最遠距離は昼間 3 分間で 54 円、60 ～ 100km は同じく 36 円、市内は 8.4 円とする。QTNet が区域内料金を平日昼間 3 分間で 8.4 円に値下げ。
2003 年 4 月	パワードコムと TTNet が合併、パワードコムに。
2004 年 7 月	パワードコムの電話事業をフュージョン・コミュニケーションズに統合。
2018 年 6 月	QTnet（旧九州通信ネットワーク）が中継電話サービスを終了。
2019 年 4 月	ケイ・オプティコムがオプテージに社名変更。

2-3-1-1-4　ISDN のサービス提供状況の推移

1988 年 4 月	NTT が ISDN サービスを開始。
1995 年 10 月	大阪メディアポート・四国情報通信ネットワークが ISDN サービスを開始。
1996 年 2 月	NTT が深夜・早朝時間帯の電話番号選択定額サービス「INS テレホーダイ」を開始。
1996 年 3 月	北海道総合通信網・東北インテリジェント通信が ISDN サービスを開始。
1996 年 4 月	中部テレコミュニケーションが ISDN サービスを開始。
1997 年 4 月	TTNet・QTNet が ISDN サービスを開始。
1997 年 7 月	NTT が施設設置負担金を不要とするサービス「INS ネット 64 ライト」を開始。
1997 年 10 月	中国通信ネットワークが ISDN サービスを開始。
1997 年 12 月	大阪メディアポートが NTT との相互接続を開始。
2000 年 7 月	NTT 東日本・西日本が定額制 IP 接続サービス「フレッツ・ISDN」を開始。
2003 年 7 月	中国通信ネットワークと中国情報システムサービスが合併し、エネルギア・コミュニケーションズ誕生。
2010 年 4 月	東北インテリジェント通信株式会社、ISDN サービスを終了。
2011 年 3 月	エネルギア・コミュニケーションズ、ISDN サービスを終了。
2013 年 12 月	QTNet が ISDN サービスを終了。

●NTT の通話料金改訂状況（平日昼間 3 分間通話の場合）

<table>
<tr><th>料金改定年月</th><th>距離区分数</th><th>区域内</th><th>隣接～20km</th><th>～30km</th><th>～40km</th><th>～60km</th><th>～80km</th><th>～100km</th><th>～120km</th><th>～160km</th><th>～240km</th><th>～320km</th><th>～500km</th><th>～750km</th><th>～750km超</th></tr>
<tr><td>1983年8月以前</td><td>14</td><td>10</td><td>30</td><td>50</td><td>60</td><td>90</td><td>120</td><td>140</td><td>180</td><td>230</td><td>280</td><td>360</td><td>450</td><td>600</td><td>720</td></tr>
<tr><td>1983年8月</td><td>14</td><td>10</td><td>30</td><td>50</td><td>60</td><td>90</td><td>120</td><td>140</td><td>180</td><td>230</td><td>280</td><td>360</td><td>450</td><td>520</td><td>600</td></tr>
<tr><td>1985年7月</td><td>12</td><td>10</td><td>30</td><td>50</td><td>60</td><td>90</td><td>120</td><td>140</td><td>180</td><td>230</td><td>280</td><td>360</td><td colspan="3">400</td></tr>
<tr><td>1986年7月</td><td>10</td><td>10</td><td>30</td><td>50</td><td>60</td><td>90</td><td>120</td><td>140</td><td colspan="2">180</td><td colspan="2">260</td><td colspan="3">400</td></tr>
<tr><td>1988年2月</td><td>10</td><td>10</td><td>30</td><td>50</td><td>60</td><td>90</td><td>120</td><td>140</td><td colspan="2">180</td><td colspan="2">260</td><td colspan="3">360</td></tr>
<tr><td>1989年2月</td><td>10</td><td>10</td><td>30</td><td>50</td><td>60</td><td>90</td><td>120</td><td>140</td><td colspan="2">180</td><td colspan="2">260</td><td colspan="3">330</td></tr>
<tr><td>1990年3月</td><td>10</td><td>10</td><td>30</td><td>50</td><td>60</td><td>90</td><td>120</td><td>140</td><td colspan="2">180</td><td colspan="2">260</td><td colspan="3">280</td></tr>
<tr><td>1991年3月</td><td>9</td><td>10</td><td>30</td><td>40</td><td>60</td><td>90</td><td>120</td><td>140</td><td colspan="2">180</td><td colspan="5">240</td></tr>
<tr><td>1992年6月</td><td>9</td><td>10</td><td>30</td><td>40</td><td>60</td><td>90</td><td>120</td><td>140</td><td colspan="2">180</td><td colspan="5">200</td></tr>
<tr><td>1993年10月</td><td>7</td><td>10</td><td>30</td><td>40</td><td colspan="2">50</td><td colspan="2">80</td><td colspan="2">140</td><td colspan="5">180</td></tr>
<tr><td>1996年3月</td><td>6</td><td>10</td><td>30</td><td>40</td><td colspan="2">50</td><td colspan="2">80</td><td colspan="7">140</td></tr>
<tr><td>1997年2月</td><td>6</td><td>10</td><td>30</td><td>40</td><td colspan="2">50</td><td colspan="2">80</td><td colspan="7">110</td></tr>
<tr><td>1998年2月</td><td>6</td><td>10</td><td>30</td><td>40</td><td colspan="2">50</td><td colspan="2">80</td><td colspan="7">90</td></tr>
<tr><td>（県間）NTTコム 2000年4月</td><td>–</td><td>–</td><td>20</td><td colspan="3">40</td><td colspan="2">70</td><td colspan="7">90</td></tr>
<tr><td>（県間）NTTコム 2001年3月</td><td>–</td><td>–</td><td>20</td><td colspan="3">40</td><td colspan="2">60</td><td colspan="7">80</td></tr>
<tr><td>（県内）NTT東西 2000年10月</td><td>–</td><td>10</td><td>20</td><td colspan="3">30</td><td colspan="9">40</td></tr>
<tr><td>（県内）NTT東西 2001年1月</td><td>–</td><td>9※</td><td>20</td><td colspan="3">30</td><td colspan="9">40</td></tr>
<tr><td>（県内）NTT東西 2001年5月</td><td>–</td><td>8.5</td><td>20</td><td colspan="3">30</td><td colspan="9">40</td></tr>
</table>

□ は料金改定部分　　※ 2001 年 1 月の市内料金値下げは NTT 東のみ実施。

[曜日別時間帯別割引制度]

1980 年 11 月	1981 年 8 月	1986 年 7 月	1990 年 3 月	1991 年 3 月	1993 年 10 月	2000 年 10 月
・夜間割引制度の拡大 ・深夜割引制度の新設 （・320km 超え 6 割引 ・午後 9 時～午前 6 時）	・日曜・祝日割引制度の新設 （・日祝の昼間 60km 超え ……4 割引）	・土曜割引制度の新設 （・土曜日の昼間 60km 超え ……4 割引）	・深夜割引制度の拡大 （・区域内・近距離 2 割 5 分引 ・中・遠距離 4 割 5 分引 ・午後 11 時～午前 6 時）	・深夜割引制度の拡大 （・午後 11 時～午前 8 時）	・深夜割引制度の拡大 （・中・遠距離 5 割～5 割 5 分引）	・深夜割引制度の拡大 （・20km ～ 60km 区間 ……2 割引）

2-3-2　携帯電話・PHS

2-3-2-1　携帯電話のサービス提供状況の推移・事業者の動向

1979 年 12 月　電電公社が東京 23 区で自動車電話サービスを開始。

1987 年 4 月　NTT が携帯電話サービスを開始。

1988 年 12 月　日本移動通信㈱（IDO）が NTT 大容量方式のサービスを開始。

1989 年 7 月　関西セルラー電話㈱が TACS 方式のサービスを開始。

1992 年 7 月　NTT が移動体通信事業を分離。NTT 移動通信網㈱（NTT ドコモ）が発足。

1993 年 3 月　NTT ドコモが 800MHz 帯 PDC 方式のサービスを開始。

1993 年 7 月　NTT ドコモが地域分割で全国 9 社体制に。

1993 年 10 月　NTT ドコモが保証金制度（10 万円）を廃止。

1994 年 4 月　移動機売切り制の導入。㈱東京デジタルホン、㈱ツーカーホン関西が 1.5GHz 帯 PDC 方式のサービスを開始。NTT ドコモが東京 23 区で 1.5GHz 帯 PDC 方式のサービスを開始。

1994 年 6 月　IDO が TACS 方式のサービスを開始。

1996 年 1 月　㈱デジタルツーカー九州が 1.5GHz 帯 PDC 方式のサービスを開始。

1996 年 12 月　移動体通信料金の事前届出制の開始。新規加入料の廃止。

1997 年 3 月　NTT ドコモがパケット通信サービス「DoPa」を開始。

1998 年 7 月　DDI セルラーグループが関西・九州・沖縄で「cdmaOne」サービスを開始。

1998 年 10 月　㈱ツーカーホン関西がプリペイド式携帯電話サービスを開始。

1999 年 1 月　携帯電話番号を 11 桁化。

1999 年 2 月　NTT ドコモがインターネット接続サービス「i モード」を開始。

1999 年 3 月　NTT ドコモ・IDO が NTT 大容量方式のサービスを終了。

1999 年 4 月　DDI セルラーグループ･IDO が「cdmaOne」サービスを全国展開､インターネット接続サービス「EZweb/EZaccess」を開始。

1999 年 12 月　J-フォングループがインターネット接続サービス「J- スカイ」を開始。

2000 年 1 月　DDI セルラーグループ・IDO がパケット通信サービス「PacketOne」を開始。

2000 年 4 月　DDI セルラーグループ・IDO が国際ローミングサービス「GLOBALPASSPORT」を開始。

2000 年 9 月　DDI セルラーグループ・IDO が TACS 方式のサービスを終了。

2000 年 10 月　DDI・KDD・IDO が合併し、㈱ケーディーディーアイ（KDDI）が発足。合併により J-フォングループ 9 社が J-フォン東日本㈱、J-フォン東海㈱、J-フォン西日本㈱に再編。

2000 年 11 月　沖縄セルラー電話を除く DDI セルラーグループ 7 社が合併し、㈱エーユーが発足。

2001 年 10 月　KDDI、エーユーを合併。

2001 年 10 月　NTT ドコモが W-CDMA 方式による「IMT-2000」の本格サービスを開始。

2001 年 11 月　持株会社 J-フォン㈱と J-フォン東日本㈱・J-フォン東海㈱・J-フォン西日本㈱が合併し、「J-フォン株式会社」が発足。

2001 年 11 月　KDDI、沖縄セルラー電話が日本で初めて GPS ナビゲーション機能搭載の携帯電話の発売を開始。

2002 年 4 月　KDDI、沖縄セルラー電話が CDMA20001x サービスを開始。

2002 年 12 月　J-フォン㈱が 3GPP 準拠の W-CDMA 方式による 3G サービス、GSM 方式のネットワークとの国際ローミングを開始。

2003 年 6 月　NTT ドコモが GSM 方式のネットワークとの国際ローミングを開始。

2003 年 10 月　J-フォン㈱がボーダフォン㈱に社名変更。

2003年10月　ボーダフォンが3Gのインターネット接続サービス「ボーダフォンライブ！」を開始､海外でもインターネット接続サービスが利用可能に。

2003年11月　KDDI、沖縄セルラー電話が「CDMA1XWIN」サービス開始。

2004年1月　NTTドコモが「iモード災害用伝言板サービス」を開始。

2004年5月　KDDI、沖縄セルラー電話がCDMA方式による国際データローミングサービスを開始。

2004年7月　NTTドコモがiモードFeliCaサービス開始。

2004年10月　持株会社ボーダフォンホールディングス㈱とボーダフォン㈱が合併、ボーダフォン㈱に社名変更。

2004年12月　ボーダフォンがテレビ電話機能の国際ローミングを開始。

2004年12月　NTTドコモが3GPP準拠のW-CDMA方式による3Gサービス、およびGSM（GPRS）方式ネットワークとのパケットローミングサービスを開始、海外でも「iモード」接続が可能に。また、テレビ電話機能の国際ローミングを開始。

2005年9月　KDDI、沖縄セルラー電話がEZFeliCa開始。KDDI、沖縄セルラー電話がauICカード及びGSM方式のネットワークとの国際ローミングを開始。

2005年9月　ボーダフォンが3Gデータカードの国際ローミングを開始。

2005年9月　NTTドコモが「FlashCast」を利用した「iチャネル」を提供開始。

2005年10月　KDDIがツーカー3社と合併。

2005年10月　ボーダフォンが日本国内だけでなく海外でもネットワークアシスト型のGPS機能が利用可能なナビゲーションサービス「Vodafone live ！ NAVI」を開始。

2005年11月　ボーダフォンが「ボーダフォンライブ！ FeliCa」を開始。

2005年11月　NTTドコモがパケット網を利用した音声通話サービス「プッシュトーク」を開始。

2005年11月　KDDI、沖縄セルラー電話がハローメッセンジャー開始。

2005年11月　イー・モバイル㈱が総務省より1.7GHz帯周波数の電波免許を交付され、W-CDMA方式で携帯電話事業へ新規参入。

2005年12月　KDDI、沖縄セルラー電話が地上デジタルテレビ放送の携帯・移動体向けサービス「ワンセグ」対応端末の発売を開始。

2005年12月　NTTドコモが新たなケータイクレジットブランド「iD（アイディ）」の提供を開始。

2006年1月　KDDI、沖縄セルラー電話が「auLISTENMOBILESERVICE（LISMO）」サービス開始。

2006年3月　NTTドコモが「ワンセグ」対応携帯電話端末発売。

2006年4月　NTTドコモがクレジットサービス「DCMX」を提供開始。

2006年4月　ボーダフォンがソフトバンクグループ傘下へ。

2006年5月　ボーダフォンが「ワンセグ」対応携帯電話発売。

2006年8月　NTTドコモが高速パケット通信対応の「HSDPA」を開始。NTTドコモが「ミュージックチャネル」を提供開始。

2006年9月　KDDI、沖縄セルラー電話が「BCMCS」を利用した「EZチャンネルプラス」「EZニュースフラッシュ」を提供開始。

2006年10月　ボーダフォン㈱がソフトバンクモバイル㈱へ社名変更。ソフトバンクモバイルが新ポータルサイト「Yahoo! ケータイ」開始。ソフトバンクモバイルが「3Gハイスピード」を開始。

2006年10月　携帯電話3社で、「番号ポータビリティ制度」開始。

2006年12月　KDDI、沖縄セルラー電話が「EV-DORev.A」を開始。

2007年3月　イー・モバイルがHSDPAデータ通信サービス『EMモバイルブロードバンド』を開始。

2007年5月　NTTドコモが1台の携帯電話で2台分の機能を使い分けできる「2in1」を提供開始。

2007年12月　NTTドコモが「エリアメール」を提供開始。

2008年3月	KDDIがツーカーサービスを終了。KDDI、沖縄セルラー電話がGSM方式による国際データローミングサービスを開始。
2008年3月	イー・モバイルがW-CDMA方式の音声サービス、携帯電話機向けインターネット接続サービス『EMnet』を開始。
2008年6月	NTTドコモが自宅などのブロードバンド環境で携帯電話を利用できる「ホームU」を提供開始。
2008年7月	ソフトバンクモバイルが1台のケータイで2つの電話番号とメールアドレスが使える「ダブルナンバー」を開始。
2008年11月	イー・モバイルがHSUPAデータ通信サービスを開始。
2009年3月	ソフトバンクモバイルがパソコン向け高速モバイルデータ通信サービスを開始。
2009年7月	イー・モバイルがHSPA+データ通信サービスを開始。
2010年6月	KDDIがスマートフォン向けISP「IS NET」の提供を開始。
2010年9月	NTTドコモがスマートフォン向けISP「spモード」の提供を開始。
2010年12月	NTTドコモが下り最大75MbpsのLTE高速データ通信サービス「Xi」（クロッシィ）サービスを提供開始。
2010年12月	イー・モバイルが下り最大42Mbpsの高速パケット通信が可能なサービス「EMOBILE G4」の提供を開始。
2011年2月	ソフトバンクモバイルが下り最大42Mbpsの高速パケット通信が可能なサービス「ULTRA SPEED」を開始。
2011年3月	NTTドコモ、KDDIがスマートフォン向けに「災害用伝言板」を提供開始。
2011年4月	NTTドコモがSIMロック解除を開始。
2011年5月	イー・アクセスが今後販売するイー・モバイル端末をSIMロックフリーで提供開始。
2011年7月	ショートメッセージサービス（SMS）の事業者間接続開始。
2012年1月	ソフトバンクモバイルが「災害・避難情報」を提供開始。
2012年1月	KDDIが「緊急速報メール」において、災害・避難情報の提供開始。
2012年1月	KDDIがモバイルNFCサービスの提供開始。
2012年2月	ソフトバンクモバイルが下り最大110Mbpsの高速データ通信サービス「SoftBank 4G」を提供開始。
2012年2月	NTTドコモが緊急速報「エリアメール」（津波警報）の配信を開始。
2012年3月	NTTドコモが「災害用音声お届けサービス」を提供開始。
2012年3月	イー・アクセスが下り最大75Mbpsの高速データ通信サービス「EMOBILE LTE」を提供開始。
2012年3月	NTTドコモが日本初　V-Highマルチメディア放送「モバキャス」対応端末発売。
2012年3月	KDDIが「緊急速報メール」において、津波警報の提供開始。
2012年3月	NTTドコモがPDC方式サービス終了。
2012年4月	KDDIがデータ通信における無線基地局の混雑を緩和する技術「EV-DO Advanced」の導入開始。
2012年6月	KDDIが「災害用音声お届けサービス」の提供開始。
2012年7月	ソフトバンクモバイルが「災害用音声お届けサービス」を提供開始。
2012年7月	ソフトバンクモバイルが900MHz帯の運用を開始。
2012年8月	ソフトバンクモバイルが「津波警報」を提供開始。
2012年8月	通信事業者各社が携帯・PHS災害用伝言板サービスおよびNTT東西災害用伝言板（web171）における「全社一括検索」を開始。
2012年9月	KDDIが次世代高速通信規格LTE（Long Term Evolution）による「4G LTE」サービスの提供を開始。
2012年10月	ソフトバンクモバイルとイー・アクセスが業務提携。
2013年2月	NTTドコモ、チャイナモバイル、KTがNFCの国際ローミングに関する共通仕様を策定。
2013年2月	ソフトバンクモバイルがソフトバンク衛星電話サービスを提供開始。

2013 年 3 月	イー・アクセスが「緊急速報メール」において、緊急地震速報、津波警報および災害・避難情報の提供開始。
2013 年 3 月	イー・アクセスが FeliCa サービスを提供開始。
2013 年 3 月	NTT ドコモ、KDDI、ソフトバンクモバイル、イー・アクセスが都営地下鉄の全区間で携帯電話サービスを提供開始。
2013 年 4 月	NTT ドコモ、KDDI、沖縄セルラー、ソフトバンクモバイルが「災害用音声お届けサービス」の携帯電話事業者 4 社による相互利用を開始。
2013 年 7 月	NTT ドコモ、KDDI、ソフトバンクモバイルが富士山において LTE サービスを提供開始。
2013 年 9 月	ソフトバンクモバイルが LTE 国際ローミングを提供開始。
2013 年 9 月	KDDI が LTE 国際ローミングを提供開始。
2013 年 10 月	KDDI が公衆無線 LAN サービス「au Wi-Fi SPOT」に次世代無線 LAN 規格「IEEE802.11ac」の導入を開始。
2013 年 11 月	NTT ドコモ、KDDI、沖縄セルラー、ソフトバンクモバイル、イー・アクセスが携帯電話における 070 番号を利用開始。
2013 年 11 月	NTT ドコモがマルチバンド対応の屋内基地局装置および屋内アンテナを開発。
2014 年 1 月	携帯電話・PHS 事業者 6 社が「災害用音声お届けサービス」の相互利用を開始。
2014 年 3 月	NTT ドコモが LTE 国際ローミングを提供開始。
2014 年 4 月	NTT ドコモ、KDDI、沖縄セルラー、ソフトバンクモバイルが緊急速報「エリアメール」、及び「緊急速報メール」を利用した国民保護に関する情報の配信を開始。
2014 年 5 月	携帯電話・PHS 事業者 6 社が事業者間のキャリアメール、SMS でやり取りされる絵文字の数と種類を共通化。
2014 年 5 月	KDDI が LTE の次世代高速通信規格「LTE-Advanced」の技術である受信最大速度 150Mbps のキャリアアグリゲーションを日本で初めて導入。
2014 年 5 月	NTT ドコモが次世代動画圧縮技術 HEVC を活用した動画配信ガイドラインを公開。
2014 年 6 月	イー・アクセス株式会社と株式会社ウィルコムが合併。
2014 年 6 月	NTT ドコモが新たな小型認証デバイス「ポータブル SIM」を世界で初めて開発。
2014 年 6 月	NTT ドコモが国内初、VoLTE による通話サービスの提供を開始。
2014 年 7 月	イー・アクセス株式会社がワイモバイル株式会社に社名変更。
2014 年 8 月	ワイモバイルが新ブランド「Y!mobile」サービスを開始。
2014 年 10 月	携帯電話と PHS 間の番号ポータビリティ開始。
2014 年 11 月	NTT ドコモが国内初の TD-LTE 対応国際ローミングアウトサービスを開始。
2014 年 12 月	KDDI が 4G LTE ネットワークを活用した次世代音声通話サービス「au VoLTE」の提供を開始。
2014 年 12 月	ソフトバンクモバイルが LTE の高速データ通信ネットワーク上で音声通話を実現する技術である VoLTE による音声通話サービスを開始。
2015 年 3 月	NTT ドコモが国内最速となる受信時最大 225Mbps の LTE-Advanced「PREMIUM 4G」を提供開始。
2015 年 4 月	ソフトバンクモバイル、ソフトバンク BB、ソフトバンクテレコム、ワイモバイルの 4 社が合併。
2015 年 5 月	SIM ロック解除に関するガイドライン改正適用開始に伴い、NTT ドコモ、KDDI、ソフトバンクモバイルが新ガイドラインに沿った SIM ロック解除の運用を開始。
2015 年 7 月	ソフトバンクモバイル株式会社がソフトバンク株式会社に社名変更。
2015 年 10 月	NTT ドコモが国内の通信事業者として初めて VoLTE 海外対応を開始。
2016 年 3 月	NTT ドコモが世界初、複数ベンダーの EPC ソフトウェアを動作可能なネットワーク仮想化技術を商用ネットワークで運用開始。
2016 年 6 月	KDDI が VoLTE の海外対応を開始。

2016 年 9 月	ソフトバンクが「Massive MIMO」（空間多重技術）の商用サービスを世界で初めて提供開始。
2017 年 3 月	NTT ドコモが新技術「256QAM」「4 × 4MIMO」の導入により受信時最大 682Mbps の通信サービスを提供開始。
2017 年 9 月	KDDI が「265QAM」「4 × 4 MIMO」の導入により受信時最大 708Mbps の通信サービスを提供開始。
2018 年 5 月	NTT ドコモ、KDDI、ソフトバンクが、SMS の機能を進化させた GSMA 仕様の新サービス「＋メッセージ」を提供開始。
2018 年 6 月	世界初、NTT ドコモがチャイナモバイルと、GSMA 3.1 仕様に準拠した「IoT 向けマルチベンダ間 eSIM ソリューション」を商用化。
2018 年 10 月	NTT ドコモ、ソフトバンク、KDDI が、事業者間の VoLTE 相互接続サービスを順次提供開始。
2019 年 10 月	楽天モバイルが世界初となるエンドツーエンドの完全仮想化クラウドネイティブネットワークによる商用サービスを提供開始。
2020 年 3 月	NTT ドコモ、KDDI、ソフトバンクが第 5 世代移動通信システムを用いた通信サービスを提供開始。
2020 年 4 月	楽天モバイルが携帯キャリアサービスを本格開始。
2020 年 9 月	楽天モバイルが第 5 世代移動通信システムを用いた通信サービスを提供開始。
2020 年 10 月	KDDI が「UQ mobile」の事業承継を完了。
2021 年 3 月	ソフトバンクがオンライン専用の新ブランド「LINEMO」サービスを開始。
2021 年 3 月	KDDI がオンライン専用の新ブランド「povo」サービスを開始。
2021 年 3 月	NTT ドコモがオンライン専用の新ブランド「ahamo」サービスを開始。
2022 年 3 月	KDDI、沖縄セルラー電話が au の 3G 携帯電話向けサービス「CDMA 1X WIN」等を終了。

※ 年表記載の通信速度は各社当該サービス導入時の性能である。

2-3-2-2　PHS のサービス提供状況の推移・事業者の動向

1995 年 7 月	DDI 東京ポケット電話、DDI 北海道ポケット電話、NTT 中央パーソナル通信網、NTT 北海道パーソナル通信網がサービス開始。
1995 年 10 月	以降、DDI ポケット電話グループ 7 社、NTT パーソナル通信網グループ 7 社、アステルグループ 10 社がサービス開始。
1997 年 2 月	新規加入料の廃止。
1998 年 12 月	NTT パーソナル通信網グループ 9 社が NTT ドコモグループ 9 社に営業譲渡。
1999 年 4 月	アステル東京が東京通信ネットワークと合併。
1999 年 11 月	アステル北海道が北海道総合通信網に営業譲渡。
2000 年 1 月	DDI ポケット電話グループ 9 社が合併し、DDI ポケットが誕生。
2000 年 9 月	アステル東北が東北インテリジェント通信に営業譲渡。
2000 年 11 月	アステル中部が中部テレコミュニケーションと合併。アステル関西がケイ・オプティコムに営業譲渡。
2001 年 4 月	アステル九州が九州通信ネットワークに営業譲渡。
2001 年 8 月	DDI ポケットが定額制データ通信サービスを開始。
2001 年 10 月	アステル中国が中国情報システムサービスに営業譲渡。
2001 年 12 月	アステル北陸が北陸通信ネットワークに営業譲渡。
2002 年 3 月	アステル四国が四国情報通信ネットワークに営業譲渡。
2002 年 4 月	四国情報通信ネットワークから STNet へ社名変更。
2002 年 8 月	東京通信ネットワークがマジックメールに PHS 事業譲渡。
2002 年 10 月	マジックメールが鷹山と合併。
2003 年 4 月	NTT ドコモグループが定額制データ通信サービスを開始。
2003 年 7 月	中国情報システムサービスと中国通信ネットワークが合併し、エネルギア･コミュニケーションズ誕生。
2003 年 11 月	九州通信ネットワーク、PHS 電話サービスを終了。
2004 年 3 月	北海道総合通信網、PHS 電話サービスを終了。
2004 年 5 月	北陸通信ネットワーク、PHS 電話サービスを終了。
2004 年 9 月	ケイ・オプティコムが PHS サービスのうち「PHS 音声電話サービス」を終了。
2004 年 10 月	DDI ポケットが KDDI グループより独立。
2004 年 12 月	エネルギア・コミュニケーションズ、PHS サービスのうち「PHS 音声電話サービス」を終了。
2005 年 1 月	アステル沖縄がウィルコム沖縄に営業譲渡。
2005 年 2 月	DDI ポケットが WILLCOM（ウィルコム）に社名変更。
2005 年 5 月	STNet、PHS 電話サービスを終了。
2005 年 5 月	中部テレコミュニケーション、PHS 電話サービスを終了。
2005 年 5 月	ウィルコムが「ウィルコム定額プラン」サービス開始。
2006 年 6 月	YOZAN、PHS 電話サービスを終了。
2006 年 12 月	東北インテリジェント通信、PHS 電話サービスを終了。
2007 年 10 月	エネルギア・コミュニケーションズ、PHS サービスを終了。
2008 年 1 月	NTT ドコモグループ、PHS サービスを終了。
2010 年 12 月	ウィルコムが「だれとでも定額」サービス開始。
2011 年 9 月	ケイ・オプティコム、PHS サービスを終了。
2014 年 6 月	ウィルコムがイー・アクセスと合併（イー・アクセス株式会社）。
2021 年 1 月	ソフトバンクが PHS サービスを終了。

2-3-3　国際電話

2-3-3-1　サービス提供状況の推移・事業者の動向

1989年10月に日本国際通信株式会社（ITJ）、国際デジタル通信株式会社（IDC：現ケーブル・アンド・ワイヤレスIDC）が国際電信電話株式会社（KDD）より23%安い料金でサービス開始

1989年より8年にかけて、KDDが8度、ITJ・IDCがそれぞれ5度値下げを実施し、料金の低廉化が進展した。

1998年10月	第二電電株式会社（DDI）が国際電話サービス開始。料金は対米昼間3分間で240円。 MCIワールドコムジャパン（WCOM）が国際電話サービスを開始。料金は対米昼間3分間で248円。
1998年12月	KDDが全対地（230ヶ国・地域）を対象として料金値下げ。平均値下げ率は約10.6%。対米昼間3分間料金は240円。 日本テレコム株式会社（JT）が28対地を対象として料金値下げ。平均値下げ率は約8.6%。対米昼間3分間料金は240円。 IDCが23対地を対象として料金値下げ。平均値下げ率は約9%。対米昼間3分間料金は240円。 WCOMが料金値下げ。対米昼間3分間料金は150円。
1999年1月	DDIが25対地を対象として料金値下げ。平均値下げ率は約8.4%。対米昼間3分間料金は168円。 JTが97対地を対象として料金値下げ。平均値下げ率は約2.2%。IDCが51対地を対象として料金値下げ。平均値下げ率は約3.5%。
1999年3月	DDIが27対地を対象として、全日23時～翌8時の時間帯を中心とした料金値下げ。平均値下げ率は約5.8%。
1999年7月	東京通信ネットワーク株式会社（TTNet）が国際電話サービス開始。料金は対米昼間3分間で168円。
1999年10月	JTが全対地（223ヶ国・地域）を対象として料金値下げ。平均値下げ率は約10.3%。対米昼間3分間料金は180円。 ケーブル・アンド・ワイヤレスIDC（C&WIDC）が192対地を対象として料金値下げ。平均値下げ率は約10.9%。対米昼間3分間料金は180円。 NTTコミュニケーションズ株式会社（NTTCom）が国際電話サービスを開始。料金は対米昼間3分間料金で180円。
1999年11月	KDDが全対地（231ヶ国・地域）を対象として料金値下げ。平均値下げ率は約11.1%。対米昼間3分間料金は180円。 DDIが38対地を対象として料金値下げ。平均値下げ率は約8.4%。対米昼間3分間料金は156円。 TTNetが58対地を対象として料金値下げ。平均値下げ率は約11%。対米昼間3分間料金は132円。
1999年12月	KDDが全対地（231ヶ国・地域）を対象として携帯／PHS発料金を値下げ。平均値下げ率は約11.9%。
2000年2月	KDDが17対地（台湾、中国、英、仏、独等）を対象として料金値下げ。平均値下げ率は約1.4%。
2000年10月	DDI・KDD・IDOが合併しKDDIに。
2001年4月	フュージョン・コミュニケーションズ株式会社が国際電話サービス開始。使用時間帯にかかわらず24時間一律料金を導入。対米3分間料金は90円。
2001年9月	フュージョン・コミュニケーションズ株式会社が全対地（230ヶ国・地域）を対象として料金値下げ。対米3分間料金は45円。
2003年4月	パワードコム・TTNetが合併し、パワードコムに。
2004年7月	パワードコムの電話事業をフュージョン・コミュニケーションズに統合。
2006年10月	日本テレコムがソフトバンクテレコムに社名変更。
2015年4月	ソフトバンクモバイル、ソフトバンクBB、ソフトバンクテレコム及びワイモバイルが合併しソフトバンクモバイルに。
2015年7月	ソフトバンクモバイルがソフトバンクに社名変更。
2015年12月	フュージョン・コミュニケーションズが楽天コミュニケーションズに社名変更。
2019年7月	楽天コミュニケーションズが運営する国際電話サービスを、会社分割により楽天モバイルへ承継。

●事業者別各種サービス提供状況

（2022 年 7 月現在）

サービスタイプ名		1 ダイヤル通話サービス	2 直加入型サービス
主対象		－	ビジネスユーザー
サービス概要・特長		通常のダイヤル通話サービス	利用者と提供事業者を専用回線で直結するサービス
提供開始時期		1973 年 3 月	1987 年 8 月
その他			
会社名	問い合せ先・ホームページ	会員各社のサービス提供状況／サービス名	
KDDI ㈱	0057 http://www.001.kddi.com/	001 国際ダイヤル通話	光ダイレクト
ソフトバンク㈱	0120-0088-82　（個人） https://tm.softbank.jp/consumer/（個人）	0061 国際電話	おとくライン
NTT コミュニケーションズ㈱	0120-003300 https://www.ntt.com/	0033 国際電話	Arcstar IP Voice
楽天モバイル㈱	0120-987-100 https://comm.rakuten.co.jp/mobile/kojin/myline/		IP ビジネスダイレクト PRI 直収

（2022 年 7 月現在）

サービスタイプ名	3 オペレーター通話サービス	4 料金即知サービス	5 仮想内線網サービス
主対象	－	－	ビジネスユーザー
サービス概要・特長	オペレータを介した通話サービス	通話後、利用料金が通知されるサービス	特別な設備を必要とせずに、内線通信ネットワークが構築できるサービス
提供開始時期	1934 年 9 月	1973 年 3 月	1991 年 6 月
その他			
会社名	会員各社のサービス提供状況／サービス名		
KDDI ㈱	国際オペレータ通話		VIRNET
ソフトバンク㈱			
NTT コミュニケーションズ㈱		00347 料金即知	
楽天モバイル㈱			

（2022年7月現在）

サービスタイプ名	6	7	8
	海外からの着信サービス（自動）	海外からの着信サービス（オペレーター）	第三者課金サービス
主対象	－	－	－
サービス概要・特長	海外から日本への着信払自動通話サービス	海外から日本のオペレータを呼び出せる通話サービス	通話料金が指定した別の電話番号に請求されるサービス
提供開始時期	1986年3月	1986年5月	1988年7月
その他			
会社名	会員各社のサービス提供状況／サービス名		
KDDI㈱	ワールドフリーフォン	ジャパンダイレクト	サードパーティダイヤル
ソフトバンク㈱			0063自動第三者課金
NTT コミュニケーションズ㈱	国際フリーダイヤル		
楽天モバイル㈱			

（2022年7月現在）

サービスタイプ名	9	10	11
	クレジット通話サービス	企業向け割引サービス	個人向け割引サービス（回線単位）
主対象	－	ビジネスユーザー	パーソナルユーザー
サービス概要・特長	通話料金をクレジットカード払いにできるサービス。プリペイドカード方式も利用できる。	利用額に応じてさまざまな割引率が適用されるサービス	利用額に応じてさまざまな割引率が適用されるサービス
提供開始時期	1987年10月	1991年11月	1991年11月
その他		他の割引サービスとの併用可能の場合がある。国内通話が対象に含まれる事業者もある。	他の割引サービスとの併用可能の場合がある。国内通話が対象に含まれる事業者もある。
会社名	会員各社のサービス提供状況／サービス名		
KDDI㈱		まる得割引ワイド まる得割引ライト2 まる得ライトプラス 長期継続割引プラン	だんぜんトークⅡ DX だんぜんトークⅡ だんぜん年割
ソフトバンク㈱		Voiceselectスーパープラン Voiceselectワイドプラン Voiceselect年々割引	局番割引WIDE 局番割引スーパー 年々割引 ファミリープラス
NTT コミュニケーションズ㈱		ビジネス割引	0033SAMURAIMobile プラチナ・ライン＆世界割
楽天モバイル㈱		ビジネスプランプラス ビジネスプラン ビジネスライン	

2-3-4　専用サービス・データ伝送サービス

2-3-4-1　サービス提供状況の推移・事業者の動向

●専用サービス提供状況の推移

（NTT）

1997年12月　NTT近距離エコノミーサービス「ディジタルアクセス128」提供開始
1998年4月　NTT「ディジタルアクセス1500」提供開始
1998年8月　NTT中・長距離エコノミーサービス「ディジタルリーチ」提供開始
1998年12月　NTT一部帯域保証型ATM専用サービス「ATMシェアリンク」提供開始
1999年10月　NTTコミュニケーションズ「ギガウェイ」提供開始
2000年3月　NTTコミュニケーションズ「エアアクセス」提供開始
2001年4月　NTT東日本・西日本 「ディジタルアクセス6000」提供開始
2001年11月　NTT東日本 「メトロハイリンク」提供開始
2002年6月　NTT東日本 「スーパーハイリンク」提供開始
2002年7月　NTT西日本 「ギガデータリンク」提供開始
2002年10月　NTTコミュニケーションズ「Etherアークストリーム」
2004年6月　NTTコミュニケーションズ「ギガストリーム」提供開始
2008年12月　NTTコミュニケーションズ「ギガストリーム プレミアムイーサ」提供開始
2011年5月　NTTコミュニケーションズ「Arcstar Universal One」提供開始

（長距離・国際系）

1998年4月　KDDI（TWJ）ATM専用サービス提供開始
1998年10月　長距離・国際系NCC各社　エコノミー専用サービス開始
1999年9～10月　長距離・国際系NCC各社　料金設定権取得・エンドエンド料金開始
2000年1月　グローバルアクセス　国内・国際専用線サービス開始
2000年7月　日本テレコム　国内広帯域専用線サービス開始
2002年10月　日本テレコム　国際広帯域専用線サービス開始

（地域系）

1997年4月　電力系9社　高速ディジタル伝送サービス連携開始
1998年1月　TTNetFDDI専用サービス提供開始
1998年4月　TTNetATM専用サービス提供開始
1998年5月　電力系10社　高速ディジタル伝送サービス全国連携完成（OTNetの参加）
1998年10月　電力系9社　ATM専用サービス連携開始
1999年8月　電力系10社　エコノミーサービス全国連携完成
2001年4月　TTNet「ぺネリンク（専用）」（イーサネット専用サービス）提供開始
2001年9月　京王ネットワークコミュニケーションズ 「エキスプレスイーサ」サービス提供開始
2002年4月　大阪メディアポート　Ether専用サービス開始
2002年6月　中部テレコミュニケーション　光ファイバ専用サービス提供開始
2003年4月　大阪メディアポート　Ether網サービス（W-Link）サービス開始

（地域系－CATV）

2002年4月　キャッチネットワーク　光ファイバ専用サービス開始
2002年12月　ひまわりネットワーク　光ファイバ専用線サービス開始

2002年12月　　マイ・テレビ　地域LANサービス開始

●データ伝送サービス提供状況の推移

（NTT）

1996年12月　　NTT OCNサービスを開始
1999年8月　　NTTコミュニケーションズ「OBN（Open Business Network）」提供開始
1999年9月　　NTTコミュニケーションズ「Arcstarバリューアクセス」提供開始
2000年5月　　NTT東日本・西日本 「ワイドLANサービス」提供開始
2000年7月　　NTTコミュニケーションズ「スーパーVPN（現、ArcstarIP-VPN）」提供開始
2000年7月　　NTTドコモ・NTTコミュニケーションズ「RALS（Remote Access Line Service）」提供開始
2000年9月　　NTT東日本 「フレッツ・オフィス」提供開始
2000年10月　　NTTコミュニケーションズ「ブロードバンドアクセス」提供開始
2000年10月　　NTT東日本・西日本 「メガデータネッツ」提供開始
2000年12月　　NTTコミュニケーションズ「ギガイーサープラットホーム」提供開始
2001年1月　　NTTコミュニケーションズ「Arcstarグローバル IP-VPN」提供開始
2001年3月　　NTT東日本 「メトロイーサ」提供開始
2001年4月　　NTTコミュニケーションズ「e-VLAN」提供開始
2001年5月　　NTT西日本 「アーバンイーサ」提供開始
2002年3月　　NTT東日本 「フレッツ・グループアクセス」提供開始
2002年3月　　NTT東日本 「スーパーワイドLANサービス」提供開始
2002年3月　　NTT西日本 「ワイドLANプラス」提供開始
2003年3月　　NTT東日本 「フレッツ・オフィスワイド」提供開始
2003年4月　　NTTコミュニケーションズ「Super HUB」提供開始
2003年5月　　NTTコミュニケーションズ「フレックスギガウェイ」提供開始
2003年7月　　NTT東日本 「フラットイーサ」提供開始
2003年10月　　NTT西日本 「フラットイーサ」提供開始
2003年12月　　NTT東日本 「スマートイーサ」提供開始
2004年6月　　NTTコミュニケーションズ「Group-VPN」提供開始
2006年4月　　NTT西日本「ビジネスイーサ」提供開始
2006年5月　　NTT東日本「ビジネスイーサ」提供開始
2009年7月　　NTTコミュニケーションズ「Group-Ether」提供開始
2011年5月　　NTTコミュニケーションズ「Arcstar Universal One」提供開始

（長距離・国際系）

1997年4月～　　長距離・国際系NCC各社　コンピュータネットワークサービスを順次開始
1999年4月　　日本テレコム　国際セルリレー提供開始
2000年4月　　日本テレコム　Solteria（IP-VPN）提供開始
2000年10月　　KDDI ANDROMEGA IP-VPNサービス提供開始
2001年2月　　フュージョン・コミュニケーションズ　FUSIONIP-VPN提供開始
2001年10月　　日本テレコム　Wide-Ether（広域LAN）提供開始
2001年12月　　ケーブル・アンド・ワイヤレスIDC「高速イーサネットサービス」提供開始
2001年12月　　KDDI Ether-VPNサービス提供開始
2002年9月　　ケーブル・アンド・ワイヤレスIDC「IP-VPNQoS」サービス提供開始

2002 年 11 月　　日本テレコム　ASSOCIO（MPLS トラヒック交換サービス）提供開始

2012 年 8 月　　ソフトバンクテレコム　ホワイトクラウド SmartVPN　提供開始

（地域系）

1997 年 9 月～　　電力系 NCC 各社　コンピュータネットワークサービスを順次開始

2001 年 3 月　　北海道総合通信網　広域イーサネットサービス「L2L」提供開始

2001 年 4 月　　パワードコム　「Powered Ethernet」（広域イーサネット接続サービス）提供開始

2001 年 4 月　　TTNet「ペネリンク（マルチアクセス）」（広域イーサネット接続サービス）提供開始

2001 年 6 月　　ケイ・オプティコム　IP-VPN サービス提供開始

2001 年 7 月　　パワードコム　「Powered-IP MPLS」（IP-VPN サービス）提供開始

2001 年 8 月　　中国通信ネットワーク イーサネット通信網サービス『V-LAN』提供開始

2002 年 7 月　　京王ネットワークコミュニケーションズ　「マルチエキスプレスイーサ」サービス提供開始

2003 年 1 月　　中部テレコミュニケーション　帯域保証型イーサネット網サービス「CTC Ether LINK」提供開始

2003 年 7 月　　中国通信ネットワークと中国情報システムサービスが合併し、エネルギア・コミュニケーションズ誕生

2005 年 6 月　　中部テレコミュニケーション　広域イーサネットサービス「CTC Ether DIVE」提供開始

（地域系－ CATV）

1995 年 12 月　　ひまわりネットワーク　セルリレーサービス提供開始

1997 年 11 月　　キャッチネットワーク　セルリレーサービス提供開始

1998 年 4 月　　ミクスネットワーク　ATM 交換サービス提供開始

1999 年 9 月　　ミクスネットワーク　広域 LAN サービス提供開始

●事業者別各種サービス提供状況

※会員各社へのアンケート調査結果を記載した。アンケート未回答の会社については記載していない。

（2022 年 7 月現在）

サービスタイプ名		1	2
		一般専用	高速ディジタル専用
主対象		ビジネス	ビジネス
サービス概要・特長		・帯域品目（通話・アナログデータ、ファクシミリ伝送、その他帯域伝送） 3.4kHz、3.4kHz(s)、音声伝送等 ・符号品目（32kb/s までのデータの伝送） 2,400b/s、4,800b/s、9,600b/s 等 ・オプション 分岐サービス	64kb/s ～ 6Mb/s までのディジタル専用サービス（通話、データ、映像など企業ネットワークの基幹回線として利用可能な高品質な伝送サービス） ・品目 64kb/s、128kb/s、192kb/s、256kb/s、384kb/s、512kb/s、768kb/s、1Mb/s、1.5Mb/s、2Mb/s、3Mb/s、4.5Mb/s、6Mb/s 等 ・オプション 多重アクセスサービス、分岐サービス
会社名	問い合わせ先・ホームページ	会員各社のサービス提供状況／サービス名	
東日本電信電話㈱	0120-765-000 https://business.ntt-east.co.jp/	アナログ専用	ハイスーパーディジタル
西日本電信電話㈱	https://www.ntt-west.co.jp/ business/category01/#network	アナログ専用サービス	HSD
KDDI ㈱	https://biz.kddi.com/		国内高速ディジタル専用 国際専用線
ソフトバンク㈱	https://www.softbank.jp/biz/		国際専用線
アルテリア・ネットワークス㈱	https://www.arteria-net.com/ business/contact/ https://www.arteria-net.com		
NTT コミュニケーションズ㈱	0120-003300 https://www.ntt.com/business/ services.html	アナログ専用サービス	ディジタル専用サービス Arcstar グローバル専用サービス
スカパー JSAT ㈱	03-5571-7770 https://www.skyperfectjsat.space/		
北海道総合通信網㈱	011-590-5323 https://www.hotnet.co.jp		
東北インテリジェント通信㈱	022-799-4204 http://www.tohknet.co.jp		
北陸通信ネットワーク㈱	076-269-5620 https://www.htnet.co.jp/		高速デジタル伝送サービス （高速品目）
中部テレコミュニケーション㈱	052-740-8001 https://www.ctc.co.jp		

（2022年7月現在）

サービスタイプ名		1	2
		一般専用	高速ディジタル専用
会社名	問い合わせ先・ホームページ	会員各社のサービス提供状況／サービス名	
㈱オプテージ	0120-944-345 https://optage.co.jp/business/		
㈱エネルギア・コミュニケーションズ	050-8201-1425 https://www.enecom.co.jp/business/enewings/index.html		
㈱ STNet	087-887-2404 https://www.stnet.co.jp/business/		
㈱ QTnet	092-981-7571 http://www.qtnet.co.jp/		QT PRO 国際専用 高速品目
OTNet ㈱	098-866-7716 https://www.otnet.co.jp/		
日本ネットワーク・エンジニアリング㈱	03-3524-1721 http://www.jne.co.jp		
エルシーブイ㈱	0266-53-3833 https://www.lcv.jp/	一般専用サービス	
近鉄ケーブルネットワーク㈱	0743-75-5662 https://www.kcn.jp/		
ミクスネットワーク㈱	0120-345739 https://www.catvmics.ne.jp		
㈱TOKAIコミュニケーションズ	03-5404-7315 https://www.broadline.ne.jp/		
㈱秋田ケーブルテレビ	0120-344-037 https://www.cna.ne.jp/		
㈱コミュニティネットワークセンター	052-955-5163 https://www.cnci.co.jp		
伊賀上野ケーブルテレビ㈱	0595-24-2560 https://www.ict.jp/	一般専用サービス	
㈱ NTT ドコモ	0120-800-000 https://www.docomo.ne.jp/		
アビコム・ジャパン㈱	03-5443-9291 http://www.avicom.co.jp		

（2022 年 7 月現在）

サービスタイプ名	3	4	5
	超高速ディジタル専用	エコノミー専用	ATM 専用
主対象	ビジネス	ビジネス	ビジネス
サービス概要・特長	50Mb/s ～ 10Gb/s までの高速ディジタル伝送サービス ・品目 50Mb/s、100Mb/s、150Mb/s、600Mb/s、1Gb/s、2.4Gb/s、9.6Gb/s、10Gb/s	従来の高速ディジタル伝送サービスの保守機能を簡素化した低料金の専用サービス ・品目 64kb/s、128kb/s、1.5Mb/s、6Mb/s ・サービスグレード 中継区間二重化、中継区間二重化なし ・保守グレード 修理・復旧は営業時間内（土日祝日を除く 9:00 ～ 17:00）に実施 修理・復旧は 24 時間 365 日実施	ATM 伝送方式による高速伝送サービス（提供品目を 1Mb/s 毎とし、機能や保守の違いによりサービスをグレード化） ・品目 0.5Mb/s、1Mb/s ～ 135Mb/s、600Mb/s ・サービスグレード 中継区間二重化、故障時回線自動切換 中継区間二重化、故障時メインパスのみ回線自動切換 中継区間二重化なし ・端末回線 1 芯式　２芯式 ・保守グレード 修理・復旧は営業時間内（土日祝日を除く 9:00 ～ 17:00）に実施 修理・復旧は 24 時間 365 日実施
会社名	会員各社のサービス提供状況／サービス名		
東日本電信電話㈱		ディジタルアクセス	
西日本電信電話㈱		ディジタルアクセス	
KDDI ㈱	国内超高速ディジタル専用	高速ディジタル専用 （エコノミー／シンプルクラス）	
ソフトバンク㈱	広帯域専用線サービス		
アルテリア・ネットワークス㈱	国内専用線サービス 国際専用線サービス		
NTT コミュニケーションズ㈱	ギガストリーム	ディジタルリーチ	
スカパー JSAT ㈱			
北海道総合通信網㈱			
東北インテリジェント通信㈱			
北陸通信ネットワーク㈱	高速デジタル伝送サービス （超高速品目）	高速デジタル伝送サービス （エコノミークラス） （シンプルクラス）	ATM 専用サービス
中部テレコミュニケーション㈱			

（2022 年 7 月現在）

サービスタイプ名	3	4	5
	超高速ディジタル専用	エコノミー専用	ATM 専用
会社名	会員各社のサービス提供状況／サービス名		
㈱オプテージ			
㈱エネルギア・コミュニケーションズ			
㈱ STNet			
㈱ QTnet	QT PRO 国際専用 超高速品目		
OTNet ㈱		高速ディジタル伝送サービス エコノミークラス シンプルクラス	
日本ネットワーク・エンジニアリング㈱			
エルシーブイ㈱			
近鉄ケーブルネットワーク㈱			
ミクスネットワーク㈱			
㈱TOKAI コミュニケーションズ	BroadLine SONET/SDH 専用線		
㈱秋田ケーブルテレビ			
㈱コミュニティネットワークセンター			
伊賀上野ケーブルテレビ㈱			
㈱ NTT ドコモ			
アビコム・ジャパン㈱			

（2022 年 7 月現在）

サービスタイプ名	6	7
	映像伝送	衛星通信
主対象	ビジネス	ビジネス
サービス概要・特長	放送用テレビ映像、イベント中継、社内テレビ会議、社内テレビ放送、テレビ学習、道路交通の監視等に利用される映像伝送サービス ・品目 一般映像伝送サービス 映像：60Hz ～ 4MHz、（音声：50Hz ～ 15kHz） 高品質映像伝送サービス 映像：60Hz ～ 5.5MHz、音声：20Hz ～ 20kHz） 広帯域映像伝送サービス 映像 / 音声：10MHz ～ 50MHz、 70MHz ～ 450MHz、5MHz ～ 450MHz 等 多チャンネル映像伝送サービス 70 ～ 450MHz 多地点映像伝送サービス 映像：60Hz ～ 4MHz、音声：50Hz ～ 15kHz ハイビジョン映像伝送サービス映像： 60Hz ～ 30MHz、音声：20Hz ～ 20kHz）	通信衛星を利用した各種専用サービス
会社名	会員各社のサービス提供状況／サービス名	
東日本電信電話㈱	モアライブ	
西日本電信電話㈱		
KDDI ㈱	長期映像伝送サービス 随時映像伝送サービス	イリジウムサービス インマルサットサービス KDDI Optima Marine サービス
ソフトバンク㈱	映像伝送サービス	
アルテリア・ネットワークス㈱		
NTT コミュニケーションズ㈱	スタジオネット 映像ネットサービス	グローバル衛星通信サービス
スカパー JSAT ㈱		衛星通信サービス 衛星通信専用サービス 国際衛星随時サービス EsBird サービス ExBird サービス Portalink サービス SkyAccess サービス SafetyBird サービス JSAT Marine サービス OceanBB plus サービス Sat-Q サービス 衛星放送専用サービス 衛星音声放送専用サービス
北海道総合通信網㈱	ハイビジョン映像伝送 多チャンネル映像伝送	
東北インテリジェント通信㈱	映像伝送サービス	
北陸通信ネットワーク㈱	映像伝送サービス	
中部テレコミュニケーション㈱	映像伝送サービス	

（2022年7月現在）

サービスタイプ名	6	7
	映像伝送	衛星通信
会社名	会員各社のサービス提供状況／サービス名	
㈱オプテージ	映像伝送サービス	
㈱エネルギア・コミュニケーションズ	映像伝送サービス	
㈱ STNet	映像伝送サービス	
㈱ QTnet	QT PRO 映像伝送	
OTNet ㈱	映像伝送サービス	
日本ネットワーク・エンジニアリング㈱		
エルシーブイ㈱		
近鉄ケーブルネットワーク㈱		
ミクスネットワーク㈱		
㈱TOKAI コミュニケーションズ	BroadLine 映像伝送サービス	
㈱秋田ケーブルテレビ		
㈱コミュニティネットワークセンター		
伊賀上野ケーブルテレビ㈱		
㈱ NTT ドコモ		衛星移動通信サービス
アビコム・ジャパン㈱		

（2022 年 7 月現在）

サービスタイプ名	8	9	10
	イーサネット	IP-VPN	光ファイバ専用
主対象	ビジネス	ビジネス	ビジネス
サービス概要・特長	LAN 間接続サービスをエンド・ツー・エンドのイーサネット回線で提供する大容量・低価格、セキュリティの高いサービス （※データ伝送役務によるサービスを含む） 帯域：0.5Mb/s ～ 2.4Gb/s	WAN 回線に使用し、IP パケット単位でルーティングする仮想閉域網サービス （※データ伝送役務によるサービスを含む）	光ファイバを芯線単位で提供するサービス ・品目 1 芯・2 芯
会社名	会員各社のサービス提供状況／サービス名		
東日本電信電話㈱	高速広帯域アクセスサービス	フレッツ・VPN プライオ フレッツ・VPN ワイド フレッツ・VPN ゲート	
西日本電信電話㈱	高速広帯域アクセスサービス	フレッツ・VPN ワイド フレッツ・VPN ゲート フレッツ・VPN プライオ フレッツ・SDx	
KDDI ㈱	国内イーサネット専用サービス フレキシブル専用サービス KDDI マネージド WDM サービス	KDDI IP-VPN KDDI Global IP-VPN KDDI Wide Area Virtual Switch KDDI Wide Area Virtual Switch2	
ソフトバンク㈱	広帯域専用線サービス	SmartVPN	
アルテリア・ネットワークス㈱	ダイナイーサ UCOM 光専用線アクセス	VECTANT クローズド IP ネットワーク 閉域 VPN アクセス	ダークファイバサービス
NTT コミュニケーションズ㈱	ギガストリーム Arcstar Universal One	Arcstar IP-VPN（国内） Arcstar Universal One Group-VPN（国内）	
スカパー JSAT ㈱			
北海道総合通信網㈱			
東北インテリジェント通信㈱	高速イーサネット専用サービス		
北陸通信ネットワーク㈱	高速イーサネット専用サービス		
中部テレコミュニケーション㈱	高速イーサネット専用サービス		光ファイバ専用サービス

（2022 年 7 月現在）

サービスタイプ名	8	9	10
	イーサネット	IP-VPN	光ファイバ専用
会社名	会員各社のサービス提供状況／サービス名		
㈱オプテージ	高速イーサネット専用サービス WDM 専用サービス	IP-VPN サービス	
㈱エネルギア・コミュニケーションズ	高速イーサネット専用サービス		
㈱ STNet	高速イーサネット専用サービス		
㈱ QTnet	高速イーサネット専用サービス	QT PRO マネージド VPN QT PRO エントリー VPN	
OTNet ㈱	OT イーサ専用	OT スマート VPN －結－	
日本ネットワーク・エンジニアリング㈱	JNE 光専用線サービス		光ファイバ芯線提供サービス
エルシーブイ㈱	イーサネット専用サービス		
近鉄ケーブルネットワーク㈱		K ブロード光 VPN	光ファイバー芯線提供サービス
ミクスネットワーク㈱	マルチメディア通信網サービス M 型サービス	IP-VPN	マルチメディア通信網サービス M 型サービス
㈱TOKAI コミュニケーションズ	BroadLine Ethernet 専用線		BroadLine 光ファイバ専用サービス
㈱秋田ケーブルテレビ		VPN サービス	
㈱コミュニティネットワークセンター			
伊賀上野ケーブルテレビ㈱	イーサネット専用サービス		
㈱ NTT ドコモ			
アビコム・ジャパン㈱			

（2022 年 7 月現在）

サービスタイプ名	11	12	13
	広域 LAN	ATM データ通信網サービス	航空無線データ通信
主対象		ビジネス	ビジネス
サービス概要・特長	イーサネットインターフェースによる、高セキュリティが確保された広域 LAN サービス 帯域：64kb/s ～ 10Gb/s	64kb/s ～最大 10Mb/s までの多彩なメニューが選べる ATM 伝送方式のネットワークサービス ・通信メニュー： PVC（相手固定通信）メニュー CUG（グループ内通信）メニュー ・品目：論理チャネル速度 速度保証タイプ：64kb/s ～ 2Mb/s 一部速度保証タイプ：1Mb/s ～ 10Mb/s（最高速度）	VHF 通信に対応する機上通信装置（ACARS/VDL）を装備した航空機と地上の間で、多くのデータ伝達により運航業務に不可欠な情報（自社機の位置、予想到着時間、航路、気象情報、飛行中の機体 / エンジンの状況等）を共有できるサービス
会社名	会員各社のサービス提供状況／サービス名		
東日本電信電話㈱	ビジネスイーサ ワイド ビジネスイーサ プレミア		
西日本電信電話㈱	ビジネスイーサ ワイド Interconnected WAN		
KDDI ㈱	KDDI Powered Ethernet KDDI Wide Area Virtual Switch KDDI Wide Area Virtual Switch2		
ソフトバンク㈱	SmartVPN		
アルテリア・ネットワークス㈱	ダイナイーサ・ワイド UCOM 光マルチポイントアクセス		
NTT コミュニケーションズ㈱	e-VLAN Group-Ether Arcstar Universal One		
スカパー JSAT ㈱			
北海道総合通信網㈱	イーサネット通信網（L2L）		
東北インテリジェント通信㈱	高速イーサネット網サービス おトークオフィスワン Think VPN		
北陸通信ネットワーク㈱	イーサネット通信網サービス （HTNet-Ether）		
中部テレコミュニケーション㈱	EtherLINK ad EtherLINK EtherDIVE Ether コミュファ ビジネスコミュファ VPN		

（2022 年 7 月現在）

サービスタイプ名	11	12	13
	広域 LAN	ATM データ通信網サービス	航空無線データ通信
会社名	会員各社のサービス提供状況／サービス名		
㈱オプテージ	イーサネット網サービス イーサネット VPN ワイド イーサネット VPN ワイドアドバンス		
㈱エネルギア・コミュニケーションズ	イーサネット通信網サービス		
㈱ STNet	高速イーサネット網サービス		
㈱ QTnet	QT PRO VLAN		
OTNet ㈱	OT イーサ網		
日本ネットワーク・エンジニアリング㈱			
エルシーブイ㈱			
近鉄ケーブルネットワーク㈱			
ミクスネットワーク㈱			
㈱TOKAI コミュニケーションズ	BroadLine リレーション Ethernet マルチポイント Ethernet		
㈱秋田ケーブルテレビ			
㈱コミュニティネットワークセンター	広域 LAN サービス		
伊賀上野ケーブルテレビ㈱	広域 LAN サービス		
㈱ NTT ドコモ			
アビコム・ジャパン㈱			ACARS

2-3-5 インターネット接続サービス

●事業者別各種サービス提供状況

※会員各社へのアンケート調査結果を記載した。アンケート未回答の会社については記載していない。
※料金は税抜。初期費用・キャンペーン割引については記載していない。サービスの詳細は各社のホームページ等にてご確認下さい。

（2022 年 7 月現在）

会　社　名	東日本電信電話㈱
問い合わせ電話番号	0120-116116
ホームページ	https://flets.com/

サービスタイプ	サービス名	サービス概要・料金（税込）等
ダイヤルアップ接続	フレッツ・ISDN	インターネットなどへの接続時の通信料金を完全定額制にするサービスです。お客さまがご契約されている ISDN 回線から NTT 東日本が指定する専用ダイヤルアップ番号「1492」にダイヤルアップしていただくことにより、NTT 東日本が設けたフレッツ網を経由して ISP などに接続します。 「フレッツ・ISDN」は 2018 年 11 月 30 日をもって新規申し込み受付を終了しました（「フレッツ光」未提供エリアは除く）。

月額料金　（税込）

区　分	通常料金	「マイラインプラス」とのセット割引適用後＊2
月額利用料＊1	3,080 円	2,772 円

＊1　単位：1 契約者回線（1B チャネル）ごとに必要になります。
＊2 「フレッツ・ISDN」をご利用の電話回線について「マイラインプラス」を「市内通話」「同一県内の市外通話」の 2 区分とも NTT 東日本にご登録いただいている場合に適用となります。また、割引適用期間は「マイラインプラス」のご登録日や料金計算期間などにより異なります。
※別途 INS ネットの基本料金が必要です。また、インターネットなどに接続する場合は、別途 ISP 利用料などが必要となります。

サービスタイプ	サービス名	サービス概要・料金（税込）等
DSL	フレッツ・ADSL	アクセスラインに ADSL 技術を用いフレッツ網（地域 IP 網）へ接続することにより、下り（データ受信）最大 47Mbps の高速通信を定額料金でご利用いただけるベストエフォート型サービスです。 「フレッツ・ADSL」は 2016 年 6 月 30 日をもって新規申し込み受付を終了、また 2023 年 1 月 31 日をもってサービス提供を終了します（「フレッツ光」未提供エリアは除く）。

【電話共用型＊1】　（税込）

サービスタイプ	フレッツ・ADSL 月額利用料		ADSL モデムレンタル料（スプリッター含む）（レンタルの場合）＊3 ＊4
	通常料金	「マイラインプラス」とのセット割引適用後＊2	
モアⅢ（47M タイプ）	3,080 円	2,772 円	594 円
モアⅡ（40M タイプ）	3,025 円	2,722 円	
モア（12M タイプ）	2,970 円	2,673 円	539 円
8M タイプ	2,915 円	2,623 円	
1.5M タイプ	2,860 円	2,574 円	
エントリー（1M タイプ）	1,760 円	－	

【ADSL 専用型】　（税込）

サービスタイプ	フレッツ・ADSL 月額利用料		ADSL モデムレンタル料（レンタルの場合）＊3 ＊4
	通常料金	「マイラインプラス」とのセット割引適用後＊5	
モアⅢ（47M タイプ）	5,555 円	4,999 円	539 円
モアⅡ（40M タイプ）	5,445 円	4,900 円	
モア（12M タイプ）	5,335 円	4,801 円	484 円
8M タイプ	5,225 円	4,702 円	
1.5M タイプ	5,005 円	4,504 円	
エントリー（1M タイプ）	3,245 円	－	

＊1　加入電話の基本利用料金が別途必要になります。
＊2 「マイラインプラス」とのセット割引料金は、「市内電話」「同一県内の市外料金」の 2 区分とも「NTT 東日本」をマイラインプラス契約［登録料 880 円（税込）］いただいている場合、適用となります。割引適用期間は、「マイラインプラス」のご登録日や料金計算期間などにより異なります。
＊3　モデム・スプリッターをお買い上げの場合の価格や詳細につきましては、別途ホームページなど〈https://flets.com/adsl/index.html〉を参照願います。
＊4　IP 電話対応機器（ADSL モデム内蔵 IP 電話ルーター）をレンタルでご利用の場合も同一料金です。
＊5 「マイラインプラス」とのセット割引料金は、「市内通話」「同一県内の市外料金」の 2 区分とも「NTT 東日本」をマイラインプラス契約［登録料 880 円（税込）］いただいている同一名義の回線があり、フレッツ・ADSL「アドバンスドサポート」の月額利用料を合算してお支払いいただく場合、適用となります。合算請求は別途「0120-116116」へのお申し込みが必要です。割引適用期間は、「マイラインプラス」のご登録日や料金計算期間などにより異なります。
※インターネットのご利用には、対応する ISP との契約が別途必要です。

サービスタイプ	サービス名	サービス概要・料金（税込）等
FTTH	フレッツ 光ネクスト	お客様宅まで直接引き込んだ加入者光ファイバーをアクセスラインとする完全定額制のベストエフォート型光ブロードバンドアクセスサービスです。帯域確保型アプリケーションサービスが利用可能です。

月額料金　　（税込）

サービスタイプ			金額
ファミリータイプ			5,720 円
ファミリー・ハイスピードタイプ			
ギガファミリー・スマートタイプ			6,270 円
ファミリー・ギガラインタイプ			5,940 円
マンションタイプ	光配線方式	ミニ	4,235 円
		プラン 1	3,575 円
		プラン 2	3,135 円
	VDSL 方式	ミニ	4,235 円
		ミニ B	
		プラン 1	3,575 円
		プラン 1 B	
		プラン 2	3,135 円
		プラン 2 B	
	LAN 配線方式	ミニ	3,850 円
		ミニ B	
		プラン 1	3,190 円
		プラン 1 B	
		プラン 2	2,750 円
		プラン 2 B	
マンション・ハイスピードタイプ*1	光配線方式	ミニ	4,235 円
		プラン 1	3,575 円
		プラン 2	3,135 円
ギガマンション・スマートタイプ*1		ミニ	4,785 円
		プラン 1	4,125 円
		プラン 2	3,685 円
マンション・ギガラインタイプ*1		ミニ	4,455 円
		プラン 1	3,795 円
		プラン 2	3,355 円
ビジネスタイプ			45,210 円
プライオ 10			45,210 円
プライオ 1			22,000 円

＊1 「マンション・ハイスピードタイプ」「ギガマンション・スマートタイプ」「マンション・ギガラインタイプ」は光配線方式でのご提供となります。

※インターネットのご利用には「フレッツ光」の契約に加え ISP との契約が必要となります（別途月額利用料などがかかります）。

サービスタイプ	サービス名	サービス概要・料金（税込）等
FTTH	フレッツ 光ライト	ベストエフォート型の IP 通信サービス（IPv4 ／ IPv6）に加え、帯域確保型のアプリケーションを利用可能であり、お客さまのご利用量に応じた料金でお使いいただける二段階定額料金の光ブロードバンドサービスです。

月額料金　　（税込）

サービスタイプ		金額	備考
月額利用料（基本料）	ファミリータイプ	3,080 円	※利用量 200MB まで利用可能
	マンションタイプ	2,200 円	
月額利用料（通信料）	ファミリータイプ	33 円／10MB	※ 10MB 未満の利用量は切り上げ ※マンションタイプの 960MB ～ 970MB は 10MB あたり 22 円となります ※ひかり電話の通話は従来どおり電話従量での課金 ※フレッツ・テレビ視聴は利用量としての測定対象外
	マンションタイプ		
上限額	ファミリータイプ	6,380 円	※月途中の変更により、合計請求額が上限額を超えた場合は上限額を適用
	マンションタイプ	4,730 円	

※インターネットのご利用には「フレッツ 光ライト」の契約に加え ISP との契約が必要となります（別途月額利用料などがかかります）。

※ご利用の端末やソフトウェアによっては、お客さまが電子メールの送受信、ホームページの閲覧などを一切行わない場合であっても自動的に通信が行われ、通信料が発生する場合がありますのでご注意ください。

サービスタイプ	サービス名	サービス概要・料金（税込）等
FTTH	フレッツ 光ライトプラス	ベストエフォート型の IP 通信サービス（IPv4 ／ IPv6）に加え、帯域確保型のアプリケーションを利用可能であり、お客さまのご利用量に応じた料金でお使いいただける二段階定額料金の光ブロードバンドサービスです。

月額料金　　（税込）

	金額	備考
月額利用料（基本料）	4,180 円	※利用量 3,000MB まで利用可能
月額利用料（通信料）	26.4 円／100MB	※ 100MB 未満の利用量は切り上げ ※ 9,900MB ～ 10,000MB については 100MB あたり 48.4 円となります。 ※ひかり電話の通話は従来どおり電話従量での課金 ※フレッツ・テレビ視聴は利用量としての測定対象外
上限額	6,050 円	

※インターネットのご利用には「フレッツ 光ライトプラス」の契約に加え ISP との契約が必要となります（別途月額利用料などがかかります）。

※ご利用の端末やソフトウェアによっては、お客さまが電子メールの送受信、ホームページの閲覧などを一切行わない場合であっても自動的に通信が行われ、通信料が発生する場合がありますのでご注意ください。

<table>
<tr><th>サービスタイプ</th><th>サービス名</th><th>サービス概要・料金（税込）等</th></tr>
<tr><td>FTTH</td><td>フレッツ 光クロス</td><td>加入者光ファイバーを複数のお客さまで共用し、お客さまが契約する ISP などへ上り下り最大概ね 10Gbps ＊1 の通信速度で接続するベストエフォートサービスです。
月額料金　（税込）
<table>
<tr><th>サービスタイプ</th><th>金額</th></tr>
<tr><td>フレッツ 光クロス</td><td>6,930 円</td></tr>
<tr><td>フレッツ 光クロス対応レンタルルーター</td><td>550 円＊</td></tr>
</table>
＊お客さまがレンタルルーターをご希望された場合に月額利用料が発生します。
※インターネットのご利用には「フレッツ光」の契約に加え ISP との契約が必要となります（別途月額利用料などがかかります）。
＊1 最大概ね 10Gbps とは、技術規格上の最大値であり、実際の通信速度を示すものではありません。本技術規格においては、通信品質確保などに必要なデータが付与されるため、実際の通信速度の最大値は、技術規格上の最大値より十数%程度低下します。また、お客さまのご利用環境（端末機器の仕様など）や回線の混雑状況などにより大幅に低下することがあります。</td></tr>
</table>

会　社　名	西日本電信電話㈱
問い合わせ電話番号	0120-116116
ホームページ	https://flets-w.com（フレッツシリーズ）

サービスタイプ	サービス名	サービス概要・料金（税込）等
ダイヤルアップ接続	フレッツ・ISDN	（下記参照）
DSL	フレッツ・ADSL	（下記参照）

ダイヤルアップ接続　フレッツ・ISDN

インターネットへの接続が定額制の通信料金で利用できるベストエフォート型サービス（インターネット関連サービス（IP 電話を除く））です。お客さまの ISDN 回線から専用ダイヤルアップ番号「1492」にダイヤルアップすることで、当社の地域 IP 網を経由し、お客さまが契約するインターネットサービスプロバイダー等に接続します。また、1 回線で 2 回線分のご利用が可能で、インターネットに接続中でも電話やファックスがご利用できます。

サービス名	最大通信速度	回線使用料	マイラインプラスセット割引適用後料金
フレッツ・ISDN	64kbps	3,080 円	2,772 円

※月額利用料の他、INS ネットの基本料金（回線使用料等）およびインターネットサービスプロバイダー利用料等が別途必要です。
※「マイラインプラスセット割引」とは、ご利用の電話回線において、電話会社固定サービス「マイラインプラス」で「市内通話」「同一県内市外通話」の両区分を NTT 西日本に登録していただいている場合、回線使用料を 10% 割引するサービスです。
※「フレッツ・ISDN」については、「フレッツ光提供エリア」において、2018 年 11 月 30 日をもって、新規申込受付を終了しました。

DSL　フレッツ・ADSL

インターネットへの接続が定額制の通信料金で利用できるベストエフォート型サービス（DSL アクセスサービス）です。加入者回線区間に ADSL 技術を用い、当社の地域 IP 網を経由してお客さまが契約するインターネットサービスプロバイダー等に接続します。ご利用形態としてご利用中の加入電話回線をそのまま利用してインターネットと共用する「タイプ 1」と、インターネット通信専用の回線を新たに設置する「タイプ 2」があり、それぞれ通信速度の異なる 6 つのプランがあります。

プラン名	最大通信速度 下り	最大通信速度 上り	タイプ	回線使用料	マイラインプラスセット割引適用料金＊
モアスペシャル	44 ～ 47Mbps	5Mbps	タイプ 1	3,278 円	2,950.2 円
			タイプ 2	5,445 円	4,900.5 円
モア 40	40Mbps	1Mbps	タイプ 1	3,278 円	2,950.2 円
			タイプ 2	5,445 円	4,900.5 円
モア 24	24Mbps	1Mbps	タイプ 1	3,245 円	2,920.5 円
			タイプ 2	5,412 円	4,870.8 円
モア	12Mbps	1Mbps	タイプ 1	3,190 円	2,871 円
			タイプ 2	5,335 円	4,801.5 円
8M プラン	8Mbps	1Mbps	タイプ 1	3,080 円	2,772 円
			タイプ 2	5,225 円	4,702.5 円
1.5M プラン	1.5Mbps	512kbps	タイプ 1	2,970 円	2,673 円
			タイプ 2	5,005 円	4,504.5 円

※月額利用料の他、インターネットサービスプロバイダー利用料等が別途必要です。
※タイプ 1（電話と共用するタイプ）をご利用の場合、一般加入電話の基本料金（回線使用料）が別途必要となります。
※屋内配線利用料、機器利用料（レンタルの場合）などが別途必要です。
※「フレッツ・ADSL」については、「フレッツ光提供エリア」〔自治体様と連携（IRU 契約等）して「フレッツ・ADSL」を提供している一部エリアを除く。〕2016 年 6 月 30 日をもって新規申込受付を終了しており、2023 年 1 月 31 日をもってサービス提供を終了します。
なお、2017 年 12 月 1 日以降に「フレッツ光」を提供開始するエリアについても、サービス終了時期は同様です。
＊タイプ 2（電話と共有しないタイプ）をご利用の場合は、月額利用料を合算請求させていただくための電話回線（一般加入電話または ISDN 回線）のご登録が必要です。マイラインプラス（オプション）のご登録は、合算先電話回線への登録となりますが、マイラインプラスセット割引が適用されるためには、合算先電話回線が NTT 西日本同一府県内に設置されており「フレッツ・ADSL」との同一のご契約者名であること、かつ、「市内通話」「同一県内市外通話」の両区分とも NTT 西日本へマイラインプラス登録されていることが必要です。

サービスタイプ	サービス名	サービス概要・料金（税込）等
FTTH	フレッツ 光ネクスト	インターネット等への接続が定額制の通信料金で利用できるベストエフォート型サービス（FTTH アクセスサービス）で、品質確保型のアプリケーションのご利用が可能です。加入者区間に最大 1Gbps の加入者光ファイバーを利用し、当社の次世代ネットワーク（NGN）*を介して、お客さまが契約するインターネットサービスプロバイダー等に接続します。また、セキュリティ機能を標準装備するとともに、ひかり電話や地上デジタル放送の再送信、ブロードバンド映像サービスといった多彩なサービスのご利用が可能です。戸建て住宅向けのファミリータイプ、ファミリー・ハイスピードタイプ、ファミリースーパーハイスピードタイプ 隼、集合住宅向けのマンションタイプ、マンション・ハイスピードタイプ、マンション・スーパーハイスピードタイプ 隼、企業向けのビジネスタイプがあります。 *既存の IP 通信網（地域 IP 網及びひかり電話網）を高度化･大容量化したものであり、既存の電話網とは異なるネットワークです。

タイプ名	最大通信速度		提供方式	プラン	月額利用料	光はじめ割適用料金
	下り	上り				
ファミリー・スーパーハイスピードタイプ 隼	概ね 1Gbps	概ね 1Gbps	－	－	5,940 円	4,730 円
ファミリーハイスピードタイプ	200Mbps	200Mbps	－	－		
ファミリータイプ	100Mbps	100Mbps	－	－		
マンション・スーパーハイスピードタイプ 隼	概ね 1Gbps	概ね 1Gbps	ひかり配線方式	プラン 1	4,070 円	3,575 円
				プラン 2	3,520 円	3,135 円
				ミニ	4,950 円	4,345 円
マンションハイスピードタイプ	200Mbps	200Mbps	ひかり配線方式	プラン 1	4,070 円	3,575 円
				プラン 2	3,520 円	3,135 円
				ミニ	4,950 円	4,345 円
マンションタイプ	100Mbps	100Mbps	ひかり配線方式	プラン 1	4,070 円	3,575 円
				プラン 2	3,520 円	3,135 円
				ミニ	4,950 円	4,345 円
ビジネス	概ね 1Gbps	概ね 1Gbps	－	－	45,210 円	40,810 円*

※マンションタイプについては、ひかり配線方式の他、VDSL 方式、LAN 方式があります。
※月額利用料の他、インターネットサービスプロバイダー利用料等が別途必要です。
※「光はじめ割」とは､一定の割引適用期間のご利用をお約束いただくことで､「フレッツ光」の対象サービスの月額利用料を割引くサービスです。
※「光はじめ割」適用料金については、新規申込み時の 1・2 年目の金額です。
*ビジネスタイプは「光はじめ割」対象外のため、「フレッツ・あっと割引」適用時の金額です。

サービスタイプ	サービス名	サービス概要・料金（税込）等
	フレッツ 光ライト	インターネット等への接続が 2 段階定額制の通信料金で利用できるベストエフォート型サービス（FTTH アクセスサービス）で､品質確保型のアプリケーションのご利用が可能です。加入者区間に最大 1Gbps の加入者光ファイバーを利用し、当社の次世代ネットワーク（NGN）*を介して、お客さまが契約するインターネットサービスプロバイダー等に接続します。また、セキュリティ機能を標準装備するとともに､ひかり電話や地上デジタル放送の再送信､ブロードバンド映像サービスといった多彩なサービスのご利用が可能です。戸建て住宅向けのファミリータイプ、集合住宅向けのマンションタイプがあります。 *既存の IP 通信網（地域 IP 網及びひかり電話網）を高度化･大容量化したものであり、既存の電話網とは異なるネットワークです。

タイプ名	最大通信速度		提供方式	プラン	月額利用料		フレッツ・あっと割引適用料金
	下り	上り					
ファミリータイプ	100 Mbps	100 Mbps	－	－	利用量 320MB まで	基本料金 3,520 円	基本料金 3,080 円
					利用量 320MB 超～1,320MB 未満	従量料金利用量 10MB あたり 30.8 円＋基本料金 3,520 円	従量料金利用量 10MB あたり 30.8 円＋基本料金 3,080 円
					利用量 1,320MB 以上	上限料金 6,600 円	上限料金 6,160 円
マンションタイプ	100 Mbps	100 Mbps	ひかり配線方式	－	利用量 320MB まで	基本料金 2,860 円	基本料金 2,420 円
					利用量 320MB 超～1,110MB 未満	従量料金利用量 10MB あたり 30.8 円＋基本料金 2,860 円	従量料金利用量 10MB あたり 30.8 円＋基本料金 2,420 円
					利用量 1,110MB 以上	上限料金 5,940 円	上限料金 4,840 円

※マンションタイプについては、ひかり配線方式のみのご提供となります。
※インターネットのご利用には、本サービスに対応したインターネットサービスプロバイダー利用料等が別途必要です。
※「フレッツ・あっと割引」とは、「フレッツ 光ライト」の２年間の継続利用を条件に月額利用料から一定額を割引するサービスです。

<table>
<tr><th>サービスタイプ</th><th>サービス名</th><th>サービス概要・料金（税込）等</th></tr>
<tr><td>FTTH</td><td>フレッツ 光クロス</td><td>インターネット等への接続が定額制の通信料金で利用できるベストエフォート型サービス（FTTH アクセスサービス）です。加入者区間に最大概ね10Gbps の加入者光ファイバーを利用し、当社の次世代ネットワーク（NGN）*を介して、お客さまが契約するインターネットサービスプロバイダー等に接続します。
また、フレッツ 光クロスを利用し、NGN 上でコンテンツ提供を行う事業者様の提供コンテンツ（地デジ等）の視聴が可能です。（お客さまとコンテンツ提供事業者様との視聴契約等が別途必要となります。）
<table>
<tr><th rowspan="2">タイプ名</th><th colspan="2">最大通信速度</th><th rowspan="2">提供方式</th><th rowspan="2">プラン</th><th rowspan="2">月額利用料</th><th rowspan="2">フレッツ 光クロスの月額利用料
割引適用料金</th></tr>
<tr><th>下り</th><th>上り</th></tr>
<tr><td>ファミリー
タイプ</td><td>最大概ね
10Gbps</td><td>最大概ね
10Gbps</td><td>－</td><td>－</td><td rowspan="2">6,930 円</td><td rowspan="2">5,720 円</td></tr>
<tr><td>マンション
タイプ</td><td>最大概ね
10Gbps</td><td>最大概ね
10Gbps</td><td>ひかり配線方式</td><td>－</td></tr>
</table>
※最大概ね 10Gbps とは、技術規格上の最大値であり実効速度を示すものではありません。なお、本技術規格においては、通信品質確保等に必要なデータが付与されるため、実効速度の最大値は、技術規格上の最大値より十数％程度低下します。
インターネットご利用時の速度は、お客さまのご利用環境やご利用状況等によっては数 Mbps になる場合があります。ご利用環境とは、パソコンやルーター等の接続機器の機能・処理能力、電波の影響等のことです。ご利用状況とは、回線の混雑状況やご利用時間帯等のことです。
※マンションタイプについては、2022 年 9 月 1 日より、一部エリアにて申込受付を開始予定です。</td></tr>
<tr><td>無線 LAN</td><td>フレッツ・スポット</td><td>Wi-Fi 対応機器（スマートフォン･タブレット端末等）を使って､外出先の駅･空港や飲食店等のアクセスポイント設置場所から定額でワイヤレス高速通信がご利用できるベストエフォート型の公衆無線 LAN サービスです。
月額利用料:フレッツアクセスサービス等をご契約のお客様（1ID）220 円（税込）
※月額利用料の他、工事費等の初期費用が必要です。
※フレッツアクセスサービスまたは光コラボレーション事業者様が提供するアクセスサービスの契約・料金が必要です。
※最大 5ID まで利用できます。
※同一の「フレッツ・スポット」認証 ID での同時接続はできません。
※「フレッツ・スポット」は 2017 年 5 月 31 日をもちまして新規申込受付を終了いたしました。</td></tr>
</table>

<table>
<tr><th colspan="2">会　社　名</th><td>KDDI㈱</td></tr>
<tr><th colspan="2">問い合わせ電話番号</th><td>① 0077-777　② 0077-7-111</td></tr>
<tr><th colspan="2">ホームページ</th><td>① https://www.au.com/internet/　② https://www.au.com/</td></tr>
<tr><th>サービスタイプ</th><th>サービス名</th><th>サービス概要・料金（税込）等</th></tr>
<tr><td rowspan="2">DSL</td><td>Business-DSL
エコノミー</td><td>NTT 東日本･西日本提供のフレッツ･ADSL に対応した法人向けインターネット接続サービス
<table>
<tr><th>IP アドレス個数</th><th>月額利用料</th></tr>
<tr><td>1 個（/32）</td><td>7,370 円</td></tr>
<tr><td>8 個（/29）</td><td>12,870 円</td></tr>
<tr><td>16 個（/28）</td><td>25,300 円</td></tr>
</table>
※別途回線料金及び機器レンタル料金が必要</td></tr>
<tr><td>Business-ISDN
エコノミー</td><td>NTT 東日本・NTT 西日本が提供する「フレッツ・ISDN」に対応した法人向けインターネット接続サービス
<table>
<tr><th>IP アドレス個数</th><th>月額利用料</th></tr>
<tr><td>1 個（/32）</td><td>4,950 円</td></tr>
<tr><td>8 個（/29）</td><td>7,480 円</td></tr>
</table>
※別途フレッツ・ISDN の料金が必要</td></tr>
<tr><td>FTTH</td><td>au ひかり</td><td>KDDI の FTTH サービス「au ひかり」を利用するコース
主に戸建て向けのホームタイプと、マンションなどの集合住宅向けのマンションタイプに大別される。
<table>
<tr><th colspan="3">メニュー</th><th>下り最大速度※１</th><th>月額利用料※２</th><th>備考</th></tr>
<tr><td rowspan="3">ａｕひかり
ホーム
１ギガ</td><td colspan="2">標準プラン</td><td rowspan="3">1G ※３</td><td>6,930 円</td><td></td></tr>
<tr><td colspan="2">ギガ得プラン</td><td>5,720 円</td><td>２年間の契約が前提</td></tr>
<tr><td colspan="2">ずっとギガ得プラン</td><td>5,390 円
（３年目以降）
5,500 円
（２年目）
5,610 円
（１年目）</td><td>３年間の契約が前提</td></tr>
<tr><td rowspan="18">ａｕひかり
マンション</td><td colspan="2">マンションミニ　ギガ</td><td>1G</td><td>5,500 円</td><td></td></tr>
<tr><td colspan="2">ギガ</td><td>1G</td><td>4,455 円</td><td></td></tr>
<tr><td rowspan="4">タイプＧ</td><td rowspan="2">16 契約以上</td><td rowspan="4">664M</td><td>5,390 円</td><td></td></tr>
<tr><td>4,180 円</td><td>２年間の契約が前提</td></tr>
<tr><td rowspan="2">８契約以上</td><td>5,720 円</td><td></td></tr>
<tr><td>4,510 円</td><td>２年間の契約が前提</td></tr>
<tr><td rowspan="2">タイプＶ</td><td>16 契約以上</td><td rowspan="5">100M</td><td>4,180 円</td><td>※４</td></tr>
<tr><td>８契約以上</td><td>4,510 円</td><td>※４</td></tr>
<tr><td rowspan="2">タイプＥ</td><td>16 契約以上</td><td>3,740 円</td><td>※４</td></tr>
<tr><td>８契約以上</td><td>4,070 円</td><td>※４</td></tr>
<tr><td colspan="2">タイプＦ</td><td>4,290 円</td><td>※４</td></tr>
<tr><td>都市機構</td><td>DX</td><td>70/100M</td><td>4,180 円</td><td>※４</td></tr>
<tr><td rowspan="2">都市機構Ｇ</td><td rowspan="2">DX-G</td><td rowspan="2">664M</td><td>5,390 円</td><td></td></tr>
<tr><td>4,180 円</td><td>２年間の契約が前提</td></tr>
<tr><td rowspan="4">都市機構、
都市機構Ｇ</td><td>16M（B）
東日本</td><td rowspan="4">100M</td><td>2,585 円</td><td></td></tr>
<tr><td>16M（R）
東日本</td><td>3,025 円</td><td></td></tr>
<tr><td>16M（B）
西日本</td><td>3,025 円</td><td></td></tr>
<tr><td>16M（R）
西日本</td><td>3,465 円</td><td></td></tr>
</table>
※１　記載の速度はユーザー宅内から当社設備までの技術規格上の最大値であり、ユーザー宅内での実使用速度を示すものではない。
※２　上記金額には機器レンタル料が含まれる。また記載の料金は、プロバイダを au one net に指定し「口座振替･クレジットカード割引（110 円／月）」の適用時の価格。
※３　au ひかりホームでは関東一都三県で高速サービス（10 ギガ･5 ギガ）をオプションサービスとして提供中。高速サービス利用時は上記金額に 10 ギガは 1,408 円、5 ギガは 550 円が加算されるが、料金プランが「ずっとギガ得プラン（3 年契約）」の場合は、超高速スタートプログラム適用により高速サービス利用料を 550 円割引。4 年目以降は au スマートバリュー適用中の場合 550 円割引。
※４　料金プランが「お得プラン A（2 年契約）」の場合は、月額利用料はそのままでおうちトラブルサポート（440 円／月）が内包。
※　au ひかり加入時には初期登録料と工事に関する初期費用が別途発生。</td></tr>
</table>

<table>
<tr><th>サービスタイプ</th><th>サービス名</th><th>サービス概要・料金（税込）等</th></tr>
<tr><td rowspan="2">FTTH</td><td>コミュファ光コース</td><td>中部テレコミュニケーションの提供するFTTHサービス「コミュファ光」を利用するコース
<table>
<tr><th>メニュー</th><th>月額利用料</th></tr>
<tr><td>ホーム</td><td>1,870円</td></tr>
<tr><td>マンション</td><td>1,320円</td></tr>
</table>
※別途回線利用料が必要</td></tr>
<tr><td>フレッツ光コース</td><td>NTT東日本･西日本が提供する「フレッツ 光ネクスト」､「フレッツ 光ライト」を利用するコース
<table>
<tr><th>メニュー</th><th>月額利用料</th></tr>
<tr><td>ファミリー、マンション
（NTT東西共通）</td><td>2,167円</td></tr>
</table>
※別途通信料、回線利用料が必要</td></tr>
<tr><td rowspan="3">光接続</td><td>イーサシェア</td><td>KDDIおよびctc、オプテージの提供する光ファイバーをアクセス回線とする法人向けインターネット接続サービス
アクセス回線の利用料、回線終端装置の利用料込み
<table>
<tr><th>提供エリア</th><th>下り最大速度</th><th>月額利用料</th></tr>
<tr><td rowspan="2">関東エリア</td><td>100M</td><td>193,600円</td></tr>
<tr><td>1G</td><td>330,000円</td></tr>
<tr><td>中部エリア</td><td>100M</td><td>217,800円</td></tr>
<tr><td>関西エリア</td><td>100M</td><td>217,800円</td></tr>
</table>
※ 1Gの提供エリアは、東京、埼玉、千葉、神奈川の一部</td></tr>
<tr><td>イーサシェアライト</td><td>KDDIの共有型（PON）の光ファイバーをアクセス回線とする法人向けインターネット接続サービス
アクセス回線の利用料や、回線終端装置の料金が全て含まれている。
<table>
<tr><th colspan="2" rowspan="2">メニュー</th><th colspan="5">IPアドレス数</th></tr>
<tr><th>1個（/32）</th><th>4個（/30）</th><th>8個（/29）</th><th>16個（/28）</th><th>32個（/27）</th></tr>
<tr><td>速度帯域</td><td>1G</td><td>20,735円</td><td>27,335円</td><td>31,735円</td><td>53,735円</td><td>86,735円</td></tr>
</table></td></tr>
<tr><td>イーサエコノミー</td><td>NTT東日本・西日本提供のフレッツ光に対応した法人向けインターネット接続サービス
<table>
<tr><th colspan="2" rowspan="2">メニュー</th><th colspan="6">IPアドレス数</th></tr>
<tr><th>動的IP</th><th>1個(/32)</th><th>8個(/29)</th><th>16個(/28)</th><th>32個(/27)</th><th>64個(/26)</th></tr>
<tr><td>(フレッツ光ライト)
ファミリー</td><td>100M</td><td>3,443円</td><td>10,780円</td><td>20,680円</td><td>20,680円</td><td>–</td><td>–</td></tr>
<tr><td>(フレッツ光ライト)
マンション</td><td>100M</td><td>3,443円</td><td>10,780円</td><td>20,680円</td><td>–</td><td>–</td><td>–</td></tr>
<tr><td>(フレッツ光ネクスト)
ギガファミリースマート</td><td>1G</td><td rowspan="5">3,443円</td><td rowspan="5">10,780円</td><td rowspan="5">20,680円</td><td rowspan="5">20,680円</td><td rowspan="5">–</td><td rowspan="5">–</td></tr>
<tr><td>ファミリー・ギガライン</td><td>1G</td></tr>
<tr><td>ファミリー・スーパーハイスピードタイプ 隼</td><td>1G</td></tr>
<tr><td>ファミリー・ハイスピード</td><td>200M</td></tr>
<tr><td>ファミリー</td><td>100M</td></tr>
<tr><td>(フレッツ光ネクスト)
ギガマンションスマート</td><td>1G</td><td rowspan="5">3,443円</td><td rowspan="5">10,780円</td><td rowspan="5">20,680円</td><td rowspan="5">–</td><td rowspan="5">–</td><td rowspan="5">–</td></tr>
<tr><td>マンション・ギガライン</td><td>1G</td></tr>
<tr><td>マンション・スーパーハイスピードタイプ 隼</td><td>1G</td></tr>
<tr><td>マンション・ハイスピード</td><td>200M</td></tr>
<tr><td>マンション</td><td>100M</td></tr>
<tr><td>(フレッツ光ネクスト)
プライオ1</td><td>1G</td><td>8,303円</td><td>22,000円</td><td>31,900円</td><td>50,600円</td><td>–</td><td>–</td></tr>
<tr><td>(フレッツ光ネクスト)
プライオ10</td><td>1G</td><td>27,500円</td><td>82,500円</td><td>117,700円</td><td>139,700円</td><td>176,000円</td><td>209,000円</td></tr>
<tr><td>(フレッツ光ネクスト)
ビジネス</td><td>1G</td><td>27,500円</td><td>82,500円</td><td>117,700円</td><td>139,700円</td><td>176,000円</td><td>209,000円</td></tr>
<tr><td>フレッツ 光クロス</td><td>10G</td><td>8,800円</td><td>19,800円</td><td>30,800円</td><td>41,800円</td><td>–</td><td>–</td></tr>
</table>
※回線利用料は含まない。
※お申し込み時に、接続方式（v6プラス or PPPoE）の選択が必要
・フレッツ 光クロスは、v6プラスでの提供
・フレッツ 光ネクスト ビジネス、プライオ1、プライオ10はPPPoEでの提供</td></tr>
</table>

<table>
<tr><th>サービスタイプ</th><th>サービス名</th><th>サービス概要・料金（税込）等</th></tr>
<tr><td>光接続</td><td>光ダイレクト</td><td>KDDIの光ダイレクトに対応した月額通信料定額のインターネット接続サービス
<table><tr><th colspan="4">IPアドレス数</th></tr><tr><td>4個（/30）</td><td>8個（/29）</td><td>16個（/28）</td><td>32個（/27）</td></tr><tr><td>4,950円</td><td>33,000円</td><td>55,000円</td><td>77,000円</td></tr></table>※回線種別によりご利用不可となる場合もある。
※回線利用料、接続可能機器は含まない。
※IPアドレス数のうち、3つはネットワーク用、ブロードキャスト用、ルーター用にそれぞれ設定するため、お客さま機器への割り当ては不可。
※接続最大速度は、回線種別により異なる（100M／1Gbps）</td></tr>
<tr><td rowspan="3">携帯電話</td><td>LTE NET</td><td>月額利用料：330円
※別途パケット通信料が必要</td></tr>
<tr><td>5G NET</td><td>月額利用料：各料金プランの基本料金に内包
※別途パケット通信料が必要</td></tr>
<tr><td>LTE NET for DATA
5G NET for DATA</td><td>月額利用料：550円
※別途パケット通信料が必要</td></tr>
<tr><td rowspan="8">BWA</td><td>WiMAX2 +
フラット for DATA</td><td>WiMAX 2+対応ルーターの料金プラン（ハイスピードモード月間データ容量制限あり）
月額利用料5,715円（2年契約適用時4,615円、WiMAX 2+ おトク割適用時4,065円）
※プロバイダー利用料込み
※本プランは2019年12月25日をもって新規受付を終了</td></tr>
<tr><td>WiMAX 2+ フラット
for DATA EX</td><td rowspan="2">WiMAX 2+対応ルーターの料金プラン（ハイスピードモード月間データ容量制限なし）
月額利用料6,468円（2年契約適用時5,368円）
※プロバイダー利用料込み
※本プランは2019年12月25日をもって新規受付を終了</td></tr>
<tr><td>WiMAX 2+ フラット
for HOME</td></tr>
<tr><td>モバイルルーター
プラン</td><td rowspan="2">WiMAX 2+対応ルーターの料金プラン（ハイスピードモード月間データ容量制限なし）
月額利用料4,908円（au PAYカードお支払い割もしくは2年契約N適用時4,721円）
※プロバイダー利用料込み
※2年契約Nは2022年3月31日をもって新規受付を終了</td></tr>
<tr><td>ホームルータープラン</td></tr>
<tr><td>ルーターフラット
プラン80（5G）</td><td>5G、WiMAX 2+対応ルーターの料金プラン（月間データ容量制限あり）
月額利用料7,865円（au PAYカードお支払い割もしくは2年契約N適用時7,678円、5Gルータースタートキャンペーン・5Gルータースタート割適用時5,478円）
※プロバイダー利用料込み
※2年契約Nは2022年3月31日をもって新規受付を終了</td></tr>
<tr><td>モバイルルーター
プラン5G</td><td>5G、WiMAX 2+対応ルーターの料金プラン（スタンダードモード月間データ容量制限なし）
月額利用料5,458円（au PAYカードお支払い割もしくは2年契約N適用時5,271円、5Gルーター割適用時4,721円）
※プロバイダー利用料込み
※2年契約Nは2022年3月31日をもって新規受付を終了</td></tr>
<tr><td>ホームルータープラン
5G</td><td>5G、WiMAX 2+対応ルーターの料金プラン（スタンダードモード月間データ容量制限なし）
月額利用料5,170円（5Gルーター割適用時4,620円）
※プロバイダー利用料込み</td></tr>
</table>

会　社　名		ソフトバンク㈱
問い合わせ電話番号		■移動体通信 【ソフトバンク】 157（ソフトバンク携帯電話から） 0800-919-0157（一般電話から） 【ワイモバイル】 151（ワイモバイル携帯電話から） 0570-039-151（一般電話から） ■固定通信 （新規受付窓口） 【SoftBank 光／ SoftBank Air ／ Yahoo! BB】 0120-981-072 （お客様サポート） 【SoftBank 光】 0800-111-2009 【SoftBank Air ／ Yahoo! BB ADSL】 0800-1111-820 【Yahoo! BB 光 with フレッツ／フレッツコース】 0120-981-030 【Yahoo! BB for Mobile】 0120-965-343 【ODN】 0800-2228-375 【SpinNet】 0088-210-209 ／ 044-388-0607 【ULTINA Internet ／ SmartInternet】（カスタマーサポートセンター） 0120-982-490
ホームページ		■移動体通信 【ソフトバンク】 https://www.softbank.jp 【ワイモバイル】 https://www.ymobile.jp 【LINEMO】 https://www.linemo.jp/ 【LINE モバイル】 https://mobile.line.me/ ■固定通信 【SoftBank 光／ SoftBank Air ／ Yahoo! BB】 https://www.softbank.jp/internet/ 【ODN】 https://www.odn.ne.jp/ 【SpinNet】 https://www.spinnet.jp/ 【ULTINA Internet ／ SmartInternet】 https://www.softbank.jp/biz/nw/internet/
サービスタイプ	サービス名	サービス概要・料金（税込）等
ダイヤルアップ接続	ODN「たっぷり」コース	月額 1,375 円（通信料金は含まない。）
	ODN「まるごと」コース まるごと 1 ～ 10	月額 440 円～ 2,585 円（通信料金は含まない。）
	ODN「メール」コース	月額定額料 220 円 + 接続料金および通信料 11 円／分
	SpinNet ダイヤルアップ基本サービス	月額 2,200 円（通信料金は含まない）
	SpinNet 「フレッツ・ISDN」サービス	月額 2,200 円（フレッツ・ISDN 料金含まず）
	ULTINA Internet ブロードバンドアクセス フレッツ・プラン	NTT 東日本および NTT 西日本が提供するフレッツサービスに対応した法人向けサービス（フレッツ・ISDN）IP1 月額 4,950 円（フレッツ・ISDN 料金含まず）
DSL	ODN 「フレッツ・ADSL」S コース	NTT 東日本・NTT 西日本が提供する「フレッツ・ADSL」に対応したコース 月額 1,320 円（フレッツ・ADSL 料金含まず）
	SpinNet 「フレッツ・ADSL」サービス	NTT 東日本・NTT 西日本が提供する「フレッツ・ADSL」に対応したサービス 月額 2,200 円（フレッツ・ADSL 料金含まず）
	ULTINA Internet ブロードバンドアクセス フレッツ・プラン	NTT 東日本・NTT 西日本が提供する「フレッツ・ADSL」に対応した法人向けサービス （フレッツ・ADSL）IP1、8、16 月額 7,370 円 ～ 31,680 円（フレッツ・ADSL 料金含まず） （フレッツ・ADSL ビジネス）ダイナミック IP 月額 2,915 円（フレッツ・ADSL ビジネスタイプ料金含まず）
FTTH	Yahoo! BB 光 with フレッツ／フレッツコース	NTT 東日本／西日本が提供する「フレッツ光」に対応したプロバイダーサービス 月額利用料金（フレッツ光料金含まず） 【スタンダード】 ホーム：1,320 円　マンション：1,045 円 【プレミアム】 ホーム：1,595 円　マンション：1,320 円

サービスタイプ	サービス名	サービス概要・料金（税込）等
FTTH	SoftBank 光	光アクセス回線を ISP とセットで提供するサービス 月額利用料金 【ファミリー・10 ギガ以外】 ■ 2 年自動更新プラン（2 年間の継続利用が条件） ファミリー：5,720 円　マンション：4,180 円 ファミリー・ライト：4,290 円～ 6,160 円 ■自動更新なしプラン ファミリー：6,930 円　マンション：5,390 円 ファミリー・ライト：6,050 円～ 7,920 円 ■ 5 年自動更新プラン（TV セット） （5 年間の継続利用及び「ソフトバンク光テレビ」のお申し込みが条件） ファミリー：5,170 円 【ファミリー・10 ギガ】 ■ 2 年自動更新プラン（2 年間の継続利用が条件） ファミリー：6,930 円 ■自動更新なしプラン ファミリー：8,140 円 ■ 5 年自動更新プラン（TV セット） （5 年間の継続利用及び「ソフトバンク光テレビ」のお申し込みが条件） ファミリー：6,380 円
	ODN 「フレッツ光」コース	NTT 東日本および NTT 西日本が提供するフレッツサービスに対応したコース （フレッツ光ネクスト、フレッツ光ライト） 月額 1,320 円（フレッツ料金含まず）
	ODN 「コミュファ光」コース	中部テレコミュニケーションが提供する「コミュファ光」に対応したコース 月額 1,320 円（コミュファ光料金含まず）
	SpinNet 「フレッツ光」サービス	NTT 東日本および NTT 西日本が提供するフレッツサービスに対応したサービス （フレッツ光ネクスト）月額 2,750 円（フレッツ料金含まず）
	ULTINA Internet ブロードバンドアクセス フレッツ・プラン	NTT 東日本および NTT 西日本が提供するフレッツサービスに対応した法人向けサービス （フレッツ光ネクスト）IP1、8、16 月額 10,450 円～ 209,000 円（フレッツ料金含まず）
	ULTINA インターネット プラン F Biz コラボ	光アクセス回線を ISP とセットで提供する法人向けサービス IP1 のみ マンション：月額 16,720 円～、戸建：17,820 円～
専用線接続	SmartInternet Suite Ether スタンダードタイプ／ ギャランティタイプ	法人向けサービス （10Mbps ～ 1Gbps）：月額 27,500 円～ 522,500 円
	ULTINA Internet イーサネットアクセス	法人向けサービス （1Mbps ～ 1Gbps）：月額 105,600 円～ 68,640,000 円 アクセス回線料金含まず
	ULTINA Internet IPv6 ネイティブ／デュアル スタック	法人向けサービス （1Mbps ～ 100Mbps）：月額 105,600 円～ 12,760,000 円 アクセス回線料金含まず
	ULTINA Internet イーサネットアクセス （S）／イーサネットアクセス（S）BGP コネクト	法人向けサービス （100Mbps ～ 1Gbps）：月額 55,000 円～ 8,580,000 円 （BGP 接続は個別見積）
	ULTINA Internet DC コネクト	法人向けサービス （10Mbps（1Mbps）※～ 1Gbps）：月額 132,000 円～ 7,480,000 円（固定料金） ※お客様→インターネット方向は 10Mbps、逆方向は 1Mbps の通信が可能なプラン他、従量料金プランもあり
	ULTINA Internet DC コネクト（S）	法人向けサービス （100Mbps ～）：月額 217,800 円～ 100Mbps は固定料金、1Gbps 以上は固定もしくは従量料金 ※品目により個別見積

サービスタイプ	サービス名	サービス概要・料金（税込）等
無線 LAN	Yahoo! BB for Mobile	メールサービスや、公衆無線 LAN・海外ローミング・ダイヤルアップ等の外出先での接続を提供するプロバイダーサービス 月額利用料金 【スタンダード】398 円 【プレミアム】　673 円
携帯電話	ソフトバンク	データプランメリハリ無制限：月額 6,160 円（高速データ通信容量上限なし）
		データプランミニフィット＋：月額 2,200 ～ 4,400 円（高速データ通信容量 3GB まで）
		データプラン 3GB（スマホ）：月額 1,650 円（高速データ通信容量 3GB まで）
		データプラン 3GB（ケータイ）：月額 1,650 円（高速データ通信容量 3GB まで）
		データプラン 100MB：月額 330 円（高速データ通信容量 100MB まで）
		データプラン 50GB（データ通信）：月額 4,202 円（高速データ通信容量 50GB まで）
		データプラン 3GB（データ通信）：月額 330 円（高速データ通信容量 3GB まで）
	ワイモバイル	シンプル S：月額 2,178 円（高速データ通信容量 3GB まで）
		シンプル M：月額 3,278 円（高速データ通信容量 15GB まで）
		シンプル L：月額 4,158 円（高速データ通信容量 25GB まで）
		ケータイベーシックプラン SS：月額 1,027.4 円（高速データ通信容量 2.5GB まで）
		Pocket WiFi プラン 2（ベーシック）：月額 4,065.6 円（高速データ通信容量 7GB まで）
	LINEMO	スマホプラン：月額 2,728 円（高速データ通信容量 20GB まで）
BWA	SoftBank Air	5G 回線・AXGP 回線・TD-LTE 回線・FDD-LTE 回線を利用した、個人宅向け無線ブロードバンドサービス 月額利用料金 ■ Air 4G/5G 共通プラン（期間拘束なし） 　機器購入：5,368 円（機器賦払金、月月割を含む） 　機器レンタル：5,907 円（機器レンタル代を含む）

会　社　名		アルテリア・ネットワークス㈱
問い合わせ URL		https://www.arteria-net.com/business/contact/
ホームページ		https://www.arteria-net.com/business/
サービスタイプ	サービス名	サービス概要・料金（税込）等
DSL	VECTANT ブロードバンドアクセス（フレッツ／PPPoE品目）	＜法人向けサービス＞ NTT東日本、NTT西日本のフレッツに対応した定額制インターネット接続サービス
	フレッツ･アクセス（アンバンドルサービス）	＜法人向けサービス＞ 「フレッツ・アクセス」は、NTTのフレッツ網を利用して全国各地のエリアを網羅するISPサービス
FTTH	UCOM光 スタンダードギガビットアクセス	＜法人向けサービス＞ 占有型1Gbps光ファイバーインターネット接続サービス。SLA（サービス品質保証制度）標準装備
	UCOM光 プレミアムギガビットアクセス	＜法人向けサービス＞ 占有型で最大1Gbpsの最低帯域確保型サービス。 上り通信に契約帯域の10％分の「最低帯域確保」を具備しながら下り最大1Gbpsまでのトラフィックに対応し、選べる帯域とSLA、充実のサポートサービスを標準装備
	UCOM光 光ビジネスアクセス	＜法人向けサービス＞ 占有型100Mbps光ファイバーインターネット接続サービス
	UCOM光 ファストギガビットアクセス	＜法人向けサービス＞ 占有型1Gbps光ファイバーインターネット接続サービス。 ベストエフォート型の提供メニューに加え、10-50Mbpsの一部区間帯域確保メニューを用意
	VECTANT ブロードバンドアクセス（フレッツ／PPPoE品目／クロスパス品目[IPoE]）	＜法人向けサービス＞ NTT東日本、NTT西日本のフレッツに対応した定額制インターネット接続サービス
	UCOM光 フレッツ･アクセス（バンドル／アンバンドルサービス）	＜法人向けサービス＞ 「フレッツ・アクセス」は、NTTのフレッツ網を利用して全国各地のエリアを網羅するISPサービス
専用線接続	ダイナイーサ	＜法人向けサービス＞ 2拠点間を1Gbps～100Gbpsで接続する完全帯域保証型の専用線サービス。提供クラスはデュアル、シングルの2種類から選択可能
	UCOM光 専用線アクセス	＜法人向けサービス＞ 2拠点間を100Mbps～1Gbpsで接続する仮想専用線サービス。ベストエフォート型の提供メニューに加え、1Gbpsは10-200Mbpsの一部区間帯域確保メニューを用意
モバイル	VECTANT ブロードバンドアクセス LTE（D）	＜法人向けサービス＞ NTTドコモ網を利用した3G/LTE回線をご提供するサービス

会　社　名	NTT コミュニケーションズ㈱
問い合わせ電話番号	0120-003300
ホームページ	http://www.ntt.com/business/services/network/internet-connect/ocn-business.html（法人向け）

サービスタイプ	サービス名	サービス概要・料金（税込）等

ダイヤルアップ接続

OCN ISDN アクセス（フレッツ料金含まず）

プラン	IP1	IP8	for VPN（動的 IP）
フレッツ・ISDN	5,280 円	7,480 円	2,255 円

DSL

OCN ADSL アクセス（フレッツ料金含まず）

プラン		IP1	IP8	IP16	for VPN（動的 IP）
OCN ADSL アクセス「フレッツ」	1.5M/8M/ モア / モア II/ モア 24/ モア 40/ モア III/ モアスペシャル	7,480 円	12,980 円	25,410 円	2,255 円
	ビジネス	9,680 円	15,180 円	31,680 円	2,915 円

OCN ADSL サービス（F）（フレッツ料金含む）

プラン		IP1	IP8	IP16	for VPN（動的 IP）
フレッツ・ADSL	1.5M	12,485 円	17,985 円	30,415 円	8,910 円
	8M	12,705 円	18,205 円	30,635 円	9,130 円
	モア	12,815 円	18,315 円	30,745 円	9,240 円
	モア 24	12,892 円	18,392 円	30,822 円	9,317 円
	モア II	12,925 円	18,425 円	30,855 円	9,350 円
	モア III	13,035 円	18,535 円	30,965 円	9,460 円
	モア 40	12,925 円	18,425 円	30,855 円	9,350 円
	モアスペシャル	12,925 円	18,425 円	30,855 円	9,350 円
フレッツ・ADSL ビジネス	モア II	21,780 円	27,280 円	43,780 円	16,665 円
	モア III	21,780 円	27,280 円	43,780 円	16,665 円

FTTH

OCN 光 IPx/for VPN（フレッツ、OCN 一括提供）

プラン	アクセスライン		IP1	IP8	IP16	for VPN（動的 IP）
OCN 光	マンション	100Mbps	9,680 円	個別問合せ		2 年割対象外
		200Mbps ※1				
		1Gbps				
	ファミリー	100Mbps	15,070 円			
		200Mbps ※1				
		1Gbps				

※ 2 年割コース適用時の料金になります。
※ 1　東日本エリアでは上り最大 100Mbps、下り最大 200Mbps、西日本エリアでは上下最大 200Mbps となります。

OCN 光「フレッツ」（フレッツ料金含まず）IPx/for VPN

■アクセスライン：光ネクスト / 光ライト

タイプ	アクセスライン		IP1	IP8	IP16	IP32	IP64	for VPN（動的 IP）
光フレッツ「ファミリー」	フレッツ光ネクスト	ファミリー / ファミリー・ハイスピード / ファミリー・スーパーハイスピードタイプ隼	10,780 円	20,680 円	38,170 円	-	-	3,443 円
	フレッツ光ライト	ファミリー	10,780 円	20,680 円	38,170 円	-	-	3,443 円
光フレッツ「ギガファミリー」	フレッツ光ネクスト	ギガファミリー・スマートタイプ / ギガマンション・スマートタイプ	10,780 円	20,680 円	38,170 円	-	-	3,443 円
		ファミリー・ギガラインタイプ / マンション・ギガラインタイプ	10,780 円	20,680 円	38,170 円	-	-	3,443 円
光フレッツ「ビジネス」	フレッツ光ネクスト	ビジネス	82,500 円	117,700 円	139,700 円	176,000 円	209,000 円	-
光フレッツ「プライオ 1」	フレッツ光ネクスト	プライオ 1	22,000 円	31,900 円	50,600 円	-	-	8,030 円
光フレッツ「プライオ 10」	フレッツ光ネクスト	プライオ 10	82,500 円	117,700 円	139,700 円	176,000 円	209,000 円	-
光フレッツ「マンション」	フレッツ光ネクスト	マンション / マンション・ハイスピード / マンション・スーパーハイスピードタイプ隼	7,480 円	17,380 円	-	-	-	3,278 円
	フレッツ光ライト	マンション	7,480 円	17,380 円	-	-	-	3,278 円

OCN 光「フレッツ」IPoE（フレッツ料金含まず）

	IP1	IP8	IP16	動的 IP
OCN 光「フレッツ」IPoE	12,100 円	22,000 円	39,600 円	4,400 円

サービスタイプ	サービス名	サービス概要・料金（税込）等
FTTH	OCN 光サービス（F）（フレッツ料金含む）	■NTT 東日本エリア／■NTT 西日本エリア（下表）

■NTT 東日本エリア

タイプ名			IP1	IP8	IP16	IP32	IP64	for VPN（動的 IP）
フレッツ 光 ネクスト	マンション	プラン１	10,670 円	20,570 円	-	-	-	8,118 円
		プラン２	10,230 円	20,130 円	-	-	-	7,678 円
	マンション・ハイスピード	プラン１	10,670 円	20,570 円	-	-	-	8,118 円
		プラン２	10,230 円	20,130 円	-	-	-	7,678 円
	ファミリー		15,290 円	25,190 円	42,680 円	-	-	9,603 円
	ギガファミリー・スマートタイプ		17,050 円	26,950 円	44,440 円	-	-	11,363 円
	ファミリー・ギガラインタイプ		16,720 円	26,620 円	44,110 円	-	-	11,033 円
	プライオ１		44,000 円	53,900 円	72,600 円	-	-	30,030 円
	プライオ 10		127,710 円	162,910 円	184,910 円	221,210 円	254,210 円	-
	ビジネス		126,500 円	161,700 円	183,700 円	220,000 円	253,000 円	-

■NTT 西日本エリア

タイプ名			IP1	IP8	IP16	IP32	IP64	for VPN（動的 IP）
フレッツ 光 ネクスト	マンション	プラン１	10,890 円	20,790 円	-	-	-	8,338 円
		プラン２	10,340 円	20,240 円	-	-	-	7,788 円
	マンション・ハイスピード	プラン１	10,890 円	20,790 円	-	-	-	8,338 円
		プラン２	10,340 円	20,240 円	-	-	-	7,788 円
	マンション・スーパーハイスピードタイプ 隼	プラン１	10,890 円	20,790 円	-	-	-	8,338 円
		プラン２	10,340 円	20,240 円	-	-	-	7,788 円
	ファミリー		15,510 円	25,410 円	42,900 円	-	-	9,823 円
	ファミリー・ハイスピードタイプ		15,510 円	25,410 円	42,900 円	-	-	9,823 円
	ファミリー・スーパーハイスピードタイプ 隼		15,510 円	25,410 円	42,900 円	-	-	9,823 円
	ビジネス		126,500 円	161,700 円	183,700 円	220,000 円	253,000 円	-

サービスタイプ	サービス名	サービス概要・料金（税込）等
専用線接続	スーパー OCN グローバル IP ネットワーク（GIN）	個別見積
モバイル	OCN モバイル ONE for Business	■定額料金コース／■データ量従量料金コース・速度限定コース（M2M 利用に最適）（下表）

■定額料金コース

コース	月間規制通信量　※１	月額料金　円（税込）
１GB コース	１GB ／月	2,200 円
3GB コース	3GB ／月	3,850 円
7GB コース	7GB ／月	6,050 円

■データ量従量料金コース・速度限定コース（M2M 利用に最適）

コース	月間規制通信量 / 速度	月額料金　円（税込）
30MB プラス コース	無料通話分 30MB/ 月	550 円 ＋超過 0.01 円 /128 バイト
200kbps コース	0.5GB/ 月　※２ 送受信最大 200kbps	880 円

※１　各コースごとに設定された月間規制通信量を超えた場合には、月末まで一時的にスループットが送受信最大 300kbps に制限されます。また日次通信料が 0.5GB を超えた場合も、スループットを送受信最大 300kbps に制限されます。

※２　設定された月間規制通信量を超えた場合には、月末まで一時的にスループットが送受信最大 100kbps に制限されます。

サービスタイプ	サービス名	サービス概要・料金（税込）等
モバイル	OCN モバイル ONE for Business Type Com	■定額料金コース（下表）

■定額料金コース

コース	月間規制通信量　※１	月額料金　円（税込）
10MB コース	10MB ／月	231 円
30MB コース	30MB ／月	253 円
50MB コース	50MB ／月	275 円
100MB コース	100MB ／月	330 円
500MB コース	500MB ／月	550 円
１GB コース	１GB ／月	770 円
3GB コース	3GB ／月	1,100 円
7GB コース	7GB ／月	1,870 円
10GB コース	10GB ／月	2,530 円
15GB コース	15GB ／月	3,740 円
20GB コース	20GB ／月	4,290 円
30GB コース	30GB ／月	6,600 円
50GB コース	50GB ／月	10,450 円

※１　各コースごとに設定された月間規制通信量を超えた場合には、月末まで一時的にスループットが送受信最大 30kbps に制限されます。

会　社　名	エヌ・ティ・ティレゾナント㈱ ※ 2022 年 7 月 1 日付で NTT コミュニケーションズ㈱のコンシューマ向け事業を NTT レゾナント㈱に移管
問い合わせ電話番号	0120-506-506
ホームページ	https://service.ocn.ne.jp

サービスタイプ	サービス名	サービス概要・料金（税込）等
ダイヤルアップ接続	OCN ダイヤルアクセス	（下表参照）

プラン	月額基本料	超過料金
バリュー	275 円※	－

※ FOMA パケット対応定額アクセスポイントおよび「Xi」（クロッシィ）データ通信対応アクセスポイントをご利用いただいた月のみ OCN 接続料金 605 円／月が必要となります。なお、OCN 接続料金（16.5 円／分）に加え、別途アクセスポイントまでのパケット通信料金がかかります。

サービスタイプ	サービス名
DSL	OCN ADSL「フレッツ」（フレッツ料金含まず）

プラン	月額基本料
OCN ADSL「フレッツ」	1,320 円

サービスタイプ	サービス名
FTTH	OCN 光（フレッツ、OCN 一括提供）

プラン	光サービスメニュー	月額基本料 ※ 1
OCN 光ファミリータイプ（戸建て）	1G 200M 100M	5,610 円
OCN 光マンションタイプ（集合住宅）	1G 200M 100M	3,960 円
OCN 光 2 段階定額 ファミリー（戸建て）	100M	基本料金 4,290 円～ 上限料金 6,160 円 従量部分の通信料 26.4 円／ 100MB ※ 2

※ 1　新 2 年自動更新型割引を適用した場合の料金です。
※ 2　1 カ月あたりの利用量が 3,040MB までは基本料金のみとなりますが、3,040MB 以上の場合は従量部分の通信料（3,040MB ～ 9,940MB 未満は 26.4 円／ 100MB、9,940MB ～ 10,040MB は 48.4 円／100MB）が加算され、上限料金を上限とします。

サービス名
OCN for ドコモ光

プラン	月額基本料※ 1
ファミリータイプ（戸建て）	5,940 円
マンションタイプ（集合住宅）	4,620 円

※ 1　2 年定期契約を適用した場合の料金です。

サービス名
OCN 光 with フレッツ、OCN 光 with フレッツ「フレッツ 光ライト」、OCN 光 with「フレッツ光ライトプラス」（戸建てのみ）（いずれもフレッツ料金含む）

■ NTT 東日本エリア

プラン	フレッツ光回線タイプ		最大通信速度 上り	最大通信速度 下り	月額費用 OCN 月額基本料 ※ 1	月額費用 フレッツ光利用料 ※ 2	月額費用 合計
ファミリータイプ（戸建て）	フレッツ 光ネクスト ギガファミリー・スマートタイプ ※ 3		1Gbps		1,210 円	5,500 円	6,710 円
マンションタイプ（集合住宅）※ 4	フレッツ 光ネクスト ギガマンション・スマートタイプ ※ 3	プラン 2（16 世帯以上）	1Gbps		990 円	3,575 円	4,565 円
		プラン 1（8 世帯以上）				4,015 円	5,005 円
		ミニ（4 世帯以上）			715 円	4,675 円	5,390 円
ファミリー・光ライト	フレッツ 光ライト		100Mbps		1,210 円	基本料 3,080 円 ～上限額 6,380 円 ※ 5	4,290 円～ 7,590 円
	フレッツ 光ライトプラス		100Mbps			基本料 4,180 円 ～上限額 6,050 円 ※ 5	5,390 円～ 7,260 円
マンション・光ライト	フレッツ 光ライト		100Mbps		990 円	基本料 2,200 円 ～上限額 4,730 円 ※ 5	3,190 円～ 5,720 円

※ 1　新 2 年割を適用した場合の料金です。
※ 2　NTT 東日本「にねん割」を適用した場合の料金です。
※ 3　フレッツ 光ネクストギガファミリー・スマートタイプ／フレッツ光ネクストギガマンション・スマートタイプを利用した場合の料金例です。
※ 4　光配線方式の料金例です。
※ 5　1 カ月あたりの利用量が「フレッツ 光ライト」は 200MB まで、「フレッツ 光ライトプラス」は 3,000MB までは基本料金のみとなりますが、「フレッツ 光ライト」は 200MB を超えた場合 33 円／ 10MB、「フレッツ 光ライトプラス」は 3,000MB ～ 10,000MB の区間は 26.4 円／ 100MB、9,900MB 超～ 10,000MB の区間は 48.4 円／100MB が従量部分の通信料として加算され、上限料金を上限とします。

サービスタイプ	サービス名	サービス概要・料金（税込）等

FTTH

OCN 光 with フレッツ、OCN 光 with フレッツ「フレッツ 光ライト」、OCN 光 with「フレッツ光ライトプラス」（戸建てのみ）（いずれもフレッツ料金含む）

■ NTT 西日本エリア

プラン名	フレッツ光回線タイプ		最大通信速度 上り	最大通信速度 下り	月額費用 OCN 月額基本料※１	月額費用 フレッツ光利用料※２	月額費用 合計
ファミリー・スーパーハイスピード隼（戸建て）	フレッツ 光ネクストファミリー・スーパーハイスピード 隼 ※３		1Gbps		1,210 円	4,730 円	5,940 円
マンション・スーパーハイスピード隼（集合住宅）※４	フレッツ 光ネクスト マンション・スーパーハイ スピード 隼 ※３	プラン２（16 世帯以上）	1Gbps		891 円	3,135 円	4,026 円
		プラン１（8 世帯以上）				3,575 円	4,466 円
		ミニ（4 世帯以上）				4,345 円	5,236 円
ファミリー・光ライト	フレッツ 光ライト		100Mbps		1,210 円	基本料 3,080 円～上限額 6,160 円 ※５	4,290 円～7,370 円
マンション・光ライト	フレッツ 光ライト		100Mbps		891 円	基本料 2,420 円～上限額 4,840 円 ※５	3,311 円～5,731 円

※１　新２年割を適用した場合の料金です。
※２「フレッツ 光ネクスト」の場合は NTT 西日本の「光はじめ割」の契約期間１年目～２年目の適用時の料金､「フレッツ 光ライト」の場合は「フレッツ･あっと割引」を適用した場合の料金です。
※３　フレッツ 光ネクストファミリー・スーパーハイスピード 隼／フレッツ 光ネクストマンション・スーパーハイスピード 隼を利用した場合の料金例です。
※４　光配線方式の料金例です。
※５　１カ月あたりの利用料が 320MB までは基本料金のみとなりますが、320MB を超えた場合 30.8 円／ 10MB が従量部分の通信料が加算され、上限料金を上限とします。

OCN 光「フレッツ」（フレッツ料金含まず）

プラン	月額基本料※１
ファミリータイプ（戸建て）※２	1,210 円
マンションタイプ（集合住宅）※２	990 円
ファミリー・光ライトタイプ	1,210 円
マンション・光ライトタイプ	990 円

※１　新２年割を適用した場合の料金です。
※２　最低利用期間ありプランの料金例です。

モバイル

OCN モバイル d（NTT ドコモ利用料金含まず）

プラン名	主なアクセス回線		月額料金例
OCN モバイル d	NTT ドコモ	FOMA 定額データプラン	定額制 OCN：550 円
		「Xi」（クロッシィ）データプラン	

※ご利用のアクセスポイントに対応した NTT ドコモとの契約およびそれにともなうご利用料金と NTT ドコモ指定のデータ端末が別途必要です。

OCN モバイル ONE

通信容量・コース	音声対応 SIM カード	SMS 対応 SIM カード	データ通信専用 SIM カード
500MB ／月コース	550 円	－	－
1GB ／月コース	770 円	－	－
3GB ／月コース	990 円	990 円	858 円
6GB ／月コース	1,320 円	1,320 円	1,188 円
10GB ／月コース	1,760 円	1,760 円	1,628 円

※ 500MB ／月以外のコースで､「OCN 光サービス」をご利用かつ「OCN 光モバイル割」を適用中の場合には、毎月 220 円割引。
※容量追加オプション 550 円（OCN モバイル ONE アプリ経由の場合 1GB 追加。それ以外の場合は 0.5GB 追加）

OCN モバイル ONE プリペイド

パッケージ	初回パッケージ	延長パッケージ
期間（50MB ／日）	3,080 円（50MB ／日、20 日間）	2,420 円（50MB／日、50 日間）
容量型（1.0GB）	3,520 円（1.0GB、３か月後の月末まで）	2,200 円（1.0GB）

※※ OCN モバイル ONE プリペイドは 2022 年９月 30 日をもって、新規販売を終了しました。また 2023 年３月 31 日をもってサービス提供を終了します。

無線 LAN

OCN ホットスポット※１

プラン	月額基本料	従量料金
従量プラン※２※３	0 円	11 円／分※４
定額プラン※２	330 円	-
レギュラープラン	550 円	-

※１　OCN ホットスポットは 2022 年９月 30 日をもってサービス提供を終了します。
※２　OCN 接続プラン契約者専用プランです。
※３　申込み不要で、OCN ホットスポットを利用した場合のみ従量料金が発生します。
※４　320 分を超えた場合は、上限 3,520 円／月となり超過料金は発生しません。

<table>
<tr><th colspan="2">会 社 名</th><td>スカパー JSAT㈱</td></tr>
<tr><th colspan="2">問い合わせ電話番号</th><td>03-5571-7770</td></tr>
<tr><th colspan="2">ホームページ</th><td>https://www.skyperfectjsat.space/</td></tr>
<tr><th>サービスタイプ</th><th>サービス名</th><th>サービス概要・料金（税込）等</th></tr>
<tr><td rowspan="4">衛星回線を
利用した
インターネット
接続サービス</td><td>ExBird サービス</td><td>ExBird サービスは、設置場所の制約が少ない小口径アンテナ（直径約 74cm 相当）と小型の屋内装置からなる超小型地球局を利用した通信ネットワークサービスです。デジタルデバイド地域（条件不利地域）等において、容易且つスピーディなインターネット接続を可能にします。
<table>
<tr><th>種別　品目</th><th>最大通信速度</th><th>月額サービス利用料</th></tr>
<tr><td>インターネット接続サービス
I・スタンダード</td><td>（上り）最大 400kbps
（下り）最大 4Mbps</td><td>82,500 円</td></tr>
<tr><td>インターネット接続サービス
I・プレミア</td><td>（上り）最大 1.2Mbps
（下り）最大 8Mbps</td><td>132,000 円</td></tr>
<tr><td>インターネットプラン
インターネット 1M/4M</td><td>（上り）最大 1Mbps
（下り）最大 4Mbps</td><td>82,500 円</td></tr>
<tr><td>インターネットプラン
インターネット 2M/8M</td><td>（上り）最大 2Mbps
（下り）最大 8Mbps</td><td>132,000 円</td></tr>
<tr><td>インターネットプラン
インターネット 3M/10M</td><td>（上り）最大 3Mbps
（下り）最大 10Mbps</td><td>154,000 円</td></tr>
</table></td></tr>
<tr><td>JSAT Marine サービス</td><td>JSAT Marine サービスは、船上に設置した船舶用衛星通信システムと陸上のビジネス拠点を、通信衛星および衛星管制センター内の HUB 局を介して接続します。主に内航・近海船向けの多様なニーズに応じるため、従来の OceanBB より高品質なサービスを提供します。下り（陸→船）回線速度は最大 50Mbps、上り（船→陸）回線速度は最大 3Mbps です。</td></tr>
<tr><td>OceanBB plus サービス</td><td>OceanBB plus サービスは、OceanBB サービスの次世代サービスとして、HTS（High Throughput Satellite）の導入により、下り（陸→船）回線速度は最大 10Mbps、上り（船→陸）回線速度は最大 3Mbps の高速通信を実現します。</td></tr>
<tr><td>Sat-Q サービス</td><td>Sat-Q サービスは、超小型軽量の Satcube 端末を用いて最大 6Mbps のベストエフォート回線を提供する IP 伝送サービスです。
<table>
<tr><th>種別</th><th>最大通信速度</th><th>月額サービス利用料</th></tr>
<tr><td>Sat-Q サービス</td><td>（上り / 下り）
最大 6Mbps</td><td>324,500 円</td></tr>
</table></td></tr>
</table>

会 社 名	ソニーネットワークコミュニケーションズ㈱
問い合わせ電話番号	窓口はサービス毎に異なります。
ホームページ	https://www.so-net.ne.jp/siteinfo/list/#?grouping=categories&groupId=101

<table>
<tr><th colspan="2">会 社 名</th><td>北海道総合通信網㈱</td></tr>
<tr><th colspan="2">問い合わせ電話番号</th><td>011-590-5323</td></tr>
<tr><th colspan="2">ホームページ</th><td>（専用型）https://www.hotnet.co.jp/service/ether_access/
（共用型）https://www.hotnet.co.jp/service/ether_share_1g/</td></tr>
<tr><th>サービスタイプ</th><th>サービス名</th><th>サービス概要・料金（税込）等</th></tr>
<tr><td rowspan="2">専用線接続</td><td>HOTCN イーサアクセス（専用型）</td><td>1Mbps ～ 10Mbps：124,300 円／月～ 514,800 円／月
20Mbps 以上：別に定める実費</td></tr>
<tr><td>HOTCN 1G イーサシェアードアクセス（共用型）</td><td>お客様拠点でのご利用時 1Gbps：110,000 円／月
S.T.E.P 札幌データセンターでのご利用時 1Gbps：60,500 円／月</td></tr>
</table>

会　社　名		東北インテリジェント通信㈱
問い合わせ電話番号		022-799-4211
ホームページ		https://www.tohknet.co.jp/service/internet/tocn/outline.html
サービスタイプ	サービス名	サービス概要・料金（税込）等
専用線接続	TOCN　TYPE-S （アクセス回線料込み）	イーサネット方式、共用型 ・10Mb/s　123,200 ～円／月 ・100Mb/s　161,700 ～円／月
	TOCN　TYPE-S セキュリティプラス （アクセス回線料込み）	イーサネット方式、共用型 ・10Mb/s　189,200 円／月 ・100Mb/s　227,700 円／月
	TOCN　TYPE-B （アクセス回線料込み）	イーサネット方式、共用型 ・1Gb/s　547,800 円／月
	TOCN　TYPE-B セキュリティプラス （アクセス回線料込み）	イーサネット方式、共用型 ・1Gb/s　625,130 円／月
	トークネット光	光電話＋インターネットプラン ・2 年更新コース／契約期間 2 年　5,830 円／月 ・標準コース／契約期間 1 年　6,710 円／月

会　社　名		北陸通信ネットワーク㈱
問い合わせ電話番号		076-269-5605
ホームページ		https://www.htnet.co.jp/
サービスタイプ	サービス名	サービス概要・料金（税込）等
専用線接続	HTCN サービス	1Mbps ～ 1Gbps　月額料金 141,900 円（税込）から

会 社 名		中部テレコミュニケーション(株)
問い合わせ電話番号		0120-816-538（個人向けサービス） 052-740-8001（法人向けサービス）
ホームページ		https://www.commufa.jp/（個人向けサービス） https://www.ctc.co.jp（法人向けサービス）
サービスタイプ	サービス名	サービス概要・料金（税込）等
FTTH	コミュファ	

メニュー名			月額料金	
			スタート割適用あり	スタート割適用なし
プロバイダ一体型	戸建住宅	ホーム 10G	5,940円	6,490円
		ホーム 1G	5,170円	5,720円
		ホーム 30M	4,191円	4,741円
	集合住宅	マンションF10G	5,940円	6,490円
		マンションF1G	4,070円	4,620円
		マンションL100M	4,070円	4,620円
		マンションV100M	4,070円	4,620円
プロバイダ選択型※	戸建住宅	ホーム・セレクト10G	4,840円	5,390円
		ホーム・セレクト1G	4,070円	4,620円
		ホーム・セレクト30M	3,091円	3,641円
	集合住宅	マンションF・セレクト10G	4,840円	5,390円
		マンションF・セレクト1G	2,970円	3,520円
		マンションL・セレクト100M	2,970円	3,520円
		マンションV・セレクト100M	2,970円	3,520円

※提携プロバイダのプロバイダ利用料が別途必要

サービスタイプ	サービス名	サービス概要・料金（税込）等
FTTH	ビジネスコミュファライト	最大帯域 1G 月額料金 5,478円～ 最大帯域 10G 月額料金 8,624円～
	ビジネスコミュファプロ	最大帯域 100M 月額料金 5,423円～ 最大帯域 1G 月額料金 5,740円～
	ビジネスコミュファプロアドバンス	最大帯域 100M 月額料金 5,863円～ 最大帯域 1G 月額料金 6,180円～
	ビジネスコミュファVPN	最大帯域 100M 月額料金 5,984円～
	ビジネスコミュファギガ	最大帯域 1G 月額料金 6,070円～
	ビジネスコミュファギガプラス	最大帯域 1G 月額料金 7,610円～
専用線接続	NetLINK Business 1G	最大帯域 1G 月額料金 289,080円～
	NetLINK Business	最大帯域 100M 月額料金 130,900円～
	NetLINK Lite	最大帯域 100M 月額料金 88,000円
	NetLINK Premium	1～100M 月額料金 99,000円～
	NetLINK PremiumDC	1～100M 月額料金 99,000円～
	NetLINK DC10G	最大帯域 10G 月額料金 352,000円～
	NetDIVE	最大帯域 100M 月額料金 23,232円～

会　社　名	㈱オプテージ
問い合わせ電話番号	0120-34-1010（個人向けサービス） 0120-944-345（法人向けサービス） 0120-988-486（携帯電話サービス）
ホームページ	https://eonet.jp/go/（個人向けサービス） https://optage.co.jp/business/service/network/（法人向けサービス） https://mineo.jp/（携帯電話サービス）

サービスタイプ	サービス名	サービス概要・料金（税込）等
FTTH	eo 光ネット【ホームタイプ】	月額料金　※1

		即割 ※2	通常			長割 ※3	
			1年目	2年目	3年目以降	3～5年目	6年目以降、3年ごと
定額制	10ギガコース	6,530円	6,635円	6,582円	6,530円	6,303円	5,971円
	5ギガコース	5,960円	6,065円	6,012円	5,960円	5,762円	5,458円
	1ギガコース	5,448円	5,552円	5,500円	5,448円	5,274円	4,997円
	100Mコース ※4	5,133円	5,238円	5,186円	5,133円	4,976円	4,714円
	10ギガコース Netflixパック	7,910円	8,015円	7,962円	7,910円	7,683円	7,351円
	5ギガコース Netflixパック	7,340円	7,445円	7,392円	7,340円	7,142円	6,838円
	1ギガコース Netflixパック	6,828円	6,932円	6,880円	6,828円	6,654円	6,377円
従量制	100Mライトコース ※4	2,530円～5,390円	2,634円～5,494円	2,581円～5,441円	2,530円～5,390円	−	−

※1　通信料、プロバイダ料、回線終端装置使用料含む
※2　最低利用期間：2年　　※3　最低利用期間：3年
※4　2019年9月30日をもって新規受付終了

オフィス eo 光ネット

月額料金

契約プラン	サービス品目	基本料 ※1	回線終端装置使用料
2年更新プラン	動的（動的IPアドレス1個）	5,940円	550円
	IP1（固定IPアドレス1個）	8,250円	
1年更新プラン	動的（動的IPアドレス1個）	7,040円	
	IP1（固定IPアドレス1個）	10,450円	

※1　通信料、プロバイダ料含む

インターネットオフィス

月額料金
〈100Mコース〉

サービス品目	基本料 ※1	回線終端装置使用料
ECO（動的IPアドレス1個）	17,930円	550円
IP1（固定IPアドレス1個）	26,730円	
IP8（固定IPアドレス8個）	37,730円	
IP16（固定IPアドレス16個）	59,730円	

※1　通信料、プロバイダ料含む
〈1Gコース〉

サービス品目	基本料 ※1	回線終端装置使用料
ECO（動的IPアドレス1個）	83,050円	550円
IP1（固定IPアドレス1個）	107,250円	
IP8（固定IPアドレス8個）	129,250円	
IP16（固定IPアドレス16個）	151,250円	
IP32（固定IPアドレス32個）	188,650円	
IP64（固定IPアドレス64個）	208,450円	

※1　通信料、プロバイダ料含む
〈10Gコース〉

サービス品目	基本料 ※1	回線終端装置使用料
ECO（動的IPアドレス1個）	142,450円	1,650円
IP1（固定IPアドレス1個）	166,650円	
IP8（固定IPアドレス8個）	188,650円	
IP16（固定IPアドレス16個）	210,650円	
IP32（固定IPアドレス32個）	248,050円	
IP64（固定IPアドレス64個）	267,850円	

※1　通信料、プロバイダ料含む

サービスタイプ	サービス名	サービス概要・料金（税込）等
専用線接続	インターネットハイグレード	月額料金

〈タイプG（帯域確保型）〉

	帯域（速度）	月額利用基本額	配線設備使用料	回線接続装置使用料
定額プラン	10Mbps（IP32）	324,500円	2,200円	3,300円
	1.5Mbps～100Mbps	ご相談		
従量プラン	100Mbps			
	1Gbps			11,000円
	10Gbps		−	66,000円

〈タイプS（ベストエフォート型）〉

	帯域（速度）	月額利用基本額	配線設備使用料	回線接続装置使用料
定額プラン	最大10Mbps（IP8～）	49,500円～88,000円	2,200円	3,300円
	最大100Mbps（IP8～）	92,400円～212,300円		
	最大1Gbps（IP8～）	242,000円～410,300円	−	66,000円

<table>
<tr><th>サービスタイプ</th><th>サービス名</th><th>サービス概要・料金（税込）等</th></tr>
<tr><td>携帯電話</td><td>mineo（マイネオ）</td><td>月額料金
〈マイピタ〉
<table>
<tr><th>基本データ容量</th><th>月額基本料金</th><th>パケットチャージ</th></tr>
<tr><td>1GB</td><td>880円</td><td rowspan="4">55円／100MB</td></tr>
<tr><td>5GB</td><td>1.265円</td></tr>
<tr><td>10GB</td><td>1,705円</td></tr>
<tr><td>20GB</td><td>1,925円</td></tr>
</table>
最大2カ月間利用可能な「お試し200MBコース」（データ容量200MB、330円／月）も提供
〈マイそく〉
<table>
<tr><th>コース</th><th>月額基本料金</th><th>24時間データ使い放題</th></tr>
<tr><td>スタンダード（最大1.5Mbps）</td><td>990円</td><td rowspan="2">330円/回</td></tr>
<tr><td>プレミアム（最大3Mbps）</td><td>2,200円</td></tr>
</table>
</td></tr>
</table>

会　社　名		㈱エネルギア・コミュニケーションズ
問い合わせ電話番号		0120-50-58-98（メガ・エッグお客さまセンター） 050-8201-1425（法人向けサービス）
ホームページ		https://www.megaegg.jp/ https://www.enecom.co.jp/business/enewings/category/internet.html
サービスタイプ	サービス名	サービス概要・料金（税込）等
FTTH	MEGA EGG 光ベーシック［ホーム］1Gbps※1	2 年契約　〈月額料金〉5,720 円
	MEGA EGG 光ベーシック［メゾン］1Gbps※1	2 年契約　〈月額料金〉4,620 円
	MEGA EGG 光ベーシック［マンション］1Gbps※1	2 年契約　〈月額料金〉4,070 円
	MEGA EGG 光ダブリュー［ホーム］1Gbps※2	2 年契約　〈月額料金〉5,720 円
	MEGA EGG 光ダブリュー［マンション］1Gbps※2	2 年契約　〈月額料金〉4,620 円
	MEGA EGG オフィス 100Mbps※3	スタンダード　〈月額料金〉16,940 円 IP1 プラン　〈月額料金〉34,540 円 IP8 プラン　〈月額料金〉45,540 円 IP16 プラン　〈月額料金〉67,540 円
	MEGA EGG ビジネス※3	アクティブ　〈月額料金〉　7,616 円 IP1 プラン　〈月額料金〉11,000 円 IP8 プラン　〈月額料金〉45,540 円 IP16 プラン　〈月額料金〉67,540 円
	※1　技術規格上の最大値であり、ベストエフォート型サービスのため、一定の通信速度を保証するものではありません。メガ・エッグ 光ベーシック［マンション］VDSL タイプの 1 ギガサービスは、上りと下りの帯域を合わせた最大値となります。インターネットご利用時の速度は、パソコン、通信機器の性能やご利用状況により、大幅に低下する場合があります。物件により 1 ギガサービスをご利用いただけない場合があります。 ※2「メガ・エッグ　光ダブリュー」は、NTT フレッツ光回線を利用した光コラボレーションモデルのサービスです。技術規格上の最大値であり、ベストエフォート型サービスのため、一定の通信速度を保証するものではありません。インターネットご利用時の速度は、パソコン、通信機器の性能やご利用状況により、大幅に低下する場合があります。物件、設備環境により 1 ギガサービスをご利用いただけない場合があります。 ※3　ベストエフォート型サービスのため、一定の通信速度を保証するものではありません。通信環境により速度が変化します。	
専用線接続	CCCN プロスペック（固定型）	イーサネットアクセスの場合 1Mb/s ～ 1Gb/s〈月額定額利用料〉256,300 円～ 41,360,000 円（加算額料別）
	CCCN プロスペック（従量型）	イーサネットアクセスの場合 〈上限速度〉〈最低利用速度〉〈月額定額利用料〉〈月額従量加算料〉 100Mb/s　10Mb/s　935,000 円　1Mb/s 毎　80,300 円 100Mb/s　30Mb/s　2,530,000 円　1Mb/s 毎　66,000 円 200Mb/s　80Mb/s　6,380,000 円　1Mb/s 毎　46,200 円 ※ 200Mb/s ～ 1Gb/s の間は 100Mb/s ごとに設定有り 1GMb/s　100Mb/s　8,250,000 円　1Mb/s 毎　46,200 円 （加算額料別）
	CCCN プロスペック・ライト	イーサネットアクセスの場合 1Mb/s ～ 10Mb/s〈月額定額利用料〉101,200 円～ 547,800 円（加算額料別）

<table>
<tr><td colspan="2">会　社　名</td><td>㈱ STNet</td></tr>
<tr><td colspan="2">問い合わせ電話番号</td><td>087-887-2404（法人向けサービス）
0800-100-3950（個人向けサービス）
0800-777-2110（携帯電話サービス）</td></tr>
<tr><td colspan="2">ホームページ</td><td>https://www.stnet.co.jp/business/（法人向けサービス）
https://www.pikara.jp（個人向けサービス）
https://www.pikara.jp/mobile/（携帯電話サービス）</td></tr>
<tr><td>サービスタイプ</td><td>サービス名</td><td>サービス概要・料金（税込）等</td></tr>
<tr><td rowspan="2">FTTH</td><td>ピカラ光ねっと</td><td>・ピカラ光らいと：3,300円／月～6,380円／月
・ピカラ光ねっとホームタイプ：4,620円／月（注1）～7,370円／月
・ピカラ光ねっとマンションタイプ：3,520円／月（注2）～6,050円／月
（注1）「ステップ2コース」（※7年目以降）または「でんきといっしょ割コース」にご加入いただいた場合
（注2）「でんきといっしょ割コース」にご加入いただいた場合</td></tr>
<tr><td>お仕事ピカラ光ねっと</td><td>・最大1Gb/s：8,140円／月（注3）～9,350円／月
（注3）ステップコースにご加入いただいた場合（※6年目以降）</td></tr>
<tr><td rowspan="7">専用線接続</td><td>STIA プレミアム</td><td>・最大1Gb/s：126,500円／月～338,800円／月</td></tr>
<tr><td>STIA スタンダード</td><td>・最大1Gb/s：39,050円／月～121,000円／月</td></tr>
<tr><td>STIA DC プレミアム</td><td>・最大1Gb/s：38,500円／月～253,000円／月</td></tr>
<tr><td>STIA DC
スーパープレミアム</td><td>・100Mb/s～1Gb/s：1,782,000円／月～17,820,000円／月</td></tr>
<tr><td>STCN イーサネット</td><td>・2M～100M：438,900円／月～9,568,900円／月（M/C含む）</td></tr>
<tr><td>STCN イーサライト</td><td>・2M～100M：180,400円／月～1,360,700円／月（M/C含む）</td></tr>
<tr><td>STCN イーサハウジング</td><td>・2M～100M：308,000円／月～9,438,000円／月（ハウジング料金別）</td></tr>
<tr><td>携帯電話</td><td>ピカラモバイル</td><td>月額基本料金
<table>
<tr><td>データ容量</td><td>データ通信タイプ</td><td>データ通信
（SMS機能付き）</td><td>音声&データ通信タイプ</td><td>パケットチャージ</td></tr>
<tr><td>3GB</td><td>990円</td><td>1,155円</td><td>1,430円</td><td rowspan="5">165円/100MB</td></tr>
<tr><td>6GB</td><td>1,430円</td><td>1,595円</td><td>1,760円</td></tr>
<tr><td>10GB</td><td>1,760円</td><td>1,925円</td><td>2,090円</td></tr>
<tr><td>20GB</td><td>2,200円</td><td>2,365円</td><td>2,530円</td></tr>
<tr><td>30GB</td><td>2,640円</td><td>2,805円</td><td>2,970円</td></tr>
</table>
※「でんきといっしょ割」適用の場合は、上記金額から月々110円引き
※「ピカラといっしょ割」適用の場合は、上記金額から月々330円引き</td></tr>
</table>

会　社　名		㈱ QTnet
問い合わせ電話番号		0120-86-3727（BBIQ） 092-981-7577（QT PRO） 0120-286-080（QTmobile）
ホームページ		https://www.bbiq.jp/ https://www.qtpro.jp/ https://www.qtmobile.jp/
サービスタイプ	サービス名	サービス概要・料金（税込）等
FTTH	BBIQ	(100 メガコース) ・ホームタイプ：月額 6,050 円 ・マンションタイプ：月額 4,180 円～ 6,050 円 ・プラスタイプ：月額 6,050 円 ・オフィスタイプ：月額 11,000 円 (100 メガコース STEP プラン) ・ホームタイプ、マンションタイプ：月額 4,180 円～ 7,150 円 (1 ギガコース) ・ホームタイプ：月額 6,380 円 ・マンションタイプ：月額 4,510 円～ 6,380 円 ・プラスタイプ：月額 6,380 円 ・オフィスタイプ：月額 11,330 円 (6 ギガコース) ・ホームタイプ：月額 7,150 円 ・マンションタイプ：月額 5,280 円～ 7,150 円 ・プラスタイプ：月額 7,150 円 ・オフィスタイプ：月額 12,100 円 (10 ギガコース) ・ホームタイプ：月額 7,370 円 ・マンションタイプ：月額 5,500 円～ 7,370 円 ・プラスタイプ：月額 7,370 円 ・オフィスタイプ：月額 12,320 円
	きゅうでん光	(NTT 西日本のフレッツ 光ネクスト スーパーハイスピードタイプ 隼に相当する場合上り下り 1Gbps、ハイスピードタイプに相当する場合上り 200Mbps 下り 1Gbps、その他のタイプに相当する場合上り下りともに 100Mbps が最大回線速度) ・ホームタイプ　　：月額 5,720 円 ・マンションタイプ：月額 4,400 円
専用線接続	QT PRO インターネットアクセス	お客さまのご要望に合わせて金額が異なります。
携帯電話	QTmobile　Dタイプ	（下表）
	QTmobile　Aタイプ	（下表）
	QTmobile　Sタイプ	（下表）

QTmobile　Dタイプ

		データ	データ＋通話
月額料金	2GB	770 円	1,100 円
	3GB	990 円	1,540 円
	6GB	1,430 円	1,760 円
	10GB	1,650 円	1,980 円
	20GB	1,870 円	2,200 円
	30GB	2,970 円	3,300 円
	SMS	154 円	無料

QTmobile　Aタイプ

		データ	データ＋通話
月額料金	2GB	770 円	1,100 円
	3GB	990 円	1,540 円
	6GB	1,430 円	1,760 円
	10GB	1,650 円	1,980 円
	20GB	1,870 円	2,200 円
	30GB	2,970 円	3,300 円
	SMS	無料	無料

QTmobile　Sタイプ

			データ	データ＋通話
月額料金	2GB	利用開始月～６ヵ月目まで	770 円	1,254 円
		７ヵ月目以降	880 円	1,870 円
	3GB	利用開始月～６ヵ月目まで	880 円	1,364 円
		７ヵ月目以降	990 円	1,980 円
	6GB	利用開始月～６ヵ月目まで	1,540 円	2,134 円
		７ヵ月目以降	1,705 円	2,750 円
	10GB	利用開始月～６ヵ月目まで	2,640 円	3,234 円
		７ヵ月目以降	2,805 円	3,850 円
	20GB	利用開始月～６ヵ月目まで	4,400 円	5,379 円
		７ヵ月目以降	4,620 円	5,610 円
	30GB	利用開始月～６ヵ月目まで	6,600 円	7,579 円
		７ヵ月目以降	6,820 円	7,810 円
	SMS	-	-	無料

会　社　名		OTNet㈱
問い合わせ電話番号		0120-944-577　（ii-okinawa カスタマサポート） 0120-921-114　（ひかりゆいまーるお客さまセンター） 098-866-7715　（法人向けインターネットお問い合わせ窓口）
ホームページ		https://www.ii-okinawa.ad.jp/　（ii-okinawa） https://www.otnet.co.jp/hikari/　（ひかりゆいまーる） https://www.otnet.co.jp/#internet　（法人向けインターネット）
サービスタイプ	サービス名	サービス概要・料金（税込）等
DSL	ii-okinawa フレッツ ADSL 対応 接続サービス	NTT 西日本のフレッツ ADSL に対応した接続サービス。 月額利用料：エクスプレスコース 990 円、スタンダードコース 880 円
FTTH	ii-okinawa フレッツ光ネクスト 対応接続サービス	NTT 西日本のフレッツ光ネクストに対応した接続サービス。 月額利用料：ファミリーコース 1,760 円、マンションコース 1,540 円
	ひかりゆいまーる	NTT 西日本の光コラボレーションモデルを利用したサービス。 （エリア：NTT 西日本の沖縄県提供エリアに準じる） 月額利用料：ホームタイプ 5,720 円、マンションタイプ 4,180 円
	OT インターネット・ ライトアクセス	・固定 IP4 コース：10,450 円 ・固定 IP8 コース：22,000 円
専用線接続	OT インターネット・ イーサ	・OT インターネット・イーサ 300 　最大速度 300Mbps、最低帯域確保 30Mbps、固定 IP8 個 　月額利用料：275,000 円 ・OT インターネット・イーサ 100 　最大速度 100Mbps、最低帯域確保 10Mbps、固定 IP8 個 　月額利用料：135,300 円

会　社　名		近鉄ケーブルネットワーク㈱
問い合わせ電話番号		0120-333-990
ホームページ		https://www.kcn.jp/
サービスタイプ	サービス名	サービス概要・料金（税込）等
FTTH	KCN 光 10 ギガ	10Gbps　1～3年目：6,600円／月 10Gbps　4年目以降：5,500円／月
	KCN 光 5 ギガ	5Gbps　1～3年目：5,500円／月 5Gbps　4年目以降：4,950円／月
	KCN 光 1 ギガ	1Gbps　1～3年目：5,280円／月 1Gbps　4年目以降：4,950円／月
	KCN 光 100 メガ	100Mbps　1～3年目：3,850円／月 100Mbps　4年目以降：3,520円／月
	KCN マンション光 1G	1Gbps：5,280円／月
	KCN マンション光 100 メガ	100Mbps：4,950円／月
	KCN マンション光 LAN（A タイプ）	100Mbps：1,034円／月
	KCN マンション光 LAN（B タイプ）	100Mbps：1,584円／月
ケーブル インターネット	KCN マンション 320	320Mbps：4,180円／月
	KCN マンション 160	160Mbps：3,080円／月
携帯電話	KCN モバイル サービス　タイプ a	データ通信＋音声通話＋通話定額（5分まで） 3,278円／月（20GB） 2,860円／月（7GB） 1.980円／月（3GB） 1,760円／月（0GB） データ通信＋音声通話 2,640円／月（20GB） 2,090円／月（7GB） 1,210円／月（3GB） 990円／月（0GB） データ通信のみ 2,508円／月（20GB） 1,958円／月（7GB） 1,078円／月（3GB） 858円／月（0GB）
	KCN モバイル サービス　タイプ d	データ通信＋音声通話 2,640円／月（20GB） 2,090円／月（8GB） 1,210円／月（3GB） 990円／月（0GB） データ通信のみ 2,508円／月（20GB） 1,958円／月（8GB） 1,078円／月（3GB） 858円／月（0GB）
BWA	KCN　Air	下り最大 110Mbps ／上り最大 10Mbps：3,190円／月

会 社 名		イッツ・コミュニケーションズ㈱
問い合わせ電話番号		0120-109199
ホームページ		http://www.itscom.net/hikari/service/net/ http://www.itscom.net/service/internet/ http://www.itscom.net/service/mobile/datasim/
サービスタイプ	サービス名	サービス概要・料金（税込）等
FTTH	イッツコムひかり ホームタイプ	・2 ギガコース　月額料金 8,250 円 ・1 ギガコース　月額料金 7,700 円 ・300 メガコース　月額料金 7,150 円 ・30 メガコース　月額料金 5,060 円
	イッツコムひかり マンションタイプ	・600 メガコース　月額料金 7,150 円 ・300 メガコース　月額料金 6,600 円 ・30 メガコース　月額料金 5,060 円 ・8 メガコース　月額料金 3,520 円 ・1 メガコース　月額料金 1,870 円
	かっとび光	・ファミリー 1G タイプ　月額料金 5,720 円 ・ファミリー 200M タイプ　月額料金 5,720 円 ・ファミリー 100M タイプ　月額料金 5,720 円 ・マンション 1G タイプ　月額料金 4,180 円 ・マンション 200M タイプ　月額料金 4,180 円 ・マンション 100M タイプ　月額料金 4,180 円
専用線接続	専用線型 IP 接続 サービス（法人向け）	専有型　*固定型（NTT 東日本接続料別途） ・100Base-TX　1.5Mbps ～　月額料金 100,000 円～ ・10Base-T　64kbps ～　月額料金 10,000 円～ 専有型　*変動型（NTT 東日本接続料別途） ・100Base-TX　1.5Mbps ～　月額料金 160,000 円～
ケーブル インターネット	かっとびメガ 160	・160Mbps　月額料金　6,600 円（モデムレンタル料を含む）
	かっとびワイド	・30Mbps　月額料金　5,060 円（モデムレンタル料を含む）
	かっとびプラス	・8Mbps　月額料金　3,520 円（モデムレンタル料を含む）
	かっとびジャスト	・1Mbps　月額料金　1,870 円（モデムレンタル料を含む）
携帯電話	イッツコムデータ SIM （イッツコムサービス 利用者）	音声プラン（基本コース） ・月額通信データ容量 20GB　月額料金 2,860 円／回線識別番号 ・月額通信データ容量 10GB　月額料金 2,310 円／回線識別番号 ・月額通信データ容量 6GB　月額料金 1,760 円／回線識別番号 ・月額通信データ容量 3GB　月額料金 1,298 円／回線識別番号 ・月額通信データ容量 0GB　月額料金 550 円／回線識別番号 音声プラン（10 分かけ放題コース） ・月額通信データ容量 20GB　月額料金 3,740 円／回線識別番号 ・月額通信データ容量 10GB　月額料金 3,190 円／回線識別番号 ・月額通信データ容量 6GB　月額料金 2,640 円／回線識別番号 ・月額通信データ容量 3GB　月額料金 2,178 円／回線識別番号 音声プラン（120 分かけ放題コース） ・月額通信データ容量 20GB　月額料金 4,620 円／回線識別番号 ・月額通信データ容量 10GB　月額料金 4,070 円／回線識別番号 ・月額通信データ容量 6GB　月額料金 3,520 円／回線識別番号 ・月額通信データ容量 3GB　月額料金 3,058 円／回線識別番号 データ専用プラン（データ SIM カードのみの料金） ・月額通信データ容量 20GB　月額料金 2,640 円／回線識別番号 ・月額通信データ容量 10GB　月額料金 2,090 円／回線識別番号 ・月額通信データ容量 6GB　月額料金 1,540 円／回線識別番号 ・月額通信データ容量 3GB　月額料金 1,078 円／回線識別番号

会　社　名		㈱ケーブルテレビ品川
問い合わせ電話番号		0120-559-470
ホームページ		http://www.cts.ne.jp/net/
サービスタイプ	サービス名	サービス概要・料金（税込）等
FTTH	しながわ光 ホームタイプ	・10 ギガコース　月額料金　8,800 円 ・2 ギガコース　月額料金　8,250 円 ・1 ギガコース　月額料金　7,700 円 ・300 メガコース 月額料金　7,150 円 ・30 メガコース　月額料金　5,060 円
	しながわ光 マンションタイプ	・1 ギガコース　月額料金　7,150 円 ・300 メガコース 月額料金　6,600 円 ・30 メガコース　月額料金　5,060 円
ケーブル インターネット	かっとびメガ 160	･300Mbps　月額料金　6,600 円（モデムレンタル料を含む）
	かっとびワイド	･30Mbps　月額料金　5,060 円（モデムレンタル料を含む）
	かっとびプラス	･8Mbps　月額料金　3,520 円（モデムレンタル料を含む）
	かっとびジャスト	･1Mbps　月額料金　1,870 円（モデムレンタル料を含む）
携帯電話	データ SIM （ケーブルテレビ品川 利用者）	データ専用プラン（データ SIM カードのみの料金） ・月額通信データ容量　8GB　月額料金　2,948 円／回線識別番号 ・月額通信データ容量　6GB　月額料金　2,178 円／回線識別番号 ・月額通信データ容量　3GB　月額料金　1,078 円／回線識別番号

会　社　名		㈱ニューメディア
問い合わせ電話番号		0238-24-2525
ホームページ		https://www.ncv.co.jp/service/service-internet/
サービスタイプ	サービス名	サービス概要・料金（税込）等
FTTH	NCV ヒカリ	ヒカリ 1G　月額 4,950 円
	NCV ヒカリ （メッシュ Wi-Fi つき）	ヒカリ 1G　月額 5,280 円

会　社　名		㈱シー・ティー・ワイ
問い合わせ電話番号		0120-30-6500
ホームページ		https://www.cty-net.ne.jp
サービスタイプ	サービス名	サービス概要・料金（税込）等
FTTH	CTY 光サービス	ギガレギュラー：　9,680 円／月 ギガライト：　8,580 円／月 ギガ BS：　6,380 円／月 ギガベーシック：　5,280 円／月 ギガレギュラー 10G：　11,330 円／月 ギガライト 10G：　10,230 円／月 ギガ BS10G：　8,030 円／月 ギガベーシック 10G：　6,930 円／月
	あんしん自転車プラン付 CTY 光サービス	ギガレギュラー：　10,175 円／月 ギガライト：　9,075 円／月 ギガ BS：　6,875 円／月 ギガベーシック：　5,775 円／月 ギガレギュラー 10G：　11,825 円／月 ギガライト 10G：　10,725 円／月 ギガ BS10G：　8,525 円／月 ギガベーシック 10G：　7,425 円／月
	CTY 光インターネットサービス	CTY 光 10G：　7,480 円／月 CTY 光 1G：　5,830 円／月 CTY 光マンションプラン 1G：3,080 円／月 CTY 光ビジネス 10G：　33,000 円／月 CTY 光ビジネス 1G：　22,000 円／月
	あんしん自転車プラン付 CTY 光インターネットサービス	CTY 光 10G：　7,975 円／月 CTY 光 1G：　6,325 円／月 CTY 光マンションプラン 1G：3,575 円／月
	CTY 光コラボモデル	戸建てタイプ：　4,950 円／月 集合タイプ：　3,850 円／月 ライトタイプ：　2,860 円／月
専用線接続	KDDI ケーブルプラス電話	1,463 円／月
	ソフトバンクケーブルライン	1,419 円／月
	CTY 光ひかり電話	ひかり電話：　550 円／月 ひかり電話プラス：　1,650 円／月 ひかり電話オフィス：　1,430 円／月 ひかり電話オフィスプラス：　1,210 円／月
無線 LAN	おうち Wi-Fi	440 円／月
	おうち Wi-Fi メッシュ A	1,320 円／月（子機 1 台追加：880 円／月）
	おうち Wi-Fi メッシュ B	880 円／月（子機 1 台追加：550 円／月）
	おうち Wi-Fi プレミアム	330 円／月
	CTY Wi-Fi	FTTH・ケーブルインターネット利用者無料オプション
携帯電話	CTY スマホ　D プラン データ通信専用プラン	スタートコース：990 円／月、ライトコース：1,320 円／月、20GB コース：2,068 円／月、プロコース：1,870 円／月
	CTY スマホ　D プラン 音声通話機能付きプラン	おてがるスマホ：1,320 円／月、スタートコース：1,650 円／月、ライトコース：1,980 円／月、プロコース：2,530 ～ 3,850 円／月、20GB：2,728 円／月
	CTY スマホ　A プラン データ通信専用プラン	スタートコース：990 円／月、ライトコース：1,320 円／月
	CTY スマホ　A プラン 音声通話機能付きプラン	おてがるスマホ：1,320 円／月、スタートコース：1,650 円／月、ライトコース：1,980 円／月
BWA	CTY ワイヤレス	ホームタイプ：2,728 円／月、モバイルタイプ：2,178 円／月

会　社　名		東京ケーブルネットワーク㈱
問い合わせ電話番号		0800-123-2600
ホームページ		http://www.tcn-catv.co.jp/
サービスタイプ	サービス名	サービス概要・料金（税込）等
FTTH	光ネット 1G コース	6,000 円／月
	光ネット 300M コース	4,700 円／月
ケーブル インターネット	TCN ネット 120M プラス	5,600 円／月
	TCN ネット 120M シンプル	4,700 円／月
	TCN ネット 3M ミニ	2,700 円／月
BWA	TCN ワイヤレス	2,980 円／月

会　社　名		㈱ジェイコム東京
問い合わせ電話番号		0120-999-000
ホームページ		https://www.jcom.co.jp/service/net/
サービスタイプ	サービス名	サービス概要・料金（税込）等
FTTH	J:COM NET 光 1G コース on au ひかり	下り：1Gbps、上り：1Gbps　　7,348 円（税込）／月
	J:COM NET 光 5G コース on au ひかり	下り：5Gbps、上り：5Gbps　　7,898 円（税込）／月
	J:COM NET 光 10G コース on au ひかり	下り：10Gbps、上り：10Gbps　8,756 円（税込）／月
ケーブル インターネット	J:COM NET 12M コース	下り：12Mbps、上り：2Mbps　　3,476 円（税込）／月
	J:COM NET 40M コース	下り：40Mbps、上り：2Mbps　　4,576 円（税込）／月
	J:COM NET 120M コース	下り：120Mbps、上り：10Mbps　6,248 円（税込）／月
	J:COM NET 320M コース	下り：320Mbps、上り：10Mbps　6,798 円（税込）／月
	J:COM NET 1G コース	下り：1Gbps、上り：100Mbps　　7,348 円（税込）／月
無線 LAN	J:COM メッシュ Wi-Fi	1,100 円（税込 / 月（2 台セット）） 880 円（J:COM NET を含む定期契約加入者　税込／月（2 台セット）） 網目状に張り巡らされた Wi-Fi ネットワークを構築する宅内 Wi-Fi サービス
	J:COM Wi-Fi	J:COM NET の無線 LAN オプションサービス 月額料金は、550 円（税込）／月
携帯電話	J:COM MOBILE A プラン ST	■データ＋音声プラン（月額）： 1GB：1,078 円（税込）、5GB：1,628 円（税込）、 10GB：2,178 円（税込）、20GB：2,728 円（税込） ■通信料追加： 500MB パック：220 円（税込）、1,000MB パック：330 円（税込）
	J:COM MOBILE D プラン	■データ＋音声プラン（月額）： 3GB：1,760 円（税込）、5GB：2,310 円（税込）、 7GB：2,860 円（税込）、10GB：3,410 円（税込） ■データのみプラン（月額）： 3GB：990 円（税込）、5GB：1,540 円（税込）、 7GB：2,090 円（税込）、10GB：2,640 円（税込） ■通信料追加：100MB：220 円（税込）
BWA	J:COM WiMAX2 ＋ ツープラス ギガ放題（2 年契約）	下り：最大 440Mbps、上り：最大 30Mbps のベストエフォートサービス 月間データ量制限なし：加入者向け　4,524 円（税込）／月 未加入者向け　4,816 円（税込）／月
	J:COM WiMAX2 ＋ ツープラスプラン （2 年契約）	下り：最大 440Mbps、上り：最大 30Mbps のベストエフォートサービス 月間データ量 7GB：加入者向け　3,771 円（税込）／月 未加入者向け　4,064 円（税込）／月

会　社　名		ミクスネットワーク㈱
問い合わせ電話番号		0120-345739
ホームページ		https://www.catvmics.ne.jp
サービスタイプ	サービス名	サービス概要・料金（税込）等
FTTH	ミクス光	ひかり 10G… 8,250 円 ひかり 1G… 5,610 円 ひかり 50M… 5,060 円 ひかり Wi-Fi+400… 4,950 円 ひかり Wi-Fi+40… 4,400 円
専用線接続	M 型サービス	10M… 110,000 円 100M… 1,100,000 円
ケーブル インターネット	ケーブルインターネット	スーパータイプ… 4,180 円 シンプルタイプ… 3,740 円
BWA	ミクス Air	3,190 円

会　社　名		㈱アドバンスコープ
問い合わせ電話番号		0120-82-3434
ホームページ		https://www.catv-ads.jp/?page_id=54
サービスタイプ	サービス名	サービス概要・料金（税込）等
FTTH	ads. ひかり 50M	4,378 円（税込）／月　上り、下り　最大 50Mbps
	ads. ひかり 200M	5,060 円（税込）／月　上り、下り　最大 200Mbps
	ads. ひかり 1G	5,830 円（税込）／月　上り、下り　最大 1Gbps
	ads. ひかり 300M(法人)	5,500 円（税込）／月　上り、下り　最大 300Mbps
携帯電話	1GB コース	990 円（税込）／月
	3GB コース	1,430 円（税込）／月
	5GB コース	1,650 円（税込）／月
	10GB コース	2,200 円（税込）／月
	20GB コース	2,640 円（税込）／月

会 社 名		㈱TOKAI コミュニケーションズ
問い合わせ電話番号		@T COM（個人向けインターネット接続サービス）：0120-805633 TNC（個人向けインターネット接続サービス）：0120-696927 LIBMO（MVNO サービス）：0120-27-1146 BroadLine（法人向けインターネット接続サービス）：03-5404-7315
ホームページ		@T COM（個人向けインターネット接続サービス）：https://www.t-com.ne.jp/ TNC（個人向けインターネット接続サービス）：https://www.tnc.ne.jp/ LIBMO（MVNO サービス）：https://www.libmo.jp/ BroadLine（法人向けインターネット接続サービス）：https://www.broadline.ne.jp/
サービスタイプ	サービス名	サービス概要・料金（税込）等
ダイヤルアップ接続	TNC ダイヤルアップ接続サービス	電話回線や携帯電話・PHS などを利用した個人向けインターネット接続サービス
DSL	@T COM フレッツ・ADSL コース	NTT 東日本 / 西日本のフレッツ・ADSL に対応した個人向けインターネット接続サービス
	TNC フレッツ・ADSL 対応サービス	NTT 西日本のフレッツ・ADSL に対応した個人向けインターネット接続サービス
	DSL 通信網サービス	ADSL 事業者として提供プロバイダへ ADSL 回線を提供（ホールセール）
FTTH	@T COM @T COM（アットティーコム）ヒカリ	NTT 東日本 / 西日本の光コラボレーションモデルを利用した個人向けインターネット接続サービス
	@T COM フレッツ光コース	NTT 東日本 / 西日本のフレッツ光回線に対応した個人向けインターネット接続サービス
	@T COM au ひかりコース	KDDI の光ファイバー（au ひかり）回線を利用した個人向けインターネット接続サービス
	@T COM ドコモ光コース	NTT ドコモが提供するドコモ光回線に対応した個人向けインターネット接続サービス
	@T COM LCV ひかり	TOKAI グループの LCV が提供する LCV ひかり回線に対応した個人向けインターネット接続サービス
	TNC TNC ヒカリ	NTT 西日本の光コラボレーションモデルを利用した個人向けインターネット接続サービス
	TNC フレッツ光対応サービス	NTT 西日本のフレッツ光回線に対応した個人向けインターネット接続サービス
	TNC TNC ケーブルひかり	TOKAI グループの TOKAI ケーブルネットワークが提供する光ファイバー回線を利用した個人向けインターネット接続サービス
	TNC TNC ひかり de ネット対応サービス	TOKAI グループのトコちゃんねる静岡の光ファイバー回線に対応した個人向けインターネット接続サービス
	TNC コミュファ光対応サービス	中部テレコミュニケーションの光ファイバー回線に対応した個人向けインターネット接続サービス
	TNC ドコモ光対応プラン	NTT ドコモが提供するドコモ光回線に対応した個人向けインターネット接続サービス
	TNC ひかり de ネット N	TOKAI グループの TOKAI ケーブルネットワークが提供するひかり de ネット N 回線に対応した個人向けインターネット接続サービス
専用線接続	BroadLine Ethernet インターネット	アクセス回線には光ファイバを利用し、インターネットバックボーンまでの通信速度を確保する法人向けインターネットサービス
	BroadLine データセンター接続インターネット	当社データセンター内のお客様ハウジングラックからインターネットに接続する法人向けインターネット接続サービス

サービスタイプ	サービス名	サービス概要・料金（税込）等
専用線接続	BroadLine トランジット	インターネットサービス事業者向けの高速・高品質なインターネット接続サービス
携帯電話	@T COM NTT ドコモ データ通信対応コース	NTT ドコモの「FOMA 定額データプラン」「Xi（クロッシィ）データ通信専用プラン」に対応した個人向けインターネット接続サービス
	LIBMO	NTT ドコモの回線を利用した MVNO サービス

会　社　名		㈱秋田ケーブルテレビ
問い合わせ電話番号		0120-344-037
ホームページ		https://www.cna.ne.jp/
サービスタイプ	サービス名	サービス概要・料金（税込）等
FTTH	CNA ひかり　1G	下り／上り　1Gbps、料金：4,950 円
	CNA ひかり　100M	下り／上り　100Mbps、料金：4,180 円
	CNA ひかり　20M	下り／上り　20Mbps、料金：3,740 円
	CNA ひかり　1M	下り／上り　1Mbps、料金：3,080 円
専用線接続	光専用線サービス	光伝送路、端末装置等を組み合わせて各種信号を光伝送できる環境を提供するサービス。　料金：別途相談
ケーブル インターネット	パーソナル 1M	下り　1Mbps ／上り　128kbps、料金：3,080 円
	パーソナル 10M	下り　10Mbps ／上り　2Mbps、料金：3,740 円
	パーソナル 25M	下り　25Mbps ／上り　2Mbps、料金：4,180 円
	ハイパープレミア 300M	下り　300Mbps ／上り　10Mbps、料金：4,950 円
無線 LAN	地域 Wi-Fi	秋田駅周辺等で加入者は無料で 60 分間利用可能。加入者以外はアンケートに答え、無料で 60 分間利用可能。
	Wi-Fi 無線 LAN	家庭用の無線 LAN ルーターレンタル。 1 台目 550 円、2 台目 330 円
携帯電話	CNA モバイル waamo プラン	ドコモ MVNO（データ＋音声）　通常価格　1G：1,100 円〜 インターネットセット割引価格　1G：770 円〜
	CNA モバイル I プラン	ドコモ MVNO（データ＋音声）　2G：1,430 円〜
	CNA モバイル A プラン	UQMVNO A プラン（データ +SIM）　1G：550 円〜 A プラントーク（データ＋音声従量通話）　1G：1,100 円〜 A プラントーク V（データ +5 分通話無料定額）　1G：1,540 円〜
BWA	CNA LTE Air	下り　110Mbps ／上り　10Mbps、料金：3,278 円

会　社　名		松阪ケーブルテレビ・ステーション㈱
問い合わせ電話番号		0598-50-2200
ホームページ		https//www.mctv.jp/
サービスタイプ	サービス名	サービス概要・料金（税込）等
FTTH	MCTV 光インターネット	最高通信速度（上下最大）　月額利用料 光 10G　10Gbps　5,940 円 光 1G　1Gbps　4,730 円 光 300M　300Mbps　3,960 円
携帯電話	【データ通信専用 SIM】 D プラン	2GB コース　990 円 4GB コース　1,430 円 10GB コース　1,980 円 20GB コース　2,310 円
	【音声通話機能付き SIM】 D プラン／ A プラン	2GB コース　1,210 円 4GB コース　1,650 円 10GB コース　2,200 円 20GB コース　2,530 円
	【SMS 機能付き SIM】 D プラン／ A プラン	2GB コース　1,155 円 4GB コース　1,595 円 10GB コース　2,145 円 20GB コース　2,475 円
BWA	MCTV Air	3,960 円

会　社　名		伊賀上野ケーブルテレビ㈱
問い合わせ電話番号		0595-24-2560
ホームページ		https://www.ict.jp/
サービスタイプ	サービス名	サービス概要・料金（税込）等
FTTH	ICT 光 100M	月額 3,600 円＋税、ベストエフォート 最大速度上り 100Mbps/ 下り 100Mbps
	ICT 光 1G	月額 4,500 円＋税、ベストエフォート　最大速度上り 1Gbps/ 下り 1Gbps
	ICT 光 10G	月額 6,300 円＋税、ベストエフォート 最大通信速度上り 10Gbps/ 下り 10Gbps
	ICT 光ビジネス 100M	月額 9,000 円＋税、ベストエフォート（優先制御あり）、 固定 IPv4 アドレス 1 個貸与、最大速度上り 100Mbps/ 下り 100Mbps
	ICT 光ビジネス 1G	月額 11,000 円＋税、ベストエフォート（優先制御あり）、 固定 IPv4 アドレス 1 個貸与、最大速度上り 1Gbps/ 下り 1Gbps
	ICT 光マンション	月額 3,500 円＋税、ベストエフォート 最大通信速度上り 100Mbps/ 下り 100Mbps
BWA	ICT Air	月額 2,500 円＋税、ベストエフォート　最大通信速度下り 110Mbps

会　社　名		㈱中海テレビ放送
問い合わせ電話番号		0859-29-2211
ホームページ		http://www.chukai.ne.jp
サービスタイプ	サービス名	サービス概要・料金（税込）等
FTTH	ひかり Chukai インターネット	ひかりギガ MAX コース：　月額 6,820 円 ひかり 200M コース：　月額 6,160 円 ひかり 21M コース：　月額 4,180 円
ケーブルインターネット	Chukai インターネット	プレミアムコース：　月額 6,490 円 ハイグレードコース：　月額 6,050 円 スタンダードコース：　月額 5,395 円 ジャストコース：　月額 4,222 円 エコノミーコース：　月額 3,489 円

会　社　名		入間ケーブルテレビ㈱
問い合わせ電話番号		04-2965-0550
ホームページ		http://ictv.jp
サービスタイプ	サービス名	サービス概要・料金（税込）等
FTTH	インターネット接続サービス　50M	上り 50Mbps ／下り 50Mbps　月額 4,070 円
	インターネット接続サービス　300M	上り 300Mbps ／下り 300Mbps　月額 5,280 円
	インターネット接続サービス　1000M	上り 1000Mbps ／下り 1000Mbps　月額 6,380 円
ケーブルインターネット	インターネット接続サービス　2M	上り 2Mbps ／下り 2Mbps　月額 3,278 円
	インターネット接続サービス　25M	上り 2Mbps ／下り 25Mbps　月額 3,850 円
	インターネット接続サービス　80M	上り 2Mbps ／下り 80Mbps　月額 4,950 円
	インターネット接続サービス　160M	上り 2Mbps ／下り 160Mbps　月額 6,050 円
携帯電話	スマイルフォン タイプ D	1GB　月額 1,078 円　5GB　月額 1,716 円 10GB　月額 2,266 円　20GB　月額 2,706 円 上記金額に加算　SMS 機能付 SIM　＋ 165 円、音声機能付 SIM　＋ 242 円
	スマイルフォン タイプ A	1GB　月額 1,243 円　5GB　月額 1,881 円 10GB　月額 2,431 円　20GB　月額 2,871 円 ※すべて SMS 機能付 上記金額に加算　音声機能付 SIM　＋ 77 円
BWA	スマイル Air	上り 10Mbps ／下り 110Mbps 購入プラン　月額 2,200 円 レンタルプラン　月額 3,300 円

会　社　名		㈱NTT ドコモ
問い合わせ電話番号		
ホームページ		【ドコモ光】https://www.nttdocomo.co.jp/biz/charge/hikari/plan/ 【ドコモ光】https://www.nttdocomo.co.jp/hikari/ 【d Wi-Fi】https://www.nttdocomo.co.jp/service/d_wifi / 【sp モード】https://www.nttdocomo.co.jp/service/spmode/index.html 【i モード】http://www.nttdocomo.co.jp/service/imode/index.html 【mopera U】http://www.mopera.net/ 【home 5G】https://www.nttdocomo.co.jp/home_5g/
サービスタイプ	サービス名	サービス概要・料金（税込）等
FTTH	ドコモ光	ドコモ光　戸建・タイプ A　5,720 円 ドコモ光　戸建・タイプ B　5,940 円 ドコモ光　戸建・タイプ C　5,720 円 ドコモ光　戸建・単独タイプ　5,500 円 ドコモ光　戸建・ミニ　2,970 円～ 6,270 円 ドコモ光　マンション・タイプ A　4,400 円 ドコモ光　マンション・タイプ B　4,620 円 ドコモ光　マンション・タイプ C　4,400 円 ドコモ光　マンション・単独タイプ　4,180 円 ドコモ光　戸建・10 ギガ タイプ A　6,930 円 ドコモ光　戸建・10 ギガ タイプ B　7,150 円 ドコモ光　戸建・10 ギガ 単独タイプ　6,490 円 ※単独タイプ以外は全て ISP 料金込み。 ※ 2 年定期契約の場合の料金。定期契約なしの場合は、上記の料金に戸建 1,650 円、マンション 1,100 円を加算。
無線 LAN	d Wi-Fi	無料 ※ d ポイントクラブ会員向けに無料で提供
携帯電話	sp モード	月額 330 円 ※一部の料金プランにおいては、「sp モード」の契約が含まれております
	i モード	月額 330 円 ※新規受付終了
	mopera U	① U スタンダードプラン 月額 550 円 ② U ライトプラン 月額 330 円　※ご利用月のみの課金 ③ U スーパーライト 月額 165 円　※定額データプラン 128K 専用プラン ④ U シンプル 月額 220 円　※データ通信専用機種専用プラン
	home 5G	工事不要で 5G/4G に対応した Wi-Fi 環境を構築できるサービス home 5G プラン：月額 4,950 円（税込） ※「home 5G」の利用には、home 5G プランの契約と 5G 対応ホームルーター HR01 の購入が必要

会　社　名		沖縄セルラー電話㈱
問い合わせ電話番号		① au 携帯電話から局番なし 157 ② au 以外の携帯電話、一般電話から 0077-7-111
ホームページ		https://www.au.com/okinawa_cellular/
サービスタイプ	サービス名	サービス概要・料金（税込）等
FTTH	au ひかりちゅら（ホーム）	6,930 円／月（ネットのみ） 7,480 円／月（ネット＋電話） 8,030 円／月（ネット＋電話＋ TV）
	au ひかりちゅら（マンション V）	4,290 円／月（ネットのみ） 4,400 円／月（ネット＋電話） 5,390 円／月（ネット＋電話＋ TV）
	au ひかりちゅら（マンションギガ）	5,148 円／月（ネットのみ） 5,698 円／月（ネット＋電話） 6,248 円／月（ネット＋電話＋ TV）
携帯電話	LTE NET	月額利用料：330 円 ※別途パケット通信料が必要
	5G NET	月額利用料：各料金プランの基本料金に内包 ※別途パケット通信料が必要
	LTE NET for DATA 5G NET for DATA	月額利用料：550 円 ※別途パケット通信料が必要

会　社　名		楽天モバイル㈱
問い合わせ電話番号		■固定通信：0120-987-600 ■移動体通信：050-5444-4010（9:00-20:00/ 年中無休）
ホームページ		■固定通信：https://network.mobile.rakuten.co.jp/hikari/ ■移動体通信：https://network.mobile.rakuten.co.jp/
サービスタイプ	サービス名	サービス概要・料金（税込）等
FTTH	楽天ひかり	光回線を ISP とセットで提供するサービス ファミリープラン：5,280 円（税込） マンションプラン：4,180 円（税込）
携帯電話	Rakuten UN-LIMIT VII	月額 3GB まで 1,078 円（税込）、20GB まで 2,178 円（税込）、20GB 超過後 3,278 円（税込） 「Rakuten Link」アプリで国内通話がかけ放題（国内通話かけ放題（Rakuten Link アプリ使用時）はプランに含まれる。アプリ未使用時 30 秒 20 円（税込 22 円）。一部対象外番号あり。）

会　社　名		関西エアポートテクニカルサービス㈱
問い合わせ電話番号		072-455-4903
ホームページ		http://www.tech.kansai-airports.co.jp/
サービスタイプ	サービス名	サービス概要・料金（税込）等
ダイヤルアップ接続	ダイヤルアップ IP 接続	電話回線を利用したダイヤルアップ接続サービス。 基本料金（定額）5,500 円／月（含通信料）
DSL	専用線 ADSL 接続サービス	専用線接続の一種で、契約者側と当社システム間の両端に ADSL モデムを設置したブロードバンドタイプのインターネット接続サービス。 基本料金（定額）　16,500 円／月（含専用線利用料） 基本料金（定額）［固定 1IP アドレス］　27,500 円（含専用線利用料） 基本料金（定額）［固定複数アドレス］　55,000 円（含専用線利用料）

会　社　名		UQ コミュニケーションズ㈱
問い合わせ電話番号		0120-929-777
ホームページ		https://www.uqwimax.jp/wimax/
サービスタイプ	サービス名	サービス概要・料金（税込）等
BWA	WiMAX +5G	WiMAX 2+、au 4G LTE/5G が利用できる高速モバイルインターネット接続サービス ○「ギガ放題プラス　ホームルータプラン」「ギガ放題　モバイルルータプラン」 ・月間容量上限なし ・月額料金：4,950 円（当初 2 年は 4,268 円） ・契約年数：2 年（契約解除料：1,100 円）あるいは期間条件なし ・プラスエリアモード：月額 1,100 円（利用月のみ発生） ※ネットワークの継続的な高負荷などが発生した場合、状況が改善するまでの間、サービス安定提供のための速度制限を行う場合あり

第３章
通信政策をめぐる行政の動き

3-1 デジタル社会の実現に向けた推進体制、取り組み等

推進体制	計画・取り組み
デジタル社会形成基本法 (2021年9月施行) デジタル社会推進会議 (デジタル庁設置法に基づき設置(2021年9月)) 議長：内閣総理大臣 副議長：内閣官房長官、デジタル大臣 構成員：各府省の大臣等	● デジタル社会の実現に向けた重点計画(2021年12月) ● デジタル社会の実現に向けた重点計画(2022年6月改定)
デジタル田園都市国家構想実現会議 (2021年11月～開催) 議長：内閣総理大臣	● デジタル田園都市国家構想基本方針(2022年6月)

3-2 総務省における情報通信関連の主な審議会等

3-2-1　主な審議会、部会、委員会等

- 情報通信審議会
  - 情報通信政策部会
    - 総合政策委員会
  - 電気通信事業政策部会
    - 接続政策委員会
    - ユニバーサルサービス政策委員会
    - 電気通信番号政策委員会
    - 電話網円滑化委員会
  - 情報通信技術分科会
    - 放送システム委員会
    - IPネットワーク設備委員会
    - 新世代モバイル無線通信委員会
    - 航空・海上無線通信委員会
    - 衛星通信システム委員会
    - 電波利用環境委員会
    - 陸上無線通信委員会
    - 技術戦略委員会
- 情報通信行政・郵政行政審議会
  - 電気通信事業部会
    - 接続委員会
    - ユニバーサルサービス委員会
    - 基本料等委員会
    - 電気通信番号委員会
- 電気通信紛争処理委員会
- 電波監理審議会

- 総務省デジタル田園都市国家構想推進本部

3-2-2　主な審議会答申

答申概要	審議会名	答申年月日
第５世代移動通信システムの普及のための周波数の割当て	電波監理審議会	2021年1月12日
基礎的電気通信役務支援機関の支援業務規程の変更の認可	情報通信行政・郵政行政審議会	2021年1月22日
電波法施行規則の一部を改正する省令案等（アマチュア無線の社会貢献活動での活用、小中学生のアマチュア無線の体験機会の拡大）	電波監理審議会	2021年2月2日
令和２年度携帯電話及び全国BWAに係る電波の利用状況調査の評価結果（案）	電波監理審議会	2021年2月2日
電気通信事業法及び日本電信電話株式会社等に関する法律の一部を改正する法律（令和２年法律第30号）の施行に伴う関係省令等の整備案	情報通信行政・郵政行政審議会	2021年2月12日
マイクロ波帯を用いたUWB無線システムの屋外利用の周波数帯域拡張に係る技術的条件（一部答申）	情報通信審議会	2021年2月16日
日本放送協会放送受信規約の変更の認可	電波監理審議会	2021年3月10日
日本放送協会に対する令和３年度国際放送等実施要請	電波監理審議会	2021年3月10日
電波法施行規則等の一部を改正する省令案等（広帯域電力線搬送通信設備の高度化等に係る制度整備）	電波監理審議会	2021年3月10日
航空機局の無線設備等保守規程の認定	電波監理審議会	2021年3月10日
電気通信事業法第27条の３の規定の適用を受ける電気通信事業者の指定	情報通信行政・郵政行政審議会	2021年3月15日
東日本電信電話株式会社及び西日本電信電話株式会社の第一種指定電気通信設備に関する接続約款の変更の認可（長期増分費用方式に基づく令和３年度の接続料等の改定）	情報通信行政・郵政行政審議会	2021年3月26日
60GHz帯の周波数の電波を使用する無線設備の多様化に係る技術的条件（一部答申）	情報通信審議会	2021年3月30日
地中埋設型基地局等の新たな無線システムから発射される電波の強度等の測定方法及び算出方法に係る技術的条件（一部答申）	情報通信審議会	2021年3月30日
第５世代移動通信システムの普及のための特定基地局の開設計画の認定	電波監理審議会	2021年4月14日
新世代モバイル通信システムの技術的条件」のうち「2.3GHz帯における移動通信システムの技術的条件（一部答申）	情報通信審議会	2021年4月20日
東日本電信電話株式会社及び西日本電信電話株式会社の第一種指定電気通信設備に関する接続約款の変更案（令和３年度の接続料の改定等）	情報通信行政・郵政行政審議会	2021年4月28日
11/15/18GHz帯固定通信システムの高度化に係る技術的条件（一部答申）	情報通信審議会	2021年5月26日
東日本電信電話株式会社及び西日本電信電話株式会社の第一種指定電気通信設備に関する接続約款の変更の認可（令和３年度の接続料の改定等）	情報通信行政・郵政行政審議会	2021年5月28日

答申概要	審議会名	答申年月日
東日本電信電話株式会社及び西日本電信電話株式会社の提供する特定電気通信役務の基準料金指数の設定	情報通信行政・郵政行政審議会	2021年5月28日
電波法施行規則等の一部を改正する省令案等（高度約500kmの軌道を利用する衛星コンステレーションによるKu帯非静止衛星通信システムの導入）	電波監理審議会	2021年6月9日
無線設備規則の一部を改正する省令の一部改正等（新スプリアス規格への移行期限の延長）	電波監理審議会	2021年6月9日
社会経済環境の変化に対応した公衆電話の在り方	情報通信審議会	2021年7月7日
電波法施行規則等の一部を改正する省令案等（マイクロ波帯を用いたUWB無線システムの屋外利用の周波数帯域拡張等に係る制度整備）	電波監理審議会	2021年7月14日
令和2年度電波の利用状況調査の評価結果	電波監理審議会	2021年7月14日
無線設備規則の一部を改正する省令等の一部改正案等（アナログ簡易無線局の周波数使用期限の延長）	電波監理審議会	2021年7月14日
東日本電信電話株式会社及び西日本電信電話株式会社の第一種指定電気通信設備に関する接続約款の変更の認可（加入光ファイバに係る接続メニューの追加等）	情報通信行政・郵政行政審議会	2021年7月30日
IP網への移行の段階を踏まえた接続制度の在り方（IP網への移行完了を見据えた接続制度の整備に向けて）（最終答申）	情報通信審議会	2021年9月1日
電気通信事業法第27条の3の規定の適用を受ける電気通信事業者の指定	情報通信行政・郵政行政審議会	2021年9月24日
IoTの普及に対応した電気通信設備に係る技術的条件（一部答申）	情報通信審議会	2021年9月28日
高度1200kmの極軌道を利用する衛星コンステレーションによるKu帯非静止衛星通信システムの技術的条件（一部答申）	情報通信審議会	2021年10月1日
無線設備規則等の一部を改正する省令案等（2.3GHz帯周波数における移動通信システムの導入のための制度整備）	電波監理審議会	2021年10月6日
電気通信事業法第31条第1項に基づく特定関係事業者の指定	情報通信行政・郵政行政審議会	2021年10月22日
ユニバーサルサービス制度に基づく交付金の額及び交付方法の認可並びに負担金の額及び徴収方法の認可	情報通信行政・郵政行政審議会	2021年11月19日
東日本電信電話株式会社及び西日本電信電話株式会社の第一種指定電気通信設備に関する接続約款の変更の認可（加入光ファイバに係る接続メニューの追加等）	情報通信行政・郵政行政審議会	2021年12月3日
「デジタル社会における多様なサービスの創出に向けた電気通信番号制度の在り方」	情報通信審議会	2021年12月8日
航空機局の無線設備等保守規程の認定	電波監理審議会	2021年12月22日
日本放送協会のインターネット活用業務実施基準の変更の認可	電波監理審議会	2022年1月11日
電気通信事業法施行規則等の一部を改正する省令案	情報通信行政・郵政行政審議会	2022年1月14日

答申概要	審議会名	答申年月日
第一種指定電気通信設備接続料規則等の一部を改正する省令案	情報通信行政・郵政行政審議会	2022年1月14日
電気通信事業法施行規則の一部改正	情報通信行政・郵政行政審議会	2022年2月2日
電波法施行規則等の一部を改正する省令案等（高度化された陸上無線システムに対する定期検査の簡素化に係る制度整備）	電波監理審議会	2022年2月2日
2.3GHz帯における第5世代移動通信システムの普及のための周波数の割当て	電波監理審議会	2022年2月2日
電気通信事業法施行規則の一部を改正する省令（案）等	情報通信行政・郵政行政審議会	2022年2月7日
「国際無線障害特別委員会（CISPR）の諸規格について」のうち「無線周波妨害波及びイミュニティ測定装置の技術的条件　補助装置 - 伝導妨害波 -」、「無線周波妨害波及びイミュニティ測定法の技術的条件　伝導妨害波の測定法」及び「無線周波妨害波及びイミュニティ測定法の技術的条件　放射妨害波の測定法」（一部答申）	情報通信審議会	2022年2月8日
電波法施行規則等の一部を改正する省令案等（空間伝送型ワイヤレス電力伝送システムの導入のための制度整備）	電波監理審議会	2022年3月7日
日本放送協会に対する令和4年度国際放送等実施要請	電波監理審議会	2022年3月7日
航空機局の無線設備等保守規程の認定	電波監理審議会	2022年3月7日
920MHz帯小電力無線システムの広帯域化に係る技術的条件（一部答申）	情報通信審議会	2022年3月22日
5GHz帯気象レーダーの技術的条件」及び「9.7GHz帯汎用型気象レーダーの技術的条件（一部答申）	情報通信審議会	2022年3月22日
5.2GHz帯自動車内無線LANの導入のための技術的条件（一部答申）	情報通信審議会	2022年3月22日
東日本電信電話株式会社及び西日本電信電話株式会社の第一種指定電気通信設備に関する接続約款の変更の認可（令和4年度の接続料の改定等）	情報通信行政・郵政行政審議会	2022年3月28日
6GHz帯無線LANの導入のための技術的条件（一部答申）	情報通信審議会	2022年4月19日
2.3GHz帯における第5世代移動通信システム（5G）の普及のための特定基地局の開設計画の認定	電波監理審議会	2022年5月18日
令和3年度携帯電話及び全国BWAに係る電波の利用状況調査の評価結果（案）	電波監理審議会	2022年5月18日
東日本電信電話株式会社及び西日本電信電話株式会社の第一種指定電気通信設備に関する接続約款の変更の認可（長期増分費用方式に基づく令和4年度の接続料等の改定）	情報通信行政・郵政行政審議会	2022年5月27日
東日本電信電話株式会社及び西日本電信電話株式会社の電報サービス契約約款等の変更の認可	情報通信行政・郵政行政審議会	2022年5月27日
Beyond 5Gに向けた情報通信技術戦略の在り方 －強靱で活力のある2030年代の社会を目指して－（中間答申）	情報通信審議会	2022年6月30日

答申概要	審議会名	答申年月日
2030年頃を見据えた情報通信政策の在り方（一次答申）	情報通信審議会	2022年6月30日
電気通信番号計画の一部を変更する件等	情報通信行政・郵政行政審議会	2022年7月12日
無線設備規則の一部を改正する省令案等（920MHz帯の小電力無線システムの広帯域化等に係る制度整備）	電波監理審議会	2022年7月15日
令和3年度電波の利用状況調査の評価結果（案）	電波監理審議会	2022年7月15日
電波法施行規則等の一部を改正する省令案等（EPIRBの次世代基準の導入等）	電波監理審議会	2022年7月15日
電波法施行規則等の一部を改正する省令案等（5.2GHz帯自動車内無線LAN及び6GHz帯無線LANの導入に向けた制度整備）	電波監理審議会	2022年7月15日
電気通信事業法第27条の3の規定の適用を受ける電気通信事業者の指定	情報通信行政・郵政行政審議会	2022年8月26日

3-3 総務省における情報通信関連の主な研究会等

研究会名	開催期間	担当
非常時における事業者間ローミング等に関する検討会	2022年9月28日～	総合通信基盤局電気通信事業部 電気通信技術システム課
Web3時代に向けたメタバース等の利活用に関する研究会	2022年8月1日～	情報通信政策研究所　調査研究部 情報流通行政局　参事官室
無線LAN等の欧米基準試験データの活用の在り方に関する検討会	2022年3月18日～	総合通信基盤局電波部電波環境課
ワイヤレス人材育成のためのアマチュア無線アドバイザリーボード	2022年1月26日～	総合通信基盤局電波部移動通信課
宇宙天気予報の高度化の在り方に関する検討会	2022年1月12日～	国際戦略局宇宙通信政策課
「ポストコロナ」時代におけるテレワーク定着アドバイザリーボード	2021年11月24日～	情報流通行政局情報流通振興課
デジタル時代における放送制度の在り方に関する検討会	2021年11月8日～	情報流通行政局放送政策課
新たな携帯電話用周波数の割当方式に関する検討会	2021年10月21日～	総合通信基盤局電波部電波政策課 携帯周波数割当改革推進室
デジタルインフラ（DC等）整備に関する有識者会合	2021年10月19日～	総合通信基盤局電気通信事業部 データ通信課
情報通信経済研究会	2021年9月1日～	情報通信政策研究所　調査研究部
情報通信分野における外資規制の在り方に関する検討会	2021年6月14日～	情報流通行政局放送政策課
電気通信事業ガバナンス検討会	2021年5月12日～	総合通信基盤局電気通信事業部 電気通信技術システム課 サイバーセキュリティ統括官室
放送分野の視聴データの活用とプライバシー保護の在り方に関する検討会	2021年4月27日～	情報流通行政局 情報通信作品振興課
デジタル活用支援アドバイザリーボード	2021年3月23日～	情報流通行政局情報流通振興課 情報活用支援室
消費者保護ルール実施状況のモニタリング定期会合	2021年2月2日～	総合通信基盤局電気通信事業部 消費者行政第一課
空間伝送型ワイヤレス電力伝送システムの運用調整に関する検討会	2020年12月9日～	総合通信基盤局電波部電波環境課
インターネットトラヒック研究会	2020年12月1日～	総合通信基盤局電気通信事業部 データ通信課
デジタル変革時代の電波政策懇談会	2020年11月30日～	総合通信基盤局電波部電波政策課
マイナンバーカードの機能のスマートフォン搭載等に関する検討会	2020年11月10日～	総務省自治行政局住民制度課 情報流通行政局情報流通振興課 情報流通高度化推進室
「ポストコロナ」時代におけるデジタル活用に関する懇談会	2020年10月23日～	情報流通行政局情報通信政策課

研究会名	開催期間	担当
聴覚障害者の電話の利用の円滑化に関する基本的な方針に関する関係者ヒアリング	2020年9月10日	総合通信基盤局電気通信事業部 事業政策課
消費者保護ルールの在り方に関する検討会	2020年6月25日〜	総合通信基盤局電気通信事業部 消費者行政第一課
発信者情報開示の在り方に関する研究会	2020年4月30日〜	総合通信基盤局電気通信事業部 消費者行政第二課
ブロードバンド基盤の在り方に関する研究会	2020年4月3日〜	総合通信基盤局電気通信事業部 事業政策課
NTTグループにおける共同調達に関する検討会	2020年3月24日〜	総合通信基盤局電気通信事業部 事業政策課
Beyond 5G推進戦略懇談会	2020年1月27日〜	総合通信基盤局電波部電波政策課
特定基地局開設料の標準的な金額に関する研究会	2019年10月7日〜	総合通信基盤局電波部電波政策課 移動通信課
自治体システムデータ連携標準検討会	2019年6月25日〜	情報流通行政局地方情報化推進室
インターネット上の海賊版サイトへのアクセス抑止方策に関する検討会	2019年4月19日〜	総合通信基盤局電気通信事業部 消費者行政第二課
AIインクルージョン推進会議	2019年2月15日〜	情報流通振興課 情報通信政策研究所調査研究部
デジタル変革時代のICTグローバル戦略懇談会	2018年12月12日〜	総務省国際戦略局総務課 技術政策課、国際政策課
教育現場におけるクラウド活用の推進に関する有識者会合	2018年11月21日〜	情報流通行政局情報流通振興課 情報活用支援室
デジタル・プラットフォーマーを巡る取引環境整備に関する検討会	2018年11月16日〜	情報流通行政局情報通信政策課
デジタル活用共生社会実現会議	2018年11月15日〜	情報流通行政局情報流通振興課
放送コンテンツの適正な製作取引の推進に関する検証・検討会議	2018年10月29日〜	情報流通行政局 情報通信作品振興課
プラットフォームサービスに関する研究会	2018年10月18日〜	総務省総合通信基盤局 電気通信事業部消費者行政第二課
ネットワーク中立性に関する研究会	2018年10月17日〜	総務省総合通信基盤局 電気通信事業部データ通信課
災害時における通信サービスの確保に関する連絡会	2018年10月9日〜	総合通信基盤局 電気通信技術システム課 安全・信頼性対策室
第5世代移動通信システムに関する公開ヒアリング	2018年10月3日	総合通信基盤局電波部移動通信課
クラウドサービスの安全性評価に関する検討会	2018年8月27日〜	情報流通行政局情報通信政策課
今後のLアラートの在り方検討会	2018年7月5日〜	情報流通行政局地域通信振興課
言語バリアフリー関係府省連絡会議	2018年4月11日〜	国際戦略局技術政策課研究推進室

研究会名	開催期間	担当
先駆的 ICT に関する懇談会	2018 年 1 月 18 日～	情報流通行政局情報通信政策課
宇宙利用の将来像に関する懇話会	2018 年 2 月 1 日～	国際戦略局宇宙通信政策課
ICT インフラ地域展開戦略検討会	2018 年 1 月 25 日～	総合通信基盤局電気通信事業部 事業政策課 ブロードバンド整備推進室 電波部移動通信課 新世代移動通信システム推進室
4K・8K 時代に向けたケーブルテレビの映像配信の在り方に関する研究会	2017 年 11 月 28 日～	情報流通行政局衛星・地域放送課 地域放送推進室
情報信託機能の認定スキームの在り方に関する検討会	2017 年 11 月 7 日～	情報流通行政局情報通信政策課
医療機関における携帯電話の利用環境整備検討会	2017 年 7 月 21 日～	総合通信基盤局電波部電波環境課
医療機関における電波利用に関する全国代表者会議	2017 年 6 月 28 日～	総合通信基盤局電波部電波環境課
接続料の算定に関する研究会	2017 年 3 月 27 日～	総合通信基盤局電気通信事業部 料金サービス課
サイバーセキュリティタスクフォース	2017 年 1 月 30 日～	サイバーセキュリティ統括官室
情報通信法学研究会	2017 年 1 月 17 日～	情報通信政策研究所調査研究部
AI ネットワーク社会推進会議	2016 年 10 月 31 日～	情報通信政策研究所調査研究部
テレワーク関係府省連絡会議	2016 年 7 月 26 日～	情報流通行政局情報流通振興課 情報流通高度化推進室
電気通信市場検証会議	2016 年 5 月 13 日～	総合通信基盤局電気通信事業部 事業政策課
放送を巡る諸課題に関する検討会	2015 年 11 月 2 日～	情報流通行政局放送政策課
電気通信事故検証会議	2015 年 5 月 28 日～	総合通信基盤局電気通信事業部 電気通信技術システム課 安全・信頼性対策室
2020 年に向けた社会全体の ICT 化推進に関する懇談会	2014 年 11 月 14 日～	情報通信国際戦略局 情報通信政策課
ICT サービス安心・安全研究会	2014 年 2 月 24 日～	総合通信基盤局消費者行政課
電気通信事業におけるサイバー攻撃への適正な対処の在り方に関する研究会	2013 年 11 月 29 日～	総合通信基盤局電気通信事業部 消費者行政課 サイバーセキュリティ統括官室
携帯電話の基地局整備の在り方に関する研究会	2013 年 10 月 1 日～	総合通信基盤局電波部移動通信課
IPv6 によるインターネットの利用高度化に関する研究会	2009 年 2 月 27 日～	総合通信基盤局データ通信課
生体電磁環境に関する検討会	2008 年 6 月～	総合通信基盤局電波部電波環境課
電気通信消費者支援連絡会	2003 年 1 月 24 日～	総合通信基盤局消費者行政課

研究会名	開催期間	担当
暗号技術検討会	2001年5月15日～	サイバーセキュリティ統括官室
長期増分費用モデル研究会	2000年9月8日～	総合通信基盤局料金サービス課
上限価格方式の運用に関する研究会	2020年12月25日～ 2021年3月19日	総合通信基盤局電気通信事業部 料金サービス課
高度化された陸上無線システムに対する定期検査のあり方に関する検討会	2020年5月28日～ 2020年10月28日	総合通信基盤局電波部移動通信課
組織が発行するデータの信頼性を確保する制度に関する検討会	2020年4月20日～ 2021年6月23日	サイバーセキュリティ統括官室
タイムスタンプ認定制度に関する検討会	2020年3月30日～ 2021年3月15日	サイバーセキュリティ統括官室
電波有効利用成長戦略懇談会　令和元年度フォローアップ会合	2019年9月3日～ 2020年3月31日	総合通信基盤局電波部電波政策課
モバイル市場の競争環境に関する研究会	2018年10月10日～ 2020年2月18日	総務省総合通信基盤局 電気通信事業部料金サービス課

第４章
電気通信をめぐる海外の動向

4-1 主要国の加入数、普及率など

4-1-1　固定回線

4-1-1-1　固定電話契約数

（単位：千契約、下段は人口100人あたりの普及率(%)）

国	2017	2018	2019	2020	2021
アルゼンチン	9,744	9,764	7,757	7,356	6,903
	22.1	22.0	17.3	16.3	15.2
オーストラリア	8,460	8,200	6,200	5,600	4,600
	34.4	32.8	24.5	21.8	17.7
オーストリア	3,711	3,735	3,722	3,787	3,809
	42.2	42.3	41.9	42.5	42.7
ベルギー	4,282	4,107	3,930	3,635	3,293
	37.6	35.9	34.1	31.4	28.4
ブラジル	40,376	38,312	33,713	30,654	28,883
	19.4	18.2	15.9	14.4	13.5
ブルガリア	1,290	1,120	975	873	788
	18.0	15.7	13.8	12.5	11.4
カナダ	14,469	13,842	13,596	13,340	12,928
	39.6	37.4	36.2	35.2	33.9
チリ	3,200	2,997	2,750	2,568	2,511
	17.4	16.0	14.4	13.3	12.9
中国	193,757	192,085	191,033	181,908	180,701
	13.7	13.6	13.4	12.8	12.7
香港	4,249	4,196	4,030	3,901	3,856
	57.0	56.1	53.8	52.0	51.5
台湾	13,565	13,174	12,972	12,750	12,535
	57.3	55.5	54.6	53.5	52.5
コロンビア	6,988	6,974	7,012	7,248	7,567
	14.5	14.2	14.0	14.2	14.7
チェコ	1,640	1,512	1,494	1,335	1,295
	15.6	14.4	14.2	12.7	12.3
デンマーク	1,099	1,122	1,004	734	707
	19.2	19.5	17.3	12.6	12.1
エジプト	6,605	7,865	8,760	9,858	11,031
	6.5	7.6	8.3	9.2	10.1
エストニア	362	346	324	305	297
	27.5	26.1	24.4	22.9	22.3
フィンランド	378	323	269	225	207
	6.9	5.9	4.9	4.1	3.7
フランス	38,728	38,132	37,797	37,759	-
	60.4	59.3	58.7	58.6	-
ドイツ	44,400	42,500	40,400	38,400	38,600
	53.7	51.3	48.6	46.1	46.3
ギリシャ	5,176	5,115	4,807	4,859	4,913
	48.4	48.1	45.5	46.2	47.0
ハンガリー	3,132	3,080	3,049	2,970	2,956
	32.0	31.5	31.2	30.5	30.4
インド	23,235	21,868	21,005	20,052	23,774
	1.7	1.6	1.5	1.4	1.7
インドネシア	11,053	8,304	9,662	9,662	8,999
	4.2	3.1	3.6	3.6	3.3
イラン	31,070	30,482	28,955	29,094	29,307
	36.8	35.6	33.4	33.3	33.3
アイルランド	1,872	1,829	1,767	1,679	1,595
	39.2	37.8	36.1	33.9	32.0
イスラエル	3,240	3,200	3,140	3,370	3,500
	39.0	37.8	36.5	38.5	39.3

国	2017	2018	2019	2020	2021
イタリア	20,701	20,397	19,519	19,607	19,995
	34.5	34.1	32.7	33.0	33.8
韓国	26,845	25,907	24,727	23,858	23,213
	52.1	50.1	47.7	46.0	44.8
クウェート	542	516	583	583	-
	13.1	11.9	13.1	13.4	-
ルクセンブルグ	275	274	267	268	-
	46.2	45.0	43.1	42.5	-
マレーシア	6,581	7,429	7,405	7,468	8,247
	20.6	22.9	22.6	22.5	24.6
メキシコ	20,753	21,647	22,678	24,500	24,367
	16.9	17.5	18.1	19.4	19.2
オランダ	6,551	5,900	5,560	4,937	5,024
	38.1	34.1	32.0	28.3	28.7
ニュージーランド	1,790	1,073	967	844	651
	37.7	22.2	19.5	16.7	12.7
ノルウェー	687	565	445	349	-
	13.0	10.6	8.3	6.5	-
フィリピン	4,163	4,132	4,256	4,731	5,028
	3.9	3.8	3.9	4.2	4.4
ポーランド	7,412	6,575	6,045	5,777	5,308
	19.2	17.1	15.7	15.0	13.9
ポルトガル	4,831	5,074	5,088	5,213	5,319
	46.9	49.3	49.4	50.6	51.7
ルーマニア	3,890	3,660	3,380	3,025	2,606
	19.7	18.7	17.3	15.6	13.5
ロシア	31,952	30,108	27,674	25,892	-
	22.0	20.7	19.0	17.7	-
サウジアラビア	4,660	5,387	5,378	5,749	6,595
	13.6	15.4	15.0	16.0	18.3
シンガポール	1,992	2,001	1,911	1,891	1,888
	34.6	34.4	32.6	32.0	31.8
南アフリカ	4,810	3,345	2,025	2,099	1,472
	8.5	5.8	3.5	3.6	2.5
スペイン	19,587	19,763	19,640	19,456	19,076
	42.0	42.2	41.7	41.1	40.2
スウェーデン	2,618	2,164	1,751	1,479	1,382
	26.0	21.3	17.1	14.3	13.2
スイス	3,559	3,331	3,171	3,064	2,957
	42.1	39.1	37.0	35.5	34.0
タイ	9,955	6,059	5,415	5,003	4,634
	14.0	8.5	7.6	7.0	6.5
トルコ	11,308	11,633	11,533	12,449	12,310
	13.8	14.0	13.8	14.8	14.5
ウクライナ	7,187	6,074	4,183	3,314	2,283
	16.9	14.4	10.0	7.9	5.5
ベトナム	4,385	4,296	3,658	3,206	3,122
	4.7	4.5	3.8	3.3	3.2
英国	31,768	31,511	32,748	32,730	32,192
	48.1	47.4	49.0	48.8	47.8
米国	116,297	110,333	106,431	101,799	97,113
	35.3	33.2	31.8	30.3	28.8
日本（参考）	63,954	63,443	62,743	61,979	61,584
	50.5	50.2	49.9	49.5	49.4

出所：ITU ICT Indicators Database2022 (28th/July2022) からのデータに基づき作成

注：数値には IP 電話と公衆電話等の数値が含まれている。

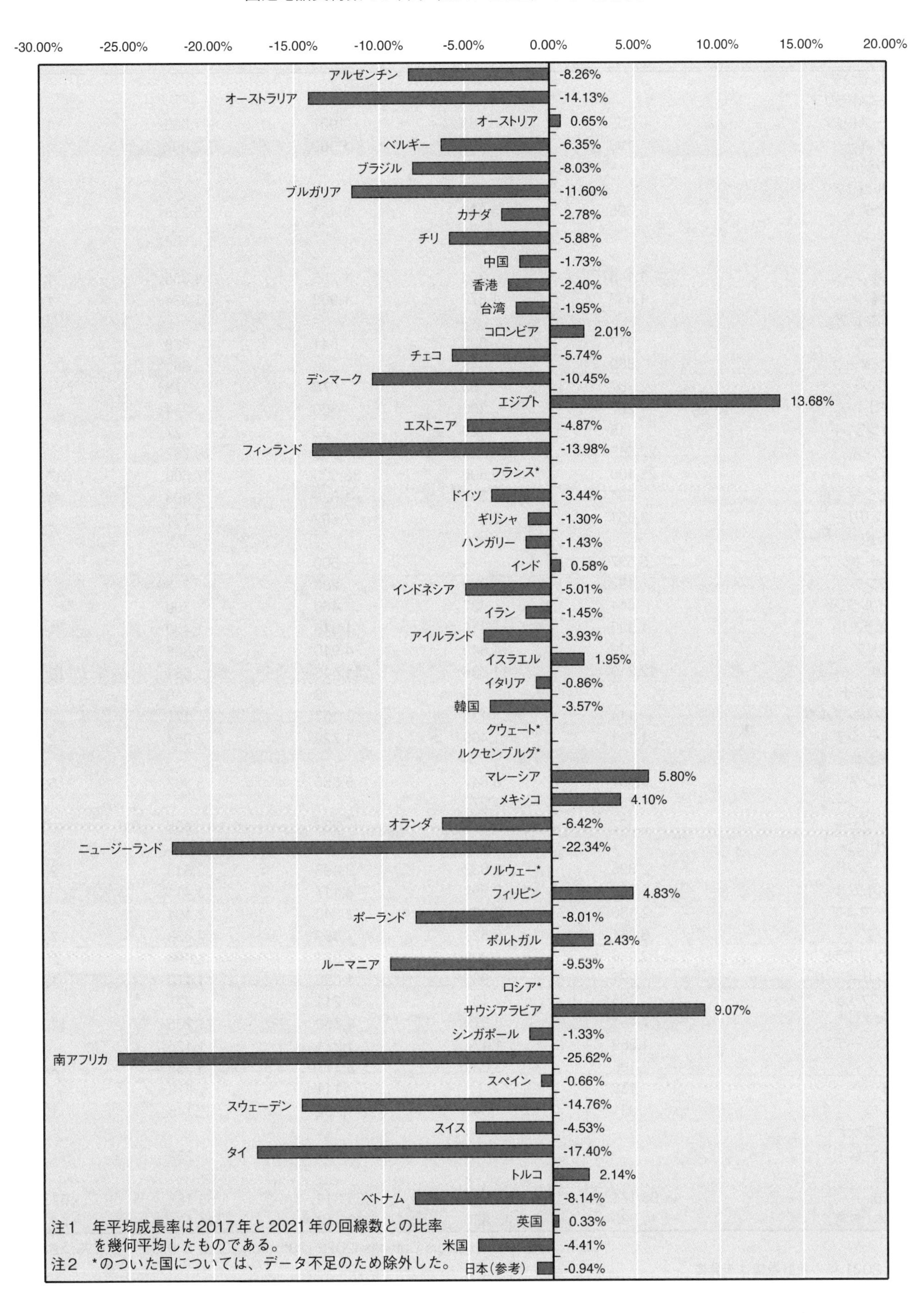
固定電話契約数の5年間（2017-2021）の平均成長率
-30.00%
-25.00%
-20.00%
-15.00%
-10.00%
-5.00%
0.00%
5.00%
10.00%
15.00%
20.00%
アルゼンチン -8.26%
オーストラリア -14.13%
オーストリア 0.65%
ベルギー -6.35%
ブラジル -8.03%
ブルガリア -11.60%
カナダ -2.78%
チリ -5.88%
中国 -1.73%
香港 -2.40%
台湾 -1.95%
コロンビア 2.01%
チェコ -5.74%
デンマーク -10.45%
エジプト 13.68%
エストニア -4.87%
フィンランド -13.98%
フランス*
ドイツ -3.44%
ギリシャ -1.30%
ハンガリー -1.43%
インド 0.58%
インドネシア -5.01%
イラン -1.45%
アイルランド -3.93%
イスラエル 1.95%
イタリア -0.86%
韓国 -3.57%
クウェート*
ルクセンブルグ*
マレーシア 5.80%
メキシコ 4.10%
オランダ -6.42%
ニュージーランド -22.34%
ノルウェー*
フィリピン 4.83%
ポーランド -8.01%
ポルトガル 2.43%
ルーマニア -9.53%
ロシア*
サウジアラビア 9.07%
シンガポール -1.33%
南アフリカ -25.62%
スペイン -0.66%
スウェーデン -14.76%
スイス -4.53%
タイ -17.40%
トルコ 2.14%
ベトナム -8.14%
英国 0.33%
米国 -4.41%
日本(参考) -0.94%
注1　年平均成長率は2017年と2021年の回線数との比率
を幾何平均したものである。
注2　*のついた国については、データ不足のため除外した。

4-1-1-2　VoIP 契約数

（単位：千契約）

国	2016	2017	2018	2019	2020
アルゼンチン	-	-	-	-	-
オーストラリア	-	-	-	-	-
オーストリア	752	785	907	1,036	1,147
ベルギー	198	297	1,969	2,007	1,969
ブラジル	-	-	-	-	-
ブルガリア	-	-	-	-	-
カナダ	5,605	5,236	5,421	5,218	4,956
チリ	-	-	-	-	-
中国	-	-	-	-	-
香港	1,143	1,204	1,285	1,355	1,370
台湾	1,833	1,870	1,908	1,934	1,956
コロンビア	-	-	-	-	-
チェコ	917	893	841	888	804
デンマーク	869	648	730	661	438
エジプト	87	83	78	78	66
エストニア	267	300	300	254	259
フィンランド	15	20	32	27	36
フランス	27,565	28,325	29,258	29,767	-
ドイツ	25,100	29,600	33,900	37,500	37,900
ギリシャ	984	1,515	1,836	3,098	3,368
ハンガリー	2,551	2,641	2,692	2,701	2,645
インド	-	-	-	-	-
インドネシア	5,597	-	500	427	144
イラン	192	269	280	335	352
アイルランド	411	437	469	500	524
イスラエル	1,320	1,316	1,315	1,400	1,550
イタリア	4,229	4,649	4,910	5,868	5,649
韓国	12,216	11,735	11,513	11,081	10,960
クウェート		8	8	10	-
ルクセンブルグ	114	138	157	171	189
マレーシア	1,141	1,409	1,720	2,064	2,526
メキシコ	-	-	-	-	-
オランダ	5,667	5,647	5,555	5,287	5,109
ニュージーランド	250	270	-	-	-
ノルウェー	322	279	237	196	-
フィリピン	-	-	-	-	-
ポーランド	2,896	2,632	2,498	2,513	2,533
ポルトガル	2,287	2,597	3,117	3,411	3,749
ルーマニア	2,180	2,330	2,340	2,104	1,782
ロシア	6,361	6,528	7,689	7,688	7,619
サウジアラビア	2,036	1,805	2,094	2,096	2,611
シンガポール	921	985	1,096	1,172	1,214
南アフリカ	385	137	211	297	260
スペイン	7,461	8,879	9,860	11,205	11,804
スウェーデン	1,669	1,474	1,271	1,125	997
スイス	2,198	3,033	3,111	3,055	2,960
タイ	138	-	111	378	368
トルコ	931	1,348	1,282	1,148	1,503
ウクライナ	-	-	-	-	-
ベトナム	-	-	-	252	330
英国	-	-	-	-	-
米国	63,174	66,585	66,819	68,183	67,268
日本（参考）	40,985	42,555	43,413	44,131	44,670

出所：ITU ICT Indicators Database2022 (28th/July2022) からのデータに基づき作成

注：2021 年の統計数値は未発表

4-1-2　移動体回線

4-1-2-1　移動電話契約数

（単位：千契約、下段は人口100人あたりの普及率(%)、プリペードも含まれる）

国	2017	2018	2019	2020	2021
アルゼンチン	61,897	58,598	56,353	54,764	59,066
	140.5	131.9	125.9	121.6	130.5
オーストラリア	26,660	27,640	27,535	27,452	27,090
	108.4	110.7	108.6	106.9	104.5
オーストリア	10,859	10,984	10,726	10,717	10,882
	123.4	124.2	120.8	120.3	122.0
ベルギー	11,357	11,447	11,510	11,530	11,740
	99.8	100.0	100.0	99.7	101.1
ブラジル	221,269	209,410	202,009	205,835	219,661
	106.1	99.6	95.4	96.5	102.5
ブルガリア	8,533	8,387	8,135	7,946	7,903
	118.8	117.8	115.3	113.8	114.8
カナダ	31,693	33,211	34,367	32,360	32,723
	86.7	89.7	91.6	85.4	85.8
チリ	23,013	25,179	25,052	25,068	26,572
	125.3	134.6	131.6	129.9	136.3
中国	1,469,883	1,649,302	1,746,238	1,718,411	1,732,661
	104.2	116.4	122.8	120.6	121.5
香港	18,395	19,899	21,456	21,865	23,940
	246.5	266.0	286.2	291.5	319.4
台湾	28,777	29,341	29,291	29,351	29,674
	121.6	123.7	123.2	123.2	124.4
コロンビア	62,220	64,514	66,283	67,673	75,056
	128.7	130.9	132.1	132.9	145.7
チェコ	12,636	12,704	13,101	13,000	13,130
	120.0	120.6	124.3	123.4	124.9
デンマーク	7,141	7,216	7,243	7,253	7,288
	124.5	125.1	125.0	124.5	124.5
エジプト	102,958	93,784	95,340	95,357	103,450
	101.1	90.4	90.3	88.7	94.7
エストニア	1,904	1,924	1,951	1,926	1,981
	144.5	145.5	147.0	144.9	149.1
フィンランド	7,160	7,150	7,150	7,120	7,150
	130.0	129.6	129.5	128.8	129.2
フランス	69,018	70,422	72,040	72,751	-
	107.6	109.6	111.9	112.8	-
ドイツ	109,700	107,500	107,200	107,400	106,400
	132.8	129.7	128.9	128.9	127.6
ギリシャ	12,937	12,171	11,882	11,413	11,494
	121.0	114.5	112.4	108.6	110.0
ハンガリー	9,945	10,042	10,273	10,333	10,249
	101.6	102.7	105.1	106.0	105.5
インド	1,168,902	1,176,022	1,151,480	1,153,710	1,154,047
	86.3	85.9	83.3	82.6	82.0
インドネシア	435,194	319,435	341,278	355,620	365,873
	164.5	119.6	126.6	130.8	133.7
イラン	87,047	88,722	118,061	127,625	135,889
	103.0	103.6	136.4	146.2	154.6
アイルランド	4,899	4,971	5,160	5,234	5,374
	102.7	102.8	105.4	105.8	107.8
イスラエル	10,540	10,700	11,700	12,270	12,500
	126.8	126.5	135.9	140.1	140.4

国	2017	2018	2019	2020	2021
イタリア	83,872	83,342	79,481	77,581	78,115
	139.8	139.2	133.1	130.4	131.9
韓国	63,659	66,356	68,893	70,514	72,855
	123.6	128.4	133.0	136.0	140.6
クウェート	7,139	7,100	7,327	6,770	6,918
	173.1	164.5	165.0	155.3	162.8
ルクセンブルグ	794	799	836	890	-
	133.2	131.4	134.8	141.2	-
マレーシア	42,339	42,413	44,601	43,724	47,202
	132.4	130.9	136.0	131.7	140.6
メキシコ	114,329	120,165	122,035	122,898	123,921
	93.1	96.9	97.6	97.5	97.8
オランダ	20,532	21,108	21,762	21,415	21,888
	119.3	122.1	125.3	122.8	125.1
ニュージーランド	6,400	6,319	6,011	6,236	5,846
	134.8	130.6	121.2	123.2	114.0
ノルウェー	5,720	5,721	5,776	5,826	-
	108.4	107.7	108.0	108.3	-
フィリピン	119,972	134,599	167,322	149,579	163,345
	112.4	124.0	151.6	133.3	143.4
ポーランド	50,459	48,286	48,393	49,351	50,589
	131.0	125.3	125.7	128.4	132.1
ポルトガル	11,764	11,860	11,910	11,851	12,476
	114.1	115.3	115.7	115.1	121.2
ルーマニア	22,400	22,634	22,671	22,588	22,929
	113.7	115.4	116.1	116.2	118.6
ロシア	227,300	229,431	239,796	238,733	246,569
	156.2	157.4	164.4	163.6	169.0
サウジアラビア	40,211	41,311	41,299	43,215	45,427
	117.6	118.0	115.3	120.1	126.4
シンガポール	8,382	8,568	9,034	8,445	8,661
	145.4	147.4	154.0	142.9	145.8
南アフリカ	88,498	92,428	96,972	95,959	100,328
	156.2	161.2	166.9	163.2	168.9
スペイン	52,507	54,161	55,355	55,648	56,805
	112.7	115.7	117.4	117.5	119.6
スウェーデン	12,519	12,626	12,896	12,792	12,844
	124.5	124.2	125.6	123.4	122.7
スイス	11,089	10,789	10,887	11,006	11,061
	131.2	126.7	126.9	127.4	127.3
タイ	121,530	125,098	129,614	116,294	120,850
	171.4	175.9	181.8	162.7	168.8
トルコ	77,800	80,118	80,791	82,128	86,289
	94.8	96.7	96.8	97.6	101.8
ウクライナ	55,715	53,934	54,843	53,978	55,926
	131.4	127.8	130.6	129.3	135.0
ベトナム	120,016	140,639	136,230	138,935	135,349
	127.6	148.2	142.2	143.8	138.9
英国	79,099	78,891	80,701	79,007	79,773
	119.7	118.8	120.8	117.8	118.6
米国	340,113	348,242	355,763	352,522	361,617
	103.1	104.8	106.4	104.9	107.3
日本(参考)	172,790	179,873	186,514	195,055	200,479
	136.4	142.5	148.3	155.7	160.9

出所：ITU ICT Indicators Database2022 (28th/July2022) からのデータに基づき作成

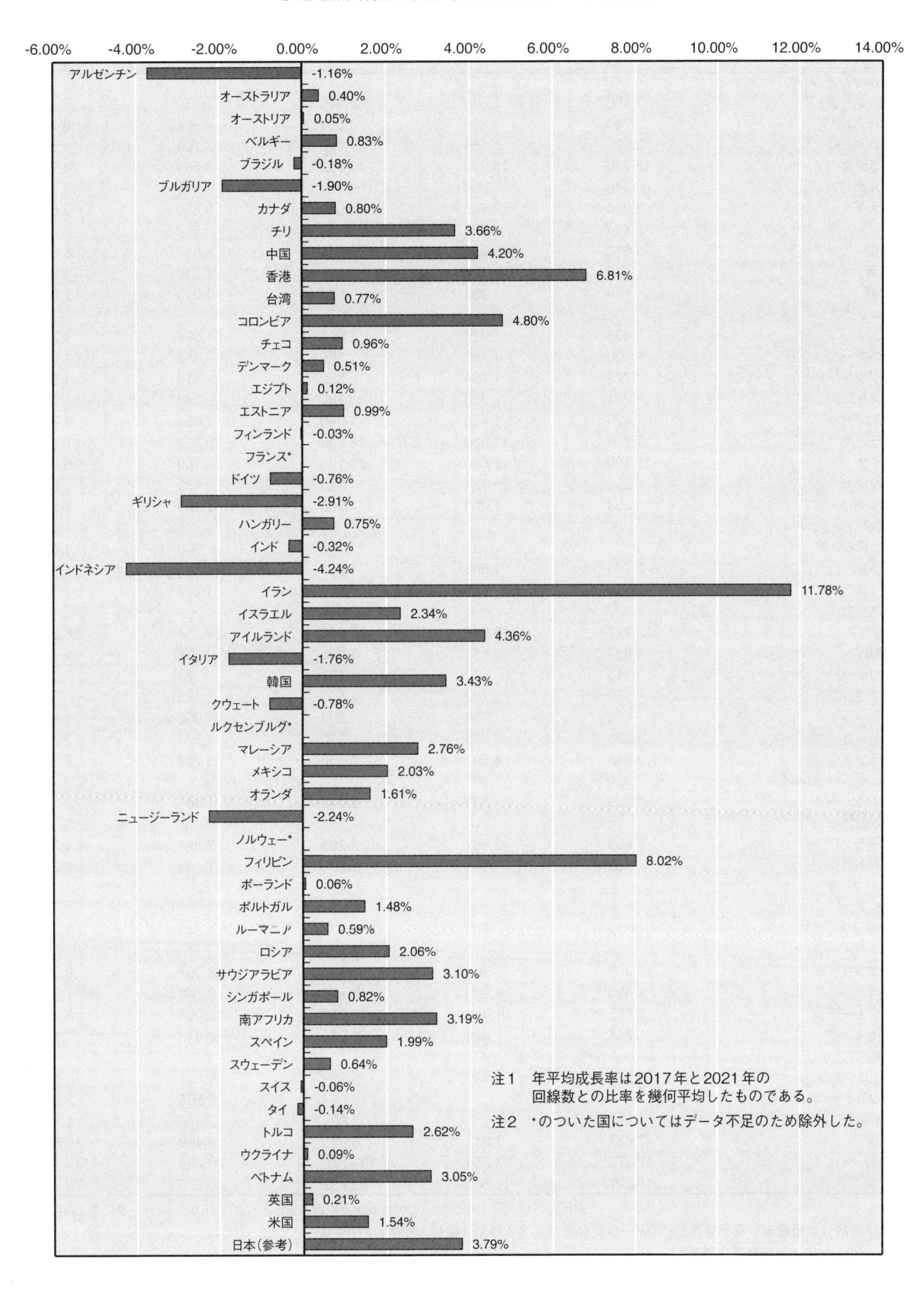
移動電話契約数5年間（2017-2021）の平均成長率
-6.00%
-4.00%
-2.00%
0.00%
2.00%
4.00%
6.00%
8.00%
10.00%
12.00%
14.00%
アルゼンチン -1.16%
オーストラリア 0.40%
オーストリア 0.05%
ベルギー 0.83%
ブラジル -0.18%
ブルガリア -1.90%
カナダ 0.80%
チリ 3.66%
中国 4.20%
香港 6.81%
台湾 0.77%
コロンビア 4.80%
チェコ 0.96%
デンマーク 0.51%
エジプト 0.12%
エストニア 0.99%
フィンランド -0.03%
フランス*
ドイツ -0.76%
ギリシャ -2.91%
ハンガリー 0.75%
インド -0.32%
インドネシア -4.24%
イラン 11.78%
イスラエル 2.34%
アイルランド 4.36%
イタリア -1.76%
韓国 3.43%
クウェート -0.78%
ルクセンブルグ*
マレーシア 2.76%
メキシコ 2.03%
オランダ 1.61%
ニュージーランド -2.24%
ノルウェー*
フィリピン 8.02%
ポーランド 0.06%
ポルトガル 1.48%
ルーマニア 0.59%
ロシア 2.06%
サウジアラビア 3.10%
シンガポール 0.82%
南アフリカ 3.19%
スペイン 1.99%
スウェーデン 0.64%
スイス -0.06%
タイ -0.14%
トルコ 2.62%
ウクライナ 0.09%
ベトナム 3.05%
英国 0.21%
米国 1.54%
日本(参考) 3.79%
注1　年平均成長率は2017年と2021年の回線数との比率を幾何平均したものである。
注2　*のついた国についてはデータ不足のため除外した。

4-1-2-2　M2M 移動体通信網契約件数（IoT などに利用）

（単位：千契約）

国	2016	2017	2018	2019	2020
アルゼンチン	-	-	-	-	-
オーストラリア	1,550	1,940	2,190	3,130	-
オーストリア	720	1,836	3,321	4,994	6,243
ベルギー	2,021	2,184	2,466	3,104	4,090
ブラジル	12,736	15,219	19,792	24,664	28,233
ブルガリア	848	908	985	1,135	1,129
カナダ	3,000	3,500	2,910	3,550	3,880
チリ	494	527	543	510	512
中国	95,618	270,256	693,844	1,078,447	1,165,987
香港	70	97	1,728	2,519	1,273
台湾	479	481	681	1,013	2,030
コロンビア	-	-	-	-	-
チェコ	838	917	1,001	1,094	1,210
デンマーク	1,020	1,153	1,320	1,459	1,637
エジプト	723	754	982	1,319	1,956
エストニア	234	250	284	343	395
フィンランド	1,420	1,480	1,590	1,650	1,740
フランス	11,735	14,900	18,238	20,862	-
ドイツ	11,100	17,600	23,100	27,700	36,000
ギリシャ	251	321	373	432	590
ハンガリー	856	1,000	1,096	1,203	1,338
インド	-	-	-	-	-
インドネシア		29	9	959	1,034
イラン	1,199	1,565	1,814	1,581	1,564
アイルランド	670	829	1,012	1,207	1,575
イスラエル	-	-	-	-	-
イタリア	12,227	16,298	21,050	24,254	26,345
韓国	4,839	5,853	7,846	9,636	11,486
クウェート	113	72	133	124	94
ルクセンブルグ	89	92	102	85	74
マレーシア	686	766	890	1,006	1,322
メキシコ	1,804	2,031	2,360	2,574	2,758
オランダ	3,945	4,091	5,456	6,744	7,904
ニュージーランド	1,339	1,405	-	-	-
ノルウェー	1,239	1,569	1,740	1,965	-
フィリピン	-	-	134,593	-	-
ポーランド	2,459	2,802	3,295	3,824	4,798
ポルトガル	759	849	1,096	1,194	1,230
ルーマニア	-	-	-	-	-
ロシア	-	-	-	-	-
サウジアラビア	312	790	1,012	1,343	3,293
シンガポール	-	-	-	-	-
南アフリカ	5,308	6,563	7,335	8,097	9,078
スペイン	4,480	4,940	5,877	6,748	7,686
スウェーデン	8,655	11,441	12,856	15,005	16,874
スイス	364	626	1,060	1,317	1,772
タイ	-	-	-	-	1
トルコ	3,960	4,495	5,209	5,861	6,380
ウクライナ	-	-	-	2,596	2,939
ベトナム	-	-	3,002	2,970	1,158
英国	7,637	7,911	8,065	9,458	10,872
米国	57,279	93,558	103,876	126,485	149,449
日本（参考）	16,107	19,560	23,239	28,606	32,771

出所：ITU ICT Indicators Database2022(28th/July2022) からのデータに基づき作成

M2M 契約は車載端末や電子機器などのデータ交換を主とする移動体機器と機械との契約数

注：2021 年の統計数値は未発表

M2M契約数の5年間（2016-2020）の平均成長率

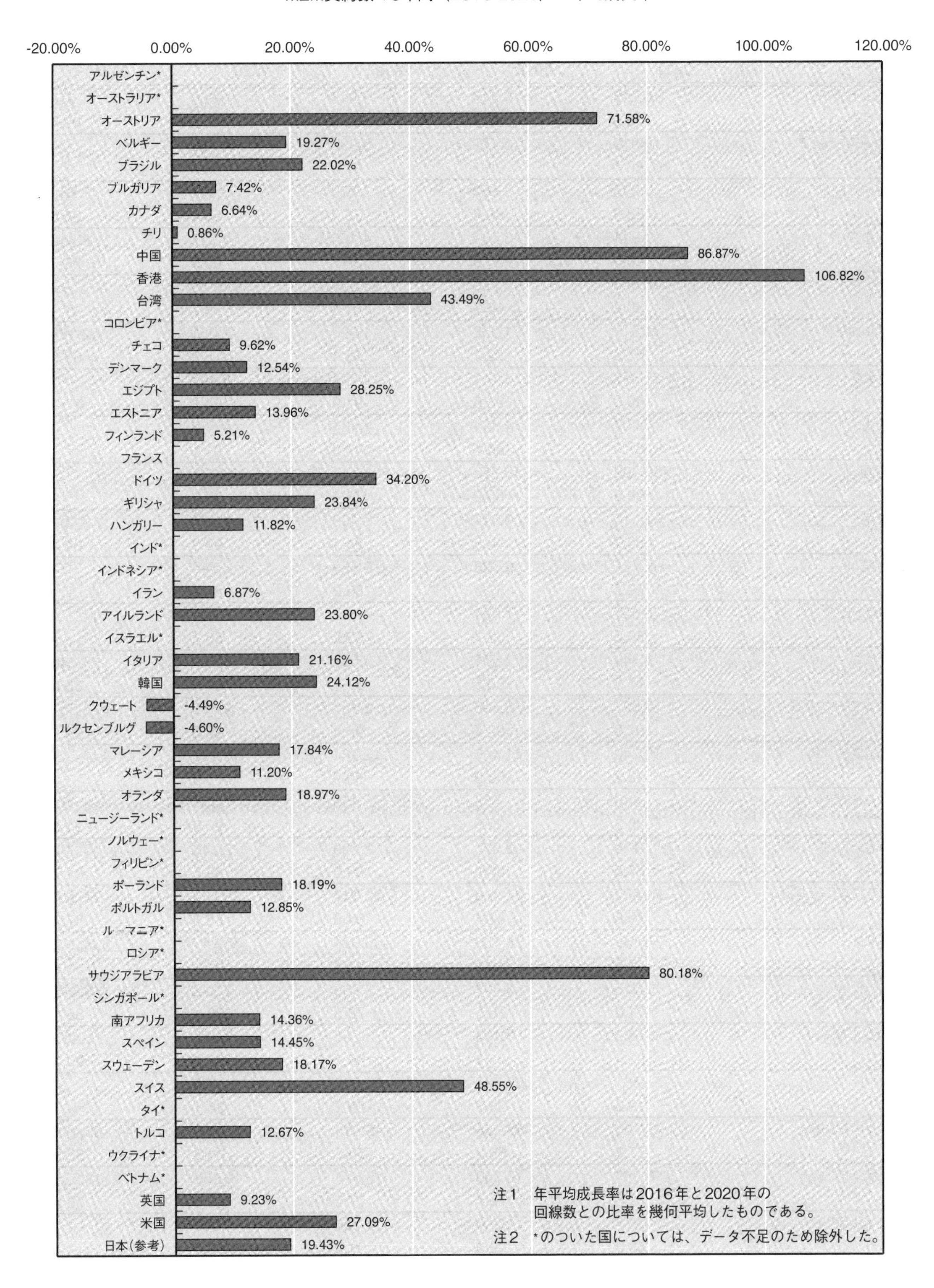

4-1-3　インターネット

4-1-3-1　インターネット加入世帯数（固定・無線アクセスを含む：推定値）

（単位：千世帯、下段は普及率(%)）

国	2017	2018	2019	2020	2021
アルゼンチン	8,915	9,517	9,918	10,868	11,016
	75.9	80.3	82.9	90.0	90.4
オーストラリア	8,010	8,172	8,332	8,492	-
	86.1	86.7	87.4	88.0	-
オーストリア	3,235	3,260	3,326	3,363	3,549
	88.8	88.8	89.9	90.4	95.0
ベルギー	3,941	3,731	4,156	4,227	4,310
	86.0	81.0	89.7	90.9	92.3
ブラジル	36,883	40,789	44,009	51,639	-
	60.8	66.7	71.4	83.2	-
ブルガリア	1,817	1,932	1,996	2,081	2,189
	67.3	72.1	75.1	78.9	83.5
カナダ	12,373	13,141	12,891	13,464	-
	89.0	93.6	91.0	94.2	-
チリ	4,207	4,324	4,434	4,532	-
	87.5	88.7	89.9	91.1	-
中国	236,309	259,778	288,417	313,028	-
	59.6	65.2	72.1	77.9	-
香港	2,016	2,341	2,409	2,423	2,454
	80.2	92.3	94.1	93.9	94.4
台湾	6,781	6,728	6,529	6,746	-
	89.9	89.0	86.2	88.9	-
コロンビア	6,627	7,094	7,123	7,801	-
	50.0	52.7	52.2	56.5	-
チェコ	3,349	3,501	3,537	3,567	3,630
	77.2	80.5	81.1	81.7	83.0
デンマーク	2,521	2,416	2,497	2,430	2,534
	97.0	92.7	95.4	92.5	96.1
エジプト	10,240	11,446	12,981	16,120	-
	49.2	53.9	59.9	73.0	-
エストニア	446	458	459	457	466
	88.3	90.5	90.4	90.0	91.8
フィンランド	2,189	2,223	2,229	2,243	2,302
	87.8	88.9	89.0	89.5	91.7
フランス	21,587	22,326	22,817	23,390	23,800
	79.8	82.4	84.0	85.9	87.2
ドイツ	34,139	35,106	35,624	36,241	36,212
	87.9	89.9	90.8	92.1	91.9
ギリシャ	2,616	2,807	2,869	2,922	3,077
	71.0	76.5	78.5	80.4	85.1
ハンガリー	3,163	3,193	3,296	3,342	3,453
	82.4	83.3	86.2	87.6	90.8
インド	50,381	63,767	78,988	99,476	-
	19.0	23.8	29.2	36.4	-
インドネシア	37,108	43,354	48,814	52,298	55,475
	57.3	66.2	73.7	78.2	82.1
イラン	16,960	18,759	18,574	19,163	19,524
	72.8	79.4	77.5	79.0	79.5
アイルランド	1,272	1,290	1,336	1,366	-
	89.0	89.0	91.0	92.0	-
イスラエル	1,752	1,802	1,856	2,048	-
	74.1	74.9	75.9	82.5	-

国	2017	2018	2019	2020	2021
イタリア	16,933	17,727	17,947	18,603	19,146
	71.7	75.1	76.1	79.0	81.5
韓国	19,408	19,431	19,493	19,521	19,571
	99.5	99.5	99.7	99.7	99.9
クウェート	696	712	724	731	740
	99.7	100.0	100.0	99.4	99.4
ルクセンブルグ	205	200	209	209	224
	97.2	93.0	95.2	93.6	99.2
マレーシア	5,671	5,838	6,128	6,318	6,663
	85.7	87.0	90.1	91.7	95.5
メキシコ	14,448	15,169	16,349	17,753	17,936
	50.9	52.9	56.4	60.6	60.6
オランダ	6,997	6,924	7,032	6,867	7,047
	96.2	94.9	96.2	93.8	96.0
ニュージーランド	1,541	1,566	1,591	1,615	-
	87.8	88.4	89.1	89.7	-
ノルウェー	2,207	2,202	2,265	2,239	2,325
	97.0	96.0	98.0	96.1	99.0
フィリピン	-	-	3,794	-	-
	-	-	17.7	-	-
ポーランド	11,231	11,538	11,878	12,363	12,624
	81.9	84.2	86.7	90.4	92.4
ポルトガル	2,810	2,892	2,938	3,058	3,152
	76.9	79.4	80.9	84.5	87.3
ルーマニア	5,385	5,655	5,803	5,946	6,084
	76.5	80.9	83.6	86.2	88.7
ロシア	39,220	39,432	39,642	41,271	43,304
	76.3	76.6	76.9	80.0	84.0
サウジアラビア	4,455	4,609	4,917	5,011	5,105
	93.0	94.5	99.2	99.5	99.8
シンガポール	1,184	1,282	1,302	1,312	1,334
	91.1	97.7	98.4	98.4	99.3
南アフリカ	8,099	8,591	8,510	8,706	-
	61.8	64.7	63.3	63.9	-
スペイン	13,587	14,092	14,927	15,576	15,660
	83.4	86.4	91.4	95.4	95.9
スウェーデン	4,440	4,532	4,562	4,590	4,482
	94.7	96.1	96.1	96.1	93.2
スイス	3,129	3,208	3,286	3,366	3,502
	88.6	90.0	91.6	93.1	96.2
タイ	12,613	13,307	14,696	16,834	17,562
	64.4	67.7	74.6	85.2	88.7
トルコ	14,386	15,154	16,179	16,807	16,467
	80.7	83.8	88.3	90.7	88.2
ウクライナ	11,185	12,110	12,803	15,332	-
	60.3	61.9	65.8	79.2	-
ベトナム	5,170	8,808	13,786	14,910	15,932
	27.3	46.0	71.3	76.4	81.0
英国	24,182	24,487	25,363	26,142	-
	89.6	90.2	92.9	95.2	-
米国	104,948	107,490	109,737	112,304	-
	83.8	85.3	86.6	88.1	-
日本（参考）	45,138	44,795	45,195	45,277	-
	96.2	95.7	96.9	97.3	-

出所：ITU ICT Indicators Database2022 (28th/July2022) からのデータに基づき作成

注：世帯数は ITU 推定値を基に算出

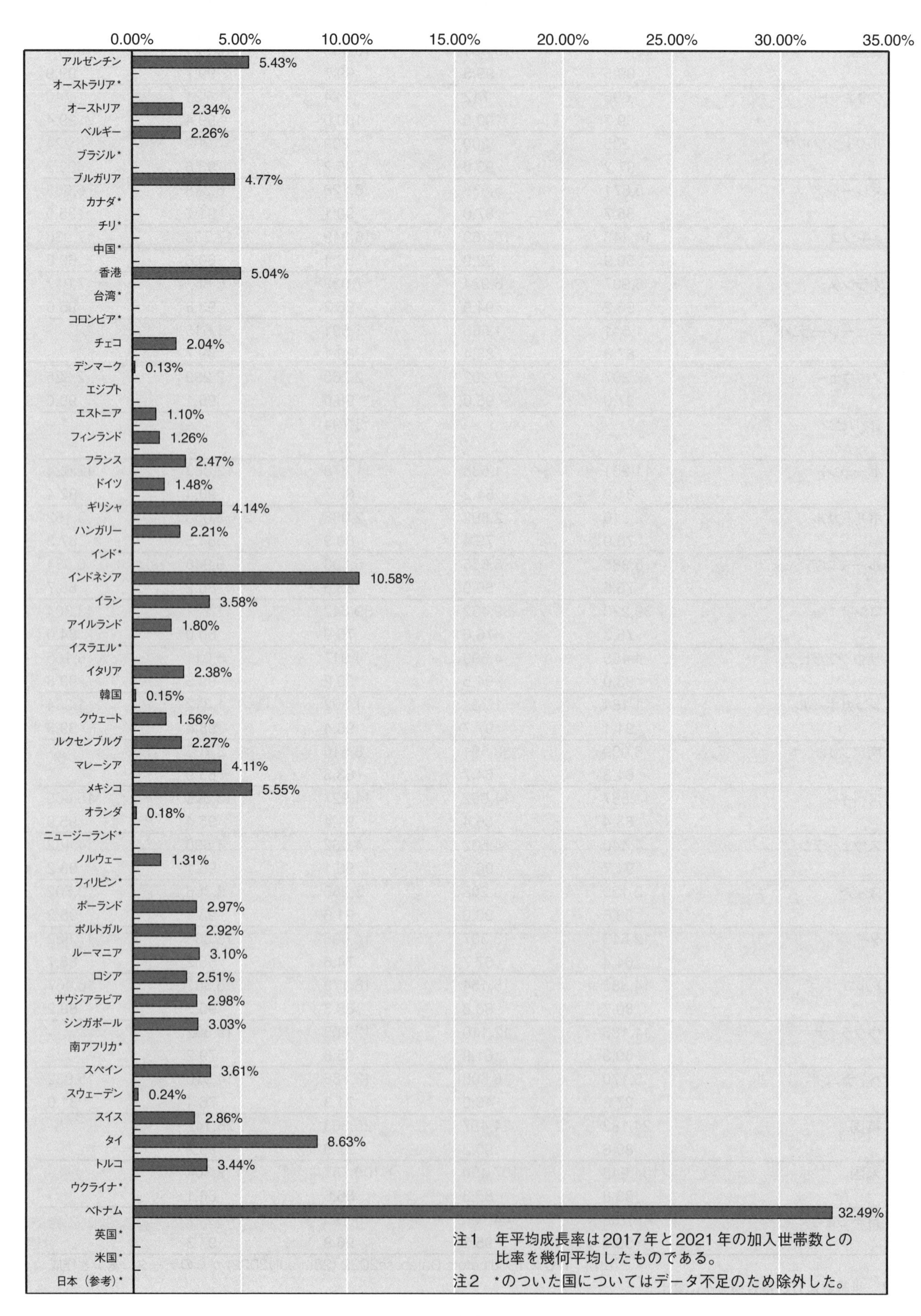
インターネット加入世帯数の5年間（2017-2021）の平均成長率
0.00%
5.00%
10.00%
15.00%
20.00%
25.00%
30.00%
35.00%
アルゼンチン 5.43%
オーストラリア*
オーストリア 2.34%
ベルギー 2.26%
ブラジル*
ブルガリア 4.77%
カナダ*
チリ*
中国*
香港 5.04%
台湾*
コロンビア*
チェコ 2.04%
デンマーク 0.13%
エジプト
エストニア 1.10%
フィンランド 1.26%
フランス 2.47%
ドイツ 1.48%
ギリシャ 4.14%
ハンガリー 2.21%
インド*
インドネシア 10.58%
イラン 3.58%
アイルランド 1.80%
イスラエル*
イタリア 2.38%
韓国 0.15%
クウェート 1.56%
ルクセンブルグ 2.27%
マレーシア 4.11%
メキシコ 5.55%
オランダ 0.18%
ニュージーランド*
ノルウェー 1.31%
フィリピン*
ポーランド 2.97%
ポルトガル 2.92%
ルーマニア 3.10%
ロシア 2.51%
サウジアラビア 2.98%
シンガポール 3.03%
南アフリカ*
スペイン 3.61%
スウェーデン 0.24%
スイス 2.86%
タイ 8.63%
トルコ 3.44%
ウクライナ*
ベトナム 32.49%
英国*
米国*
日本（参考）*
注１　年平均成長率は2017年と2021年の加入世帯数との比率を幾何平均したものである。
注２　*のついた国についてはデータ不足のため除外した。

4-1-3-2　インターネットユーザー数（推定値）

（単位：千人、下段は人口100人あたりの普及率）

国	2017	2018	2019	2020	2021
アルゼンチン	32,730	34,509	35,752	38,506	39,458
	74.3	77.7	79.9	85.5	87.1
オーストラリア	21,282	21,882	22,466	23,000	-
	86.5	87.6	88.6	89.6	-
オーストリア	7,736	7,734	7,792	7,797	8,256
	87.9	87.5	87.8	87.5	92.5
ベルギー	9,982	10,149	10,391	10,582	10,774
	87.7	88.6	90.3	91.5	92.8
ブラジル	140,681	148,029	156,534	173,420	-
	67.5	70.4	73.9	81.3	-
ブルガリア	4,554	4,611	4,792	4,897	5,183
	63.4	64.8	67.9	70.2	75.3
カナダ	33,886	35,050	36,209	34,971	-
	92.7	94.6	96.5	92.3	-
チリ	15,122	15,878	16,393	17,042	-
	82.3	84.9	86.1	88.3	-
中国	765,780	838,905	911,555	998,203	1,041,661
	54.3	59.2	64.1	70.1	73.1
香港	6,672	6,771	6,877	6,932	6,976
	89.4	90.5	91.7	92.4	93.1
台湾	19,618	20,453	21,120	21,192	-
	82.9	86.2	88.8	89.0	-
コロンビア	30,104	31,600	32,625	35,545	-
	62.3	64.1	65.0	69.8	-
チェコ	8,290	8,500	8,521	8,566	8,689
	78.7	80.7	80.9	81.3	82.7
デンマーク	5,571	5,612	5,683	5,625	5,788
	97.1	97.3	98.0	96.5	98.9
エジプト	45,755	48,680	60,501	77,283	-
	45.0	46.9	57.3	71.9	-
エストニア	1,161	1,181	1,197	1,184	1,210
	88.1	89.4	90.2	89.1	91.0
フィンランド	4,818	4,903	4,948	5,097	5,138
	87.5	88.9	89.6	92.2	92.8
フランス	51,638	52,736	53,671	54,679	55,559
	80.5	82.0	83.3	84.8	86.1
ドイツ	69,730	72,151	73,282	74,840	76,261
	84.4	87.0	88.1	89.8	91.1
ギリシャ	7,473	7,681	8,001	8,212	8,199
	69.9	72.2	75.7	78.1	78.5
ハンガリー	7,513	7,437	7,854	8,266	8,607
	76.8	76.1	80.4	84.8	88.6
インド	246,464	274,914	406,635	600,446	-
	18.2	20.1	29.4	43.0	-
インドネシア	85,528	106,572	128,566	146,060	170,013
	32.3	39.9	47.7	53.7	62.1
イラン	54,120	60,104	62,717	65,965	69,104
	64.0	70.2	72.5	75.6	78.6
アイルランド	4,014	4,206	4,260	4,550	-
	84.1	87.0	87.0	92.0	-
イスラエル	6,779	7,081	7,471	7,893	-
	81.6	83.7	86.8	90.1	-

国	2017	2018	2019	2020	2021
イタリア	37,849	44,541	40,526	41,938	44,349
	63.1	74.4	67.9	70.5	-
韓国	48,972	49,622	49,813	50,033	50,571
	95.1	96.0	96.2	96.5	97.6
クウェート	4,042	4,300	4,421	4,321	4,237
	98.0	99.6	99.5	99.1	99.7
ルクセンブルグ	581	590	602	623	632
	97.4	97.1	97.1	98.8	-
マレーシア	25,626	26,309	27,617	29,732	32,483
	80.1	81.2	84.2	89.6	96.8
メキシコ	78,436	81,567	87,647	90,679	91,187
	63.9	65.8	70.1	72.0	72.0
オランダ	16,037	15,884	16,198	15,924	16,111
	93.2	91.9	93.3	91.3	92.1
ニュージーランド	4,162	4,306	4,473	4,631	-
	87.7	89.0	90.2	91.5	-
ノルウェー	5,085	5,126	5,241	5,218	5,349
	96.4	96.5	98.0	97.0	99.0
フィリピン	44,403	47,879	47,493	55,871	-
	41.6	44.1	43.0	49.8	-
ポーランド	29,279	29,870	30,963	31,967	32,705
	76.0	77.5	80.4	83.2	85.4
ポルトガル	7,606	7,682	7,753	8,060	8,470
	73.8	74.7	75.3	78.3	82.3
ルーマニア	12,557	13,858	14,381	15,253	16,157
	63.7	70.7	73.7	78.5	83.6
ロシア	110,615	117,847	120,552	124,037	128,715
	76.0	80.9	82.6	85.0	88.2
サウジアラビア	32,202	32,675	34,296	35,228	35,950
	94.2	93.3	95.7	97.9	100.0
シンガポール	4,868	5,126	5,218	5,437	-
	84.5	88.2	88.9	92.0	-
南アフリカ	31,814	35,780	39,615	41,161	-
	56.2	62.4	68.2	70.0	-
スペイン	39,411	40,291	42,757	44,146	44,589
	84.6	86.1	90.7	93.2	93.9
スウェーデン	9,355	9,070	9,703	9,803	9,243
	93.0	89.2	94.5	94.5	88.3
スイス	7,580	7,816	7,988	8,138	8,306
	89.7	91.8	93.1	94.2	95.6
タイ	37,499	40,413	47,528	55,639	61,054
	52.9	56.8	66.7	77.8	85.3
トルコ	53,099	58,830	61,757	65,348	69,014
	64.7	71.0	74.0	77.7	81.4
ウクライナ	24,978	26,408	29,441	31,315	-
	58.9	62.6	70.1	75.0	-
ベトナム	54,671	66,296	65,762	67,944	72,331
	58.1	69.8	68.7	70.3	74.2
英国	59,739	60,249	61,781	63,585	-
	90.4	90.7	92.5	94.8	-
米国	287,825	293,940	298,983	305,371	-
	87.3	88.5	89.4	90.9	-
日本（参考）	116,183	112,047	116,647	112,995	-
	91.7	88.7	92.7	90.2	-

出所：ITU ICT Indicators Database2022 (28th/July2022) からのデータに基づき作成

インターネットユーザー数の5年間（2017-2021）の平均成長率

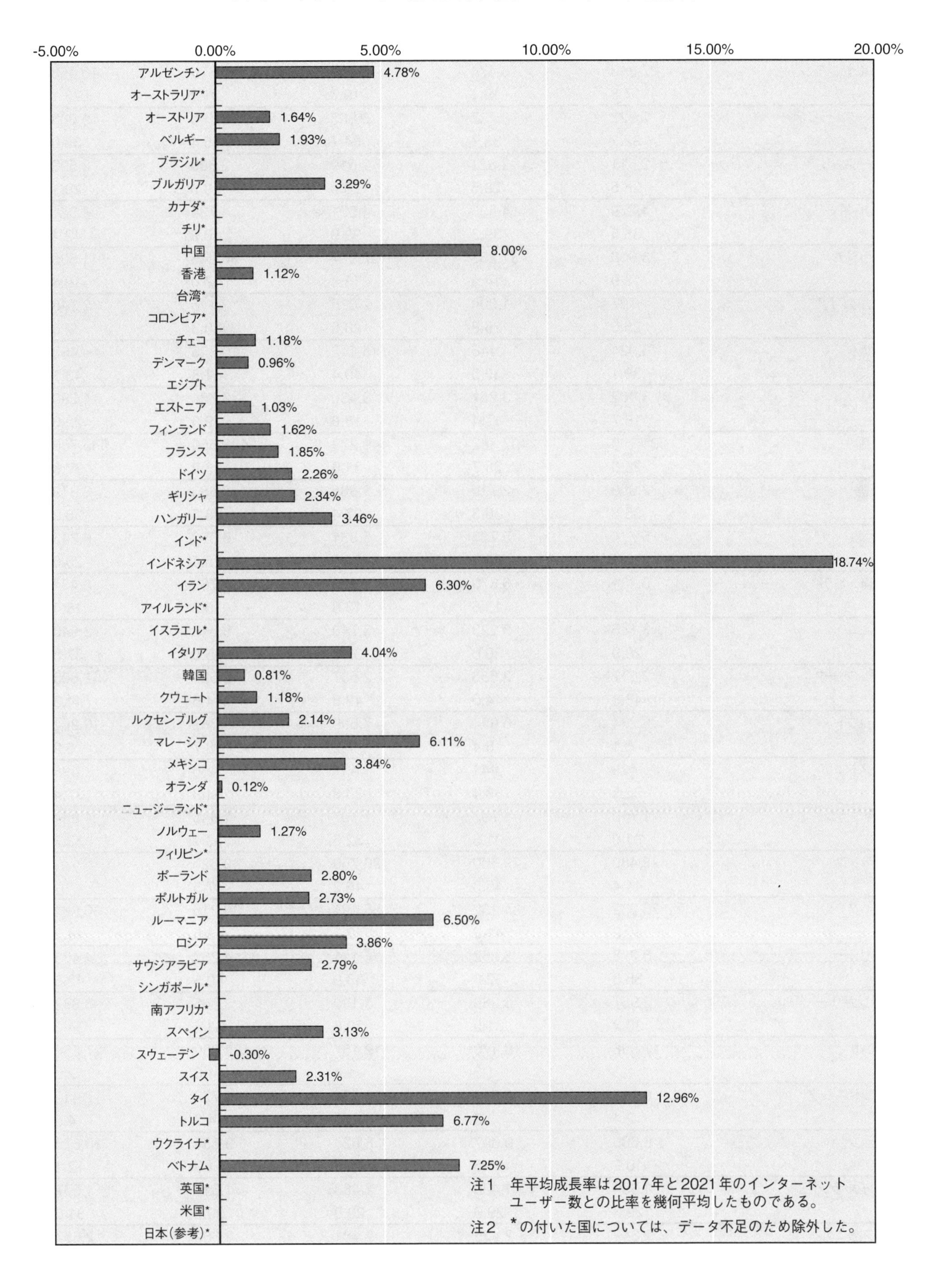

4-1-4　ブロードバンド

4-1-4-1　固定ブロードバンド加入件数

（単位：千台、下段は人口100人あたりの普及率(%)）

国	2017	2018	2019	2020	2021
アルゼンチン	7,843	8,474	8,793	9,572	10,458
	17.8	19.1	19.7	21.3	23.1
オーストラリア	7,922	8,427	8,803	9,100	9,083
	32.2	33.7	34.7	35.4	35.0
オーストリア	2,511	2,521	2,519	2,606	2,592
	28.5	28.5	28.4	29.3	29.1
ベルギー	4,379	4,503	4,591	4,734	4,921
	38.5	39.3	39.9	40.9	42.4
ブラジル	28,908	31,233	32,907	36,345	41,505
	13.9	14.9	15.5	17.0	19.4
ブルガリア	1,797	1,904	2,015	2,115	2,246
	25.0	26.8	28.6	30.3	32.6
カナダ	13,924	14,446	15,142	15,826	16,453
	38.1	39.0	40.4	41.8	43.1
チリ	3,062	3,251	3,430	3,764	4,280
	16.7	17.4	18.0	19.5	22.0
中国	394,190	407,382	449,279	483,550	535,786
	28.0	28.7	31.6	33.9	37.6
香港	2,658	2,715	2,805	2,886	2,919
	35.6	36.3	37.4	38.5	38.9
台湾	5,714	5,725	5,831	6,050	6,343
	24.1	24.1	24.5	25.4	26.6
コロンビア	6,331	6,679	6,950	7,765	8,434
	13.1	13.6	13.8	15.2	16.4
チェコ	3,146	3,223	3,740	3,845	3,940
	29.9	30.6	35.5	36.5	37.5
デンマーク	2,512	2,536	2,537	2,590	2,606
	43.8	44.0	43.8	44.5	44.5
エジプト	5,234	6,624	7,599	9,362	10,861
	5.1	6.4	7.2	8.7	9.9
エストニア	428	441	449	456	498
	32.5	33.4	33.8	34.3	37.4
フィンランド	1,710	1,737	1,797	1,846	1,864
	31.0	31.5	32.5	33.4	33.7
フランス	28,480	29,100	29,760	30,627	-
	44.4	45.3	46.2	47.5	-
ドイツ	33,232	34,152	35,191	36,215	36,881
	40.2	41.2	42.3	43.5	44.2
ギリシャ	3,778	3,962	4,111	4,257	4,435
	35.3	37.3	38.9	40.5	42.5
ハンガリー	2,957	3,080	3,190	3,265	3,382
	30.2	31.5	32.6	33.5	34.8
インド	17,856	18,170	19,157	22,950	27,560
	1.3	1.3	1.4	1.6	2.0
インドネシア	6,216	8,874	10,284	11,722	12,419
	2.4	3.3	3.8	4.3	4.5
イラン	8,600	9,807	8,626	9,564	10,675
	10.2	11.5	10.0	11.0	12.1
アイルランド	1,399	1,430	1,463	1,516	1,577
	29.3	29.6	29.9	30.7	31.6
イスラエル	2,342	2,435	2,481	2,602	2,657
	28.2	28.8	28.8	29.7	29.9

国	2017	2018	2019	2020	2021
イタリア	16,586	17,158	17,470	18,129	18,687
	27.6	28.7	29.3	30.5	31.5
韓国	21,196	21,286	21,762	22,327	22,944
	41.1	41.2	42.0	43.1	44.3
クウェート	118	104	85	74	70
	2.9	2.4	1.9	1.7	1.7
ルクセンブルグ	215	224	230	235	-
	36.0	36.9	37.1	37.3	-
マレーシア	2,688	2,696	2,965	3,359	3,734
	8.4	8.3	9.0	10.1	11.1
メキシコ	17,000	18,359	19,353	22,509	23,316
	13.8	14.8	15.5	17.9	18.4
オランダ	7,290	7,407	7,459	7,525	7,615
	42.4	42.8	43.0	43.2	43.5
ニュージーランド	1,583	1,648	1,698	1,765	1,801
	33.4	34.1	34.2	34.9	35.1
ノルウェー	2,165	2,206	2,261	2,388	-
	41.0	41.5	42.3	44.4	-
フィリピン	3,399	3,788	5,920	7,937	9,658
	3.2	3.5	5.4	7.1	8.5
ポーランド	7,633	7,851	7,838	8,369	8,811
	19.8	20.4	20.4	21.8	23.0
ポルトガル	3,575	3,785	3,968	4,161	4,314
	34.7	36.8	38.6	40.4	41.9
ルーマニア	4,755	5,090	5,277	5,685	6,099
	24.1	26.0	27.0	29.2	31.6
ロシア	31,103	32,063	32,858	33,893	34,623
	21.4	22.0	22.5	23.2	23.7
サウジアラビア	6,653	6,822	6,802	7,890	10,588
	19.5	19.5	19.0	21.9	29.5
シンガポール	1,476	1,494	1,504	1,510	1,516
	25.6	25.7	25.6	25.5	25.5
南アフリカ	1,123	1,107	1,250	1,303	1,695
	2.0	1.9	2.2	2.2	2.9
スペイン	14,668	15,177	15,617	16,189	16,392
	31.5	32.4	33.1	34.2	34.5
スウェーデン	3,855	3,942	4,039	4,180	4,176
	38.3	38.8	39.3	40.3	39.9
スイス	3,917	3,884	4,023	4,015	4,007
	46.3	45.6	46.9	46.5	46.1
タイ	8,208	9,189	10,109	11,478	13,129
	11.6	12.9	14.2	16.1	18.3
トルコ	11,925	13,407	14,232	16,735	18,136
	14.5	16.2	17.0	19.9	21.4
ウクライナ	5,240	5,405	6,784	7,769	7,566
	12.4	12.8	16.2	18.6	18.3
ベトナム	11,270	12,994	14,802	16,699	19,328
	12.0	13.7	15.5	17.3	19.8
英国	26,043	26,587	26,876	27,352	27,738
	39.4	40.0	40.2	40.8	41.2
米国	108,200	110,756	114,292	121,232	127,032
	32.8	33.3	34.2	36.1	37.7
日本(参考)	40,532	41,496	42,502	44,001	44,966
	32.0	32.9	33.8	35.1	36.1

出所：ITU WWW(2022), ITU Statistics Database より作成。

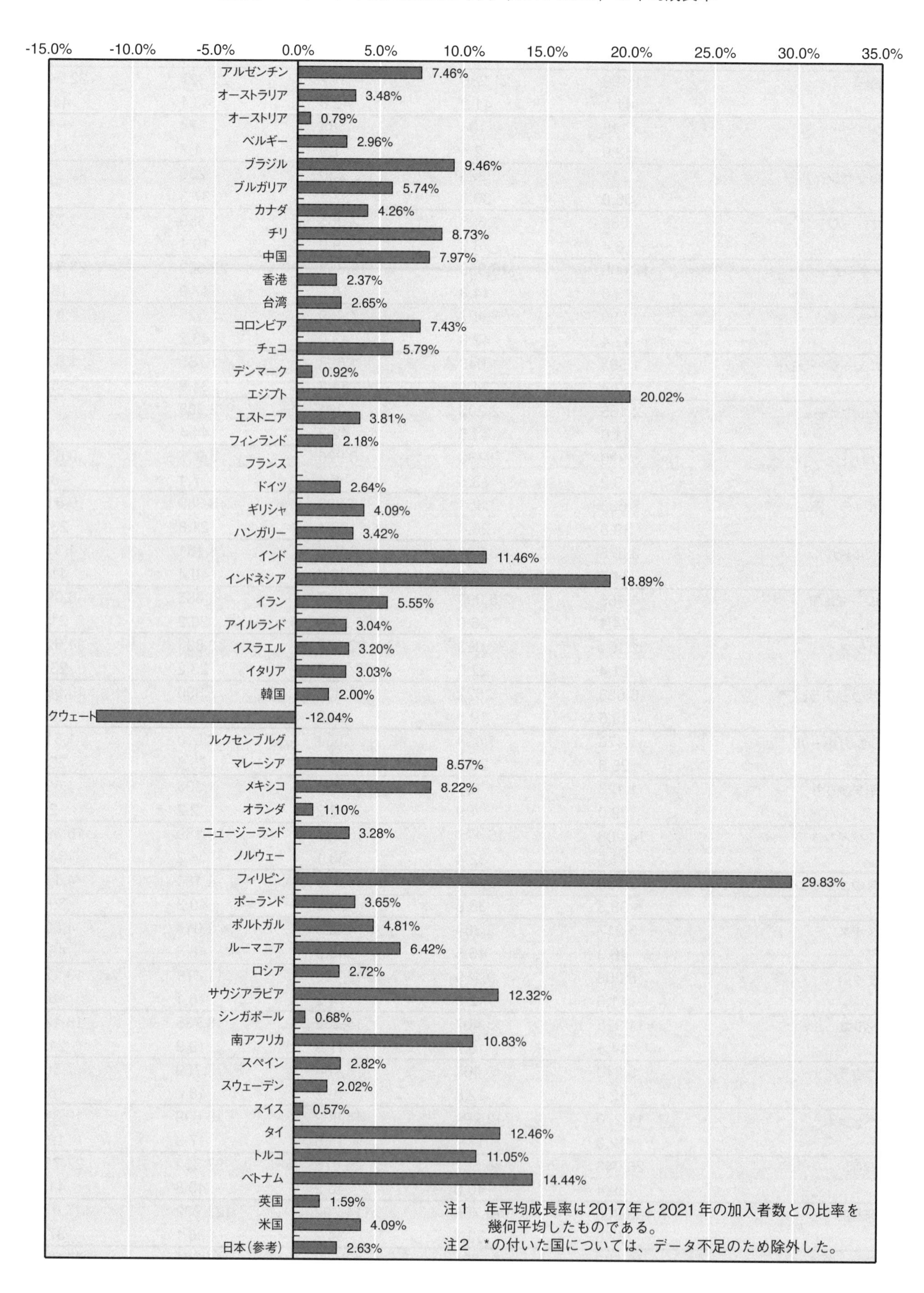

固定ブロードバンド加入件数の5年間（2017-2021）の平均成長率
-15.0%
-10.0%
-5.0%
0.0%
5.0%
10.0%
15.0%
20.0%
25.0%
30.0%
35.0%
アルゼンチン 7.46%
オーストラリア 3.48%
オーストリア 0.79%
ベルギー 2.96%
ブラジル 9.46%
ブルガリア 5.74%
カナダ 4.26%
チリ 8.73%
中国 7.97%
香港 2.37%
台湾 2.65%
コロンビア 7.43%
チェコ 5.79%
デンマーク 0.92%
エジプト 20.02%
エストニア 3.81%
フィンランド 2.18%
フランス
ドイツ 2.64%
ギリシャ 4.09%
ハンガリー 3.42%
インド 11.46%
インドネシア 18.89%
イラン 5.55%
アイルランド 3.04%
イスラエル 3.20%
イタリア 3.03%
韓国 2.00%
クウェート -12.04%
ルクセンブルグ
マレーシア 8.57%
メキシコ 8.22%
オランダ 1.10%
ニュージーランド 3.28%
ノルウェー
フィリピン 29.83%
ポーランド 3.65%
ポルトガル 4.81%
ルーマニア 6.42%
ロシア 2.72%
サウジアラビア 12.32%
シンガポール 0.68%
南アフリカ 10.83%
スペイン 2.82%
スウェーデン 2.02%
スイス 0.57%
タイ 12.46%
トルコ 11.05%
ベトナム 14.44%
英国 1.59%
米国 4.09%
日本（参考） 2.63%
注１　年平均成長率は2017年と2021年の加入者数との比率を幾何平均したものである。
注２　*の付いた国については、データ不足のため除外した。

4-1-4-2　移動体ブロードバンド加入件数

（単位：千台、下段は人口100人あたりの普及率）

国	2017	2018	2019	2020	2021
アルゼンチン	35,436	-	32,262	31,026	-
	80.4	-	72.1	68.9	-
オーストラリア	32,980	32,268	32,745	31,671	31,668
	134.1	129.2	129.1	123.4	122.2
オーストリア	8,577	9,191	9,616	9,639	10,583
	97.5	104.0	108.3	108.2	118.6
ベルギー	8,589	8,701	10,037	10,338	10,822
	75.4	76.0	87.2	89.4	93.2
ブラジル	188,855	184,571	183,789	190,739	205,539
	90.6	87.8	86.8	89.5	95.9
ブルガリア	6,488	7,123	7,393	7,391	7,605
	90.3	100.1	104.8	105.9	110.4
カナダ	26,433	28,323	30,941	29,521	31,388
	72.3	76.5	82.5	77.9	82.3
チリ	15,933	17,258	18,104	19,460	21,599
	86.7	92.3	95.1	100.8	110.8
中国	1,177,694	1,334,229	1,386,741	1,364,966	1,493,900
	83.5	94.2	97.5	95.8	104.8
香港	9,369	11,457	10,823	10,138	12,011
	125.6	153.1	144.4	135.2	160.3
台湾	23,603	26,326	27,468	27,614	27,893
	99.7	111.0	115.5	115.9	116.9
コロンビア	23,944	25,982	29,533	31,455	36,767
	49.5	52.7	58.8	61.8	71.4
チェコ	8,705	9,384	9,888	10,109	10,688
	82.7	89.1	93.8	96.0	101.7
デンマーク	7,424	8,053	7,967	8,032	8,096
	129.4	139.6	137.5	137.9	138.3
エジプト	48,885	53,069	59,573	66,273	84,165
	48.0	51.2	56.4	61.7	77.0
エストニア	1,746	1,941	2,089	2,190	2,014
	132.6	146.8	157.5	164.7	151.6
フィンランド	8,440	8,530	8,570	8,630	8,700
	153.2	154.7	155.2	156.1	157.2
フランス	56,248	59,379	63,170	64,793	-
	87.7	92.4	98.1	100.5	-
ドイツ	65,509	68,630	72,258	75,984	78,728
	79.3	82.8	86.9	91.2	94.4
ギリシャ	7,075	8,563	9,122	9,231	9,236
	66.2	80.5	86.3	87.8	88.4
ハンガリー	6,144	6,582	6,962	7,127	7,432
	62.8	67.3	71.3	73.1	76.5
インド	345,014	507,190	642,799	725,120	765,992
	25.5	37.0	46.5	51.9	54.4
インドネシア	253,489	233,270	219,763	284,996	299,304
	95.8	87.3	81.5	104.8	109.3
イラン	55,341	55,794	66,534	77,707	91,844
	65.5	65.2	76.9	89.0	104.5
アイルランド	4,855	5,002	5,146	5,162	5,417
	101.8	103.5	105.1	104.4	108.6
イスラエル	8,750	9,500	9,800	10,500	11,000
	105.3	112.3	113.8	119.9	123.6

国	2017	2018	2019	2020	2021
イタリア	52,208	54,496	55,826	56,334	57,359
	87.0	91.0	93.5	94.7	96.8
韓国	57,490	58,140	58,859	59,932	60,721
	111.6	112.5	113.6	115.6	117.2
クウェート	5,265	5,422	5,585	5,443	5,808
	127.6	125.6	125.7	124.8	136.6
ルクセンブルグ	514	614	750	737	-
	86.2	101.0	120.9	117.0	-
マレーシア	35,257	36,795	40,431	38,837	42,016
	110.3	113.6	123.2	117.0	125.1
メキシコ	81,103	88,291	97,435	101,378	104,536
	66.0	71.2	77.9	80.5	82.5
オランダ	20,927	21,330	21,949	21,466	-
	121.6	123.4	126.4	123.1	-
ニュージーランド	4,781	4,705	4,798	4,559	4,896
	100.7	97.2	96.8	90.1	95.4
ノルウェー	5,189	5,294	5,471	5,622	-
	98.3	99.7	102.3	104.5	-
フィリピン	71,983	-	72,646	70,509	-
	67.4	-	65.8	62.8	-
ポーランド	58,829	65,111	70,388	74,720	75,611
	152.7	169.0	182.9	194.4	197.4
ポルトガル	7,115	7,573	8,095	8,242	8,995
	69.0	73.6	78.7	80.0	87.4
ルーマニア	16,170	16,820	16,980	17,700	18,500
	82.1	85.8	87.0	91.0	95.7
ロシア	119,147	127,200	142,064	146,249	157,069
	81.9	87.3	97.4	100.2	107.6
サウジアラビア	29,653	37,441	40,052	41,380	42,975
	86.7	106.9	111.8	115.0	119.5
シンガポール	8,382	8,568	9,034	8,445	8,661
	145.4	147.4	154.0	142.9	145.8
南アフリカ	39,684	44,781	59,858	65,628	68,702
	70.1	78.1	103.0	111.6	115.7
スペイン	43,624	45,983	48,110	49,231	51,286
	93.6	98.3	102.1	103.9	108.0
スウェーデン	12,143	12,658	12,925	13,028	13,170
	120.7	124.6	125.9	125.6	125.8
スイス	8,377	8,472	8,628	8,760	8,870
	99.1	99.5	100.6	101.4	102.1
タイ	55,179	58,054	60,348	63,060	65,976
	77.8	81.6	84.6	88.2	92.1
トルコ	56,945	61,093	62,408	65,630	70,029
	69.4	73.8	74.8	78.0	82.6
ウクライナ	17,386	19,908	32,453	35,596	33,184
	41.0	47.2	77.3	85.3	80.1
ベトナム	44,855	68,692	69,895	78,099	85,621
	47.7	72.4	73.0	80.8	87.8
英国	58,226	66,160	70,084	73,097	76,230
	88.1	99.6	104.9	109.0	113.3
米国	431,448	463,097	492,896	523,908	558,670
	130.8	139.4	147.4	156.0	165.8
日本（参考）	230,679	245,859	257,492	255,799	278,599
	131.1	180.9	193.3	203.0	206.4

出所：ITU WWW(2022)，ITU Statistics Database より作成。

移動体ブロードバンド加入件数の5年間（2017-2021）の平均成長率

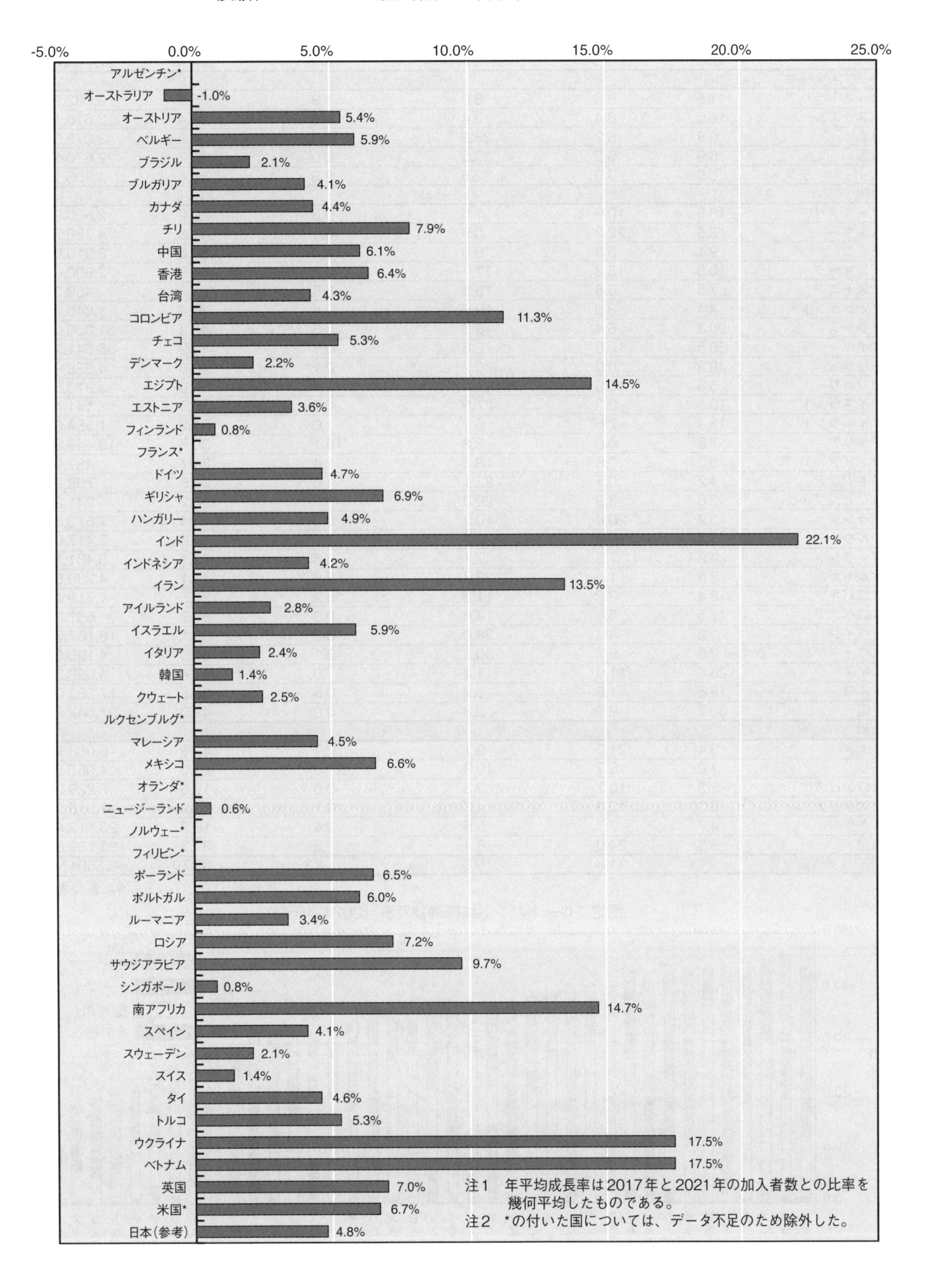

4-1-4-3　ブロードバンド技術別普及率

4-1-4-3-1　固定ブロードバンド技術別普及率

人口 100 人あたりの固定ブロードバンド技術別加入者数（技術別普及率：2021 年６月末）

	DSL	ケーブル	光 /LAN	その他	普及率	加入者数
アジア・太平洋						
オーストラリア	17.5	8.0	8.0	1.9	35.3	9,082,537
イスラエル	16.6	8.4	3.4	0.0	28.4	2,616,138
日本	0.8	5.2	28.2	0.0	34.2	43,075,371
韓国	0.9	5.3	37.5	0.0	43.7	22,670,159
ニュージーランド	6.5	0.9	22.5	5.5	35.4	1,806,118
欧州						
オーストリア	16.5	10.9	1.5	0.3	29.2	2,600,983
ベルギー	18.5	22.0	0.9	0.1	41.5	4,788,742
チェコ	9.1	5.8	6.9	14.8	36.6	3,916,600
デンマーク	10.8	15.3	17.7	0.8	44.6	2,600,000
エストニア	7.5	6.8	15.3	5.8	35.3	469,368
フィンランド	4.4	9.0	19.5	0.4	33.4	1,845,000
フランス	20.3	6.4	18.3	0.8	45.9	31,030,000
ドイツ	30.5	10.6	2.8	0.1	43.9	36,541,992
ギリシャ	40.3	0.0	0.2	0.1	40.5	4,338,095
ハンガリー	5.8	15.8	11.0	1.4	34.0	3,313,510
アイスランド	10.5	0.3	27.9	0.1	38.8	141,450
アイルランド	15.9	7.6	6.2	1.6	31.2	1,554,642
イタリア	7.8	0.0	3.8	19.1	30.7	18,446,806
ラトビア	5.2	0.8	18.3	1.4	25.7	487,963
リトアニア	4.2	0.7	22.1	1.6	28.6	798,924
ルクセンブルグ	13.8	3.9	20.3	0.2	38.2	241,200
オランダ	13.2	20.0	10.2	0.0	43.4	7,573,000
ノルウェー	3.4	10.4	28.2	3.0	44.9	2,417,051
ポーランド	4.2	7.3	7.1	3.5	22.1	8,481,149
ポルトガル	3.0	11.6	23.7	2.8	41.1	4,230,500
スロバキア	8.4	3.2	11.7	8.2	31.5	1,719,481
スロベニア	7.5	8.8	14.6	0.3	31.3	657,327
スペイン	3.2	4.4	26.0	0.6	34.1	16,167,798
スウェーデン	2.8	6.7	30.8	0.1	40.5	4,195,823
スイス	23.4	11.8	11.2	1.0	47.4	4,098,360
トルコ	13.5	1.6	5.2	0.5	20.8	17,363,064
英国	30.7	7.9	2.3	0.0	41.0	27,542,200
米州						
カナダ	9.4	21.2	9.1	2.7	42.3	16,088,754
チリ	1.0	8.7	10.3	1.0	21.0	4,085,587
コロンビア	2.3	10.2	3.3	0.8	16.6	8,220,006
コスタリカ	3.0	12.3	4.5	0.1	19.9	1,013,827
メキシコ	4.7	7.7	5.5	0.4	18.2	23,113,472
米国	5.5	24.0	6.4	1.5	37.3	123,169,000
OECD 加盟国全体	9.71	11.41	10.85	1.83	33.79	462,501,997

出所：OECD のデータに基づき作成

固定ブロードバンド技術別普及率（2021年6月末）

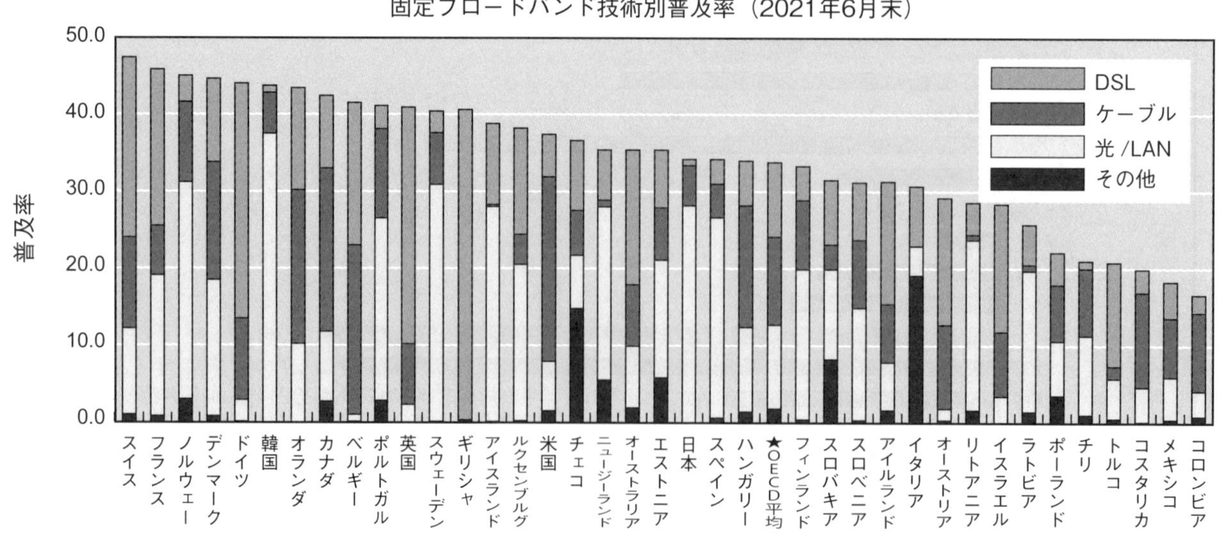

4-1-4-3-2　移動体ブロードバンド技術別普及率

人口 100 人あたりの移動体ブロードバンド技術別加入者数（技術別普及率：2021 年 6 月末）

	標準型（音声・データ）	データ専用型	未判別	普及率合計	契約件数
アジア・太平洋					
オーストラリア	105.4	17.8		123.2	31,668,000
イスラエル			137.8	137.8	12,702,147
日本	101.8	85.3		187.1	235,951,321
韓国	110.0	6.3		116.3	60,295,602
ニュージーランド	95.9	8.2		104.0	5,313,395
欧州					
オーストリア	90.7	24.3		115.0	10,259,619
ベルギー	87.5	3.1		90.5	10,442,461
チェコ	94.2	3.5		97.7	10,449,619
デンマーク	118.8	20.1		138.9	8,100,000
エストニア	108.0	65.2		173.2	2,301,805
フィンランド	118.1	37.6		155.7	8,610,000
フランス			98.2	98.2	66,455,000
ドイツ	88.6	4.0		92.6	76,981,000
ギリシャ	84.8	4.0		88.8	9,508,146
ハンガリー	70.0	7.0		77.0	7,511,572
アイスランド	102.7	16.2		118.9	433,347
アイルランド	98.2	6.9		105.1	5,232,047
イタリア	82.3	11.9		94.2	56,569,672
ラトビア	93.4	44.8		138.2	2,626,286
ルクセンブルグ	91.8	25.8		117.6	3,286,334
リトアニア	112.6	11.1		123.7	780,700
オランダ	124.4	4.9		129.4	22,564,531
ノルウェー	103.7	5.6		109.3	5,881,398
ポーランド	111.0	21.8		132.9	50,958,301
ポルトガル	72.3	5.7		78.0	8,029,122
スロバキア	83.6	6.1		89.7	4,900,220
スロベニア	82.8	6.0		88.8	1,867,882
スペイン	102.2	3.0		105.2	49,799,240
スウェーデン	112.9	14.3		127.2	13,170,200
スイス	95.1	7.3		102.4	8,850,000
トルコ	81.4	0.6		81.9	68,317,167
英国	102.1	7.6		109.8	73,756,127
米州					
カナダ	71.4	1.8		73.1	27,791,996
チリ	100.8	4.6		105.4	20,485,028
コロンビア	65.4	1.0		66.4	32,829,662
コスタリカ	0.0	87.2		87.2	4,456,379
メキシコ	84.1	1.0		85.0	107,934,820
米国			161.9	161.9	534,643,594
OECD 加盟国全体			121.4	121.4	1,661,713,740

出所：OECD のデータに基づき作成

移動体ブロードバンド技術別普及率（2021年6月末）

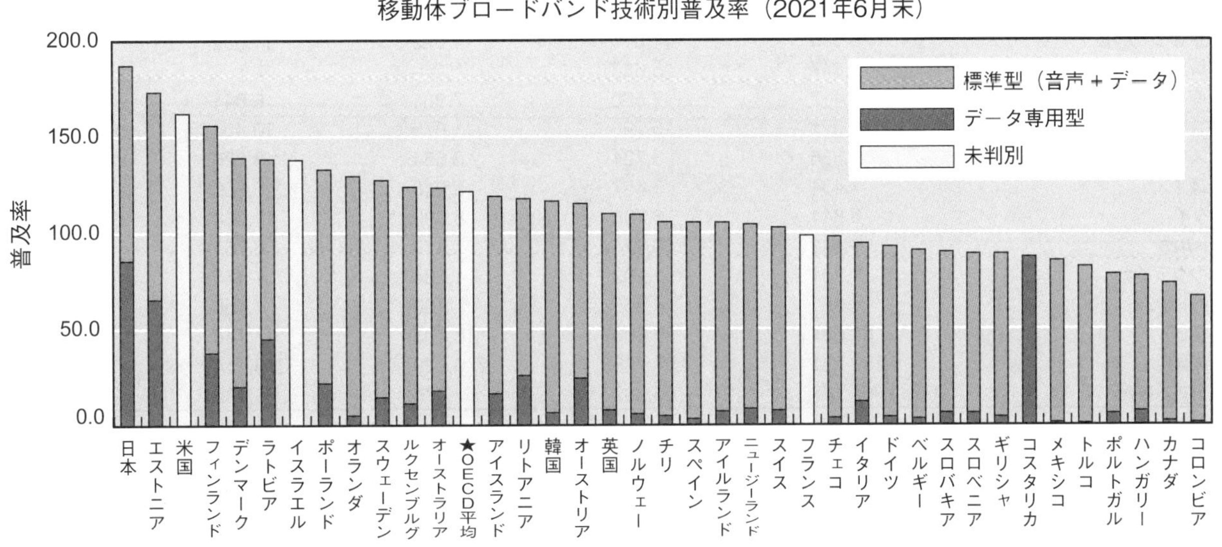

4-2 主要国の市場規模

4-2-1 移動電話サービス売上高

（単位：100万US$）

国	2016	2017	2018	2019	2020
アルゼンチン	-	8,263	5,933	4,816	4,377
オーストラリア	-	-	-	-	-
オーストリア	2,595	2,651	2,812	2,715	2,772
ベルギー	3,049	3,107	3,218	3,073	3,120
ブラジル	15,128	17,314	15,245	16,811	12,990
ブルガリア	762	776	856	848	901
カナダ	17,540	18,861	20,920	20,834	19,312
チリ	-	-	-	-	-
中国	129,552	134,914	139,502	133,797	129,555
香港	6,856	5,995	6,035	6,242	-
台湾	7,118	6,609	5,837	5,241	5,195
コロンビア	3,079	3,257	3,309	3,076	2,800
チェコ	1,793	2,015	2,115	2,033	2,032
デンマーク	1,684	1,693	1,802	1,674	1,657
エジプト	3,706	2,404	2,742	3,296	-
エストニア	241	245	246	223	195
フィンランド	1,836	1,983	2,161	2,053	2,108
フランス	16,383	14,617	15,493	14,283	-
ドイツ	20,631	21,208	22,037	20,475	19,954
ギリシャ	1,850	2,127	2,241	2,204	2,110
ハンガリー	1,887	2,070	2,271	2,198	2,395
インド	23,204	6,847	16,712	17,541	19,913
インドネシア	11,693	11,976	10,063	11,602	11,649
イラン	5,648	6,233	5,962	7,274	9,963
アイルランド	1,739	1,754	1,860	1,763	1,792
イスラエル	2,226	2,284	2,161	2,050	1,866
イタリア	15,381	15,456	15,165	13,055	12,402
韓国	21,701	22,342	22,218	20,659	21,010
クウェート	-	2,410	1,655	2,447	2,031
ルクセンブルク	277	284	303	277	268
マレーシア	5,252	5,072	5,373	5,125	4,833
メキシコ	13,560	13,956	14,881	16,678	14,680
オランダ	6,011	5,740	5,490	5,067	4,794
ニュージーランド	1,865	1,954	-	-	-
ノルウェー	2,095	2,357	2,361	2,239	-
フィリピン	-	-	-	-	-
ポーランド	5,291	5,212	5,028	4,126	4,150
ポルトガル	1,508	1,488	1,469	1,377	1,405
ルーマニア	1,688	1,747	1,823	1,704	1,707
ロシア	9,716	11,117	10,419	11,652	10,564
サウジアラビア	9,589	11,070	11,023	11,682	11,191
シンガポール	2,847	5,688	-	-	-
南アフリカ	6,417	7,560	7,981	6,641	6,986
スペイン	10,021	10,290	11,075	10,401	10,451
スウェーデン	3,636	3,724	3,664	3,326	3,363
スイス	4,434	5,457	5,218	5,566	5,539
タイ	6,844	6,706	8,399	11,364	10,942
トルコ	7,461	10,814	7,179	6,857	6,132
ウクライナ	1,201	1,202	1,204	1,455	1,741
ベトナム	4,951	4,555	186	4,156	3,923
英国	21,584	20,808	18,403	17,140	16,044
米国	259,321	257,778	270,220	276,114	-
日本（参考）	66,228	65,202	69,676	68,112	-

出所：ITU ICT Indicators Database2022 (28th/July2022) からのデータに基づき作成、2021 年の統計数値は未発表

注１：2019 年版からはそれまでの各国現地通貨表示をやめ、比較しやすいよう US$ ベースでの売り上げ表記に変更した。

注２：12 月末に終わる年度のデータに基づく。但しアルゼンチン、タイについては９月末に終わる年度、オーストラリア、エジプトについては６月末に終わる年度、香港、インド、アイルランド、シンガポール、南アフリカ、英国、日本については４月１日で始まる年度、イランについては３月 22 日で始まる年度のデータ。

4-2-2 電気通信サービス総売上高

(単位:100万US$)

国	2016	2017	2018	2019	2020
アルゼンチン	-	17,416	13,232	11,083	9,957
オーストラリア	31,819	33,567	34,579	32,439	31,560
オーストリア	3,936	4,103	4,342	4,159	4,292
ベルギー	6,730	6,851	7,226	6,854	7,094
ブラジル	29,265	35,160	30,153	32,655	24,086
ブルガリア	1,197	1,212	1,346	1,329	1,398
カナダ	36,755	38,760	40,978	40,850	39,816
チリ	-	-	-	-	-
中国	180,996	187,366	196,927	190,111	197,516
香港	13,402	13,251	13,841	14,537	-
台湾	12,098	11,308	10,527	9,658	9,557
コロンビア	6,954	7,319	7,451	6,789	6,099
チェコ	2,964	3,256	3,452	3,363	3,390
デンマーク	5,083	5,060	5,336	4,959	4,898
エジプト	5,377	3,629	4,202	4,982	6,029
エストニア	520	600	546	447	465
フィンランド	3,274	3,358	3,531	3,326	3,364
フランス	36,040	35,313	36,718	33,743	-
ドイツ	44,635	46,067	48,679	46,078	49,286
ギリシャ	5,598	5,555	5,764	5,608	5,526
ハンガリー	2,749	2,771	2,966	2,930	2,723
インド	36,513	36,892	30,184	26,562	29,128
インドネシア	25,691	17,540	18,599	19,154	19,242
イラン	7,546	8,061	7,621	9,071	12,902
アイルランド	3,401	3,562	4,165	3,904	3,973
イスラエル	5,286	5,334	5,138	4,929	4,748
イタリア	29,047	30,101	30,387	27,328	26,175
韓国	48,008	50,700	52,669	50,685	51,848
クウェート	-	2,825	3,023	3,095	2,708
ルクセンブルク	573	591	626	594	613
マレーシア	8,032	7,999	8,271	7,872	7,521
メキシコ	24,534	24,686	25,714	26,895	25,671
オランダ	12,487	13,027	12,000	11,149	11,940
ニュージーランド	3,674	3,816	-	-	-
ノルウェー	3,976	4,074	4,095	3,841	-
フィリピン	-	-	-	-	-
ポーランド	10,040	10,501	10,865	10,322	10,454
ポルトガル	4,137	4,077	4,170	3,966	4,050
ルーマニア	2,869	2,994	3,107	2,836	3,054
ロシア	22,778	27,012	25,857	26,006	23,697
サウジアラビア	16,370	15,519	15,578	17,262	18,616
シンガポール	8,042	7,531	7,043	-	-
南アフリカ	9,006	9,618	10,754	9,243	8,590
スペイン	20,654	21,373	22,165	20,929	20,502
スウェーデン	6,082	6,183	5,837	5,334	5,414
スイス	15,125	15,053	15,426	14,562	15,551
タイ	9,373	11,463	12,532	15,123	13,319
トルコ	15,036	14,020	12,226	11,753	10,999
ウクライナ	1,910	1,922	2,076	2,517	2,733
ベトナム	6,082	5,901	548	5,682	5,526
英国	42,528	48,159	44,799	41,011	40,385
米国	628,045	618,559	633,729	645,361	-
日本(参考)	156,928	149,987	151,422	161,809	-

出所：ITU ICT Indicators Database2022(28th/July2022) からのデータに基づき作成、2021 年の統計数値は未発表

注１：2019 年版からはそれまでの各国現地通貨表示をやめ、比較しやすいよう US$ ベースでの売り上げ表記に変更した。

注２：12 月末に終わる年度のデータに基づく。但しアルゼンチン、タイについては９月末に終わる年度、オーストラリア、エジプトについては６月末に終わる年度、香港、インド、アイルランド、シンガポール、南アフリカ、英国、日本については４月１日で始まる年度、イランについては３月 22 日で始まる年度のデータ。

4-2-3　移動電話サービスの電気通信サービス総売上に占める割合

（単位：％）

国	2016	2017	2018	2019	2020
アルゼンチン	-	47.4%	44.8%	43.5%	44.0%
オーストラリア	-	-	-	-	-
オーストリア	65.9%	64.6%	64.8%	65.3%	64.6%
ベルギー	45.3%	45.4%	44.5%	44.8%	44.0%
ブラジル	51.7%	49.2%	50.6%	51.5%	53.9%
ブルガリア	63.6%	64.0%	63.6%	63.8%	64.4%
カナダ	47.7%	48.7%	51.1%	51.0%	48.5%
チリ	-	-	-	-	-
中国	71.6%	72.0%	70.8%	70.4%	65.6%
香港	51.2%	45.2%	43.6%	42.9%	-
台湾	58.8%	58.4%	55.4%	54.3%	54.4%
コロンビア	44.3%	44.5%	44.4%	45.3%	45.9%
チェコ	60.5%	61.9%	61.3%	60.5%	59.9%
デンマーク	33.1%	33.5%	33.8%	33.7%	33.8%
エジプト	68.9%	66.2%	65.3%	66.2%	-
エストニア	46.3%	40.8%	45.1%	49.9%	42.0%
フィンランド	56.1%	59.1%	61.2%	61.7%	62.7%
フランス	45.5%	41.4%	42.2%	42.3%	-
ドイツ	46.2%	46.0%	45.3%	44.4%	40.5%
ギリシャ	33.1%	38.3%	38.9%	39.3%	38.2%
ハンガリー	68.7%	74.7%	76.6%	75.0%	88.0%
インド	63.5%	18.6%	55.4%	66.0%	68.4%
インドネシア	45.5%	68.3%	54.1%	60.6%	60.5%
イラン	74.8%	77.3%	78.2%	80.2%	77.2%
アイルランド	51.1%	49.2%	44.7%	45.2%	45.1%
イスラエル	42.1%	42.8%	42.1%	41.6%	39.3%
イタリア	53.0%	51.3%	49.9%	47.8%	47.4%
韓国	45.2%	44.1%	42.2%	40.8%	40.5%
クウェート	-	85.3%	54.8%	79.1%	75.0%
ルクセンブルク	48.3%	48.1%	48.4%	46.6%	43.8%
マレーシア	65.4%	63.4%	65.0%	65.1%	64.3%
メキシコ	55.3%	56.5%	57.9%	62.0%	57.2%
オランダ	48.1%	44.1%	45.8%	45.4%	40.2%
ニュージーランド	50.8%	51.2%	-	-	-
ノルウェー	52.7%	57.9%	57.7%	58.3%	-
フィリピン	-	-	-	-	-
ポーランド	52.7%	49.6%	46.3%	40.0%	39.7%
ポルトガル	36.5%	36.5%	35.2%	34.7%	34.7%
ルーマニア	58.8%	58.4%	58.7%	60.1%	55.9%
ロシア	42.7%	41.2%	40.3%	44.8%	44.6%
サウジアラビア	58.6%	71.3%	70.8%	67.7%	60.1%
シンガポール	35.4%	75.5%	-	-	-
南アフリカ	71.3%	78.6%	74.2%	71.8%	81.3%
スペイン	48.5%	48.1%	50.0%	49.7%	51.0%
スウェーデン	59.8%	60.2%	62.8%	62.3%	62.1%
スイス	29.3%	36.2%	33.8%	38.2%	35.6%
タイ	73.0%	58.5%	67.0%	75.1%	82.2%
トルコ	49.6%	77.1%	58.7%	58.3%	55.7%
ウクライナ	62.9%	62.5%	58.0%	57.8%	63.7%
ベトナム	81.4%	77.2%	33.9%	73.1%	71.0%
英国	50.8%	43.2%	41.1%	41.8%	39.7%
米国	41.3%	41.7%	42.6%	42.8%	-
日本（参考）	42.2%	43.5%	46.0%	42.1%	-

注１．移動通信サービスの売上げを電気通信総売上で割って算出した。

4-3 主要国の電話トラフィック

4-3-1　国内固定通信トラフィック（固定端末機から固定端末機あて）

（単位：百万分）

国	2016	2017	2018	2019	2020
アルゼンチン	-	-	18,784	14,363	11,697
オーストラリア	-	-	-	-	-
オーストリア	1,618	1,446	1,294	1,167	1,148
ベルギー	6,094	5,284	4,616	3,909	4,519
ブラジル	43,618	33,412	23,194	17,242	13,308
ブルガリア	747	568	436	346	311
カナダ	-	-	-	-	-
チリ	4,600	3,596	2,491	1,765	1,457
中国	227,718	184,169	148,119	120,547	102,595
香港	2,479	2,185	1,959	1,759	1,658
台湾	12,237	10,886	9,417	8,088	7,326
コロンビア	1,329	2,181	2,026	2,234	2,343
チェコ	858	709	628	595	503
デンマーク	-	-	-	-	-
エジプト	9,050	8,000	11,452	9,599	7,625
エストニア	308	299	164	181	110
フィンランド	-	-	-	-	-
フランス	50,315	44,732	38,199	32,147	-
ドイツ	111,000	101,000	91,000	81,000	89,000
ギリシャ	13,428	12,827	11,627	10,551	11,622
ハンガリー	3,435	3,137	2,834	2,461	2,678
インド	-	-	-	-	-
インドネシア		2,216	2,084	1,643	893
イラン	26,221	23,916	14,879	23,256	10,279
アイルランド	1,958	1,678	1,418	1,148	1,191
イスラエル	4,876	4,290	3,920	3,859	4,498
イタリア	33,399	28,462	24,153	19,851	20,796
韓国	8,415	6,545	5,595	4,648	4,097
クウェート	-	-	-	-	-
ルクセンブルク	335	299	271	237	250
マレーシア	993	815	729	531	314
メキシコ	7,831	19,100	19,756	14,308	14,609
オランダ	10,083	8,971	7,007	5,863	-
ニュージーランド	5,800	4,050	-	-	-
ノルウェー	1,249	936	751	571	-
フィリピン	-	-	-	-	-
ポーランド	5,462	4,471	3,150	4,461	4,475
ポルトガル	4,540	3,900	3,430	2,931	3,142
ルーマニア	2,091	1,712	1,360	1,117	1,007
ロシア	57,442	48,578	41,469	34,369	31,348
サウジアラビア	3,027	2,909	2,546	-	-
シンガポール	-	-	-	-	-
南アフリカ	7,841	7,036	15,100	5,107	4,438
スペイン	26,173	21,208	17,778	14,186	16,446
スウェーデン	4,768	3,559	2,800	2,052	1,612
スイス	5,961	5,770	4,775	4,231	4,656
タイ	508	248	19	16	12
トルコ	5,486	3,987	3,199	2,698	2,293
ウクライナ	-	-	-	640	483
ベトナム	-	-	-	760	1,325
英国	41,679	34,427	31,194	26,231	30,218
米国	-	-	-	-	-
日本（参考）	28,560	24,324	20,952	17,628	-

出所：ITU ICT Indicators Database2022(28th/July2022) からのデータに基づき作成、2021 年の統計数値は未発表

注：12 月末に終わる年度のデータに基づく。但しアルゼンチン、タイについては９月末に終わる年度、オーストラリア、エジプトについては６月末に終わる年度、香港、インド、アイルランド、シンガポール、南アフリカ、英国、日本については４月１日で始まる暦年、イランについては３月 22 日で始まる暦年のデータ。

4-3-2　国内移動通信トラフィック（携帯端末機から携帯端末機あて）

（単位：百万分）

国	2016	2017	2018	2019	2020
アルゼンチン	78,060	83,409	81,754	78,737	80,933
オーストラリア	-	-	-	-	-
オーストリア	20,596	21,131	21,834	22,321	26,955
ベルギー	15,543	15,763	16,072	16,612	20,383
ブラジル	280,655	249,474	238,665	218,518	211,137
ブルガリア	17,880	18,699	19,215	19,427	21,789
カナダ	166,847	182,533	190,819	198,234	235,789
チリ	29,010	30,894	35,010	37,860	45,772
中国	2,815,930	5,413,450	5,101,050	3,744,730	2,256,960
香港	16,662	14,047	12,112	10,559	8,648
台湾	21,369	17,334	13,914	12,180	10,945
コロンビア	99,457	107,915	146,550	149,172	160,423
チェコ	20,511	20,907	21,152	21,931	25,660
デンマーク	12,947	14,109	14,250	14,848	17,010
エジプト	-	-	312,272	338,792	370,712
エストニア	3,039	3,338	3,402	3,548	3,930
フィンランド	15,124	14,856	14,666	14,068	16,151
フランス	161,682	164,462	169,372	167,749	-
ドイツ	111,790	112,600	115,690	124,210	152,520
ギリシャ	25,930	26,244	26,271	26,028	28,909
ハンガリー	20,774	21,118	21,927	22,947	25,923
インド	4,564,090	6,132,370	7,636,100	8,889,750	9,539,850
インドネシア	-	350,065	265,479	247,558	374,182
イラン	141,133	157,921	186,586	199,110	228,528
アイルランド	11,042	10,959	11,041	11,356	13,031
イスラエル	-	-	-	-	-
イタリア	170,727	182,477	179,393	182,770	213,972
韓国	155,659	164,591	170,199	173,000	184,940
クウェート	-	4,521	7,654	6,946	-
ルクセンブルク	868	826	874	861	1,047
マレーシア	43,110	37,421	33,775	35,676	-
メキシコ	221,969	274,562	294,792	306,524	315,895
オランダ	12,406	13,825	-	-	-
ニュージーランド	7,790	8,450	-	-	-
ノルウェー	13,473	13,600	13,700	14,044	-
フィリピン	-	-	-	-	-
ポーランド	97,301	101,919	96,190	102,919	123,682
ポルトガル	24,490	25,208	26,572	27,335	32,253
ルーマニア	66,554	64,654	64,517	63,659	69,257
ロシア	452,018	455,806	455,940	448,107	471,718
サウジアラビア	101,402	106,837	104,231	-	-
シンガポール	-	-	-	7	6
南アフリカ	77,511	74,579	93,070	100,147	102,434
スペイン	91,347	93,353	91,141	94,595	116,896
スウェーデン	31,705	32,922	34,605	36,291	40,149
スイス	12,359	12,260	12,235	12,769	12,452
タイ	44,763	37,817	30,956	31,591	31,943
トルコ	240,695	256,682	267,590	273,759	296,874
ウクライナ	-	-	-	155,984	162,728
ベトナム	-	-	-	91,126	96,934
英国	151,705	153,750	160,729	161,113	189,664
米国	-	-	-	-	-
日本（参考）	133,884	130,824	127,632	125,652	-

出所：ITU ICT Indicators Database2021 (28th/July2022) からのデータに基づき作成、2021 年の統計数値は未発表

注：12 月末に終わる年度のデータに基づく。但しアルゼンチン、タイについては９月末に終わる年度、オーストラリア、エジプトについては６月末に終わる年度、香港、インド、アイルランド、シンガポール、南アフリカ、英国、日本については４月１日で始まる暦年、イランについては３月 22 日で始まる暦年のデータ。

国内移動通信トラフィックの５年間（2016-2020）の平均成長率

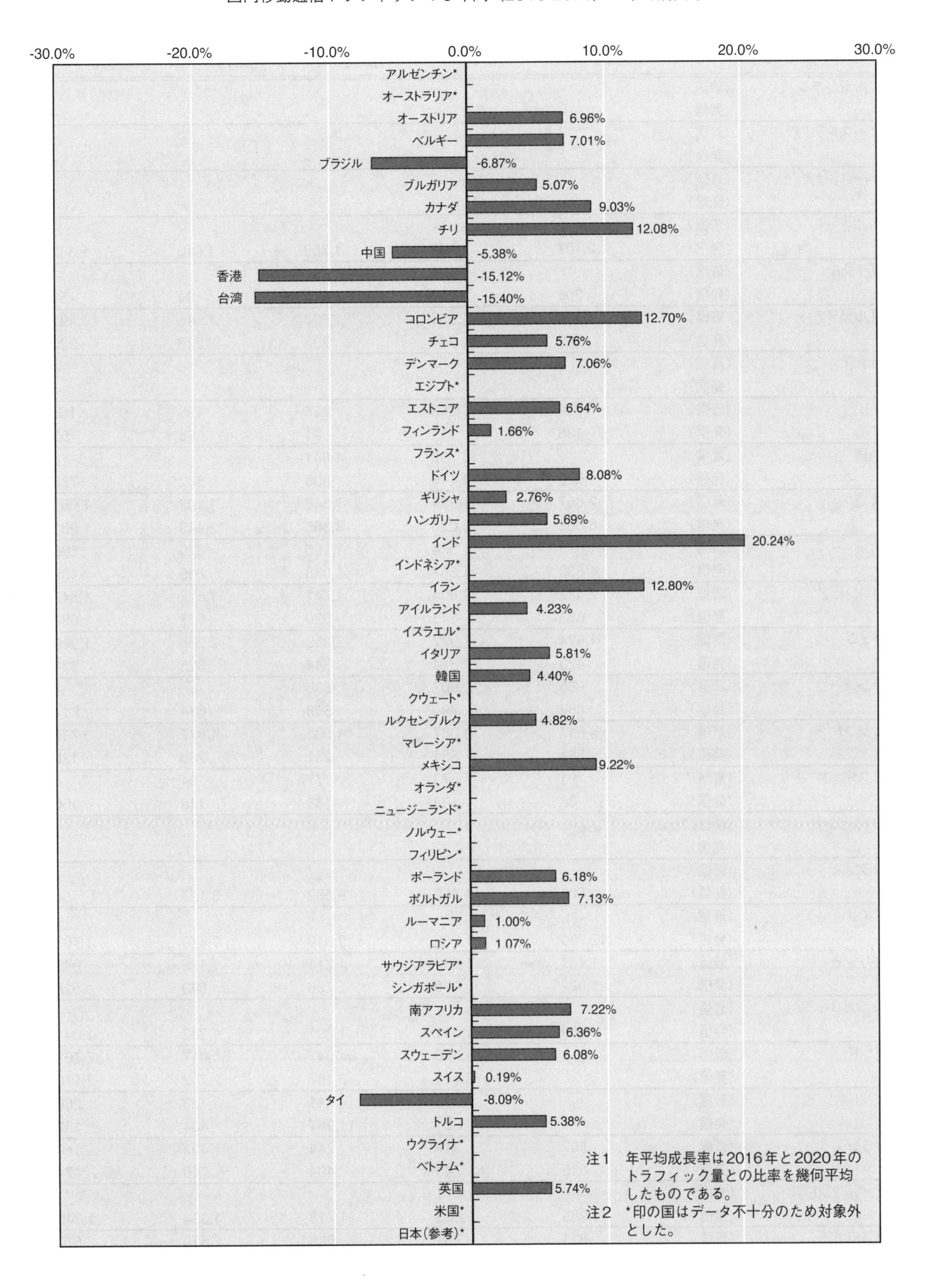

4-3-3　国際通信トラフィック

（単位：百万分）

国		2016	2017	2018	2019	2020
アルゼンチン	（着信）	-	-	-	-	-
	（発信）	-	-	-	-	-
オーストラリア	（着信）	-	-	-	-	-
	（発信）	-	-	-	-	-
オーストリア	（着信）	-	-	-	-	-
	（発信）	-	-	-	-	-
ベルギー	（着信）	-	-	-	-	-
	（発信）	2,107	2,002	1,760	1,640	1,362
ブラジル	（着信）	-	-	-	-	-
	（発信）	306	207	111	94	56
ブルガリア	（着信）	1,436	1,538	1,807	1,646	1,495
	（発信）	268	240	233	228	225
カナダ	（着信）	-	-	-	-	-
	（発信）	-	-	-	-	-
チリ	（着信）	238	253	225	195	158
	（発信）	138	111	91	68	53
中国	（着信）	-	6,793	4,841	-	-
	（発信）	1,623	1,146	905	882	730
香港	（着信）	2,067	1,824	1,348	1,102	1,061
	（発信）	6,068	5,026	3,368	2,449	1,991
台湾	（着信）	1,985	1,534	1,166	820	509
	（発信）	1,830	1,367	1,088	696	436
コロンビア	（着信）	2,442	2,004	1,741	1,672	1,842
	（発信）	663	543	520	677	693
チェコ	（着信）	1,624	1,977	2,059	2,285	1,980
	（発信）	423	374	344	325	331
デンマーク	（着信）	936	907	836	-	-
	（発信）	882	790	698	674	617
エジプト	（着信）	4,517	3,067	4,001	4,877	5,737
	（発信）	361	351	231	208	126
エストニア	（着信）	91	73	77	94	-
	（発信）	88	103	148	149	160
フィンランド	（着信）	-	-	-	-	-
	（発信）	-	-	-	-	-
フランス	（着信）	-	-	-	-	-
	（発信）	14,508	11,859	9,582	8,123	-
ドイツ	（着信）	-	-	-	-	-
	（発信）	12,780	11,280	9,810	7,670	7,760
ギリシャ	（着信）	1,137	1,299	1,211	1,128	942
	（発信）	1,022	975	796	669	526
ハンガリー	（着信）	-	-	-	-	-
	（発信）	769	1,011	1,291	1,282	1,041
インド	（着信）	-	79,846	64,047	51,017	37,763
	（発信）	-	5,179	3,187	2,702	2,176
インドネシア	（着信）	-	2,938	14,311	3,723	1,260
	（発信）	-	661	11,987	434	132
イラン	（着信）	562	344	244	493	140
	（発信）	616	740	404	710	174
アイルランド	（着信）	-	-	-	-	-
	（発信）	1,985	1,853	1,718	1,394	1,340
イスラエル	（着信）	831	757	688	610	570
	（発信）	1,278	1,112	935	758	578

国		2016	2017	2018	2019	2020
イタリア	(着信)	-	-	-	-	-
	(発信)	8,399	7,404	7,797	7,496	6,535
韓国	(着信)	641	514	450	368	378
	(発信)	1,210	929	680	476	306
クウェート	(着信)		132	88	65	95
	(発信)		160	115	79	
ルクセンブルク	(着信)	352	353	336	298	314
	(発信)	376	382	373	352	374
マレーシア	(着信)	1,600	1,499	1,376	776	417
	(発信)	17,207	12,734	9,974	7,213	5,518
メキシコ	(着信)	-	-	-	-	-
	(発信)	-	-	-	-	-
オランダ	(着信)	-	-	-	-	-
	(発信)	1,887	-	-	-	-
ニュージーランド	(着信)	-	-	-	-	-
	(発信)	662	626	-	-	-
ノルウェー	(着信)	-	-	-	-	-
	(発信)	964	821	789	728	-
フィリピン	(着信)	-	-	-	-	-
	(発信)	-	-	-	-	-
ポーランド	(着信)	-	-	-	-	-
	(発信)	1,545	1,475	1,705	1,616	1,630
ポルトガル	(着信)	-	-	-	-	-
	(発信)	1,130	1,248	1,372	1,364	1,095
ルーマニア	(着信)	3,286	3,326	3,492	3,197	2,843
	(発信)	4,319	3,911	3,273	2,666	2,346
ロシア	(着信)	-	-	-	-	-
	(発信)	8,148	6,847	3,944	2,840	2,016
サウジアラビア	(着信)	3,193	2,708	2,305	-	-
	(発信)	13,678	9,946	10,173	-	-
シンガポール	(着信)	1,876	1,431	869	-	-
	(発信)	5,010	3,985	2,554	2,546	1,887
南アフリカ	(着信)	1,119	6,788	1,069	958	1,365
	(発信)	1,600	1,340	1,602	1,147	873
スペイン	(着信)	6,117	5,969	6,321	6,445	5,378
	(発信)	3,924	3,400	3,387	3,184	2,746
スウェーデン	(着信)	-	-	-	-	-
	(発信)	1,173	914	993	720	661
スイス	(着信)	-	-	-	-	-
	(発信)	4,041	3,013	2,567	2,314	1,812
タイ	(着信)	874	446	286	197	140
	(発信)	480	379	256	171	148
トルコ	(着信)	3,070	2,521	2,047	1,675	1,352
	(発信)	836	767	660	602	421
ウクライナ	(着信)	-	-	-	1,450	1,317
	(発信)	-	-	-	822	700
ベトナム	(着信)	-	-	-	390	274
	(発信)	-	-	-	120	89
英国	(着信)	-	-	-	-	-
	(発信)	9,238	7,254	5,965	5,056	4,645
米国	(着信)	-	-	-	-	-
	(発信)	-	-	-	-	-
日本(参考)	(着信)	822	902	751	661	-
	(発信)	856	744	594	497	-

出所：ITU ICT Indicators Database2022（28th/July2022）からのデータに基づき作成、2021 年の統計数値は未発表

注：12 月末に終わる年度のデータに基づく。但しアルゼンチン、タイについては 9 月末に終わる年度、オーストラリア、エジプトについては 6 月末に終わる年度、香港、インド、アイルランド、シンガポール、南アフリカ、英国、日本については 4 月 1 日で始まる暦年、イランについては 3 月 22 日で始まる暦年のデータ。

4-3-4　SMS（ショートメッセージサービス）トラフィック

（単位：百万分）

国	2016	2017	2018	2019	2020
アルゼンチン	32,795	23,956	14,764	10,933	-
オーストラリア	-	-	-	-	-
オーストリア	3,005	2,547	2,227	1,849	1,456
ベルギー	23,457	22,464	20,466	17,839	14,523
ブラジル	67,243	45,975	28,931	17,210	10,752
ブルガリア	558	467	397	382	310
カナダ	-	-	-	-	-
チリ	1,229	1,210	1,087	1,146	1,064
中国	667,073	665,087	1,140,980		1,785,120
香港	2,176	2,738	2,691	3,015	3,605
台湾	4,041	4,118	4,927	4,785	6,274
コロンビア	2,970	2,440	2,016	1,924	2,181
チェコ	8,098	8,168	7,961	7,449	6,332
デンマーク	6,418	5,983	5,560	5,325	4,887
エジプト	5,678	5,658	5,598	4,731	4,341
エストニア	595	662	715	769	788
フィンランド	2,546	2,195	1,931	1,559	1,433
フランス	200,951	184,409	171,282	159,827	-
ドイツ	12,700	10,300	8,900	7,900	7,000
ギリシャ	2,997	2,380	2,185	2,358	2,213
ハンガリー	1,780	1,874	1,966	1,922	1,735
インド	232,320	224,702	239,737	223,944	205,544
インドネシア	436,344	264,813	86,729	55,917	40,317
イラン	224,272	234,882	222,611	233,840	261,311
アイルランド	5,642	4,902	4,342	3,665	2,773
イスラエル	-	-	-	-	-
イタリア	25,040	17,017	12,311	7,649	5,584
韓国	57,697	59,010	59,755	56,536	52,673
クウェート	-	310	285	250	88
ルクセンブルク	712	609	505	477	369
マレーシア	15,072	8,514	5,846	4,278	2,999
メキシコ	59,976	75,035	61,788	46,908	33,147
オランダ	3	3	3	3	3
ニュージーランド	11,260	9,210	-	-	-
ノルウェー	5,654	5,326	4,951	4,629	-
フィリピン	-	-	-	-	-
ポーランド	50,904	50,214	48,389	46,333	41,757
ポルトガル	18,965	16,918	15,962	14,729	11,394
ルーマニア	18,279	15,579	13,336	10,317	6,907
ロシア	64,545	48,784	37,567	27,293	20,760
サウジアラビア	65,366	63,293	68,947	-	-
シンガポール	3,783	2,824	2,168	2,160	1,038
南アフリカ	12,921	15,158	16,176	17,640	20,221
スペイン	1,471	1,430	1,091	870	756
スウェーデン	9,047	8,461	8,192	8,046	6,676
スイス	2,410	1,956	1,661	1,346	951
タイ	18,176	16,882	18,234	13,414	11,084
トルコ	95,941	89,067	82,831	62,077	41,841
ウクライナ	-	4,222	3,771	-	1,237
ベトナム	-	-	-	25,413	23,441
英国	91,204	78,785	74,107	65,040	48,685
米国	1,660,000	1,500,000	1,701,000	1,708,000	1,717,000
日本（参考）	-	-	-	-	-

出所：ITU ICT Indicators Database2022(28th/July2022) からのデータに基づき作成、2021 年の統計数値は未発表

注：12 月末に終わる年度のデータに基づく。但しアルゼンチン、タイについては９月末に終わる年度、オーストラリア、エジプトについては６月末に終わる年度、香港、インド、アイルランド、シンガポール、南アフリカ、英国、日本については４月１日で始まる暦年、イランについては３月 22 日で始まる暦年のデータ。

4-4　主要国の通信政策・市場などの動向

4-4-1　米国

4-4-1-1　米国電気通信産業概要

根拠法／規制法			1934 年通信法（Communications Act of 1934） 1962 年通信衛星法（Communications Satellite Act of 1962） 1996 年電気通信法（Telecommunications Act of 1996）	
監督機関： 主管庁／規制機関			連邦通信委員会（Federal Communications Commission : FCC ） 各州の公益事業委員会（Public Utilities Commission : PUC） 商務省国家電気通信情報庁（NTIA）（National Telecommunications and Information Administration : NTIA） 連邦取引委員会 （Federal Trade Commission:FTC） 司法省（Department of Justice:DOJ）など	
自由化及び既存事業者			（ナショナル・キャリアからの民営化というプロセスはとっていない。）	
主要通信事業者	固定通信事業者[*1] （21 年 6 月）		既存区域内通信事業者（ILEC）：711 社 競争通信事業者（CLEC）及び競争アクセス事業者（CAP）、 その他の地域内通信事業者：1,890 社（地域通信事業者合計：2,256 社） VoIP サービス提供事業者：1,750 社	
主要通信事業者	主な 固定通信 事業者	通信事業系	AT&T、ルーメン（← 20 年 9 月、ルーメンテクノロジーズがセンチュリーリンク買収に伴う改称）、ベライゾンコミュニケーションズ、フロンティアコミュニケーションズ（← 20 年 4 月連邦破産法適用申請）、シンシナチベル	
主要通信事業者	主な 固定通信 事業者	CATV 系	コムキャスト、コックス、チャーターコミュニケーションズ、アルティス USA（旧ケーブルヴィジョン＋オプティマム（旧サドンリンク））	
主要通信事業者	主な 移動通信 事業者	セルラー	ベライゾン・ワイヤレス、AT&T、T- モバイル（20 年にスプリントを吸収合併）、（以上上位 3 社が全国的キャリア）、US セルラー、C スパイヤー、NTELOS、（この他、米国内には地域限定的な小規模携帯電話会社が数十社）、DISH が 5G で全国規模のキャリアを目指す	
主要通信事業者	主な 移動通信 事業者	主な MVNO	トラックフォン（ベライゾンが America Movil から買収）、バージンモビル USA、ブーストモビル、ティン、他 70 社以上、グーグル（2016 年）、コムキャスト（2017 年）、チャータコム（2018 年）が参入　DISH も Boost Mobile を買収し参入（2020 年 7 月）	
主要通信事業者		主な VoIP 事業者	コールセントリック、コールオンザネット、ゴーツーコール、ギャラクシー、voip、バイパーネットワクス、エフォニカ、	
市場規模	収入ベース（20 年）		総収入 地域サービス 無線サービス 中継サービス ユニバーサルサービス賦課金	1,329 億 8,900 万ドル 655 億 7,600 万ドル 333 億 7,900 万ドル 259 億 7,500 万ドル 80 億 5,900 万ドル
市場規模	加入者ベース		固定電話加入者数（普及率） 移動電話加入者数（普及率） 高速回線数[*2] 合計（19 年 6 月） ADSL SDSL その他固定回線 ケーブル ファイバー（19 年 6 月） 衛星無線（19 年 6 月） 固定無線（19 年 6 月） 移動無線（19 年 6 月）	9,711 万加入（28.6％） 3 億 6,162 万加入（107.3％） 4 億 4,886 万 7,000 加入 2,041 万 9,000 加入 1 万 7,000 加入 51 万 5,000 加入 7077 万27,000 加入 1,740 万 8,000 加入 198 万 4,000 加入 154 万 9,000 加入 3 億 3,620 万 4,000 加入

*　ことわり書きが無い時は 2021 年 12 月 31 日現在

*1　ILEC と非 ILEC の双方の形式で事業を運営していると FCC に報告した会社も少なくなく、FCC はその場合どちらにも 1 社として割り振りダブルカウントしているため、ILEC と非 ILEC の合計数は一致してない。

*2　ここでいう高速回線とは、少なくとも片方向で 200kbps 以上の回線、FCC はブロードバンドの定義としては、下り 25Mbps、上り 3Mbps と 2015 年 1 月に再定義している。加入者数はいずれも 2019 年 6 月末時点のもの。

出所：FCC, “2020 Communications Marketplace Report”, Dec. 2020
FCC, “Internet Access Service Status as of6/30/19”, Mar.2022
FCC, “Universal Service Monitoring Report 2021”, Jan. 2022
FCC, “Voice Telephone Services as of 2018”, Aug. 2022

4-4-1-2　米国電気通信政策・事業者動向（1）　－2021年7月～2022年6月－

〈バイデン政権「未来のインターネットに関する宣言」、60か国・地域が賛同〉

バイデン政権は2021年4月28日、自由で開かれたネット空間を目指す「未来のインターネットに関する宣言」を発表した。日本や欧州など民主主義を掲げる約60か国・地域が参加し、中国やロシアなどの「デジタル権威主義（digital authoritarianism）」に対抗する。

宣言では、①人権及び基本的自由の保護、②グローバル（分断のない）インターネット、③包摂的かつ利用可能なインターネットアクセス、④デジタルエコシステムに対する信頼、⑤マルチステークホルダーによるインターネットガバナンスといった基本原則が掲げられた。宣言は参加国・地域の法制度を縛ることはせず、各国・地域がそれぞれに原則の内容を具体的な政策を通じて実行していく。

〈議員、GAFAMを狙った反トラスト法案を次々と提案〉

2021年6月、複数の米国会議員らによって、大手IT企業をシリコンバレーに集中する「無秩序な力」と見なし、その影響力を制御するために起草した以下の5つの法案が発表された。主として、アルファベット（グーグル）やアマゾン、アップル、メタプラットフォーム（フェイスブック）、マイクロソフトの5社を想定している。これらの法案が可決されれば、反トラスト法にこの数十年で最大の変更が加えられることになる。

・American Innovation and Choice Online Act（イノベーション・選択法案）：時価総額が6千億米ドル以上で、米国での月間利用者が5千万人以上の会社を規制することを想定している。自社の製品・サービス・事業を競合他社よりも優先・優遇すること、他社のシステムやサービスとの相互運用を妨げること、他社にプラットフォームへのアクセスを得るために必要ない製品やサービスの代金を支払わせることなどにより、「競争を著しく阻害する」ことが違法となる。また、プラットフォームの運用から得た個人データを、プラットフォーム自身の製品やサービスを増加または改善するために使用すること、同じプラットフォーム上の製品と競合する他社の能力を制限すること、「同様の立場にあるビジネスユーザーの間で不当に異なる」利用規約を強制することも禁じられる。
・Platform Competition and Opportunity Act：競争上の脅威を消すための企業買収を禁止する。
・Ending Platform Monopolies Act：支配的なプラットフォーム企業が複数のタイプの事業にわたってその力を行使し、不公平なメリットを得ることを制限する。
・Augmenting Compatibility and Competition by Enabling Service Switching（ACCESS）Act：企業や消費者が他のサービスに切り替えたいときに、データを簡単に移動できるようにすることで、競争を促進する。
・Merger Filing Fee Modernization Act：20年ぶりに買収申請の手数料を改定し、反トラスト法推進の資金とする。

〈米国と欧州5か国、デジタル課税紛争で妥結〉

財務省は、2021年10月21日、巨大IT企業へのデジタル課税を巡る紛争で、欧州5か国（オーストリア、英国、フランス、イタリア、スペイン）と妥協案に達したと発表した。

OECD加盟国を含む136か国・地域は同月8日にデジタル課税導入で最終合意し、2023年中の国際条約発効を目指す方針を明らかにしたが、欧米諸国は移行期間の対応で対立していた。今回の妥協案で、5か国は国際条約発効まで独自のデジタルサービス税（DST）を維持するが、2022年1月以降に徴収したDSTのうち国際条約で定められた納税水準を超過した部分は将来の納税額から控除できるようにした。これに対し米国は、制裁関税の発動を取り下げることを決めた。なお、米国はインドとトルコにも制裁関税を検討しているが、両国は今回の合意には含まれていない。

〈バイデン大統領、FCC委員長ローゼンウォーセルを指名、主要通信関連人事を発表〉

バイデン大統領は、2021年10月26日、同年1月のパイ連邦通信委員長の退任に伴い委員長代理を務めてきたジェシカ・ローゼンウォーセルを正式に委員長に起用すると発表した。女性としては初の連邦通信委員会（FCC）委員長が誕生した。ローゼンウォーセル率いる民主党が多数を占める委員会が優先する政策について、ネットの中立性の保護を復活させることが最優先事項となる。また、FCCの5番目の議席を埋める人物としてギジ・ソーンを、商務省の国家通信情報局（NTIA）の局長にはアラン・デビッドソンを指名した。ソーンはこれまで、2013年から2016年までトム・ウィーラー前FCC委員長の顧問を務め、その前の10年間は消費者擁護団体「パブリック・ナレッジ」を共同設立して率いてきた。バイデン大統領が1月に就任して以来、委員会の体制は民主党と共和党で2対2となっていたが、今回の指名により民主党がFCCの主導権を握った。デビッドソンは現在、Mozilla Foundationのシニアアドバイザーを務めている。それ以前は、商務省のデジタルエコノミー担当初代ディレクター、ニューアメリカのオープンテクノロジー研究所のディレクター、米州におけるグーグルの公共政策担当ディレクターなどを歴任している。

〈中国通信企業締め出し政策〉

〈FCC、中国電信の米国における事業免許を取り消し〉

FCCは2021年10月26日、中国の通信会社、中国電信（チャイナテレコム）の米国での事業免許を取り消すと発表した。国家安全保障上の懸念を理由に挙げている。チャイナテレコムは米国で約20年間にわたり電気通信サービスを提供する認可を受けていたが、FCCの決定を受け60日以内にサービスを停止する必要がある。FCCは、チャイナテレコムが中国政府の支配下にあり、十分な法的手続きなく中国政府の要求に応じることを強制させられる可能性が高いと判断。中国政府はチャイナテレコムの米国事業の支配を通じて米通信網にアクセスする機会を得ることになり、「国家安全保障上および法執行上の重大なリスクをもたらす」とした。中国電信は、2021年1月、中国の人民解放軍などとつながりが深いとされる企業への投資を禁じた、トランプ前政権下の大統領令に沿う形で、ニューヨーク証券取引所での上場が廃止されている。

〈米議会、ファーウェイ排除法案を可決　通信機器の認証禁止〉

米上院は、2021年10月28日、安全保障上の脅威と見なした中国通信機器大手の華為技術（ファーウェイ）や中興通訊（ZTE）などが米国の規制当局から新たな機器ライセンスを受けられないようにする法案「安全機器法」を全会一致で可決した。下院では、20日に賛成多数で既に可決していた。バイデン大統領の署名を経て成立する。この法案は、米連邦通信委員会（FCC）の「対象機器・サービスリスト」に掲載されている企業に対して新たな機器ライセンスの審査や発行を行うことを禁止するものである。FCCは3月、米国の通信ネットワークを保護することを目的とした2019年の法律に基づき、中国企業5社を国家安全保障上の脅威として指定した。影響を受ける企業には、以前指定されたファーウェイとZTEのほか、海能達通信（ハイテラ）、杭州海康威視数字技術（ハイクビジョン）、浙江大華技術（ダーファ・テクノロジー）が含まれた。FCCは6月、米国の通信ネットワークでこれら中国企業の機器に対する承認を禁止する計画を進めることを全会一致で承認したが、議会はこれを義務化する法案を模索していた。FCCのブレンダン・カー委員によると、FCCは2018年以降、ファーウェイからの3,000件以上の申請を承認しているという。同委員は28日、今回の法案は「ファーウェイやZTEといった企業の安全でない機器がもはや米国の通信ネットワークに入り込めないようにするのに役立つだろう」と述べた。

〈FCC、中国聯通の米国における事業免許を取り消し〉

FCCは2022年1月27日、安全保障上の懸念を理由に、中国の通信会社である中国聯通（チャイナユニコム）の米国内事業免許を取り消した。同社は60日以内に通信法第214条に基づく国内・国際サービスを打ち切らなければならない。FCCは中国の通信大手3社への警戒を強めてきた。これまでに中国電信（チャイナテレコム）の免許も取り消しを決めたほか、中国移動（チャイナモバイル）の参入申請を却下している。

〈FCC委員、アップルとグーグルにTikTok削除を要求〉

FCCのブレンダン・カー委員（共和党）は、2022年6月24日、中国系動画投稿アプリのTikTok（ティックトック）について、米アップルと米アルファベット傘下グーグルそれぞれの最高経営責任者（CEO）にFCC名入りの書簡を送付し、アプリストアからの除外を要求した。FCCにはアプリストアのコンテンツへの明確な監督権限はなく、今回のような要請は異例である。FCCは通常、企業への通信免許の許認可を通じて国家安全保障上の規制に関わる。カー委員が送付した書簡では、ティックトックが米ユーザーについての機微なデータを膨大に収集しているとし、中国親会社の北京字節跳動科技（バイトダンス）の北京スタッフがアクセスできるようになっているとの見解があり、書簡を送った2社に対し、7月8日までに削除するか、そうでなければ削除しない理由を説明するよう求めている。

ティックトックについては、2020年8月に、トランプ大統領が「米国の安全保障を損なう行動を取る可能性がある」と判断し、バイトダンスに対しティックトックの米事業の売却命令を発動したことがある。その後、米オラクルや米ウォルマートと米国に新会社を設立する案で基本合意したが、最終期限としていた2020年12月までに正式な合意には至らなかった。その後、ティックトックの米国事業の売却は棚上げされた形となっていたが、政権交代で、2021年6月、バイデン大統領は、アプリがアメリカに国家安全保障上のリスクをもたらすかどうか、「証拠に基づくアプローチ」を用いて確認する必要があるとの判断から、その後は米商務省が、中国など「外国の敵の管轄下」にある者が設計･開発したアプリを精査していくことにし、トランプ大統領が出した売却命令を取り消した。ティックトックは2022年6月、米ユーザー情報は米オラクルのサーバーに移していると表明している。

〈1兆2,000億ドル規模のインフラ投資法が成立〉

バイデン大統領は2021年11月15日、総額1兆2,000億ドル規模の超党派「インフラ投資法案（Infrastructure Investment and Jobs Act）」に署名し、同法が成立した。同法は、老朽化したインフラの刷新やブロードバンド網へのアクセス拡大によって国際競争力を強化する。今後10年間にわたり支出される5,500億ドルの予算が計上され、インフラ投資としては過去10年余りで、最大規模となる。

同法が予定している投資分野の中で、通信に関係するものでは、デジタル・インフラの強靭化である。具体的には、米国内でより多くの人がブロードバンドインターネットを利用できるようにし、高速ダウンロード／アップロードと、リアルタイムアプリケーションをサポートするのに十分な短い待機時間を実現することを目指し、ブロードバンドへの投資に650億ドルを予定している。また、サイバーセキュリティの強化のために500億ドルが見込まれている。殊に、輸送や電力網、水インフラに関連するインフラへのサイバー攻撃に対する国家的な回復力の強化に充て、また、気候変動の影響に対処するための物理的インフラの強靭化への投資にも振り向けられる。

同法の下、FCCは2022年8月までに、ブロードバンドに関するユニバーサルサービス目標を達成するための選択肢について連邦議会に報告することが義務付けられた。また、FCCはブロードバンド消費者ラベルに関する規則やデジタル平等アクセスを促進する規則を導入するよう求められている。同法にはサイバーセキュリティ関連の条項も含まれており、新設された国家サイバー長官室の資金として2,100万ドル、州・地方自治体・部族政府のサイバーセキュリティを強化する補助金として4年間で10億ドルを割り当てる。補助金はサイバーセキュリティ・インフラストラクチャ・セキュリティ庁（CISA）が管理する。

なお、バイデン大統領は同日、「インフラ投資法案」を実施する行政機関の優先事項を定めた大統領令にも署名し、インフラ実施タスクフォース（Infrastructure Implementation Task Force）を設置するとともに、インフラ投資を監督するインフラ実施調整官に元ニューオリンズ市長のミッチ・ランドリュー氏を指名した。インフラ実施タスクフォースは新法や主要インフラ関連プログラムの効率的な施行を調整するためのもので、インフラ実施調整官及び国家経済委員会（NEC）議長が共同議長を務め、関係省庁の代表が参加する。

〈周波数オークション〉

〈FCC、3.45GHzの初期段階の入札〉

FCCは、2021年11月16日、3.45GHz～3.55GHz帯の免許を売却するオークション110の初期段階の入札を終了した。クロックフェーズでは、4,060ブロックのうち4,041ブロックが落札され、総収入は218億8,800万米ドルを超え、2021年初めに810億ドル以上を調達したCバンド、2015年に米国財務省のために440億ドル以上で終了したAWS-3に次ぐ3番目に大きなオークションとなった。オークション110では、米国本土全域で100メガヘルツのミッドバンド周波数が商用利用可能となり、落札者はこれを固定またはモバイルで利用することができる。ライセンスは部分経済圏（PEA）に基づき10メガヘルツのブロックに分けられ、入札者は1市場あたり合計4ブロック、40メガヘルツに制限された。落札者は今後、オークションの「割り当て段階」で周波数固有の免許を入札する機会を得ることになる。3.5GHz帯は米国の政府機関で国防などを統括する国防総省（Department of Defense：DoD）と共用することから、移動体通信事業者が5Gで使用する場合は国防総省と調整が必要となる。オークション110の33の入札資格者には、AT&T Communications（AT&T Auction Holdingsとして入札）、Verizon Wireless（Cellco Partnership）、T-Mobile US（T-Mobile License）などが含まれている。2022年に新たな5Gネットワークを立ち上げる意向の衛星テレビ大手DISH Networkは、Weminucheという持ち株会社を通じて参加した。

〈FCC、3.45GHzの落札者を公表、AT&TとDISHが取得するもベライゾンは不発〉

FCCは、2022年1月14日、前年11月に終了した3.45GHz帯5G周波数オークション110の落札者を明らかにした。対象の周波数範囲は3,450～3,550MHzの100MHz幅で、基本的に5Gで使用することを想定している。なお、連邦通信委員会は3.45GHz帯と表記しているが、グローバルでは3.5GHz帯の表記が一般的である。オークション110では、3.45GHz～3.55GHz帯の利用可能な汎用ブロック4,060個のうち4,041個を落札者が確保し、225億米ドル以上の総収入となった。FCCは、オークション110で落札した23社のうち、13社が中小企業または農村地域にサービスを提供する企業として認定されたことに注目している。FCCの前回の5Gオークションと比較して、今回の販売では市場ごとの落札者数が大幅に増加した。上位100市場の3分の1以上が4社以上の落札者であるのに対し、Auction 107では上位100市場の10%が落札者であった。FCCによると、AT&TはAT&T Auction Holdingsを通じて最多の1,624ライセンスを取得した。移動体通信事業者として携帯通信事業に新規参入するDISH NetworkはWeminucheを通じて1,232ライセンスを取得し、2番目に多くのライセンスを取得した事業体となった。T-Mobile USはT-Mobile Licenseを通じて199ライセンス、UScellularとして携帯通信事業を行うUnited States Cellular Corporationが380ライセンスを取得している。Verizon Wirelessとして携帯通信事業を行うCellco Partnershipは参加を申請したが、最終的にライセンスの取得を見送った。Cellco Partnershipは3.7GHz帯で広い帯域幅を確保しているため、同じ時分割復信（TDD）のミッドバンドで国防省などの既存の免許人と調整が必要な3.5GHz帯は重視していないようである。

〈FCC、2.5GHz 帯周波数オークションを７月に実施予定〉

FCC は、2022 年 3 月 21 日、2.5GHz 帯（2,496-2,690MHz）の 5G 向け周波数オークション（オークション番号 108）を 7 月 29 日より開始することを発表した。2.5GHz 帯周波数が割り当てられていないルーラル地域を主にカバーするために、柔軟に運用できる（flexible-use）郡単位のオーバーレイ免許が新たに約 8,000 件付与される。FCC は、同日、オークションの参加申請・入札手続きを公示したほか、各郡に未割り当ての 2.5GHz 帯周波数がどれだけあるかを評価するマッピングツールも発表した。FCC は初のオーバーレイ・オークション手続きを決定するにあたり、部族優先期間の円滑な完了、免許のインベントリといった多くの複雑な問題に対応したと説明している。

〈バイデン大統領、連邦のデジタルサービスを改善する大統領令を発表〉

ホワイトハウスは、2021 年 12 月 13 日、バイデン大統領が「政府への信頼回復に向けた連邦顧客体験とサービス提供の改善」の大統領令に署名すると発表した。

この大統領令は、連邦サービスを利用する際の国民の体験を全ての活動の中心に置くことを連邦政府機関に義務付け、各省庁に対し、「シンプル、シームレス、安全な顧客体験」を提供するため、新しいオンラインツールや技術の試験運用を含む行動をとるよう指示するもの。

バイデン政権は 11 月、国民に対し大きな影響を与える政府サービス・プロバイダのデジタルサービスの設計や顧客体験の管理を改善することを、大統領の管理計画の最優先事項の一つとして発表していた。今回の大統領令の一環として、ホワイトハウスは、35 の連邦政府組織を、大きな影響を与えるサービス・プロバイダに指定している。

また、ホワイトハウスは連邦政府と国民の関係性の再定義を試み、ファクトシートにおいて、米国民が期待すべきデジタルサービスを退職、納税申告、災害への対応等、人生の節目ごとに説明している。

〈司法省、グーグル・メタと海底ケーブルに関し安全保障協定締結〉

司法省は、2021 年 12 月 17 日、同省が主導する「チームテレコム」が、グーグル、メタ及びその子会社との間で、米国、台湾、フィリピンを結ぶ海底ケーブル「Pacific Light Cable Network（PLCN）」上のデータを保護するための国家安全保障協定を締結したと発表した。また「チームテレコム」は、FCC に対し、PLCN の運用免許の条件として、「国家安全保障協定の遵守」を盛り込むことを勧告した。この国家安全保障協定は、中国政府による他国の個人データへの不正アクセスを念頭に置く一方、通過データ量のますますの増加を受けた海底ケーブルインフラの拡充に向け、米国へのグローバルなアクセスと国家安全保障上の利益保護を維持しながら、適切な措置の緩和を目指したものとなっている。「チームテレコム」は 2020 年 6 月、香港までを接続する PLCN の前計画について FCC に免許申請の一部却下を勧告。これを受け、グーグル及びメタは、香港を除外した新たな計画の下、PLCN を運用することを求めて、FCC に申請を行っていた。

〈FCC、低所得世帯へのブロードバンド促進を目指した割引プログラム（ACP）を導入〉

〈ACP を正式に開始〉

米連邦通信委員会（FCC）は、2021 年 12 月 31 日、米国議会が 2021 年 11 月に成立した「インフラ投資雇用促進法（Infrastructure Investment and Jobs Act）」の一環として創設を義務付けた議会指令に従い、「お手頃料金での接続プログラム（Affordable Connectivity Program：ACP）」を正式に開始した。この 142 億ドルの制度は、COVID-19 の大流行時に約 900 万人がブロードバンド接続を利用できるようにした緊急ブロードバンド給付金（Emergency Broadband Benefit：EBB）の後継となるものである。

対象世帯は、インターネット接続サービスに対して月額最大 30 ドルの割引を受けることができ、対象となる部族領地にある世帯では月額 75 ドルにまで引き上げられる。また、参加プロバイダーからノートパソコン、デスクトップパソコン、タブレットを購入する際、10 米ドル以上 50 米ドル未満の寄付をすれば、1 回に限り 100 米ドルまでの割引を受けることができる。

今回開始した ACP では EBB と比べ、いくつかの変更点がある。ACP では、ほとんどの家庭で最大月額 30 ドルまでと減額されるが、部族の土地に住む家庭の特典は変わらない。ブロードバンド特典を受けるための新しい方法が追加され、WIC の給付を受けている人や、連邦貧困レベルの 200％以下の所得のある人が利用できるようになった。また、現在ペル・グラントを受給している人や、学校給食の無料・割引サービスを受けている学生も対象となった。

世帯構成員の中に、以下の基準のうち少なくとも 1 つを満たす人がいれば、Affordable Connectivity Program の対象となる。事実上、米国内の 4,800 万世帯以上（国民の約 40％）が該当することになる。

- 連邦貧困ガイドラインの 200％以下の所得である。
- SNAP、Medicaid、Federal Public Housing Assistance、SSI、WIC、Lifeline などの特定の援助プログラムに参加している。
- Bureau of Indian Affairs General Assistance、Tribal TANF、Food Distribution Program on Indian Reservations などの部族の特別プログラムに参加している。
- 2019-2020 年度、2020-2021 年度、2021-2022 年度の USDA Community Eligibility Provision を含む、無料および割引価格の学校給食プログラムまたは学校朝食プログラムによる給付を受けることが承認されている。
- 現在の支給年度に連邦ペル・グラントを受けた。
- 参加プロバイダーの既存の低所得者プログラムの資格基準に合致している。

ACP は、FCC が新プログラムの規則を確定するまで、当初は EBB の規則が適用される。

また、FCC は、2022 年 2 月 14 日、ACP プログラムへ登録した世帯が 1,000 万件を超えたと発表した。

〈ホワイトハウス、20のISPからACPへの参加を取り付け〉

ホワイトハウスは、2022年5月9日、バイデン－ハリス政権が、何百万ものアメリカの家庭の固定ブロードバンド料金を引き下げる民間企業の約束を取り付けたとする内容の公式声明を発表した。声明によると、バイデン－ハリス政権は、都市部、郊外、農村部の米国人口の80％以上をカバーする20の大手インターネットプロバイダから、増速または値下げを約束させ、ACP（Affordable Connectivity Program）へ参加する資格のある世帯に、ダウンロード100MB以上の高速インターネットプランを月額30ドル以下で提供できるようにした。AT&Tやコムキャスト（Comcast）、ベライゾン（Verizon）などの大手プロバイダーから、テネシー州のJackson Energy Authorityやノースカロライナ州のComporiumなど、地方でサービスを提供している小規模プロバイダーまで、この公約により、何千万ものACP対象世帯が、高速インターネットを無料で利用することができるようになる。これまでも、ACPに参加するISPは、すべてのプランをACPに開放することが求められたが、30ドル以下の料金でプランを提供する必要はなく、速度、品質、性能の要件もなかった。このため、これまでは多くのプランが、ACPプログラムを通じて世帯が受けられる30ドルの割引よりも高く、世帯が負担しきれない追加費用が発生することがあった。今回の声明では、追加料金やデータ上限がないことを保証する約束を取り付けたこともはっきりした。ホワイトハウスは、ACPの登録を支援するその他の方法についても発表している。

・ACP登録のための合理化された新しいウェブサイトGetInternet.govの立ち上げ
・ACP対象世帯が既に加入している連邦プログラム（社会保障制度など）を通じて、協調的なメッセージと地域への支援活動を通じてACP対象世帯にアプローチするキャンペーン
・州政府や市政府とのパートナーシップによるACP加入への支援活動の実施
・加入支援を行う公益団体との連携

5月9日声明でホワイトハウスが約束を交わしたとされる企業の全リストは以下の通り。

Allo Communications、AltaFiber（旧Cincinnati Bell、Hawaiian Telecomを含む）、Altice USA（OptimumおよびSuddenlink）、Astound Broadband、AT&T Communications、Breezeline（旧Atlantic Broadband）、Comcast、Comporium、Frontier Communications、IdeaTek、Cox Communications、Jackson Energy Authority、Mediacom、MLGC、Charter Communications（Spectrum）、Starry、Verizon Communications、Vermont Telephone Company、Vexus FiberおよびWide Open West（WOW!）など。

〈FCC、NTIAと「周波数調整イニシアチブ」を共同設立〉

FCCは、2022年2月15日、政府内での周波数管理の調整を改善するために、国家電気通信情報庁（NTIA）とともに「周波数調整イニシアチブ」を設立したと発表した。イニシアチブは、意思決定や情報共有のプロセスを強化し、周波数政策上の問題を解決するために、両機関が協力して行動するもの。両機関は当面以下について取組みを実施する。

＊ FCC委員長及びNTIA長官は、共同で周波数計画を実施するために毎月定例会議を開催する。
＊ FCCとNTIAは、政府間調整におけるギャップ解消に向けた覚書を更新する。
＊ FCCとNTIAは協力して、国家周波数戦略の策定を支援し、周波数利用とニーズに関する透明性を高め、長期的な周波数計画と調整を確立する。
＊ FCCとNTIAは協力して、電波工学に基づく干渉分析等のプロセスを開発する。
＊ FCCとNTIAは、省庁横断的な諮問グループへの参加を通じ、産業界や他の連邦政府機関との積極的な技術交流と関与を促進する。

〈FCC、アパートメントビルの通信サービスに関する独占契約を禁止〉

FCCは、2022年2月15日、アパートや公営住宅、オフィスビル、その他のマルチテナントビルに居住・勤務する人々のためにブロードバンド競争を開放するための規則を採択したと発表した。この規則では、①ブロードバンド・プロバイダーがビルの所有者と特定の収益分配契約を結び、競争力のあるプロバイダーをビルから締め出すことを禁止した。また、②プロバイダーはテナントに対して、独占販売契約の存在をシンプルでわかりやすい言葉で、すぐにアクセスできるように通知することを義務付けた。最後に、③宣言的裁定として、FCCは、ケーブル内部配線に関する既存の委員会規則が、代替プロバイダーへの競争的アクセスを妨げる、いわゆるセール・アンド・リースバックの取り決めを禁止していることを明確にした。

ローゼンウォーセルFCC委員長は、「この国の3分の1はマルチテナントビルに住んでいるが、そこではブロードバンド・プロバイダーの選択肢が1つしかなく、より良い条件のプロバイダーを探すことができないことが多い」とし、「我々が本日採択した規則は、ブロードバンド・プロバイダーの競争力強化につながる。本日採択する規則は、競争を妨げ、消費者が低価格や高品質のサービスを受けることを事実上妨害する行為を取り締まるものである」と述べた。

〈FCC、高速ブロードバンドを全米住民に提供する「2022～2026年戦略プラン」を発表〉

連邦通信委員会（FCC）は2022年3月29日、「2022～2026年戦略プラン」を発表した。同戦略プランは、バイデン政権が通信分野の優先事項に挙げているユニバーサル・ブロードバンド及びデジタル公平性を推進する内容で、手頃な料金かつ安定した高速ブロードバンドを全米住民の100％に提供することを目標とした「100％ブロードバンド政策」を優先事項としている。FCCは、アジト・パイ前委員長の下で作成した前回の戦略プランにおいて、新規事業者の参入障壁排除を優先事項としていたが、新戦略プランではこれに代わり「多様性、公平性、包括性、アクセシビリティ」の推進を掲げることとなった。なお、新戦略プランのその他優先課題としては、消費者保護、公共安全と国家安全保障の拡大、米国の国際競争力強化、FCCの組織運営の向上が挙げられている。

〈FCC、国家安保上脅威リストにロシアのセキュリティ企業と中国通信企業2社を追加〉

米連邦通信委員会（FCC）は、2022年3月25日、米国の国家安全保障に対する脅威と見なす通信機器・サービス事業者のリストに、ロシアのAOカスペルスキー・ラボとチャイナテレコム（アメリカズ）、チャイナ・モバイル・インターナショナルUSAを追加したと発表した。2019年に成立した法律で作成が義務付けられたリストには、2021年にファーウェイやZTE等の中国企業5社が登録されているが、ロシア企業として登録されるのは、今回のカスペルスキーが初めてである。

〈FCC、デジタル格差解消に向け3億ドル以上を準備〉

FCCは、2022年3月25日、地方デジタル機会基金（RDOF）を通じて3億1,300万米ドル以上を認可し、19州で13万か所以上に新たなブロードバンド展開の資金とする用意があると発表した。これは同プログラムの8回目の資金調達で、これまでに47州でブロードバンドの新規導入に50億ドル以上の資金を提供し、280万か所以上にブロードバンドを導入してきた。現段階で資金提供を受けるのは地域の小規模事業者が大半であるが、Windstream、Frontier Communications、Atlantic Broadbandといった企業がFCCの落札者リストに名を連ねている。RDOFフェーズIオークション（Auction 904）は2020年10月29日に開始され、合計386の適格入札者が集まった。その際、規制当局は180の入札者に総額92億米ドルの資金を授与した。

〈全米科学財団、6G研究支援「RINGS」で4,350万ドル提供〉

全米科学財団（NSF）は2022年4月18日、NSF史上最大規模となる官民パートナーシップ「次世代ネットワーキングとコンピューティング研究プロジェクト（Resilient and Intelligent Next-Generation Systems：RINGS）」の採択結果を発表した。同パートナーシップは6G研究支援を目的としたもの。国防総省や米国標準技術研究所（NIST）のほか、アップル、エリクソン、グーグル、IBM、インテル、マイクロソフト、ノキア、クアルコム、VMウェアの9社が参加し、次世代ネットワークを定義する技術を開発する学術界を支援する。今回採択された37の研究開発プロジェクトには総額4,350万ドルが提供される。ノースウェスタン大学ではIoTレジリエンス、フロリダ・アトランティック大学では大規模システム向けポスト量子暗号、プリンストン大学ではモバイル環境向けのオブジェクト指向ビデオ解析に関する研究が実施される予定で、このほか次世代エッジコンピューティング、通信システム、データセンター、工場等に関するプロジェクトも採択されている。

米国電気通信政策・事業者動向（2）　－2021年7月～2022年6月－

１．市場概要

米国では、市内通信事業者、長距離通信事業者、移動体通信事業者、衛星通信事業者、ケーブルテレビ事業者等が電気通信サービスを提供している。米国の連邦レベルでの電気通信・放送分野を所掌している連邦通信委員会（Federal Communications Commission：FCC）によると、米国の電気通信市場の総売上高（市内通信、長距離通信、移動体通信、州間通信、国際通信からFCCに報告する義務のある通信事業者の売上高の合計）は、2001年の3,018億US$をピークに、その後、年ごとに増減を繰り返していたが、2008年からは低減傾向が続き、2012年以降は毎年6～8%の割合で市場規模が縮小していた。2019年には前年比11.7%減の1,504億US$と落ち込み幅が大きくなった。この傾向は2020年も同じで、19年と同じ11.7%の落ち込みとなり、総売上だけは1,330億US＄まで縮小している。

サービスタイプ別売り上げの推移（2011～2020　単位：百万ドル）

売り上げ		2011	2012	2013	2014	2015	2016	2017	2018	2019	2020
市内通話及び公衆電話	市内回線交換通話	$38,987	$35,298	$32,922	$30,537	$28,410	$25,900	$23,208	$20,771	$18,806	$16,115
	公衆電話	136	368	359	322	286	271	269	265	280	286
	市内専用線	28,243	29,072	29,632	31,222	32,191	30,472	30,272	26,906	25,560	21,608
	市内 VoIP 通話	8,110	8,990	10,103	11,136	11,968	14,398	14,428	14,503	14,355	14,317
	その他の市内電話	3,145	2,462	1,746	1,450	1,493	1,510	1,749	1,710	1,265	1,164
	連邦・州 USF 支援総額	5,620	6,282	5,991	5,786	6,137	6,016	5,904	5,994	6,422	6,484
	加入回線料金	6,703	6,195	5,968	5,511	5,175	4,787	4,431	4,049	3,700	3,345
	アクセス料金	7,368	6,787	6,384	5,006	4,836	3,809	3,312	2,850	2,575	2,257
	売り上げ合計（市内電話サービスおよび公衆電話売り上げの合計）(1)	98,313	95,445	93,105	90,969	90,495	87,162	83,572	77,048	72,964	65,576
携帯電話	携帯電話サービス総売り上げ(2)	107,392	105,147	98,160	86,996	75,262	65,636	56,952	52,890	39,631	33,379
市外通話	オペレーター	3,162	3,373	3,064	2,699	2,351	1,876	1,844	1,810	1,711	1,464
	市外 VoIP	4,250	4,693	4,999	5,139	5,238	3,447	3,768	3,925	3,518	2,491
	非オペレータ回線交換	23,307	20,718	18,346	7,354	16,261	14,850	11,841	11,068	9,913	9,054
	市外専用線	11,443	12,221	12,542	12,293	12,778	13,353	13,316	12,850	11,991	10,698
	その他の市外サービス	4,186	5,155	3,886	3,965	3,050	2,816	3,306	2,233	2,273	2,268
	市外売り上げ総合計（3）	46,347	46,159	42,837	41,450	39,678	36,342	34,075	31,885	29,405	25,975
市内及び移動体、市外通話の売り上げ合計（1）＋（2）＋（3）		252,052	246,761	234,102	219,416	205,436	189,141	174,599	161,824	142,000	124,930
ユニバーサルサービス（4）		8,986	9,964	8,986	9,083	9,041	9,135	8,319	8,438	8,447	8,059
電気通信サービス売り上げ総合計（1）＋（2）＋（3）＋（4）		261,038	256,725	243,088	228,499	214,477	198,276	182,918	170,262	150,447	132,989
前年との比較（総合計）		－	98.3%	94.7%	94.0%	93.9%	92.4%	92.3%	93.1%	88.4%	88.4%

出所：Universal Service Monitoring Report 2021の数値から作成

２．固定通信

（1）固定通信市場の概要

全世界的に固定回線の加入者数は、減少傾向にあるが、米国も例外ではない。FCCのまとめによると2021年末時点では、9,711万件で、人口普及率は28.8%であった。2019年末の時点で、家庭向けに固定回線での音声サービスを提供する通信事業者は、1,311社ある。A&Tやルーメン（センチュリーリンクを買収して改称）、チャーター、コムキャスト、ベライゾンの5社で市場68%を占めている。

音声サービスは、かつて公衆交換電話網が唯一の接続手段だった。最近は、音声サービスは、固定音声とモバイル音声に分けられる。固定は、従来の回線交換アクセス接続と相互接続されたVoIPにさらに分割される。VoIPは、インターネットプロトコルネットワークを介して単にデータとして伝送される音声であり、基盤となるブロードバンド接続にバンドルされるか、必要なデータサービス（「over the top」または「OTT」）に依存せずに提供される音声サービスになる。FCCによると、2020年6月30日時点で、1,474万の住宅回線を含む3,680万のエンドユーザー回線交換アクセス回線がある。VoIP利用では、3,535万の住宅回線を含む6,784万回線の加入者がいる。これらを合計した1億464万回線のうち48%が住宅接続で52%がビジネス接続である。固定交換アクセスと相互接続されたVoIPサービスとでは対照的な成長となっている。交換アクセスは過去3年間に年平均6.7%の割合で減少しているが、VoIPは年平均1.1%と微増ながら前年に比べ拡大を続けてきていたが、2020年には減少に転じた。住宅用の音声接続に限ってみると、2020年6月現在で、回線交換によるアクセスは29.4%を占め、VoIPによるものは70.6%である。固定音声接続全体で見ると住宅用の音声接続はわずか14.1%を占めているに過ぎない。

サービスが新しい技術に置き換えられるとともに、物理的に銅線から光回線への置換が進められた。その状況の下、AT&Tは、2022年3月11日、2025年までに同社の銅回線ネットワークの約半分を廃止する計画であることを明らかにした。その日までに、通信事業者はネットワークフットプリントの75%を光ファイバーと5Gで提供することを見込んでいる。この戦略の一環として、AT&Tはファイバーフットプリントを3,000万か所以上に倍増させる計画である（注：AT&Tは2020年10月1日に新規顧客に対するDSLサービスの販売を終了している）。AT&Tは、銅回線ネットワークを利用するDSL加入者を固定無線など他のサービスに移行させる可能性を示唆している。一方、ベライゾンも2021年末までにネットワーク上の450万回線を銅線から光ファイバーにアップグレードしている。また、拠点となるオフィスの36カ所をすべてファイバー化し、これらの場所の銅製施設を完全に撤去した。このアップグレードプログラムにより、すでに約1億8,000万ドルの運用コスト削減を実現している。携帯電話網での銅線からファイバーへの置換も進んでいる。2021年末時点で、ベライゾンのセルサイトの45%が同社のファイバー資産に接続されており、前年の36%から増加している。2022年には50%に増加する見込みである。

(2)　ブロードバンド

インターネットの普及に伴い、通信事業者などが業務用や家庭用にブロードバンドを激しく売り込んだことから、固定ブロードバンド回線は一貫して増加してきた。ブロードバンドを提供する通信事業者は増え続けている。ブロードバンドサービスを提供する通信事業者は2019年の時点で2,052社を数えている。2014年の1,634社と比べ26%増加した。数こそ2,000を超えるものの、圧倒的多数の通信事業者は米国全人口の1%以下をサービス対象地域とした小規模の事業形態である。

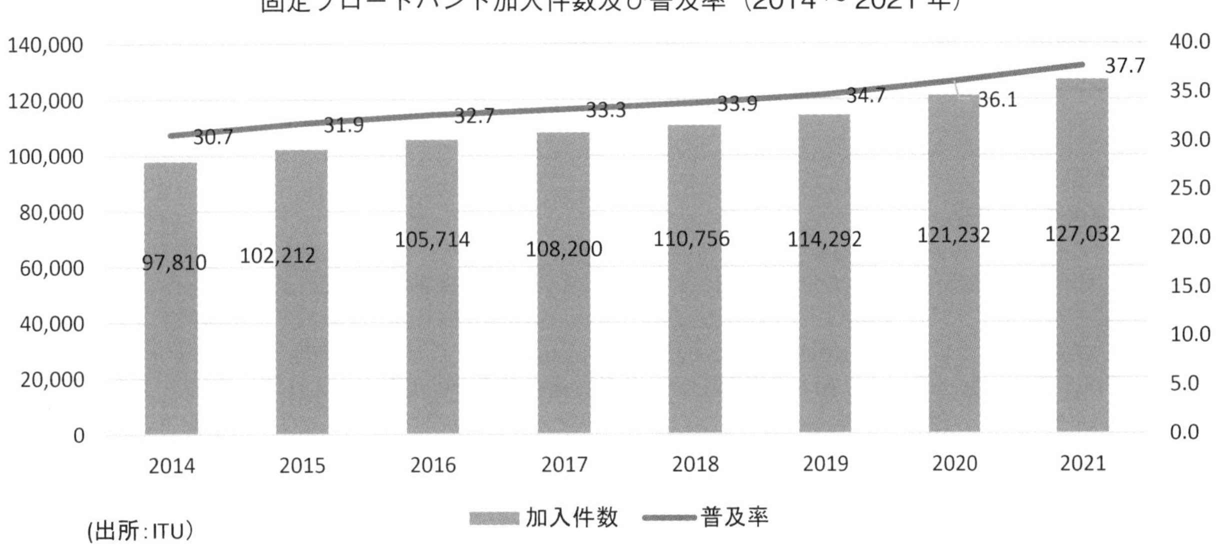

(出所：ITU)

人口の5%以上を対象地域とする事業者は、AT&Tとコムキャスト（Comcast：CATV会社）、チャーター（Charter：CATV会社）、ベライゾン（Verizon）、センチュリーリンク（CenturyLink）、フロンティア（Frontier）、コックス（Cox：CATV会社）、TDS、JABワイヤレス（JAB Wireless）、アルティス（Altice：CATV会社）のわずか10社である。人口カバー率で最大なのがAT&Tの41%で、次いでベライゾン（17%）、センチュリーリンク（16%）フロンティア（12%）、TDS（10%）と続き、残りの3社は5%～7%となっている。

調査会社Leichtman Research Groupによると、2020年のブロードバンド市場では米国では電気通信事業者とCATV会社の上位16社を合計した契約件数は約1億840万件で、この上位16社が市場シェアの96%を占めている。内訳は次の表のとおりであるが、CATV会社を合計した契約者数が約7,565万件、電気通信事業者の契約者数は約3,270万件と米国のブロードバンド市場ではCATV会社が電気通信事業者を圧倒している。この上位16社は2020年に約486万人、2019年に約255万人の加入者を獲得したのに対し、2021年には約295万人のブロードバンドインターネット加入者を純増させたことが明らかになった。2021年のブロードバンド増設は2020年の61%、2019年の115%であった。2020年は、コロナウィルス対策で外出自粛が呼びかけられたことが影響して前年に比べ大幅に増えたが、2021年は2020年に比べると新規の加入者は大幅に減っている。しかし、2021年の純増数は、コロナ前の2016年から2019年の各年と比べると多く、依然として活気ある状態が続いていることがわかる。上位プロバイダーのうち、ケーブル会社が2021年のブロードバンド純増数の95%を占めている。コムキャストとチャーターで米国ブロードバンド加入者数の半分以上を占めている。

会社別ブロードバンド加入数　(単位：件)

CATV 会社	加入者数（2021 年）	新規加入数（2021 年）
Comcast	31,901,000	1,327,000
Charter	30,089,000	1,210,000
Cox	5,530,000	150,000
Altice	4,386,200	(-3,400)
Mediacom	1,463,000	25,000
Cable One	1,055,000	63,000
Breezeline/Atlantic Broadband	716,778	18,778
WOW（WiderOpenWest）	511,700	12,900
上位 CATV 会社合計	75,652,678	2,803,278
電話会社	加入者数（2021 年）	新規加入数（2021 年）
AT&T	15,504,000	120,000
Verizon	7,365,000	236,000
CenturyLink/Lumen	4,519,000	(-248,000)
Frontier	2,799,000	(-35,000)
Windstream	1,164,500	55,200
TDS	526,000	32,700
Cincinnati Bell	440,000	3,900
Consolidated	384,564	(-16,793)
上位電話会社合計	32,702,064	148,007
総合計（CATV 会社＋電話会社）	108,354,742	2,951,285

（出所：Leichtman Research Group）

３．移動体通信

（1）移動体通信市場の概要

移動体通信の利用者は 2017 年末から年率 2 ～ 5％の成長を遂げている。データ使用量が大幅に増加し続け、2019 年末には 2018 年末から約 39％増の 1 人当たり 9.2GB にまで増加している。消費量の増加は、ポストペイドとプリペイドの両方で無制限のデータプランが提供されるようになったことや、全国のサービス・プロバイダが提供する高速化がもたらしている。高速化の例としては、全国の LTE（Long Term Evolution）のダウンロード速度は、2017 年下半期の 16Mbps から 2019 年下半期には 26.2Mbps と、約 64％増加した。移動体通信業界では現在、4G LTE ネットワークよりもさらに高速なダウンロード速度、遅延の低減、ユーザーへのセキュリティの向上が期待される 5G 移動無線ネットワークの導入と構築に取り組んでいる。

移動体通信事業者団体である CTIA（Cellular Telecommunications & Internet Association）によると、2012 年ごろまでは移動体通信市場の成長は続き、2013 年からは成長度合いが鈍化し始めた。2015 年の移動通信サービス全体の売上高は、約 1,919 億 US$ であったが､その年をピークとして､2016 年には 1,885 億 US$ と初めて前年を割り込んでいた。その後は、徐々に回復してきている状態が続き、2020 年は 1,899 億 US$ と試算している。

米国移動体市場規模の推移（2001 ～ 2020）

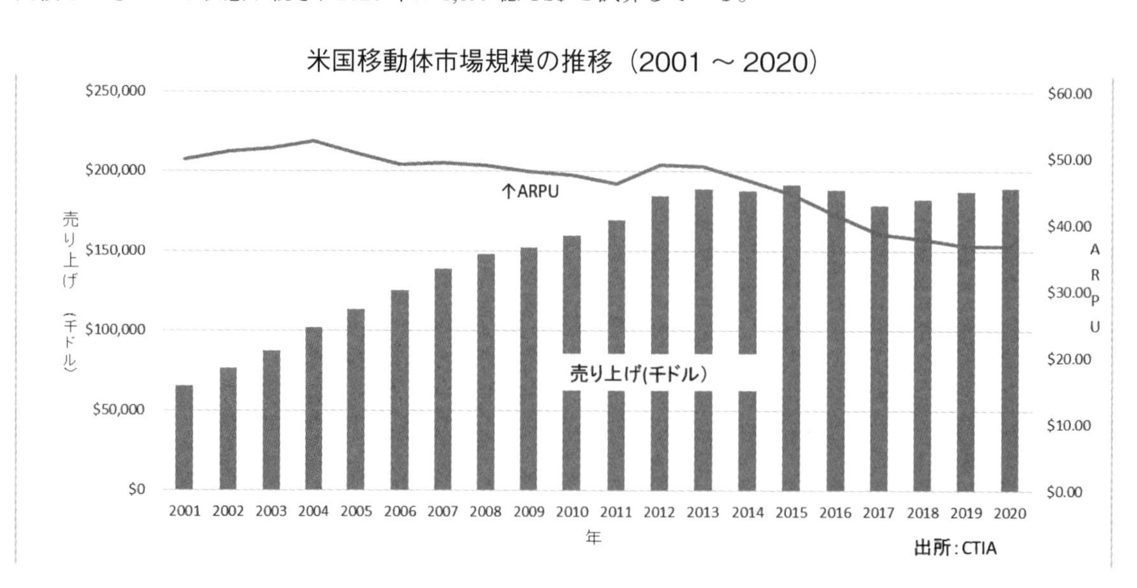

市場全体の売り上げが鈍化しているのに比べ、携帯電話の加入者数は堅実に増加し続けている。加入者の増加が続いているのとは裏腹に、売り上げで見た市場規模が横ばいなのは、一契約当たりの売り上げ（ARPU）が逓減しているためである。CTIA によると、ARPU は 2019 年の＄36.86 から 2020 年には＄35.31 と 4.2％下落した。上限を超えた過剰利用料金の廃止やデータ利用の制限廃止、機器分割払いの導入などによるところが大きい。2019 年には、携帯電話機からの通信量は、通話やメール送受信、データの利用などが増加し 2019 年には 37.06 兆 MB であった通信量は、2020 年までに 42.2 兆 MB とへと拡大したと試算している。

データの利用に関しては、前年比 13.9% の増加率で、1 年間で 5.14 兆 MB 増加したことになる。米国人が移動通信端末に頼る傾向は一層顕著となっている。データ専用端末は、2013 年以降、272% 増加し 2020 年には 1 億 9,040 万台まで増加し、現在、推定端末全体の 41.3% を占めている。全体のワイヤレス接続数は 4 億 6,890 万に増加した。携帯電話機を使った通話は、近年データ通信であるが、通話件数と従来からのメッセージの送受信も依然としてここ数年増加傾向にある。2020 年のメッセージ数（SMS+MMS）は 2.2 兆件で、前年比 5% 増加である。

米国の携帯電話の主な指標

	2016	2017	2018	2019	2020	前年比
データ量 （単位：1 兆）	13.7	15.7	28.58	37.06	42.2	13.9%増
データ専用装置 （単位：百万）	105.7	126.4	139.4	174.8	190.4	8.9%増
セルサイト （単位：千）	308	323	349	396	417	5.3%増
スマートフォン数（単位：百万）	261.9	273.2	284.7	–	–	–
加入件数 （単位：百万）	395.5	400.2	421.7	442.5	468.9	10.6%増
メッセージ量（SMS+MMS）（単位：1 兆）	1.9	1.8	2.0	2.1	2.2	5%増
携帯普及率	120.60%	120.70%	126.60%	–	–	–

（出所：CTIA）

(2) 移動体通信事業者の動向

米国には地域ベースで事業運営を行う数多くの移動電話事業者が存在する。全国展開を行っている大手移動体通信事業者としては、2019 年までは AT&T モビリティ（AT&T Mobility）、ベライゾンワイヤレス（Verizon Wireless）、スプリント（Sprint）、T モバイル USA（T-Mobile USA、以下単に T- モバイル）の 4 社であったが、2020 年 4 月 1 日に T- モバイルとスプリントの合併が完了（FCC は、2019 年 10 月 16 日に承認）したため、それ以降、全国展開している通信事業者は 3 社となった。この大手 3 社は全国的にくまなく通信網を張り巡らしているというわけではなく、真の意味でユビキタスなサービスを提供していないが、各社は第 4 世代通信方式である LTE サービスを人口比率で 90%以上をカバーできる範囲に提供している。他の方式を含めると 4 社では 98%弱の市場を占め、4 億件を超える接続サービス件数となり、極めて集中した市場となっている。

2017 年まではベライゾンが加入件数で 35% とトップの位置にあったが,2018 年には AT&T が形勢を逆転し、徐々にシェアを拡大し,2019 年後半には 40% に迫る勢いとなっている。2022 年第 1 四半期の携帯電話加入契約件数では 43.3%のシェアを持つ。一方のベライゾンは、2018 年以降は勢いを失い、2018 年からはシェアは 30% 前後にとどまっている。2022 年第 1 四半期では 31.53%のシェアである。一方、T- モバイルは、スプリントとの合併話が最初に浮上した 2014 年頃の加入件数でのシェアは、14% と合併したスプリントの 16% の後塵を拝していたが、2019 年以降はスプリントの加入者を加え 24%前後である。2022 年第 1 四半期では 24.1%のシェアである。T- モバイルは、合併したスプリントが確保していた電波帯を有効利用して、いち早く 5G の全国展開に乗り出したため、最近は契約件数の獲得で勢いを増している。

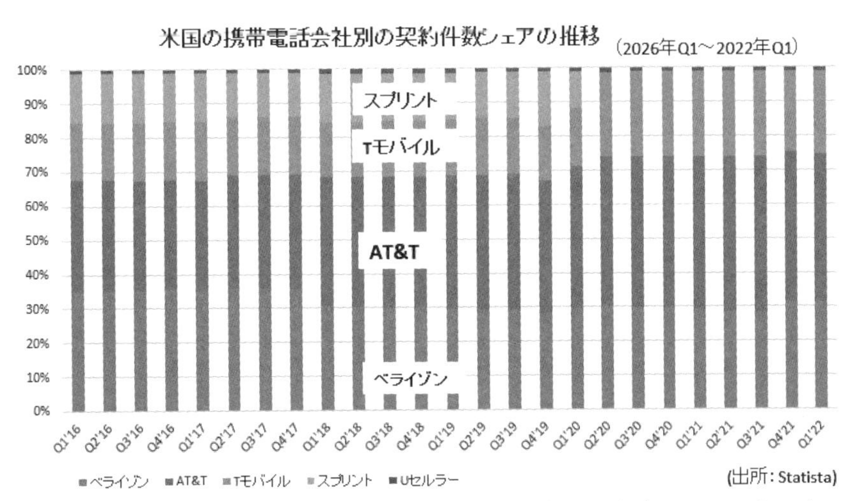

（上記の推移図には傘下の MVNO の契約件数は統計に考慮されていない。）

そのT- モバイル / スプリントの合併に際して合併を認める条件の１つが、スプリントが持っていたMVNOであるプリペイドサービスの子会社「Boost Mobile」を手放すことであった。これを2020年7月1日に米衛星放送大手のディッシュ・ネットワーク（DISH）が買収した。ディッシュが消費者向けワイヤレス市場に参入した。ディッシュは、その後も新たな周波数帯やMVNOのティンモバイル（Ting Mobile）などを買収している。そして2022年5月4日、ラスベガスに於いて5Gサービスである「プロジェクトジェネシス（Project Genesis）」を開始した。T- モバイルとスプリントの合併で全国的にサービスを提供する移動体通信会社は3社となっていたが、全国的に移動通信サービスを提供する4番目の会社としての一歩を踏み出した。

〈契約件数の純増数ではT- モバイルに勢い〉

米国の後払い型携帯電話契約数は、コロナウイルス感染症の影響を受けて、2020年第3四半期以降、大幅な伸びを示している。米国大手3社による2022年第1四半期の報告では、AT&TとT- モバイルは継続して契約者を拡大させている一方で、ベライゾンはマイナス成長となっている。2022年6月1日に、インターネットの接続性能評価サービス「Speedtest」を運営する米Ooklaが発表した米国携帯電話大手3社のポストペイ（料金後払い）型携帯電話契約数の推移とその要因に関する調査結果では、「米国　5G & 4G/LTE　性能」の図に見られるように、ベライゾンは4Gでは評価が低いが、2022年第1四半期にAT&Tと同様にCバンドを導入するなどして5G性能を改善していることから、利用者が携帯電話会社を選ぶ基準は、性能面以外にも費用面など他の要因が大きい。結果分析として、AT&Tとベライゾンとの比較では、①4G/LTEの性能が上回るっていること、②5G利用範囲が広いこと、③5G対応端末での利用にデータ利用の上限を設定しないなど利用者に好まれる価格設定、④Cバンドサービスの開始遅延がベライゾンの新規顧客獲得により不利に働いたこと、などが挙げられている。

なおAT&Tは、2021年に顕在化したインフレを背景に、古い携帯電話サービスプランの料金を3年ぶりに値上げすると同時に、新しいプランへの移行を加速させることを発表している。Verizonもこの動きに追随し、ポストペイド型携帯電話サービスの手数料を引き上げている。

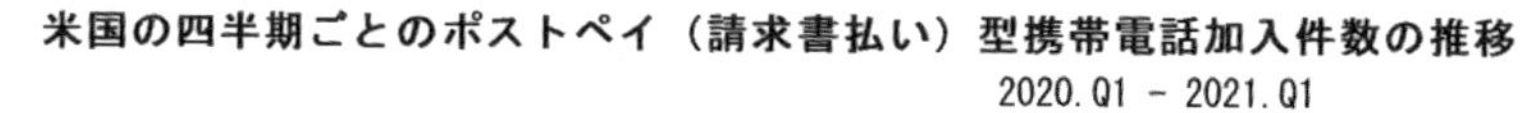

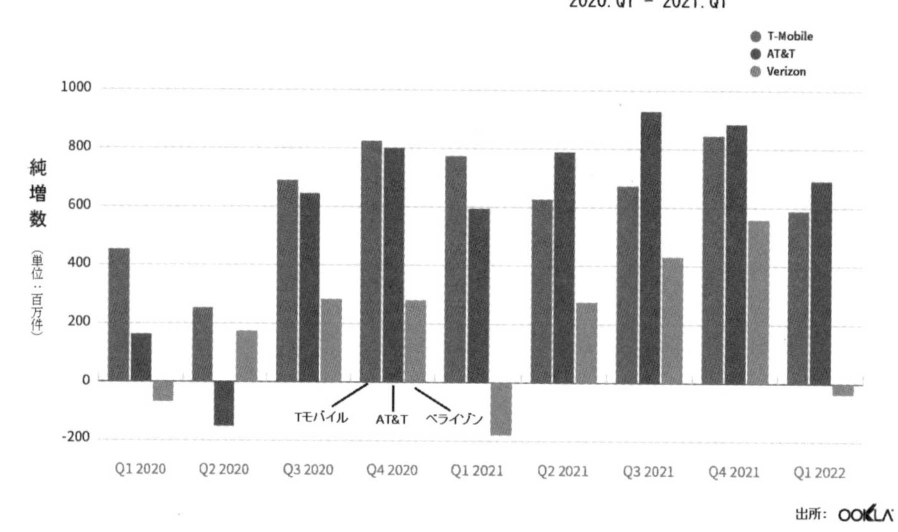

出所：OOKLA

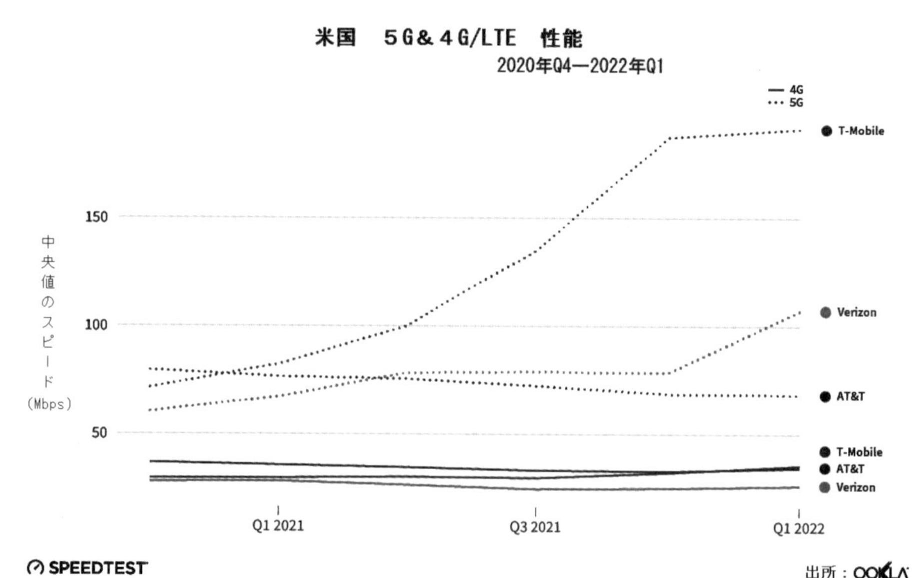

出所：OOKLA

米国ではT-モバイルが5Gの性能で市場をリードしている。AT&TはT-モバイルやベライゾンに性能面で遅れをとっているが、携帯電話の純増数ではAT&TがT-モバイルを上回っている。ネットワーク性能だけがポストペイドの純増数を押し上げる要因ではないようだ。ベライゾンも2022年第1四半期にCバンドを導入したが、純増数は減少している。

また、2021年3月の英国の国際的なインターネットベースの市場調査およびデータ分析会社の米国支社YouGovAmericaの調査結果をみると、米国の携帯電話の利用者が利用するキャリアを変える誘引として、利用者は性能よりも価格を重視することが判明している。顧客サービスの良し悪しは全般的に利用客を変更する要因としては小さい。年齢が高いベビーブーム世代では他の世代よりも重要視されている。9人に一人の割合で家族や友達と同じキャリアにしたいということを変更理由に掲げている。

過去12ヶ月間に通信事業者を変更した理由を
回答した人の割合（%）

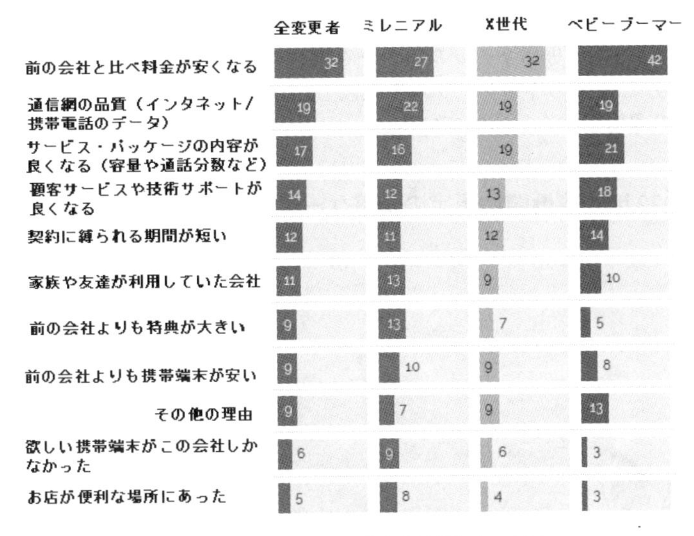

※　参照したデータは、過去12カ月間に通信事業者を変更した理由を提供した3,935人の米国人に基づいている。調査結果は、2021年3月のものである。　（出所：YouGovAmerica）

米国の世代別人口
(2021年7月現在単位:百万人)

高齢者, 21.7, (7%)
子供, 36.7, (11%)
Z世代, 67.8, (20%)
ミレニアル, 73.2 (22%)
X世代, 65.2, 19%
ベビーブーマー, 70.4 (21%)

出所：米国国勢調査局

※　米国の国勢調査局によると、Z世代1997－2012年、ミレニアム世代1981－1996年、X世代1965－1980、ベビーブーム世代1946-1964、シニア世代1928－1945と分類されている。

英国の調査会社YouGovが2021年3月に実施した調査によると、米国の消費者が携帯電話を解約する主な原因は費用面で、ネットワーク品質とサービスがそれに続いている。

〈3Gの停波〉

5Gサービスが全国的に展開して行く陰で、携帯大手3社は2022年中に第3世代（3G）通信サービスを順次終了する。3G対応の携帯端末で通話ができなくなるだけでなく、古いカーナビや電子書籍専門端末なども使えなくなる可能性がある。企業や米連邦通信委員会(FCC)が消費者に事前対応を呼び掛けている。すでにAT&Tは2022年2月22日に3Gサービスを終了した。T-モバイルUSは2022年7月1日に、ベライゾン・コミュニケーションズは同年末をメドに終了する。3Gサービス終了で空いた電波帯などは高速通信規格「5G」網の拡大に活用する予定である。一方、T-モバイルの2G GSMネットワークは、2022年12月31日に停止されることが暫定的に予定されている。また、2020年4月の合併で取得したスプリントのレガシーネットワークは、それぞれ2022年5月31日（CDMA）、2022年6月30日（LTE）に停波し、スプリントの通信網は完全に停止した。

4．海底ケーブル

海底ケーブルは、インターネットの国際通信の99%を担う大動脈である。約150年の歴史を持ち、国際電話やインターネットの中継網として発展してきた。2021年までの過去8年間は、市場は堅調に、そして時には目を見張るような成長を遂げ、異常な盛り上がりを見せてきた。海底光ファイバー業界は、新しいケーブルシステムに対する旺盛な需要で、前例のない時期を迎えている。

かつて海底ケーブルが結ぶ「グローバルネットワーク」という言葉は、通信事業者同士が協力しあって構築した世界の大都市間を結ぶネットワークを指していた。今日のグローバルネットワークは文字通り地球の果てまで広がっている。最近では、アマゾン川流域、地球上で最も遠い有人島の一つとされるセントヘレナ島、南米の先端、太平洋やインド洋の多くの小島に海底ケーブルが敷設されている。北極圏や南極圏でも複数のプロジェクトが提案されている。

そして、近年では、通信事業者によるネットワークインフラ網としての役割から米国のIT大手グーグルやメタプラットフォームズ（旧フェイスブック）などが世界各地に作るデータセンターを結ぶためのイントラ網としての役割に変貌している。米国の調査会社テレジェオグラフィー社（Telegeography）社の調査によると、2010年の段階では、いわゆるGAFA（Google、Amazon、Facebook、Apple）を始めとしたコンテンツ事業者による海底ケーブルのトラフィックは全体の１割にとどまっていた。2020 年には一気に７割を占めるまでに急激に膨張していた。GAFA の中でもリアルタイム性が高いネットサービスを提供しているグーグルとメタの需要が多い。世界各地に設けたデータセンター間で毎日データをやり取りする必要がある。世界各地に点在するデータセンターが蓄える膨大なデータを同期させるためには、海底ケーブルを使った大量の通信が必要になる。

かつては、各国の通信事業者がコンソーシアムを組んで資金を出し合い、ケーブルを建設していた。IT 大手は、通信事業者が建設した海底ケーブルを借りていたデータ量が膨大に膨れあがると、経済合理性から自ら海底ケーブルを引き始めようとする判断が生まれてくる。2010 年に、日本と米国を結ぶ太平洋横断海底ケーブル「Unity/EAC-Pacific」の敷設に、初めて通信事業者以外の企業、IT 大手のグーグルが参加した。その後は、グーグルに続き、メタやアマゾン、マイクロソフトらが、こぞって海底ケーブルの敷設に参加し始めた。GAFA は需要拡大に応えるため海底ケーブルへの投資、敷設に力を入れている。グーグルは、2019 年７月時点で 16 本の海底ケーブルに投資し、最大の海底ケーブル所有者となっている。ここ数年、１年間に敷設される海底ケーブルの本数は 20 本前後である。その２割前後のプロジェクトに大手 IT 企業の名前が連なっている。最近では単独で海底ケーブルを敷設するという傾向も出てきている。グーグルは、2018 年にブラジルで、リオデジャネイロとサントス間に単独で初めての専用ケーブル Junior を敷設した。以降、Curie（2020 年、米国、チリ、パナマ）、Dunant（2021 年、米国～フランス）と３本の専用ケーブルを敷設し、2022 年にも４番目の専用ケーブル Grace Hopper（2022 年、米国～英国、スペイン）の運用開始を目指している。

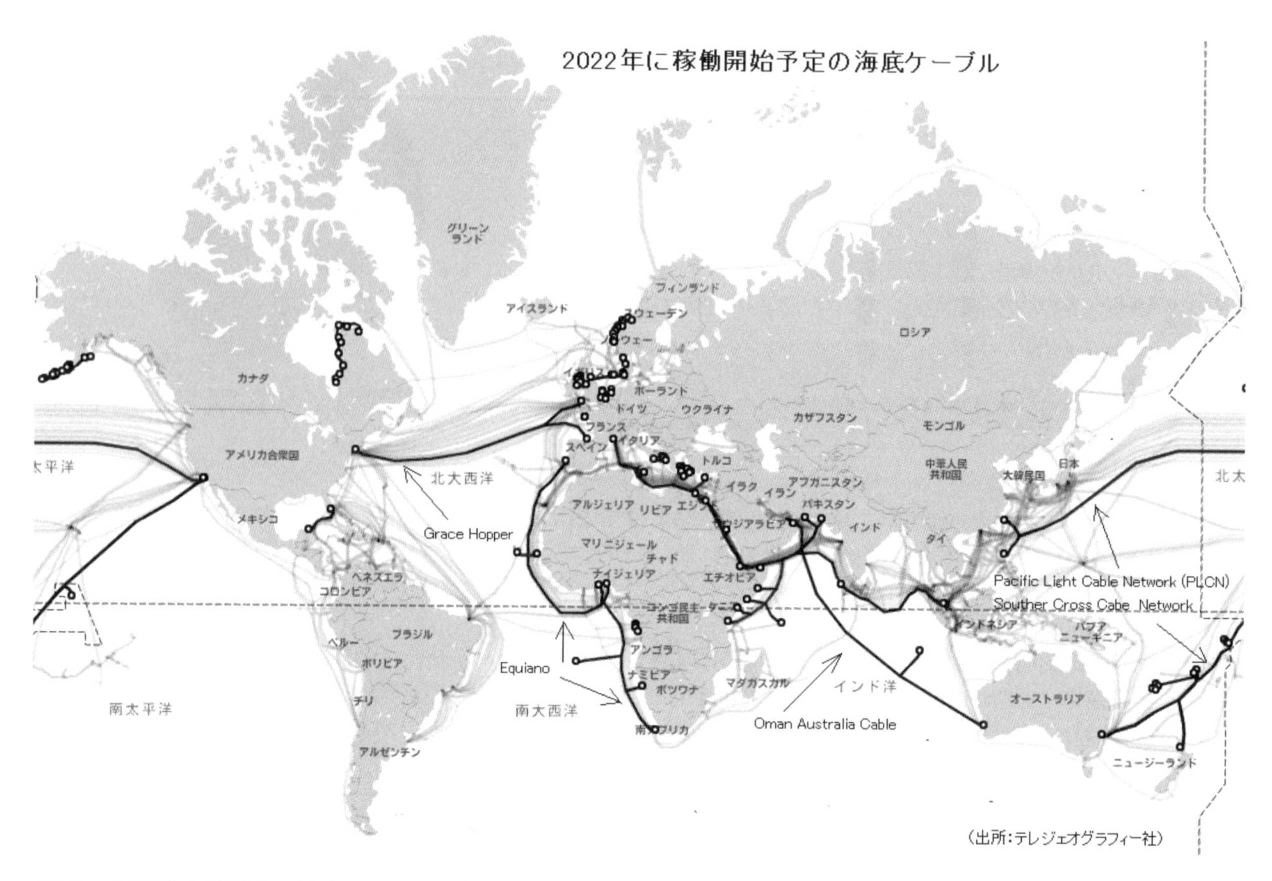

（出所：テレジェオグラフィー社）

現在、大西洋を横断する海底ケーブルで伝送されるデータ・トラフィックのうち３分の２は企業の専用通信網からのもので、電気通信事業者からのものではない。この割合は、2010 年の 20％から大幅に増加している。2015 年頃から回線帯域の需要が電気通信事業者から大手コンテンツ・プロバイダに移っていることが大きな理由である。

５．衛星通信

20 世紀の後半にかけて注目を集めてきた衛星通信であるが、その後は長い間海底ケーブルに主役を奪われてきた。現在、米国内の FSS スペクトルのほぼすべての衛星通信サービスを提供しているのはインテルサットと SES、ユーテルサット、テレサット、ヒューズネットワークシステム（エコースター）、ヴィアサット（ViaSat）である。テレサットは米国政府に衛星サービスを提供し、ヴィアサットに Ka バンドの衛星容量を提供している。ヴィアサットはその容量を利用して米国内でブロードバンドサービスを提供している。ヴィアサットとヒューズネットワークシステムは、米国内の顧客にホールセールおよびリテールの商用ブロードバンドサービスを提供している。

最近注目を浴びているのが低軌道（Low Earth Orbit:LEO）や中軌道（Middle Earth Orbit:MEO）で地球を巡回する多数の通信衛星を複数基協調させて機能させるシステムである通信衛星コンステレーションである。低～中軌道上を飛行するので遅延が小さく、通信速度も静止軌道上通信衛星と比較すると速い。全ての地域に対してブロードバンド（高速で大容量の情報が送受信できる通信網）級の通信が可能になる。デジタルディバイドの解消にもつながる。

衛星によるインターネットサービスは、光ファイバーやケーブル接続のインターネットの速度には及ばない。しかし、インターネットへのアクセスが絶対不可欠な場合、人里離れた村や戦争などの緊急時では唯一のアクセス手段として衛星インターネットが重要な役割を果たす。米国で一般人が利用できる衛星インターネットの選択肢は広くない。衛星インターネットサービスを提供する企業はヴィアサット（Viasat）とヒューズネット（HugesNet）、スターリンク（Starlink）の3社である。

米国で利用できる衛星インターネット比較

	ヒューズネット	ヴィアサット	スターリンク
最大速度	ダウンロード：25Mbps アップロード：3Mbps	ダウンロード：12-100Mbps アップロード：3Mbps	ダウンロード：50-500Mbps アップロード：10-40Mbps
最低月額費用	$45-$140	$70-$300	$110
通常月額料金	$65-$160	$100-$400	$110-$500
契約期間	２年	２年	無し
機器費用（1回のみ）	$15または$450の購入費用	$13または、$299	$599の購入費用、または、プレミアムで$2500
データ利用容量	15-100GB	40-300GB	無制限

（出所：CNET）

ヴィアサットは、衛星インターネットの売り上げの伸びは前年比37%と財務的に絶好調となっている。主に、飛行機内の乗客に対するインターネットサービスの提供に勢いがついている。そのヴィアサットは、2021年11月8日、73億米ドル相当の取引でInmarsatを買収すると発表し衛星業界関係者に衝撃を与えた。インマルサットは、成長するグローバルモビリティ分野で卓越した存在感を示し、多次元メッシュネットワークでネットワーク設計の最前線に立っている。2022年暦年後半に完了する予定である。合併後の会社は、両社の周波数、衛星、地上波の資産を統合し、グローバルな大容量の宇宙と地上波のハイブリッドネットワークを構築し、急成長する商業および政府分野で優れたサービスを提供することを意図している。

また、ヒューズネットは低料金を売りに利用者の拡大に力を入れている。スターリンクは、2021年10月に公共向けのベータテストを終了し、本格的な販売を開始した。2022年1月の時点で、スターリンクは既に2,000基以上の衛星を配備し、世界で14万5,000を超す顧客と契約を済ませている。

ウクライナ侵攻に際しウクライナ政府からの要請でスターリンクを運用するスペースX社は衛星との送受信装置を無償提供した。当初は、非常用通信手段としてであった。スターリンクの利用に弾みがかかった。ウクライナでの利用は急増し2022年5月には1日あたりのアクティブユーザーが約15万人に達している。

スターリンクは、ウクライナを始めとして欧州地域で人気があり、また、スピード調査会社の調査では速度が一番早いというのが特徴である。

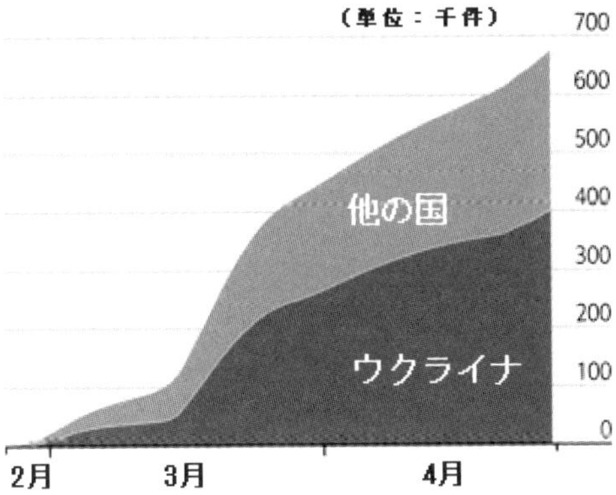

（出所：Apptopia）

そのスターリンクに直接的に挑戦しようとしているのが、アマゾンのプロジェクト・カイパーである。アマゾンは2020年7月30日に人工衛星を使った通信サービスの「プロジェクト・カイパー」について、米連邦通信委員会（FCC）から認可を受けた。「プロジェクト・カイパー」は3,236基の低軌道衛星で構築されるネットワークから世界中のあらゆる場所に高速インターネットを提供する計画で、アマゾンは同計画に100億ドル以上を投資する予定である。FCCは6年以内に同社が計画する衛星の半分を打ち上げるよう義務付けているため、これに従えば2026年7月までに約1,600基が軌道上に展開されることになる。

アマゾンは2022年4月5日、米宇宙開発ベンチャーのブルーオリジンとボーイングとロッキード・マーチンの合弁会社であるユナイテッド・ローンチ・アライアンス（ULA）、仏衛星大手アリアンスペースのロケット企業3社に最大83回の衛星打ち上げを依頼する契約を締結した。これは「プロジェクト・カイパー」の一環であり、商業宇宙産業史上最大の打ち上げ契約となった。

低軌道の衛星コンステレーションに古くから取り組んできた衛星ベンチャーには英国に本社を置く「ワンウェブ」がある。日本のソフトバンクも出資している。2019年2月には、最初の人工衛星6基の打ち上げに成功している。2019年末から毎月30基以上の人工衛星を打ち上げる計画だったが、資金が枯渇し2020年3月に日本の民事再生法に当たる「破産法第11章」（チャプター11）に基づく会社更生手続きを申請した。その後、英国政府とインドの移動体通信大手バーティ・グローバルは、同年７月にワンウェブを買収するためのコンソーシアムを立ち上げた。同年10月、連邦破産裁判所が、ワンウェブから提出されていた再建計画書を承認したことで、ワンウェブは英国政府とバーティ・グローバルの傘下となった。2021年８月と2022年２月に衛星打ち上げを行い、ワンウェブが打ち上げた衛星は428基に達している。同年３月にも、ロシアのバイコヌール宇宙基地から36基の通信衛星が新たに打ち上げられる予定だったが、ロシアによるウクライナ侵攻への批判の高まりから同基地からの打ち上げをすべて断念した。また、３月21日にはスペースX（SpaceX）との間に衛星の打ち上げに関する契約を締結した。2022年７月26日、ワンウェブとフランスの大手通信衛星事業社であるユーテルサット（Eutelsat Communications）は、経営統合を視野に入れた覚書に調印した。

また、FCCは、2021年11月３日、ボーイング社が提出した衛星群の建設、配備、運用に関する免許申請を承認した。ボーイング社は、米国および世界の住宅、商業、機関、政府、専門家のユーザー向けにブロードバンドおよび通信サービスを提供する計画である。FCCオーダーによると、ボーイング社は、Vバンドの一部（37.5GHz-40GHz、40GHz-42GHz、47.2GHz-50.2GHz、50.4GHz-51.4GHz）の周波数を用いた非静止軌道固定衛星サービスシステムの打ち上げと、Vバンドの一部（65GHz-71GHzバンド）を用いた衛星間リンク（ISL）の運用を認可された。2027年11月までに星座の50％を打ち上げることが義務付けられている。さらに、２週間後の11月18日、FCCは、フランスの衛星通信会社であるキネシス社による米国市場での衛星サービス提供の申請を承認した。同社の申請書によると、提案されている25基の小型低地球軌道衛星のコンステレーションは、モノのインターネット機器への接続を提供する計画であり、海上通信の監視による海域認識の強化が期待されている。また、FCCは、2021年11月４日、同日に締め切られたVバンド周波数帯の使用提案に関し、アマゾンやインマルサット、インテルサット、ヒューズなど宇宙関連企業９社がブロードバンド・ネットワークの新設・拡張を申請し、合計３万8,000基近い衛星の承認を求めていることを明かした。Vバンドを使う技術はますます現実的になってきている。先のFCCによる２つの承認は、イーロン・マスク氏のスペースX社（スターリンク）とジェフ・ベゾス氏のプロジェクト・カイパー、英国のワンウェブなどが既に参入している低軌道（LEO）衛星ブロードバンド分野での混み合いを増すものである。Vバンドの使用提案に９つの企業が殺到したことは、低軌道衛星でのブロードバンドシステムの構築で最も難しいのは、衛星の建設や打ち上げではなく電波の獲得であることを示している。陣取り争いが起こっている。

６．次世代移動体通信（5G）の動向

〈経緯〉

米国ではベライゾン・コミュニケーションズが2019年４月３日、イリノイ州シカゴとミネソタ州ミネアポリスで5Gサービスを開始した。当初は同月11日に始める予定だったが、韓国に先駆けるために約１週間前倒しした形だ。AT&Tは2017年から「5G Evolution」というサービスを提供している。「5G」を冠しているものの、実体は4Gの改良版である。5G準拠のサービスとしては、ミリ波帯を使った「5G+」がある。６月17日に企業向け5Gスマートフォンサービスを開始している。

AT&Tとベライゾンは5Gのアプローチでも大幅に異なっている。ベライゾンは、有線の家庭向けインターネット接続を、5G信号やWi-Fiネットワークに対応したデバイスに置き換えている。モバイル5Gとは異なり、アンテナ受信機の接続は固定されており、障害物の少ない通信経路が必要になる。AT&Tは最初からモバイル5Gに重点を置き、2019年から一部の都市でサービスを開始している。同社の初の5G対応デバイスは、スマートフォンではなく、スティーブンソンCEOが「パック」と呼ぶモバイルホットスポットである。

AT&Tやベライゾンは、まず5G対応ホットスポットとして、5Gに対応していないラップトップやスマートフォン、タブレットなどを接続できるルータを使ったモバイルサービスを提供している。一方、T-モバイルは、5G対応スマートフォン向けサービスを提供することで、２社との差別化を図っている。

AT&Tとベライゾンより少し遅れて、T-モバイルは2019年６月28日にスマートフォン向け5Gサービスを、６都市（アトランタ、クリーブランド、ダラス、ラスベガス、ロサンゼルス、ニューヨーク）で開始した。同年12月２日には、全米5,000以上の都市をカバーする600MHz帯を使う全国規模の5Gネットワークの提供を開始した。600MHz帯を使った世界初の5Gビデオ通話、データ・セッションに成功している。2020年８月４日、T-モバイルは、世界初の携帯電話事業者として、商業的な全国スタンドアロン（SA）アーキテクチャの5Gネットワークを立ち上げた。短期的には、SAネットワークの立ち上げにより、T-モバイルは600MHzの電波到達範囲（フットプリント）を5Gのために利用することができる。

また、ディッシュネットワークは2021年の第三四半期での5Gサービス提供を目指し、2020年７月に開始された5G向けの3,550～3,650MHz帯の周波数オークションでは、ライセンス数では１位、金額では２位と多くの周波数帯を確保した。

CTIAによると、5Gネットワークは4Gよりも早く構築され、拡大している。最初の5Gネットワークは4Gの２倍の速さで全米をカバーし、３大プロバイダーはすべて4Gより42％速いスピードで全米ネットワークを構築した。

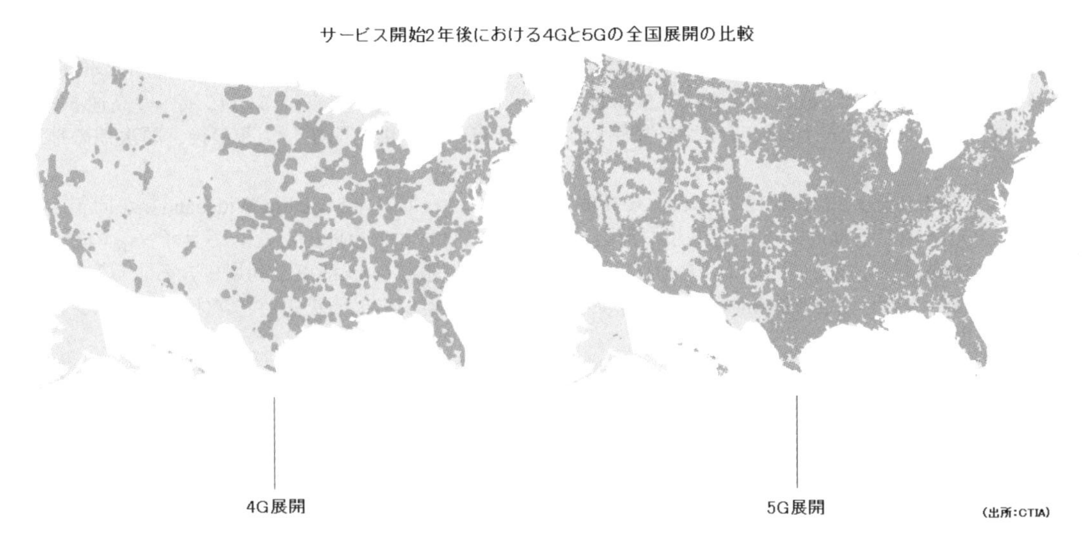

米国に限ったことではないが、2021年から2022年上半期にかけても5Gの新しい現実的なアプリケーションはほとんど普及してきていない。米国ではT-モバイルだけが、全国ネットワークの基盤として適切であることが判明したミッドバンドの電波を有している。米国の複数の調査会社がAT&Tとベライゾン、T-モバイルの携帯大手3社が提供する5Gサービスを比較調査し結果を公表している。速度だけでなく利用度や性能などでも複数の項目を設け調査しているが、結果はほぼ同じで、米国で最も広範に利用できる5Gネットワークとしてミッドバンド周波数帯の獲得競争で先行したT-モバイルに最高の評価を与えている。例えば、Ooklaは、2022年第1四半期T-モバイルが米国で最も速い5Gダウンロード速度中央値191.12Mbps（2021年第4四半期から少し上昇）を達成したと報告している。また、ベライゾンについては、2022年第1四半期に5Gの速度が最も上昇したと紹介している。Verizonは、同四半期にCバンドスペクトルのかなりの部分を利用しはじめた。ベライゾンの5Gダウンロード速度の中央値は107.25Mbpsで、2021年第4四半期の78.52Mbpsから上昇した。Cバンドをオンにするのがやや遅かったAT&Tは、5Gダウンロード速度の中央値が68.43Mbpsとなり、2021年第4四半期とほぼ同じであった。5Gが新しいものを生み出す潜在性は非常に高いが、目下のところは単に4Gよりも高速であることだけが利点になっている。5Gが真価を発揮する新しいアプリの登場には想定していたよりも時間がかかりそうである。

〈航空機無線への干渉問題が影響してCバンド5Gの運用開始がたびたび延期〉

2019年末に実施された5Gサービス向けのミッドバンドの入札と並行して航空関係団体はCバンド周波数での5G伝送は、ヘリコプターから民間航空機に至るまで使用されている無線高度計に干渉する可能性があるとの懸念をFCCに指摘していた。3.7GHz～3.98GHz帯の5G信号と、4.2GHz～4.4GHz帯の周波数を使用する航空機の無線高度計との間の干渉懸念である。これに対して、無線通信業界を代表する業界団体であるCTIAを始めとした無線業界関係団体は、Cバンド5Gが近隣の帯域のサービスに対して有害な干渉はおろか、干渉も起こさずに運用できるとの見解で一致し、FCCに航空業界の裏付けのない主張を退けることを申し入れていた。

夏頃からは、米国の政府機関である連邦航空局（Federal Aviation Administration：FAA）、や航空会社、航空機メーカーなどの航空業界は3.7GHz帯の5Gの導入を延期するよう移動体通信事業者に求めていることが世間の耳目を集め始めた。AT&Tとベライゾンは両社とも当初2021年12月5日に3.7GHz帯の5Gを導入するために基地局の設置など準備を進めてきた。しかし、航空業界の懸念を受け入れ、12月5日に予定していた3.7GHz帯のミッドバンド周波数を使用した5Gの導入を1か月延期することに同意し、2022年1月5日に変更した。航空業界はさらなる延期を要請したため、2週間の延期を受け入れて2022年1月19日に再延期した。なお、米国の主要な移動体通信事業者としてはT-モバイルUSAも3.7GHz帯を取得していたが、ミッドバンドは2.5GHz帯を使用して高速通信を実現できる5Gを広範に整備しているため、他社ほど3.7GHz帯を重視していない。

そして、AT&T及びベライゾンは、土壇場の2022年1月18日、翌19日に開始予定だった第5世代（5G）移動体通信の新サービスについて、7月5日まで多くの空港で半径2マイル以内の通信塔の運用を控えたり、出力を低下させることに不承不承合意した。しかし、FAAは2022年1月18日、どの空港や機体が影響を受けるかについてのガイダンスを更新したが、移動通信事業者の一部延期合意やガイダンス更新自体が直前となったため、アジアや中東、欧州の航空会社は数十便のキャンセル・発着時変更を余儀なくされ、航空関係者には混乱が避けられなかった。そして、2022年6月17日、米連邦航空局（FAA）は、AT&Tとベライゾンは、航空会社による飛行機が干渉に遭わないように改修する作業を行うため、一部のCバンド5Gの使用を2023年7月まで延期することに自主的に同意したと発表した。

〈5Gサービスの展開状況〉

AT&Tは、2022年1月19日に、3度めの延期に合意したが特定の空港滑走路周辺にある電波塔使用を一時延期するという制限付きで5Gサービスを開始している。主要空港周辺を除く形で、ミリ波による高速5Gサービス「AT&T 5G+」

にて、C バンドを使用した 5G の運用を開始した。AT&T は、これまで、低周波数帯を使った 5G サービス「AT&T 5G」を全米 1 万 6,000 市町、2 億 5,500 万以上の人々に提供してきた。高速 5G サービスの AT&T 5G+ も、40 超の都市、約 30 のスタジアム、公共施設などで使える。AT&T 5G+ に C バンドを追加することで、より広域への高速 5G 通信提供が可能となった。まずは、オースティンやシカゴを含む 8 つの大都市から提供を開始し、その後、順次他の地域に拡張していく予定である。

ベライゾンは、これより先、2021 年 12 月 9 日、ミリ波利用の 5G サービス「5G Ultra Wideband」が同年末までの目標としていた 1 万 4,000 カ所の基地局設置を完了し、米国 87 都市へのサービスを開始した。ベライゾンの家庭用 5G 固定無線サービス「5G Home」も、2021 年には対象地域を前年の 5 倍に拡張し、65 都市で利用できるようになった。また、企業向け 5G 固定無線サービス「5G Business Internet」の対象地域も前年から 3 倍拡張し、アトランタ、シカゴ、ロサンゼルスを含む 62 都市で利用可能となっている。

一方、T- モバイルは 2021 年 11 月 15 日、同社の高速大容量 5G サービス「Ultra Capacity 5G」が全米 2 億人を対象とする規模に達したと発表した。当初目標の 2021 年末を前倒しして達成した。T- モバイルが配信するプレスレリースでは、第 3 者機関による 5G サービスの速度や性能では他社を抑えて最高の評価を得ているという文言が決まり文句のようになってきている。

Ultra Capacity 5G は、AT&T やベライゾンなど他のキャリアが採用している mmWave 5G の周波数ではなく、スプリント買収によって転がり込んできたミッドバンドの 2.5GHz 帯の周波数に大きく依存している。T- モバイルは 5G の速度を最大多数の人に届けるためにミッドバンドの周波数の獲得を目指し、スプリントを買収してからは 2.5GHz 帯の周波数を展開してきた。このほか、周波数の低い 600MHz 帯を使った 5G サービス「Extended Range 5G」も提供している。全米 3 億 800 万人が対象となる広大なカバレッジを実現している。T- モバイルはこの 2 つの 5G サービスを組み合わせることで、全米で最も広域に、信頼性の高い 5G サービスを提供可能とする。

〈ディシュの５G 市場への本格的参入と AT&T ５G 網のマイクロソフトクラウドへの移行〉

ディシュネットワーク（Dish Network、以下ディシュ）は 2019 年 7 月、T- モバイルおよびスプリントとともに、米司法省反トラスト局との間で、米国第 4 位の国内設備型ネットワークの競合企業になることで合意した。電気通信市場への参入の条件として、FCC に対して 2022 年 6 月 14 日までに、25 の主要市場や複数の小規模サイトに 5G ネットワークを構築し、2022 年米国内で人口の 20%をカバーする 5G コアネットワークとインフラを展開することすることを約束した。このため、ディッシュは、当初、2020 年末にラスベガスにて 5G サービスを始動させる計画（「ラスベガス 5G」）だった。しかし、思惑通りには進まず、1 年 5 カ月程度遅れて、2022 年 5 月、米国ネバダ州ラスベガスにおいて、ようやく国内 5G（第 5 世代移動通信）市場への参入を実現した。5G 始動が大幅に遅れたため、FCC に確約した 2022 年 6 月 14 日までに人口カバー率 20%の目標を達成するというライセンス義務を満たせるのか危ぶまれた。しかし、ディシュは、このカバー期限が到来する数時間前に「Project Genesis」のウェブサイトを更新し、同社の 5G モバイルサービスが 120 以上の都市で稼働していることを明らかにした。5G サービス開始の対象となった地域は、ニューメキシコ州アルバカーキ、ノースカロライナ州シャーロット、テネシー州チャタヌーガ、テキサス州ダラス、テキサス州ヒューストン、オクラホマシティ、フロリダ州オーランド、およびバージニア州バージニアビーチなどである。ディシュによると、「Project Genesis」5G サービスは、「3GPP Release 15 enhanced mobile broadband（eMBB）」に準拠し、ディッシュの 5G コアを介して動作する。20% のカバレッジは、ディッシュの AWS-4（2000MHz-2020MHz/2180MHz-2200MHz）、Lower 700MHz E-block および AWS H-block（1915MHz-1920MHz/1995MHz-2000MHz）の周波数を利用している。今後は、2023 年 6 月までにセルサイト 15,000 カ所、米国人口の 70% までカバレッジを拡大する必要がある。

ディッシュの通信事業参入で注目したいのは、大手クラウド事業者である米 Amazon Web Services（AWS）のクラウド基盤をフル活用した 5G インフラの構築を進めていることである。コアネットワークから無線アクセスネットワーク（RAN）の一部まで、AWS のクラウド基盤の上に仮想化ネットワークとしてつくる計画である。既存の 3G や 4G ネットワークとの相互運用を考えず、5G ネットワークを構築する。新規参入事業者であるディッシュにとって、時間がかかる自社によるインフラ構築よりも、サービスとして利用できるパブリッククラウドを極力活用したほうが、時間と設備投資の効率化の面でメリットがある。クラウド基盤の機能としても一歩も二歩も先をゆくパブリッククラウドを活用することで、5G のポテンシャルをフルに打ち出せるという期待もある。ディッシュの場合、既存の 3G や 4G ネットワークとの相互運用を考えず、まっさらな状態から 5G ネットワークを構築できる。

一方で、従来の通信事業者の間には、パブリッククラウドの信頼性のレベルでは、通信事業者が求める「キャリアグレード」の品質を担保できないという見方が多い。さらに、通信事業者がこれまで構築してきたインフラが、いずれパブリッククラウドの一部へと飲み込まれていくのではないかという懸念もある。

ディッシュは新規参入事業者であり、多少リスクがあってもクラウドによる 5G ネットワークの構築という新たな手法で既存の業界に挑戦しようとしていた矢先、2022 年 6 月 30 日、古参の AT&T は、同社の 5G モバイルネットワークをマイクロソフトのクラウドに移行すると発表し、業界に衝撃が走った。AT&T は、この戦略的提携により、AT&T のすべてのモバイルネットワークトラフィックは近い将来マイクロソフトのクラウドサービスであるアズレ（Azure）の技術を使って管理することになる。両社はまず、AT&T の 5G コア（モバイルユーザーや IoT デバイスをインターネットやその他のサービスと接続する、5G ネットワークの中核となるソフトウェア）から着手する予定である。

今回の合意により、マイクロソフトは、AT&T の 5G コアネットワークが稼働する AT&T のキャリアグレードのネットワーク・クラウド・プラットフォーム技術を取得する。AT&Tの知的財産と技術的専門知識を獲得することで、通信事業者向けの主力製品であるAzure for Operatorsを大きく育てる事ができる。AT&Tは、マイクロソフトのハイブリッドおよびハイパースケールインフラを使用することで、エンジニアリングおよび開発コストを大幅に削減でき、クラウド対応の自動化とデータ分析、リアルタイム対応とピーク時のトラフィックをオンデマンドで管理するることなどを期待している。クラウドを活用したAIやIoTにより、新しいサービスの提供を加速させることにつながる。

そして、マイクロソフトは、2022年2月27日、通信事業者向けの次世代ハイブリッド クラウド プラットフォームである「Azure Operator Distributed Services」を発表した。米AT&Tの「Network Cloud」技術とAzureのセキュリティ、監視、機械学習、分析サービスを統合した通信事業者向けハイブリッドクラウドプラットフォームの最新バージョンとなっている。併せて「Azure Operator 5G Core」(プライベートプレビュー版)と「Azure Private 5G Core」(パブリックプレビュー版)も発表された。いずれもAzureで管理・展開されるサービスである。通信事業者がAzure Operator 5G Coreを利用すれば、モバイルネットワークを大規模に構築、展開、管理し、5Gデータ需要に対応できる。同サービスはクラウド管理、サービス自動化、ライフサイクル管理、ネットワークスライシング、統合分析を備えた分散アーキテクチャ上に構築されている。

GSMAによると、通信事業者は2021年から2025年の間に全世界で9,000億ドルのモバイル設備投資を行う見込みである。そのうちの約80%は5Gで、その多くがクラウドインフラ上で実行される可能性がある。クラウドに移行する大きな利点は効率性である。全ての通信事業者が効率性のみを追求すれば最終的にはアマゾンやグーグル、マイクロソフトなど地球規模でクラウドサービスを提供できる体制にある3社が全ての通信システムをホストすることも考えられる。移動通信業界では、現在、エリクソン、ファーウェイ、ノキアの機器製造業3社への依存度が高い。連邦下院が2020年10月の反トラスト調査報告で指摘したクラウド市場における大手独占の状況や、パブリッククラウドへの依存により、現在よりも深刻なベンダーによる束縛(ロックイン)に陥る潜在性がある。

7. 事業者の再編

① AT&T、ワーナーメディアを分離し、ディスカバリーと共同で新会社「ワーナー・ブラザース・ディスカバリー」設立

2020年までの13年間、AT&Tは、「通信とメディアの融合」を目指して、海外への進出とメディア関連の買収を進めてきた。携帯事業では、加入者数が飽和し、1人当たりの料金も伸び悩むのを、①海外への進出と②メディア関連の買収の2つの道で解消しようとした。1つ目は中南米への地域的拡大、ディレクTVの顧客を取り込む横の拡大であった。2015年以降にメキシコの第2位と第3位の携帯キャリアを買収した。2つ目は、コンテンツ保有を増やして、顧客1人当たりの収入を増やす縦の拡大であった。衛星放送のディレクTVを買収した。そして、ワーナーの買収もした。

こうした戦略の下で行った買収のための借り入れで借入金が1,900億ドルにまで膨れ上った。アクティビスト(物言う株主)からの批判が高まってきた。借り入れの縮小と不要部門の売却を求められていた。

2020年7月にAT&Tの新CEOが就任したことを機に、メディアとの垂直統合を目指す戦略から電気通信の本業に重点を置く戦略へと舵を切った。2020年12月に子会社でアニメ制作配信事業部門であるクランチロール(Crunchyroll)をSONYに売却した。また、2021年2月には、同社が2014年に485億ドルで買収した衛星放送企業ディレクTVの事業を切り離し、米投資ファンドのTPGキャピタルと統合させ新会社を設立している。AT&Tが、本業に回帰する方向へと舵を切ることを迫られた背景には、5Gの全国展開でベライゾンやT-モバイルに遅れをとったことや加入者数でもT-モバイルの後塵を拝する事態に陥ってしまったこと、さらに本業の通信事業で、高速通信規格「5G」網構築や免許料に多額の資金が必要になってきたことなどもあげられる。

2021年5月17日、AT&Tと米国大手メディアのディスカバリーは傘下のワーナーメディアとディスカバリーの統合を発表した。AT&Tからワーナーメディアを分社化し、ディスカバリーと共同で新会社を設立する。両社が行ってきた動画配信サービスのグローバル展開を強化していく。新会社は「ワーナー・ブラザース・ディスカバリー」となる予定である。

2022年2月1日、両社は傘下のメディア事業であるワーナーメディアを430億ドルで分離しディスカバリーと統合するにあたって、新会社「ワーナー・ブラザース・ディスカバリー」を設立すると発表した。新会社は、ディスカバリーのデビット・ザスラフ最高経営責任者(CEO)が率いる。AT&Tが株式の71%、ディスカバリーが29%を持つ。当局の審査などを経て、2022年半ばの手続き完了を目指す。今回の再編に伴いAT&Tが受け取る総額は430億ドルとなる。

AT&Tは2018年に、タイムワーナーを買収し、ワーナーメディア部門としてコンテンツ事業を行ってきた。ワーナーメディアはHBOやCNN、カートゥーンネットワーク(Cartoon Network)、TBS、TNT、ワーナーブラザースを所有しており、ディカバリーはHGTVやアニマルプラネット(Animal Planet)、フードネットワーク(Food Network)、TLC等を傘下に抱え料理や旅行などのリアリティー番組に強みを持つ。それぞれ単独でストリーミングサービスを提供している。この統合により、テレビ・映画業界の有名企業の多くが1社の下に集結することになった。

新会社創設に先駆け、ディスカバリーのウィーデンフェルズCFOは、2022年3月14日、両社が運営する動画配信サービス「Discovery +」と「HBOMax」を統合する計画を発表した。バンドル化ではなく統合化を選択した理由については、豊富なコンテンツを一つのソリューションにまとめることが競争力強化のための最善の方法であると判断したと説明した。新会社は合併して提供できるコンテンツの幅を広げることで、契約者の拡大を狙い、メディア業界の主戦場となったストリーミング市場で先行する米ネットフリックスと米ウォルト・ディズニーに次ぐ「第三極」を目指すことになる。

ワーナーメディアを分離するAT&Tは、「AT&Tの新時代のスタートラインに近づいている」とし、メディア事業再編

後は通信サービスの提供という中核事業に再び焦点を当てる方針である。今回の再編に伴いAT&Tが受け取る総額は430億ドルとなる。AT&Tは今年中に光ファイバーや5Gの拡大で約200億ドルの設備投資を見込んでおり、ワーナーメディアの分離が債務軽減につながる見込みである。

②ベライゾンもAOLやヤフーを有するメディアグループを売却

ベライゾンは、2021年5月3日、AOLやヤフー（Yahoo）のブランドを含むメディアグループ（Media Group）をプライベート・エクイティ企業のアポロ・グローバル・マネジメント（Applo Global Management）に50億ドルで売却すると発表した。この売却によりベライゾンは、10％の株式とともに42億5,000万ドルの現金を手にする。ベライゾンは2015年にAOLを44億ドルで、その2年後にヤフーを45億ドルで買収していた。ヤフーとAOL、その傘下のオンラインメディアブランドは、ほんの数年前よりはるかに低い評価額でアポロに売却されることになる。

ベライゾンの当初の構想は、ヤフーとAOLの資産を、オンライン広告で優勢なグーグルとフェイスブックに対抗できるオンラインメディアの巨艦にすることだった。ヤフーとAOLのブランドは、2017年6月にベライゾン内の新しいオンラインメディア部門「Oath」に集約された。しかし、Oathプロジェクトはほとんど勢いを得ることができなかった。2018年11月にOathをメディアグループ（Verizon Media Group）として再びブランド名を変更し、2019年1月から捲土重来を期していた。2020年ころから、ベライゾンにはメディア資産を売却し、代わりに無線ネットワークや他のインターネットプロバイダ事業に注力しようとする兆候がみられた。ベライゾンは2020年に、HuffPostをBuzzFeedに売却した。また、2019年にはTumblrを売却し、2021年にはYahoo Answersを終了するという風に他のメディア資産も売却または閉鎖している。そして、2021年5月3日、ベライゾンはメディアグループをアポロ・グローバル・マネジメントに売却することで合意したと発表した。ベライゾンはかつてのインターネット帝国であるAOLとヤフーの資産を切り離すことになった。

YahooとAOLの売却で、ベライゾンは、メディアにはもう興味がないことを示した。AT&Tが、2022年2月にコンテンツ事業を切り離して新会社「ワーナー・ブラザース・ディスカバリー」を設立したことやベライゾンのメディアグループの売却は、メディア買収による多額の負債に悩まされた大手通信会社が、今後はエンターテインメント部門から離れ、5Gと光ファイバー網の構築に経営資源を集中させる方針であることを物語っている。

８．クラウドサービス市場

クラウドサービスは、インターネットに接続することを前提とする各種のサービスである。サービス内容がコンピュータリソースだったり、アプリケーションだったり、OSであったり、様々なものを提供している。範囲は広く、現在では、「IaaS（イァース：Infrastrucuture as a Service：情報システムの稼動に必要な仮想サーバーをはじめとした機材やネットワークなどのインフラを、インターネット上のサービスとして提供する形態）」や「PaaS（パース：Platform as a Service：アプリケーションソフトが稼動するためのハードウェアやOSなどのプラットフォーム一式を、インターネット上のサービスとして提供する形態）」、「SaaS（サース：Software as a Service：従来からパッケージ製品として提供されていたソフトウェアを、インターネット経由でサービスとして提供・利用する形態）」など利用形態によって分類した用語が使用されている。

先行の利を生かし、IaaSのデファクトスタンダード（事実上の標準）となっているのがAmazon Web Services（AWS）である。アマゾンのAWS事業は2006年、オンラインショッピング事業の派生ビジネスとして開始された。IaaS市場でトップシェアを保っている。クラウド市場全体としては、これまでアマゾンのAWSが市場の半分以上を占め、クラウド市場の成長率よりAWSの市場成長率のほうが高かった。

クラウド専門の米国調査会社Synergy Research Group社が2022年2月に発表したデータによると、2021年第4四半期の企業のクラウドインフラサービスへの支出（IaaS、PaaS、ホステッド・プライベートクラウドサービスを含む）は500億米ドル強で、前年第4四半期と比べても36％増となった。年間では、前年から37％拡大し、1,780億米ドルに達したとみられている。

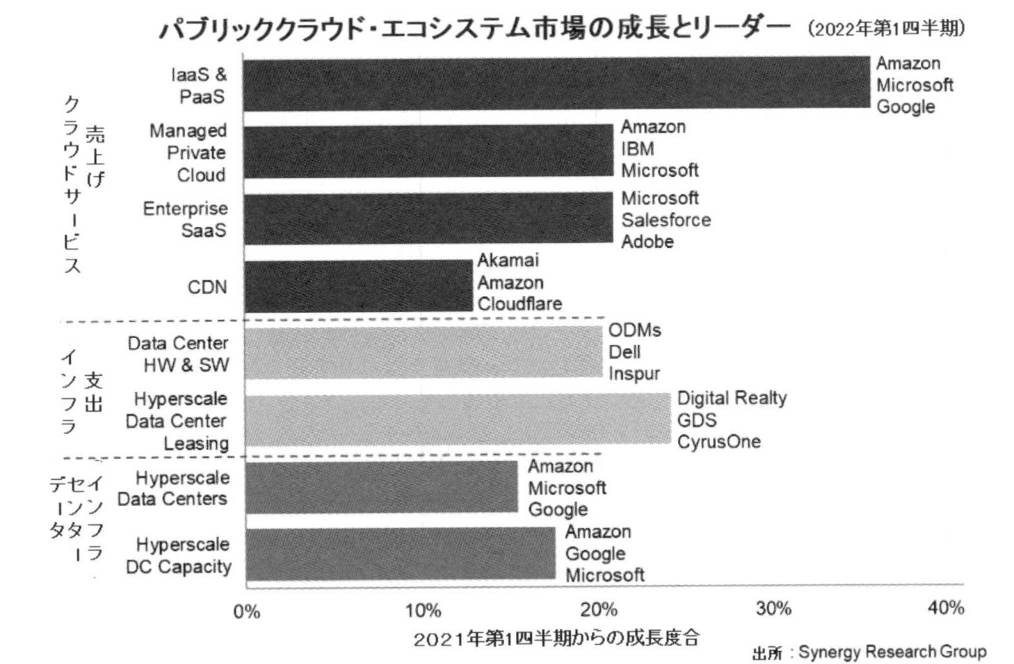

パブリックIaaSとPaaSがクラウド市場の大半を占めている。パブリッククラウド関連市場は通常、年率15%から40%で成長しているが、PaaSとIaaSがそのけん引役となっている。2021年第4四半期には38%増加した。大手クラウドプロバイダーの優位性はこのクラウドでより顕著である。コロナ流行をきっかけに仕事や日常生活のオンライン化が進み、クラウドと呼ばれるリモートコンピューティングサービスへの支出が拡大した。クラウド事業はサーバーとそれを収容する施設に多額の投資が必要である。サーバーを大量に収容する施設のネットワークが大きくなればなるほど、その構築と運用にかかる平均コストが下がる。こうした経済的要因が、大手プロバイダーを優位へと導いた。アマゾンとマイクロソフト、グーグルの上位3社でパブリックIaaSとPaaS市場の71%を占めている。近年成長が著しいのがマイクロソフトのクラウドMicrosoftである。2021年第4四半期にはシェアが21%に達していると推定され、躍進している。GoogleとAlibabaもシェアを伸ばし、中小規模のクラウド事業者も全体として売上は順調に伸びているものの、シェアは低下している。

クラウドの世界市場を眺めるとアマゾンが依然として32～33%のシェアを占めている。地域別では、世界の全地域でクラウド市場は一様に力強い成長を続けている。アジア・太平洋地域全体で見ると中国を除き依然としてアマゾンが存在感を示している。中国は現地企業が主導する独特の市場となっている。他のアジア・太平洋地域ではグローバルクラウドプロバイダー間の競争が激しく、一部の現地企業が自国でのビジネスに挑戦している形になっている。

アジア太平洋地域におけるクラウドサービス事業者の売上げ順位

順位	アジア太平洋地域全体	中　国	日　本	残りの東アジア	南及び東南アジア	大洋州
リーダー	Amazon	Alibaba	Amazon	Amazon	Amazon	Amazon
#2	Alibaba	Tencent	Microsoft	Microsoft	Microsoft	Microsoft
#3	Microsoft	Baidu	Fujitsu	Google	Google	Google
#4	Tencent	China Telecom	NTT	Alibaba	Alibaba	Telstra
#5	Google	Huawei	Google	Naver	IBM	IBM
#6	Baidu	China Unicom	Softbank	KT	NTT	Alibaba

2021年第4四半期における、IaasとPaas、ホステッドプライベートクラウドの売上に基づく

出所 ：Synergy Research Group

クラウドビジネスが勢いを増す中で、企業や政府が、データの保存場所や、情報を関係する行政機関に渡す時期など、さまざまなクラウドコンピューティングの問題にどう対処するか検討し始めている。クラウド事業者に対して顧客データへのアクセスを要求する動きが増えていることを受け、クラウド大手8社（マイクロソフト、アマゾン、グーグル、IBM、セールスフォース／スラック、アトラシアン、SAP、シスコ）は2021年9月30日、顧客の権利を守るための産業界イニシアチブとして「信頼できるクラウド原則（Trusted CloudPrinciples）」を発表した。イニシアチブはクラウドサービスを利用する組織の利益及び個人の基本的な権利を保護するもので、具体的な原則は以下の通りである。

＊特定の国の法令を遵守することが別の国での法令違反とならないよう各国政府は相互に紛争を解決するための仕組みを構築し、国境を超えたデータの流れを支援すべきである。
＊例外的な状況を除き、政府はクラウド事業者ではなく顧客にデータの提供を求めるべきである。
＊政府がクラウド事業者を介して顧客データにアクセスする場合、顧客はその旨を通知される権利を持つべきである。
＊クラウド事業者が政府の要求に異議を唱えることができる明確な手続きを設けるべきである。
＊各国政府はイノベーション、セキュリティ、プライバシーを妨害する法令の国際的矛盾を解決すべきである。

９．ロシアのウクライナ侵攻に関連した動き

ロシアのウクライナ侵攻を受け、ソーシャルメディア・プラットフォーム各社では、ロシア国営メディアが広告収入を得られないようする措置が広がった。フェイスブックとインスタグラムの親会社のメタは、2022年2月25日、同社プラットフォームでロシア国内メディアが広告を配信したり、収益を得たりすることを世界的に禁止すると発表した。またロシア国営メディアの広告と投稿には、目立つラベルも追加している。ツイッターも、広告が重要な公共安全情報を妨げないように、ウクライナとロシアでの広告を一時停止した。ユーチューブは、2022年2月26日、ロシア国営ネットワークのRTを含むロシアのチャンネルが同社プラットフォーム上の広告から収入を得ることを禁止すると発表した。

さらに、全米放送事業者協会（NAB）は、2022年3月1日、全国の地上波放送局に対して、ロシア政府系メディアの放送を中止するよう要請した。NABがこのような呼びかけを行うのは異例のことである。一方、同協会はその数日前、外国政府が提供する、あるいはスポンサーである番組について、今まで以上の情報開示を義務付けるFCCの決定に対して提訴した。外国からの影響と言論の自由を巡って、地上波放送業界が複雑な立場にあることが改めて浮き彫りになった。ワシントンポスト紙によると、FCCは、2021年4月22日、放送事業者に対し、番組が外国政府から提供を受けたものもしくは外国政府がスポンサーになっているものであることを放送時に開示するか、そうでないことを独自に確認することを義務づける命令を全会一致で採択した。同年8月、NABと他の業界団体は、当局がその権限を踏み越え、新しい規則が「不必要で過度に負担になる」として、この命令に異議を唱える請願書を提出していた。ジェシカ・ローゼンウォーセルFCC委員長は、今回のロシアによるウクライナ侵攻で、外国からの番組の情報開示を強化する決定の重要性がさらに高まったとし、新しい規則の施行を開始する時だと述べている。FCC決定にNABが提訴した件について、両者はワシントンDC連邦地裁に最終準備書面を提出し、2022年4月に口頭弁論が始まる予定となった。

また、財務省は、2022年3月31日、ウクライナ侵攻を続けるロシアに対する新たな措置として、ロシアのテクノロジー企業を対象とした制裁を発表した。財務省が発表した制裁対象には、ロシア最大のマイクロエレクトロニクス製造・輸出企業で同国最大の半導体チップメーカーであるJointStock CompanyMikronなど21団体と個人13人が含まれている。さらに財務省は、2021年4月に発表された、米国大統領選挙への介入や米国企業へのサイバー攻撃などを理由にロシアへの制裁を強化する大統領令の制裁権限が及ぶ産業分野を拡大し、新たに、ロシアの航空宇宙、海洋、エレクトロニクス産業において活動していると見なされるあらゆる団体・個人に対して制裁を科すことを可能としている。

4-4-1-3 米州

4-4-1-3-1 米州諸国における電気通信事業概要

<table>
<tr><th colspan="2"></th><th colspan="2">カナダ</th><th colspan="2">ブラジル</th></tr>
<tr><td colspan="2">根拠法／規制法</td><td colspan="2">1993 年電気通信法、1985 年無線通信法</td><td colspan="2">1997 年一般電気通信法、
1996 年最小限法
2014 年インターネット憲法
2019 年電気通信近代化法 （No.13,897）</td></tr>
<tr><td colspan="2">主管庁</td><td colspan="2">イノベーション･科学経済開発省（ISED）</td><td colspan="2">科学技術イノベーション通信省</td></tr>
<tr><td colspan="2">規制・監督機関</td><td colspan="2">ラジオテレビ電気通信委員会（CRTC）</td><td colspan="2">国家電気通信庁（Anatel）</td></tr>
<tr><td colspan="2">完全自由化時期</td><td colspan="2">1998 年</td><td colspan="2">—</td></tr>
<tr><td colspan="2">独占時代からの事業者</td><td colspan="2">・BellCanada（BCE 傘下） （1880 年）
・RogersCommunications （1960 年）
・TELUS （1990 年）
・MTS （1908 年）← BCE が買収へ
・SaskTe （1908 年）
・Videotron（CATV） （1964 年）
・Cogeco（CATV） （1957 年）</td><td colspan="2">・Oi（旧 Telemar：1989 年）
→ 破産法申請（2016 年 6 月）
・TelefónicaBrasil（Vivo）&GVT
（1998 年）
・Embratel（AmericaMovil） （1989 年）
→ Claro に統合</td></tr>
<tr><td rowspan="6">主要キャリア</td><td>固　定</td><td colspan="2">新規参入事業者（参入時期）
・BellAliant（1999 年創立、2014 年からは BellCanada に買収され、その商標名）
・BellMTS（2012 年に MTSAlstream から分離されるも、2016 年に BellCanada により買収される）
・Allstream（2012 年に MTS　Alstream から分離）</td><td colspan="2">新規参入事業者（参入時期）
・Vivo （1998 年：旧 GVT）
・TIMBrasil（1995 年）
・Claro （2003 年、AmericaMovil 系）
・Claro-nxt （旧 Nextel1987 年参入
← 2019 年 America　Movil が買収）
・Algar （2010 年）
・Sercomtel（2009 年）
・Sencinet （2020 年
旧 BT ラテン諸国事業部門）</td></tr>
<tr><td rowspan="5">移 動 体</td><td>事業者 （参入時期）</td><td>通信方式</td><td>事業者 （参入時期）</td><td>通信方式</td></tr>
<tr><td>・RogersWireless（83 年）</td><td>①、②、③、
④、⑤、⑥、
⑧、⑨、⑭</td><td>・VIVO
（TelefonicaBrasil：03年）</td><td>①、②、③、
④、⑤、⑥、
⑧、⑨、⑩</td></tr>
<tr><td>・TELUSMobility（84 年）</td><td>④、⑤、⑦、
⑧、⑨、⑭</td><td>・Claro
（← AmericaMovi：l 03年）</td><td>①、②、③、
④、⑤、⑥、
⑧、⑨、⑩</td></tr>
<tr><td>・BellMobility （86 年）</td><td>④、⑤、⑦、
⑧、⑨、⑭</td><td>・TIM
（TelecomItalia：98年）</td><td>①、②、③、
④、⑤、⑥、
⑧、⑨、⑩</td></tr>
<tr><td>以上大手 3 社に次いで、地域でサービスを提供する準大手として、Freedom Mobile, Videotron, SaskTel, TNWWireles の 4 社。他に中小企業多数有り</td><td></td><td>・Oi
（TelemarNorteLeste：02年）
←会社更生の手続き中、移動体事業は上記 3 社が継承</td><td>②、③、④、
⑤、⑥、⑧、
⑨、⑩</td></tr>
</table>

<table>
<tr><th colspan="4"></th><th colspan="2">カナダ</th><th colspan="2">ブラジル</th></tr>
<tr><td rowspan="8">通信市場規模</td><td>収入</td><td colspan="2">電気通信サービス総収入
移動体収入比率（%）</td><td colspan="2">534 億カナダドル
48.5%</td><td colspan="2">1,242 億レアル
53.9%</td></tr>
<tr><td rowspan="7">加入数</td><td rowspan="2">固定</td><td>加入者回線数（単位、千件）
人口普及率（%）</td><td colspan="2">12,928
33.9%</td><td colspan="2">28,883
13.5%</td></tr>
<tr><td>インターネットユーザ
（単位、千人）</td><td colspan="2">34,971（20 年）</td><td colspan="2">173,420（20 年）</td></tr>
<tr><td rowspan="3">移動体</td><td>総加入数
人口普及率（%）</td><td colspan="2">32,723
85.8%</td><td colspan="2">219,661
102.5%</td></tr>
<tr><td>事業者別加入者数</td><td>・RogersWireless
・TELUSMobility
・BellMobility
（MTS, Virgin Mobile を含む）</td><td>11,002（2021.06）
10,600（2020.09）
9,213（2021.06）</td><td>・VIVO
・Claro
・TIM
・Oi
他 4 社
MVNO 多数</td><td>85,300（2022.03）
71,800（2022.03）
52,300（2022.03）
42,000（2022.03）</td></tr>
<tr><td>M2M 用移動体網契約数
（単位、千件）</td><td colspan="2">3,880</td><td colspan="2">28,233</td></tr>
<tr><td>放送</td><td>CATV 加入者数
（単位、千件）</td><td colspan="2">5,475</td><td colspan="2">6,363</td></tr>
</table>

・要キャリアの移動体欄の無線通信方式は、① GSM、② GPRS、③ EDGE、④ UMTS、⑤ HSDPA、⑥ HSPA ＋、⑦ DC-HSPA+、⑧ LTE、⑨ LTE-A、⑩ LTE-M、⑪ CDMA、⑫ iDEN、⑬ VoLTE、⑭ 5 G NR、⑮ 5 GSA

・通信市場規模の収入及び M2M 契約数、CATV 加入者数は 2020 末現在の数値、それ以外は（　）内に言及がなければ 2021年12 月末の数値

・事業者別加入者数の単位は、1,000 件．（　）内は月日

・出所：ITU Statistics、各社ウェブサイト、関係各種資料より作成、各社ウェブサイト、関係各種資料より作成

4-4-1-3-2　米州諸国における最近の電気通信政策・市場等の動向－2021年7月～2022年6月－

カナダ

■政府、5G向け3.5GHz周波数帯オークションを実施、15社が落札

イノベーション・科学・経済開発省（ISED）は、2021年7月1日、同国の3,500MHz帯5G周波数免許オークションの結果を発表した。3,500MHz帯のオークションは、2021年6月15日に入札を開始した。8日間をかけて103回の入札が行われた結果、カナダ政府は89億1,200万カナダドル（71億4,600万米ドル）を調達した。

3,500MHz帯の電波は、長距離で大容量のデータを伝送できるため、5Gワイヤレスサービスを提供する上で重要な役割を果たす。また、アップロードとダウンロードの速度も速く、スマートシティから無人運転車まで、あらゆるものの動力源となる。オークションは、最近の世界各国の規制当局のオークションで多く採用されているクロック・オークション方式で行われた。クロック・オークションは、他のオークション形式と同様、需要と供給で最終価格を決定する方式である。

オークションには23社が参加した。合計で1,504ライセンスのうち1,495ライセンスがカナダの15社の参加者に授与され、そのうち757ライセンスが国内の小規模・地域プロバイダーに授与された。利用可能なすべての周波数帯の開札価格は約5億9,000万ドルに設定され、競争入札の結果、最終的なオークション収入は89億1,000万ドルとなった。

カナダ政府はオークションのルールを定め、カナダの無線通信市場の競争力強化のため、小規模・地域プロバイダー向けに最大50MHzの割り当てを行うなど、価格低減に役立つとされる方法を採用した。これらの企業が獲得した周波数によって、高品質の無線サービスの展開がサポートされ、地方や遠隔地に住む消費者や企業が、最新の無線技術による変革の恩恵を享受できるようになることが期待されている。

オークションで落札された1,495のライセンスと、既存の固定ワイヤレス3.5GHz帯の許可をモバイルまたは固定5Gサービスを可能にする新しいライセンスに変換する「移行」ライセンス1,936とを含め、合計3,431の地域周波数ライセンスが割り当てられた。

20年の免許期間（Tier4）で3.5GHz帯の周波数を獲得した主な通信事業者は以下の通りである。

Rogers Communications：オークションで325のライセンスを落札し、509の移行ライセンスを受領、合計で3,490万人の人口をカバーする。落札合計額は33億2,600万カナダドル。

Bell Canda：オークションで271のライセンスを落札し、490の移行ライセンスを受領、合計で3,430万人の人口をカバーする。落札合計は20億7,400万カナダドル。

Telus社：オークションで落札142、移行のライセンス86（2,490万人分）を獲得した。落札総額は、19億4,700万カナダドル。

Videotron：オークションで落札294、移行のライセンス5（カバー人口3,000万人、830.0万カナダドル）

Cogeco Connexion：オークションで落札38、移行のライセンス80（人口1,030万人、295.1百万カナダドル）

Xplornet：オークションで落札263、移行のライセンス698（カバー人口1660万人、落札総額244.4百万カナダドル）

SaskTel：オークションで落札68（カバー人口110万人、落札総額1億4,510万カナダドル）

Eastlink：オークションで落札50（カバー人口230万人、落札総額2,790万カナダドル）

Tbaytel：オークションで落札4、移行のライセンス15（カバー人口231,000人、落札総額1.1百万カナダドル）

Iristel：オークションで落札8（カバー人口21万9千人、落札総額48万3千カナダドル）

■政府、携帯電話料金の引下げが公約どおりに達成されたと発表

イノベーション・科学・経済開発省のシャンパーニュ大臣は、2022年1月28日、ミドルレンジのモバイルパッケージのコストを25%引き下げるという政府の公約を3カ月前倒しで達成したと発表した。2021年10月から12月を対象とする最新四半期の価格設定データとして新たに公表されたデータによると、追跡済みのすべてのミドルレンジプランの価格は、2020年初頭に観測されたベンチマーク価格と比較して25%減少している。また、カナダ統計局の携帯電話サービス価格指数が2020年2月から2021年12月までに26.9%低下していることを引用し、モバイル料金は全般的に低下していることを付け加えた。データ容量が10GB以上のモバイルプランについては、概ね22%～26%の範囲で減少が確認されており、『2019年に10GBプランで31%減少した過去の実績を踏まえたもの』としている。

利用料金の改善に寄与している競争政策として、政府は以下の4点を掲げている。

・600MHz帯の周波数オークションに競争促進ルールを設定し、地域プロバイダーが低域周波数のシェアを2倍以上に拡大した。
・ラジオ・テレビ・電気通信委員会（CRTC）に対して、その決定がいかに競争、価格、消費者利益、イノベーションを促進するかを検討するよう求める政策方針を発表した。
・3,500MHz帯の周波数オークションで50MHzを小規模・地域通信会社用に確保した。
・小規模および地域の通信会社が特定の状況下で既存ネットワークへのアクセスを通じて競争できるように、CRTCを通じてローミング料金を規制した。

カナダ	■CRTC、ロジャーズによるショーの放送事業分野での買収を条件付きで承認 　ラジオ・テレビ・電気通信委員会（CRTC）は、2022年3月24日、ロジャーズによるショーの放送サービス買収をいくつかの修正を条件に承認した。ロジャーズ社はカナダ西部を拠点とする16のケーブルサービスと、全国規模の衛星テレビサービス、その他の放送・テレビサービスを買収する予定であるが、今回、CRTCから承認を得たことにより合併話は大きく前進したと言える。CRTCの承認は、放送法に基づく取引のうち、放送に関する要素のみを取り扱っている。2021年3月に合意されたロジャーズとショーの広範な合併案件は、無線通信法に基づくカナダ革新･科学･経済開発省（ISED）と競争法に基づく競争局からの承認をまだ得る必要がある。 ■政府、高速インターネット　コネクティング・ファミリーの第2フェーズを導入 　カナダイノベーション・科学・経済開発省（ISED）は、2022年4月4日、低所得世帯や高齢者を対象に月額20カナダドル（16米ドル）の高速インターネットサービスを提供するISP14社と提携し､｢コネクティング･ファミリー（Connecting Families）」計画の第2段階を開始すると発表した。コネクティング･ファミリー2.0では､当初の計画よりも大幅に高速化（5倍から10倍）され､データ使用量も月200GBに倍増される。また、カナダ児童手当の最大額を受給している家庭から、保証所得補助金の最大額を受給している高齢者まで、対象が拡大された。カナダ政府は、2026年までにカナダ国民の98％が、2030年までに100％が高速インターネットにアクセスできるようにすることを目指している。 　コネクティング・ファミリー2.0では、対象者はダウンロード速度50Mbps（それ以下の場合はその地域で利用可能な最速の速度）および200GBを20カナダドルで新たに選択することができ、従来のコネクティング・ファミリー1.0での10カナダドルパッケージも引き続き利用することが可能である。なお、機器使用料、工事費も無料となる。 　これまでのこの事業に参加しているISPは、Access Communications, Bell Canada, CCAP, Cogeco, Hay Communications, Mornington, Novus, Rogers, SaskTel, Shaw, Tbaytel, Telus, Videotron and Westman Communicationsである。月額20ドルの高速インターネットにより、数十万人の低所得世帯と高齢者をつなぐことができる。 ■カナダ、5G通信網からファーウェイとZTEを排除 　カナダ政府は､2022年5月19日､次世代通信規格｢5G｣から中国の通信機器大手､華為技術（ファーウェイ）と中興通訊（ZTE）を排除すると発表した。5Gに関して通信会社に対して2社の製品の新規利用を禁じ､既に利用中の機器は2024年6月までに撤去または利用を停止することとした。｢深刻な安全保障上の懸念がある」ことを理由に挙げた。4Gの通信網に関しても、2社の製品は27年までに利用停止とする。長らく待たれていたカナダ政府の今回の決定は、米国や英国、日本など主要国に追随するものである。カナダ通信大手のテラス・コーポレーションとベル・カナダの2社は､欧州企業と組んで5Gを構築しており､ファーウェイの利用を自主的に避けていた。米国は、以前から中国の軍事やサイバースパイとのつながりの疑いに基づき、ファーウェイの包囲網を形成するため同盟国に協調を呼びかけていた。オーストラリアやニュージーランドが同調したほか、英国は2020年7月に5Gからのファーウェイ製品排除を決めた。スウェーデンも同年10月にファーウェイとZTE製品の使用を禁止。日本も政府調達から事実上、米国が取引を禁じている中国企業の製品を排除している。カナダは2018年秋に5Gにおけるファーウェイの役割について正式な審査を開始し、当時、安全保障当局の高官が議員に対して、同国にはサイバーセキュリティリスクに対処するための安全装置があると確信していると語っていた。 ■ロジャーズとショー、競争局の異議申立で合併計画を保留 　ロジャーズとショーの両社は、2022年5月30日、「カナダ国民を価格の上昇、サービスの質の低下、選択肢の減少から守るため」として国内最大の通信会社2社の統合を阻止すべく5月9日に裁判所に申請した競争局からの異議を解決するため､提案中の260億カナダドル（200億米ドル）の合併の終了を延期することに合意したとする共同声明を発表した。両社は、「競争局との交渉による和解が成立するか、競争審判所がこの件について判決を下すまで、提案されている合併の締結を進めない」ことを決議した。また、ロジャーズとショーは、2022年6月17日、合併を促進する一環として､規制当局の承認を条件として､ショーの子会社であるフリーダムモバイル（Freedom Mobile）を現金および負債なしで、企業価値28億5,000万カナダドル（21億9,000万米ドル）でモントリオールを拠点とするケベコル（Quebecor）に売却することで合意したと発表した。2021年3月に発表されたロジャーズとショーの合併は、引き続き競争局およびカナダ革新・科学・経済開発省（ISED）の審査を受ける必要がある。17日の発表によると、フリーダムの取引は、競争法に基づくクリアランスとISEDの承認などを条件としている。「ロジャーズ・ショーの取引完了と実質的に同時に」完了する予定である。

ブラジル

■ ANATEL、5G周波数帯のオークションを実施

ブラジルの規制機関である電気通信庁（ANATEL）は2021年11月4日及び5日に、第5世代移動通信システム（5G）周波数帯の入札を実施した。落札総額は472億レアル（約9,912億円、1レアル＝約21円）となった。今回の入札で落札された区画は全体の85％に相当する。15社が入札に参加した。落札企業は11社。うち、6社が新規参入企業だった。オークションの条件として、落札者は2022年7月31日までにすべての州都と連邦管区（Distrito Federal）で5Gサービスを提供しなければならないことになっている。

入札対象の4つの周波数帯〔700MHz、2.3GHz、3.5GHz、26GHz〕のうち、3.5GHzの周波数帯は一部既存の設備が転用できるとして、落札者には2022年7月までに全州都で5Gネットワークを稼働させる義務が課されている。同周波数帯の入札対象区画のうち、ブラジル全土でのサービス提供を可能にするための区画を落札したのは、ブラジル通信大手のクラロ（Claro、アメリカ・モビル・メキシコの傘下）、及びビボ（Vivo、スペイン・テレフォニカとポルトガル・テレコムの合弁企業）、チム（TIM、イタリア・テレコムのブラジル子会社）となった。新規参入を狙う企業では、プライベートエクイティ会社パトリアインベストメント傘下でワイヤレス技術を展開するウィニティ（Winity）が700MHzの一区画を落札した。その他、3.5GHzの周波数帯で地方向けにサービスを提供する区画は、南部パラナ州を本拠とするセルコンテルや北東部セアラ州を本拠とするブリザネット、連邦区やサンパウロ州、リオデジャネイロ州他を地盤とするアルガー・テレコム（Algar Telecom）など、大手ではない企業が落札した。

落札されなかった区画の殆どは26GHzの周波数帯で入札全体の95％を占めた。同周波数帯はデータ通信速度が速く、接続可能なデバイス数も多いためIoT（モノのインターネット）分野での使用に適しているが、サービスを安定供給するための設備コストが高いためではないかと見られている。ファビオ・ファリア通信相は、ANATEL公式サイトにおいて、落札されなかった区画は近いうちに再入札を実施する可能性を示唆している。

ANATELは、今回の落札についてラテンアメリカで過去最大の周波数提供であると賞賛し、「あらゆる観点から成功した」と総括している。

■アルガー・テレコムとクラロ、2.3GHz帯を使い5Gサービスの提供を開始

ブラジルの地域通信事業者であるアルガー・テレコムと携帯業界2位のクラロは、2021年11月に実施されたマルチバンド5G周波数オークションを通じて確保した2.3GHz帯の周波数を利用した5Gサービスを相次いで開始した。アルガー・テレコムは、2021年12月15日、新たに取得した2.3GHz帯の周波数を利用して、商用ノンスタンダローン（NSA）5Gサービスの提供を開始した。このサービス開始により、アルガーは先のマルチバンドオークションで落札した周波数を利用するブラジル初の通信事業者となった。5Gネットワークは12月15日に稼働し、ウベルランディアとウベルバの一部地域、およびサンパウロのフランカがサービス対象地域となっている。Algar Telecomは、11月の5G周波数帯オークションでは、地域向けに2.3GHz帯、3.5GHz帯、26GHz帯を取得した。2.3GHz帯では、3.5GHz帯が抱える既存の免許人と干渉を解消するという問題が無く、先行して5Gを導入することが可能であった。一方、クラロは2021年12月21日、ブラジリアで2.3GHzを搭載した5Gネットワークを稼働させた。最初の起動はAsa Norte地区で行われ、ネットワークはスタンドアロン（SA）とノンスタンドアロン（NSA）の両方の5Gサービスをサポートしている。さらに、その翌日に、クラロはサンパウロのItaim BibiとVila Nova Conceicaoに5G接続を拡大した。

■連邦政府、アマゾン川沿いに光ケーブルを敷設し北部地域にブロードバンド提供する計画を開始

ブラジル政府により、2022年1月14日、アマパ州とパラ州の「川辺の住人や職人漁師を含む」100万人の住民にブロードバンド接続を実現するため、770kmの光ファイバーケーブル「Infovia 00」が開通した。この取り組みは、通信省が支援する「Norte Conectado（北部接続）」プログラムの一部で、それ自体が「Programa Amazonia Integrada Sustentavel」（持続可能なアマゾン統合プログラム）の道しるべと言えるものになっている。一般的なネットワークでは、埋設や電柱によって、何百万本もの木が伐採される可能性があり、環境負荷低減のため、河川敷に光ファイバーケーブルを敷設し、アマゾンの住民にインターネットを提供するという選択肢をとっている。ドイツ製のケーブルは、鋼鉄と保護層で覆われた2本のスプールに収納され、その重さは1トン近くにもなる。予想耐用年数は25年。

Infovia 00の主要ネットワークの導入は2022年1月31日までに配備が完了し、大都市圏のネットワークは2022年3月までに配備される。また、アマゾン統合プログラムの一環として、アマゾナス川、ネグロ川、ソリモンエス川、マデイラ川、プルス川、ジュルア川、リオブランコ川を横断する全長12,000kmの8本の海底ケーブルが敷設される予定である。

ブラジル	■ブラジルとチリ、2023年から国際ローミング料金を廃止へ 2022年1月26日付のブラジルの官報は、2018年11月21日にサンティアゴで両国間の自由貿易協定に調印して進められたプロセスを完結させるものとして、ブラジルとチリ間の携帯電話の国際ローミング料金が、2023年1月から廃止されると報じた。政令第10,949号により、ローミング料金は政令が署名されてから1年以内に解約されることになっている。 ■ ANATEL、スターリンクとスウォームの２社に営業権を付与 ブラジルの規制機関である国家電気通信庁（Anatel）は、2022年1月28日、スターリンクブラジル社（Starlink Brazil Holding）に「衛星探査権」を付与するライセンスを発行する決定を下した。ベンチャー企業スペースXが支援するスターリンクは、固定衛星サービス用のKu帯およびKa帯で動作する4,408個の衛星からなる非静止低軌道（LEO）衛星システムを展開・運用する意向である。同社のライセンスは2027年3月28日まで有効である。 また、米国カリフォルニア州に本拠を置く、モノのインターネットデバイスと通信するための低軌道衛星コンステレーションを構築している民間企業スウォームテクノロジーズ（Swarm Technologies）による2つ目の申請も、監視局によって承認された。スウォームブラジルサテライト（Swarm Brazil Satellites）が獲得したコンセッション（営業権）は、2035年9月7日に期限が切れる。スウォームの衛星群は、非静止軌道にある150機の衛星で構成される。同社は、IoTアプリケーションに向けたテレメトリおよびテレコマンドの双方向データ伝送サービスの提供を目指す。 ■ ANATEL、2021年末のブラジルのDSS 5G契約数は121万契約と発表 ブラジル国家電気通信庁（Anatel）は、2022年2月初旬、同国の携帯電話事業者による、動的周波数共有（DSS）技術に基づく5Gの契約件数が2021年12月31日までに合計121万件となったことを明らかにした。DSSは、1つの周波数帯を経由して4Gと5Gのサービスを並行して運用することを可能にする。テレフォニカ・ブラジル（Vivo）は年末時点で5G DSS契約の大部分を占め、47万909件の5Gアカウントを獲得している。クラロは455,768件の5G契約を主張し、TIMブラジルは283,765件を記録している。 ■ Oi、モバイル部門の売却を完了 2016年に会社更生法の適用を申請し更生手続き中の通信事業者Oiは、クラロブラジル（Claro Brasil）とテレフォニカブラジル（Telefonica Brasil）、TIMブラジル（Tim Brasil）のブラジルの大手携帯電話会社3社からなるコンソーシアムに対して予定通り2022年4月20日に携帯事業部門Oi Movelの売却を完了したことを明らかにした。この取引の「最終売却額」は159億2,200万BRL（34億2,500万米ドル）で、内訳は基本価格が157億4,400万BRL、プラス調整額が1億7,820万BRLとなった。Oiのモバイル部門は2020年12月14日にオークションで3社によるコンソーシアムが落札していた。Anatelは、1月31日に行った投票で、Oiの携帯電話部門Oi Movelをかつてのライバル企業で構成されるコンソーシアムに売却することを全会一致で承認した。 ■テレサットとテレフォニカ、ブラジル初のLEO衛星による5Gバックホールのデモを完了 カナダの衛星通信事業会社テレサットとテレフォニカは、2022年5月25日、中南米初の5G低軌道（LEO）衛星バックホール実証実験を、ブラジルを拠点に成功裏に完了したと発表した。この試験キャンペーンは、テレフォニカ・グループの衛星サービスプロバイダーであるテレフォニカ・グローバル・ソリューションズ（TGS）が管理した。Telesat Phase 1 LEO衛星のレイヤー2バックホールリンクは、TGSの5Gテスト環境に接続された。遅延やジッター、ビットレートなどのネットワーク測定は、5Gコアネットワークとの統合に必要な機能要件をすべて満たしていた。

その他の米州諸国	**【チリ】スターリンク、チリでラテンアメリカ諸国では初めてのサービス認可を取得** チリの電気通信省（SUBTEL）は、2021年7月5日、スペースX社にブロードバンドサービスの非商業利用の実験許可を与えたとプレスレリースで発表した。SUBTELと運輸通信省（MTT）は、チリの農村部や孤立したコミュニティにスターリンク衛星インターネット接続を無料で提供するパイロットプログラムをスペースX社と検討している。SUBTELは、2021年10月20日、スターリンクに5つの衛星地上局の運営許可を与え、全国レベルでの商業サービスの開始を可能にした。 **【アルゼンチン】AT&T、ラテンアメリカに特化したヴリオ事業をアルゼンチン企業へ売却** ブエノスアイレスに本社を置くグルポ・ヴェルティン（Grupo Werthein）は、2021年7月21日、AT&Tのラテンアメリカ・ヴリオVrio Corp）事業部門を買収することに合意した。グルポ・ヴェルティンは、100年以上にわたってラテンアメリカおよび国際的なビジネスを展開している民間持株会社である。電気通信、金融、保険、農業関連事業、不動産などの分野で豊富な経験を有している。ヴリオは、ブラジルではスカイブラジル（Sky Brasil）ブランドで有料テレビ/TD-LTEサービスを、アルゼンチン、バルバドス、チリ、コロンビア、キュラソー、エクアドル、ペルー、トリニダード・トバゴ、ウルグアイではディレクTV（DirecTV）ブランドで有料テレビサービスを提供している。買収した会社は、ラテンアメリカとカリブ海地域の11カ国で、合計1,030万人の加入者にサービスを提供している。（注：ヴリオのコロンビアにおけるブロードバンド事業は、2022年5月にテレフォニカに売却されたため、今回の買収には含まれていない。）本取引を企画するにあたり、2021年6月30日時点でヴリオを売却目的保有に分類し、資産グループを売却費用控除後の公正価値で計上した結果、AT&Tには累積為替換算調整額に関わる21億米ドルを含む46億米ドルの減損が発生した。AT&Tは取引額を明らかにしていないが、ウォールストリートジャーナル紙は最終的な支払額は5億米ドル程度になると報じている。 **【メキシコ】メキシコのAT&T Mexicoが5Gを商用化、メキシコ初の5Gに** AT&Tメキシコは、2021年12月8日、メキシコ国内で第5世代移動通信システム（5G）サービスの提供を開始したと発表した。5Gは都市部および工業地域から整備する方針である。まずはメキシコの首都・メキシコ市（メキシコシティ）の一部が5Gの提供エリアとなる。AT&Tメキシコは現在、2.5GHz帯の周波数を使用しており、5Gネットワークの当初のサービスエリアは、メキシコシティのクアウテモック、ナポレスに限定されている。 5Gの無線方式はNR方式を採用しており、無線アクセスネットワーク（RAN）構成は4GのLTE方式と連携して動作するノンスタンドアローン（NSA）構成である。周波数はサブ6GHz帯の2.5GHz帯を使用する。具体的な周波数範囲は2,575～2,615MHzであるため、帯域幅は40MHz幅となる。 これまでに、メキシコの移動体通信事業者は5Gを導入していないため、AT&Tメキシコはメキシコで最初に5Gを商用化した移動体通信事業者となった。 **【メキシコ】テルセル、ラテンアメリカ諸国では最大規模の通信網で5G開始** メキシコのテルセル（アメリカ・モビル傘下）は2022年2月22日、メキシコの少なくとも18都市で5Gサービスを開始すると発表した。テルセルは2月初めに5Gの開始許可を得ていた。年内に同社の市場の9割でサービスを展開する方針である。テルセルの5G開始は、ラテン諸国では最大規模となる。 **【メキシコ】IFT、スターリンクに営業許可** 連邦電気通信機構（Instituto Federal de Telecomunicaciones, IFT）当局は、2022年5月28日、スターリンク衛星システムメキシコに衛星インターネットサービスを提供することを承認した。スターリンクメキシコ社は承認後180日以内にインターネットサービスを提供しなければならない。そのため、同社は2021年10月28日まで事業を開始することになる。この免許の有効期間は10年間で、さらに10年間延長することが可能である。

出所：ワールド・テレコム・アップデート各号（マルチメディア振興センター発行）、各国規制機関ウェブサイト、関係各種資料作成

4-4-2　欧州

4-4-2-1　欧州諸国における電気通信産業概要

		英　国		ド　イ　ツ	
根拠法／規制法		2003年通信法、2006年無線電信法、 2011年電子通信及び無線電信規制、 2017年デジタル経済法、 2018年データ保護法、 2021年電気通信セキュリティ法		2004年電気通信法	
主管庁		デジタル･文化･メディア･スポーツ省（DCMS） ビジネス・エネルギー・産業戦略省（BES） 競争・市場庁		連邦経済エネルギー省（BMWi） 連邦交通・デジタルインフラ省	
規制・監督機関		通信庁（Ofcom）		連邦ネットワーク庁（BNetzA）	
完全自由化時期		1984年		1998年1月	
独占時代の事業者 政府株式保有率（%）		BT Group plc （旧称 British Telecommunications plc） 0.0%（00年12月）		Deutsche Telekom（T-Home） 14.5%（16年12月） ドイツ復興金融公庫（KfW：国営） 17.5%（16年12月）	
外資比率（%）		–		–	
主要キャリア	固　定	**新規参入事業者　（参入時期）** ・VirginMediaO2　（92年） ・Talk Talk Group　（03年） （↑ Transfund が買収） ・Sky Broadband　（05年） 他10社前後		**新規参入事業者　（参入時期）** ・Vodafone（旧 Arcor）　（09年） ・Unitymedia（Liberty Global傘下CATV）（12年） ・O2 DS1（Telefonica: 旧 Alice）（12年） 他地域的事業規模で4社	
主要キャリア	移動体	**事業者　（参入時期）**	**通信方式**	**事業者　（参入時期）**	**通信方式**
		・EE（BTグループ系、Everything Everywher、旧 Orange, T-mobile））（10年5月）	①、②、③、④、⑤、⑦、⑧、⑨、⑩、⑬、⑭	・O2 DSL（Telefonica）（98年10月）	①、②、③、④、⑤、⑦、⑧、⑨、⑩、⑬、⑭
		・VirginMedia O2（21年6月）	①、②、③、④、⑤、⑦、⑧、⑨、⑩、⑫、⑬、⑭	・Telekome（旧 T-Mobile（Deutsche Telekom）（85年9月）	①、⑨、⑩、⑬、⑭
		・Vodafone　（85年1月）	①、②、③、④、⑤、⑦、⑧、⑨、⑩、⑫、⑬、⑭	・Vodafone　（92年6月）	①、②、③、④、⑤、⑦、⑧、⑨、⑩、⑬、⑭、⑮
		・3UK　（03年3月）	④、⑤、⑦、⑧、⑨、⑩、⑬、⑭	・1＆1 （準備中：旧1＆1ドリリッシュ）	
通信市場規模	収入：電気通信サービス総収入 移動体収入比（%）	315億ポンド 39.7%		432億ユーロ 40.5%	
	加入数・固定：加入者回線数（単位、千件） 人口普及率（%）	32,192 47.8%		38,600 46.3%	
	加入数・固定：インターネットユーザ（単位、千人）	63,585（20年）		76,261	
	加入数・移動体：総加入数（000） 人口普及率（%）	79,773 118.6%		106,400 127.6%	
	加入数・移動体：事業者別加入者数（単位、千件）	バージンメディア O2 EE（BT Group） Vodafone 3UK	24,100（2022.06） 21,200（2022.06） 17,200（2022.06） 9,700（2021.12）	Telekom （Deutsche Telekom） O2（Telefonica） Vodafone	53,211（2021.12） 45,693（2021.12） 31,151（2021.09）
	加入数・移動体：M2M用移動体網契約数（単位、千件）	10,872		36,000	
	加入数・放送：CATV加入者数（単位、千件）	3,816（18年）		15,850	

・主要キャリアの移動体欄の無線通信方式は、① GSM、② GPRS、③ EDGE、④ UMTS、⑤ HSDPA、⑥ HSUPA、⑦ HSPA＋、⑧ DC-HSPA+、⑨ LTE、⑩ LTE-A、⑪ CDMA、⑫ TD-LTE、⑬ VoLTE、⑭ 5G NR、⑮ 5GSA である
・通信市場規模の収入及びM2M契約数、CATV加入者数は2020年末現在の数値、それ以外は（　）内に言及がなければ2021年12月末の数値
・出所：ITU Statistics、各社ウェブサイト、関係各種資料より作成、各社ウェブサイト、関係各種資料より作成

			フランス	イタリア
根拠法／規制法			郵便・電子通信法典	電子通信法典（1997年7月）
主管庁			経済・財務省（企業総局）	経済発展省
規制・監督機関			電気通信・郵便規制機関（ARCEP） 周波数庁（ANFR）	通信規制庁（Agcom）
完全自由化時期			1998年1月	1998年1月
独占時代の事業者 政府株式保有率（%） 外資比率（%）			Orange（旧 France Telecom） 26.9%（09年6月） -	TIM（Telecom Italia） 0%（19年3月） 43.8%（19年3月）
主要キャリア	固定		新規参入事業者（参入時期） ・SFR（Alitice）（98年2月） ・Free（Iliad）（2012年1月） ・Bouygues（－、ISP,IPTV）	新規参入事業者（参入時期） ・BT Italia（98年4月） ・Tiscali（99年3月） ・Fastweb（Swisscom）（99年） ・Vodafone（07年） ・Infostrada（Wind）（98年2月）
主要キャリア	移動体		事業者（参入時期）／通信方式 ・Orange France（92年7月）／①、②、③、④、⑤、⑦、⑧、⑨、⑩、⑬、⑭ ・SFR（92年12月）／①、②、③、④、⑤、⑦、⑧、⑨、⑩、⑬、⑭ ・Bouygues（96年5月）（← Orange に売却交渉中）／①、②、③、④、⑤、⑦、⑨、⑩、⑬、⑭ ・Free Mobile（12年1月）／④、⑤、⑦、⑨、⑩、⑭	事業者（参入時期）／通信方式 ・TIM（90年4月）／①、②、③、④、⑤、⑥、⑦、⑧、⑨、⑩、⑬、⑭ ・Wind（99年3月← 2016年12月から Wind Tre の子会社）、3 Italy のブランド名でも提供）／①、②、③、④、⑤、⑥、⑦、⑧、⑨、⑩、⑬、⑭ ・Vodafone（旧オムニテル）（95年10月）／④、②、③、⑨、⑩、⑬、⑭ ・Iliad Italia（2018年5月）／④、⑤、⑥、⑦、⑧、⑨、⑩、⑬、⑭、その他 Wind 3 にローミング ・Fastweb（2019年7月）／⑭、その他 TIM と Wind 3 にローミング
通信市場規模	収入	電気通信サービス総収入 移動体収入比（%）	301億ユーロ（19年） 42.3%	229億ユーロ 47.4%
通信市場規模	加入数・固定	加入者回線数（単位、千件） 人口普及率（%）	37,759（19年） 58.6%	19,995 33.8%
通信市場規模	加入数・固定	インターネットユーザ（単位、千人）	55,559	44,349
通信市場規模	加入数・移動体	総加入数（000） 人口普及率（%）	72,751（20年） 112.8%	78,115 131.9%
通信市場規模	加入数・移動体	事業者別加入者数（000）	Orange 24,775（2021.09） SFR 18,630（2021.09） Bouygues 14,941（2021.09） Free 13,486（2021.09）	Wind3Italy 20,353（2022.06） TIM 18,620（2022.06） VodafoneItaly 17,859（2022.06） Iliad 9,082（2022.06） Fastweb 2,805（2022.06）
通信市場規模	加入数・移動体	M2M用移動体網契約数（単位、千件）	20,862（19年）	26,345
通信市場規模	放送	CATV加入者数（単位、千件）	—	—

・主要キャリアの移動体欄の無線通信方式は、① GSM、② GPRS、③ EDGE、④ UMTS、⑤ HSDPA、⑥ HSUPA、⑦ HSPA +、⑧ DC-HSPA+、⑨ LTE、⑩ LTE-A、⑪ CDMA、⑫ TD-LTE、⑬ VoLTE、⑭ 5G NR、⑮ 5GSA である
・通信市場規模の収入及び M2M 契約数、CATV 加入者数は 2020 年末現在の数値、それ以外は（　　）内に言及がなければ 2021 年 12 月末の数値
・出所：ITU Statistics、各社ウェブサイト、関係各種資料より作成、各社ウェブサイト、関係各種資料より作成

			スペイン		スウェーデン	
根拠法／規制法			2013年6月4日の法律第3号 2013年11月3日法律第32号		2003年電子通信法	
主管庁			エネルギー観光デジタルアジェンダ省		企業・イノベーション省（MEEC）	
規制・監督機関			国家市場競争委員会（CNMC）		郵便電気通信庁（PTS）	
完全自由化時期			1998年12月		1993年1月	
独占時代の事業者 政府株式保有率（%） 外資比率（%）			Telefónica de España（Movistar） 0.0%（04年5月） -		Telia（TeliaSoneraからの改称） スウェーデン政府：37.3% 15年6月） フィンランド政府 3.20%（15年6月）	
主要キャリア	固　定		新規参入事業者　（参入時期） ・Voadfone　（98年） ・Euskaltel（バスク地方）　（97年） ・Orange-Jazztel　（98年） ・Yoigo（Grupo MASMOVIL） 他		新規参入事業者　（参入時期） ・Tele2　（98年） ・Telenor　（98年） ・Glocalnet　（98年） 他4社	
主要キャリア	移動体		事業者　（参入時期）	通信方式	事業者　（参入時期）	通信方式
			・Movistar （Telefónica Moviles） （90年4月）	①、②、③、④、⑤、⑥、⑦、⑧、⑨、⑩、⑬、⑭	・Telia（81年10月）	①、②、③、④、⑤、⑨、⑩、⑭
			・Orange（99年1月）	①、②、③、④、⑤、⑥、⑦、⑧、⑨、⑩、⑬、⑭	・Tele2 Mobil （92年9月）	①、②、③、④、⑤、⑨、⑩、⑭
			・Vodafone Spain （95年10月）	①、②、③、④、⑤、⑥、⑦、⑧、⑨、⑩、⑬、⑭	・Telenor Sverige （92年9月） （旧 Vodafone Sweden）	①、②、③、④、⑤、⑨、⑩、⑭
			・Yoigo（Xfera） （06年）	①、②、③、④、⑤、⑥、⑦、⑨、⑭	・3 Sweden （03年5月） 他1社（net1データ通信）	④、⑤、⑨、⑩、⑫、⑬、⑭
通信市場規模	収入	電気通信サービス総収入 移動体収入比（%）	179億ユーロ 51.0%		499億スウェーデンクローネ 62.1%	
通信市場規模	加入数	固定：加入者回線数(単位､千件) 人口普及率（%）	19,076 40.2%		1,382 13.2%	
		固定：インターネットユーザ （単位、千人）	44,589		9,243	
		移動体：総加入数（000） 人口普及率（%）	56,805 119.6%		12,844 122.7%	
		移動体：事業者別加入者数 （000）	Movistar Orange Vodafone Yoigo	15,830（2022.06） 12,910（2022.06） 12,551（2022.06） 11,670（2022.06）	Telia Tele2 Mobil Telenor Sverige 3 Sweden	6,914（2021.12） 2,946（2021.12） 2,818（2021.12） 2,267（2021.06）
		移動体：M2M用移動体網契約数 （単位、千件）	7,686		16,874	
		放送：CATV加入者数 （単位、千件）	1,336		2,319	

・主要キャリアの移動体欄の無線通信方式は、① GSM、② GPRS、③ EDGE、④ UMTS、⑤ HSDPA、⑥ HSUPA、⑦ HSPA +、⑧ DC-HSPA+、⑨ LTE、⑩ LTE-A、⑪ CDMA、⑫ TD-LTE、⑬ VoLTE、⑭ 5 G NR、⑮ 5 GSA である

・通信市場規模の収入及び M2M 契約数、CATV 加入者数は 2020 年末現在の数値、それ以外は（　）内に言及がなければ 2021 年 12 月末の数値

・出所：ITU Statistics、各社ウェブサイト、関係各種資料より作成

	ロシア	トルコ
根拠法／規制法	2003年通信法、2006年情報通信法	2008年電気通信法、1983年無線通信法
主管庁	通信・マスコミュニケーション省	運輸海事通信省
規制・監督機関	通信・情報技術・マスコミ監督庁、通信庁	情報通信技術庁（BTK）
完全自由化時期	2006年1月	2004年1月
独占時代の事業者 政府株式保有率（%） 外資比率（%）	Svyazinvest（1994年11月） （傘下に以下の7つの地域統合事業者、センターテレコム、ボルガテレコム、北西テレコム、ウラル通信情報、極東電気通信、南テレコム、シビリテレコム →2011年4月からはロステレコムの傘下へ）	TTNET（Turk Telecom） トルコ政府：30.0（05年11月）
主要キャリア　固定	新規参入事業者（参入時期） ・Rostelecom（93年） ・MTT（94年） ・Vimpelcom（94年） ・TTK（97年） ・ER-Telecom（01年） ・Comstar-UTS（MTS傘下）（04年） 他　地域電話会社が多数	新規参入事業者（参入時期） ・Turkcell superonline（11年5月） ・Turksa（90年12月） ・Vodafone Turkey（09年）
主要キャリア　移動体	事業者（参入時期）／通信方式 ・MTS（94年）：①、②、③、④、⑤、⑥、⑦、⑨、⑬、⑭ ・MegaFon（94年）：①、②、③、④、⑤、⑥、⑦、⑨、⑩、 ・Tele2 Russia：①、②、③、④、⑤、⑥、⑦、⑨、⑪ ・Beeline Russia（Veon系、92年）：①、②、③、④、⑤、⑥、⑦、⑧、⑨、⑩、 他4社	事業者（参入時期）／通信方式 ・Turkcell（94年2月）：①、②、③、④、⑤、⑥、⑦、⑧、⑨、⑩、⑭ ・Vodafone（旧Teslim）（05年12月）：上記に同じ ・Turk Telekom（旧Avea、Aria、Aycell）（04年2月）：上記に同じ
通信市場規模　収入　電気通信サービス総収入 移動体収入比（%）	1兆7,087億ルーブル 44.6%	771億トルコリラ 55.7%
加入数　固定　加入者回線数（単位、千件） 人口普及率（%）	25,892（20年） 17.7%	12,310 14.5%
加入数　固定　インターネットユーザ（単位、千人）	128,715	69,014
加入数　移動体　総加入数（000） 人口普及率（%）	246,569 169.0%	86,289 101.8%
加入数　移動体　事業者別加入者数（000）	MTS　78,500（2020.12） MegaFon　70,500（2021.03） Tele2 Russia　49,900（2020.09） Beeline Russia　49,700（2020.09）	Turkcell　34,000（2015.06） Vodafone　23,390（2021.03） Türk Telekom　22,800（2020.06）
加入数　移動体　M2M用移動体網契約数（単位、千件）	—	6,380
放送　CATV加入者数（単位、千件）	19,788	1,383

・主要キャリアの移動体欄の無線通信方式は、①GSM、②GPRS、③EDGE、④UMTS、⑤HSDPA、⑥HSUPA、⑦HSPA＋、⑧DC-HSPA+、⑨LTE、⑩LTE-A、⑪CDMA、⑫TD-LTE、⑬VoLTE、⑭5G NR、⑮5GSAである

・通信市場規模の収入及びM2M契約数、CATV加入者数は2020年末現在の数値、それ以外は（　）内に言及がなければ2021年12月末の数値

・出所：ITU Statistics、各社ウェブサイト、関係各種資料より作成、各社ウェブサイト、関係各種資料より作成

4-4-2-2　欧州諸国における最近の電気通信政策・市場等の動向－ 2021 年７月～ 2022 年６月－

英　国

■ DCMS、テレコム多様化タスクフォースの報告書に対する回答及び英国の 5G サプライチェーン多様化戦略の実施に関する次なるステップについて発表

デジタル・文化・メディア・スポーツ省（DCMS）は、2021 年 7 月 2 日、テレコム多様化タスクフォースの報告書に対する回答及び英国の 5G サプライチェーン多様化戦略の実施に関する次なるステップについて発表した。産業界と学界の専門家で構成されるテレコム多様化タスクフォースは、2021 年 4 月、政府に対して 5G のサプライ市場における多様化のための解決策について検討した結果を「勧告」という形で報告した。勧告は、①オープン RAN 採用の加速、②テレコム標準の促進、③規制政策への介入、④長期的な研究とイノベーションの推進の四つの主要分野ごとになされた。

■ Ofcom、新しい周波数管理戦略を発表

情報通信庁（Ofcom）は、2021 年 7 月 19 日、2020 年代の新しい周波数管理戦略を発表した。Ofcom は、今回の周波数管理戦略では、成長とイノベーションを推進するための周波数管理を達成するために、①ワイヤレス・イノベーションの支援、②ローカルサービス、全国的サービスそれぞれに合った免許実務、③周波数共用の推進、の三つの分野を選定した。

■ BT、各インフラを融合した、英国初となる完全統合型ネットワークの実現に向け新たな計画を発表

BT は、2021 年 7 月 14 日、高性能な 5G ソリューションを英国全土で提供すると共に、モバイル、Wi-Fi、ファイバーの各インフラを統合し、英国初となる完全統合型ネットワークの可能性を実現するための新たな計画を発表した。

主な計画は以下のとおり。

＊ 2020 年代半ばまでに、BT グループのオープンリーチが提供するファイバー、携帯電話事業である EE が提供するモバイルネットワーク、Wi-Fi の完全統合を完了し、安全性が高く、シームレスで信頼性の高い接続性を提供する。

＊ EE は、5G サービスを、2023 年初頭までに英国の人口の半分、2028 年までに英国全土の 90％以上に提供する。

＊新しい 5G コアネットワーク制御システムを、BT の分散型「ネットワーク・クラウド」インフラ上に構築する。

＊ EE は、4,500 平方マイルに及ぶ農村部に 4G サービスを提供する。

＊ 2023 年までに、3G サービスを段階的に廃止する。3G は、将来的に 5G の容量を強化するために使用される。

■ DCMS、デジタル市場の競争を推進するための提案を発表

デジタル・文化・メディア・スポーツ省（DCMS）は、2021 年 7 月 20 日、デジタル市場の競争を推進するための提案を発表した。この提案は、新しいデジタル市場の競争体制を導入することで、英国のテック部門を支援し、消費者を保護することを目的としている。具体的には、競争・市場庁（CMA）の中にあるデジタル市場ユニット（The Digital Markets Unit：DMU）に戦略的市場地位（SMS）を持つテック企業を指定する権限を与える。指定されたテック企業は、競合者や消費者との関係で許容される行動を定める新しいルール（行動規範）に従うことが求められる。また、DMU には、テックジャイアントによる決定を停止したり、ブロックしたり覆す権限、DMU が定める行動規範の重大な違反には売上の最大 10％の罰金を科す権限も与える。この他、政府としては、CMA に SMS を持つ企業が関与する有害な合併を審査したり介入したりするためのより強い権限を付与することも検討している。

■ DCMS、水道管に光ファイバーを敷設するプロジェクトに資金を提供

デジタル・文化・メディア・スポーツ省（DCMS）は、2021 年 8 月 9 日、ブロードバンドとモバイル信号の普及を加速させるため 3 年間のプロジェクト「水道管に光ファイバー（Fibre in Water）」に資金を提供すると発表した。このプロジェクトは、地方における超高速ブロードバンドとモバイル通信の全国展開を加速させるために、水道管にファイバーブロードバンドケーブルを引き込むことで、より迅速でコスト効率の良い方法で光ファイバーケーブルを家庭、企業、携帯電話マスト（アンテナ塔）に接続させようとするものである。2024 年 3 月に終了する予定の 3 年間の「Fibre in Water」プログラムのもと、政府はこのプロジェクトに 400 万ポンド（550 万米ドル）を投資し、漏水によって毎日失われる水の量を減らすためのソリューションのテストも行う予定である。DCMS は、2022 年 4 月 6 日、上記プロジェクト「水道管に光ファイバー（Fibre in Water）」の初めての実証実験として、英国バーンズリーとペニストン間（17 キロメートル）の水道管内に光ファイバーを通すトライアルを行い、最大 8,500 世帯と企業をより高速なブロードバンドに接続することを発表した。

英　国	■電気通信（セキュリティ）法が成立 英国議会は、2021年11月19日、英国の電気通信の安全を確保するために通信サービス提供者のセキュリティ義務を強化し、政府に対しセキュリティ要件を設定する新たな権限を付与する電気通信（セキュリティ）法を成立させた。この法律は、2003年の通信法、特に英国の通信局である情報通信庁（Ofcom）の、電気通信および電気通信事業者のセキュリティを取り締まる役割について、これを基礎にして強化するものである。 Ofcomは、通信事業者と協力してセキュリティの改善、継続的なコンプライアンスの監視、強制する権限が与えられており、通信事業者は、ネットワークのセキュリティを評価するための情報をOfcomと共有することが求められる。通信事業者が遵守しない場合、Ofcomは強制措置を取ることができる。また、強制措置の期間中、通信事業者に対して、セキュリティギャップに対処するための暫定的な措置をとるよう求めることができる。 通信事業者は、新ルールに従わない場合、罰金を科せられる。事業者がセキュリティ義務を遵守していない場合、Ofcomは関連する売上高の最大10%、または継続的に違反を繰り返す場合には1日あたり10万ポンド（約1,531万円）の罰金を科すことができる。 通信事業者のセキュリティ義務には、セキュリティ侵害リスクを特定すること、軽減するための対策を講じること、将来のリスクに備えること等が含まれる。 政府のセキュリティ要件には、通信事業者が、機密データを扱うネットワーク機器を安全に設計・構築・保守すること、サプライチェーンのリスクを低減すること、ネットワークの機密部分へのアクセスを慎重に管理すること、公衆ネットワークやサービスが直面するリスクを理解するための適切なプロセスを確保すること等が含まれる。 なお、この法律では、「ハイリスクベンダー」がもたらすリスクを管理するための新しい権限が政府に導入されている。政府は、例えば、ファーウェイなどの中国企業が提供する機器が安全・安心に悪影響を及ぼすと判断された場合、その機器が通信ネットワークで使用される範囲を管理することができる。場合によっては、政府は通信ネットワークに対して、これらの企業から調達した既存の機器を撤去するよう要求することもできる。 ■ DCMS、新たな国家サイバー戦略を発表 デジタル・文化・メディア・スポーツ省（DCMS）は、2021年12月15日、新たな国家サイバー戦略を発表した。同戦略では、サイバー空間における英国の経済的・戦略的強みを強化し、労働力の多様性を高め、英国のすべての地域にわたって、攻撃的及び防御的なサイバー能力を拡大することを目指す。同戦略で示された政府の主な計画は以下のとおり。 ＊法執行機関に多額の資金を提供し、犯罪者の取り締まりを強化する。 ＊英国およびその同盟国に害を及ぼす者に対抗するための英国National Cyber Force（NCF）への投資を増加させる。（注：NCFは、国防と諜報機関の連携から成るサイバー組織） ＊マンチェスターに新設された応用研究ハブを含む、国家サイバーセキュリティセンター（NCSC）の研究能力を拡大させる。 ＊すべての新しい消費者向けスマート製品に最低限のセキュリティ基準を強制するための「製品セキュリティおよび通信インフラ法案」を導入する。 ＊公共部門のサイバーセキュリティに投資し、主要な公共サービスが進化する脅威に対して弾力性を保ち、それらを必要とする市民のために提供し続けられるようにする。 ■「国家安全保障・投資法」が施行 ビジネス・エネルギー・産業戦略省（BEIS）は、2022年1月4日、「国家安全保障・投資（National Security and Investment，NSI）法」が全面的に施行されたと発表した。1月4日から政府は、企業や投資家を含むあらゆる人が行う、英国の国家安全保障に損害を与える可能性のある特定の買収を精査し、介入できるようになった。さらに、政府は買収に一定の条件を付けたり、必要であれば買収の取り消しや阻止を行うことができる。 ■ボーダフォン、英国初となる5GオープンRANサイトを稼働 ボーダフォンは、2022年1月19日、英国初となる5GオープンRANサイトを英バースで稼働させたと発表した。ボーダフォンは、2027年までに2,500のオープンRANサイトを稼働させる計画を明らかにし、オープンRANエコシステムの開発を加速させるという政府の目標を支援する。同戦略は、2021年12月に発表された「国家サイバーセキュリティ戦略」に続くものである。2022年6月15日、NECはボーダフォンが英国で構築する世界最大級の商用Open RANにおいて、超多素子アンテナ（Massive MIMOアンテナ）を搭載した5G基地局装置（Radio Unit、以下RU）を提供するパートナーに選定されたと発表した。

英　国

■政府、デジタルIDの信頼性と安全性を高めるための法制度の導入を発表

デジタル・文化・メディア・スポーツ省（DCMS）は、2022年3月10日、デジタルIDの信頼性と安全性を高めるための法律を導入すると発表した。諮問を経て決定されたもの。また、デジタルIDの暫定的な管理機関として、「デジタルID属性オフィス（Office for Digital Identities and Attributes：ODIA）」がDCMSの傘下に設立される。ODIAは、簡単に認識できるトラストマークを発行する権限を有し、トラストマークを付与された組織が最高水準のセキュリティとプライバシーを遵守していることを保証する。DCMSは、デジタルIDはオンラインで共有される個人データの量を減らし、詐欺師が盗んだIDを入手・使用することを困難にすることで、2021年9月期の推定500万件と過去最高を記録した詐欺への取組みにも貢献することが期待されている。

■Ofcom、宇宙周波数戦略案を発表

Ofcomは、2022年3月15日、宇宙周波数戦略案を発表した。衛星通信技術の利用を促進し、非静止軌道（NGSO）衛星によるブロードバンドサービスの普及を拡大する。主な内容は以下のとおり。

＊衛星ブロードバンドの拡大：周波数の効率的利用、干渉のリスク管理、14.25GHzから14.50GHz帯への追加アクセス、国際NGSO規則の改善等の検討
＊地球観測衛星の干渉からの保護：気候変動対応、農業、救急、天気予報等への活用を重視
＊宇宙への安全なアクセス：スペースデブリ問題の解決を視野に、レーダーシステムへの周波数確保

宇宙分野は急速に拡大しており、2017年から2021年にかけて宇宙船の打ち上げ数は60％近く増加すると予測されている。OneWebやSpaceX等の企業がNGSO衛星システムを大量に配備する一方で、大学やベンチャー企業は、小型衛星を使った新プロジェクトを試行している。

Ofcomは同周波数戦略を通じ、宇宙分野の発展に寄与するとしている。諮問は2022年5月24日まで、同年末に最終的な戦略を発表する。

■政府、オンライン安全法を議会提出

英政府は、2022年3月17日、「オンライン安全法（Online Safety Bill）」を議会に提出した。以前はOnline Harms Billとして知られていたこの法案は、英国の通信監視機関であるOfcomを、テクノロジー企業に対する規制当局として配置することが法律の主要部分となっている。「カテゴリー1」と分類された最大規模のオンラインプラットフォーム運営企業に対し、有害コンテンツの摘発と削除を義務付ける。Ofcomは、有害または違法なコンテンツの削除や、サイトおよびサービスの停止を怠ったテクノロジー企業に対し、最大1,800万ポンド（約28億円）の罰金、または世界売上高の10％のうち、高い方の罰金の支払いを命じることが可能になる。企業が継続的に義務を怠る場合は､その企業の上級幹部が刑事罰に問われる可能性もある。主な内容は以下のとおり。

＊言論の自由を守りつつ、ポルノ等の有害コンテンツから子どもを保護し、人々が違法なコンテンツに触れるのを制限する。
＊ソーシャルメディアプラットフォーム、検索エンジン、その他のアプリケーションやウェブサイトは、人々によるコンテンツ投稿を許可する場合、子どもを保護し、違法行為を取り締まり、自らの規約を守らねばならない。
＊規制当局のOfcomは、違反した企業に対し、世界全体の年間売上高の最大10％までの罰金を科し、業務改善を強制し、違反サイトをブロックする権限を持つ。
＊Ofcomの情報開示請求に協力しない企業の経営者は、従来の2年間ではなく、2か月以内に起訴または懲役刑に処せられる可能性がある。
＊対象企業の上級管理職は、証拠隠滅、Ofcomとの面談への不参加や虚偽の情報提供、規制当局が社内に入った際の妨害等で刑事責任を問われる。

2021年5月の草案に以下の項目が新たに追加されている。

＊オンライン詐欺に対抗するための大きな動きとして、ソーシャルメディアや検索エンジンの有料詐欺広告を対象範囲に含む。
＊ポルノを公開またはホストするすべてのウェブサイト（商用サイトを含む）は、ユーザが18歳以上であることを確認するための強固なチェックを導入しなければならない。
＊匿名の荒らしを取り締まるための新たな措置を追加し、誰が自分に接触し、何を見るかについて、人々がよりコントロールできるようにする。
＊最も有害な違法コンテンツや犯罪行為に対して、企業がより迅速に積極的に取り組むようにする。
＊法案を通じて、サイバーフラッシングを犯罪化する。

英国

■ワンウェブ、ニュー・スペース・インディアと衛星打ち上げ計画で合意

英国政府が一部出資する低軌道（LEO）衛星通信事業者であるワンウェブは、2022年4月20日、インド宇宙研究機関の商業部門であるニュー・スペース・インド（New Space India）とワンウェブが衛星打ち上げ計画を確実に完了させるための契約を締結したと発表した。ニュー・スペース・インドとの最初の打ち上げは、2022年にサティッシュ・ダワン宇宙センター（SDSC）から行われる予定である。ワンウェブは、ロシアのウクライナ侵攻を受けて、ロシアの宇宙機関ロスコスモス（RosCosMos）との既存の契約を解除し、ロシアに貸与されているカザフスタンのバイコヌール宇宙基地からの衛星打ち上げを停止していた。ワンウェブは2022年2月10日にギアナ宇宙センターからアリアンスペース社によって334基の衛星の打ち上げを完了し、低地球軌道（LEO）の衛星群を428基まで増やした。この打上げは、13回目となり、ワンウェブの軌道上の衛星は合計428基となった。これは、ワンウェブが計画している648機のLEO衛星群の66%に相当する。ゆくゆくは、高速・低遅延接続を実現するグローバルネットワークが構築される予定である。

■DCMS、デジタル市場のための新たな競争促進体制に係る最終方針を発表

デジタル・文化・メディア・スポーツ省（DCMS）は、2022年5月6日、デジタル市場のための新たな競争促進体制について、公開諮問（2021年7月に開始）で寄せられた意見を踏まえた政府としての最終方針を発表した。新たな競争促進体制の概要は以下のとおり。

＊デジタル市場のための新たな競争促進制度は、実質的で強固な市場支配力を持つ少数の企業を対象とするものとする。

＊規制当局が戦略的市場地位（Strategic Market Status）を判定する際、どの会社が適用範囲になるのかについて明確性と確実性を求める意見があったことから、最低売上基準を導入する予定である。

＊ある企業が戦略的市場地位ありとの指定を受けると、競争・市場庁の中に設けられた部署デジタル・マーケット・ユニット（DMU）はその企業がどのように行動することが期待されるかを行動要件として定める。どのような要件とするかは、法律上、要件の柱を規定する予定である。

＊DMUは競争促進的な介入をターゲットに対して行うことができるようになる。例えば、相互運用性を支えるような競争促進的な介入は、デジタル市場を根本的に変革する可能性を持っている。

＊DMUには、証拠に基づく確固とした調査の後、救済策を策定し実施するための広範な裁量権を与える。政府としては、DMUに、規制違反に対して全世界の売上高の最大10%までの罰金を科す権限を与え、また、DMUは規制違反を裁判所に申請し、英国で取締役を務める資格を剥奪することもできるようにする。

＊DMUは、情報提供の要請に応じない上級管理職に対して民事罰を科すことができる。なお、DMUの決定については、他の事前規制当局と同様に、審査に関連する不服申立基準についての様々な意見を踏まえ、司法審査の原則を適用することとする。

＊戦略的市場地位を持つ企業に対して、合併取引を事前にCMAに報告するための新たな要件を導入する予定。CMAは合併の初期評価を行い、その合併をさらに調査するかどうかを決定することができる。

■英国政府、イスラエル系フランス企業アルティスのBT株買い増しについて国家安全保障の観点から調査開始

英国の固定回線事業者であるBTの株式6%の取得について、国家安全保障への影響を調査する通達が、2022年5月26日、英国のクワシー・クワルテン商務長官によって発せられた。ビジネス・エネルギー・産業戦略省（BEIS）が発表したプレスリリースでは、政府機関は2021年国家安全保障・投資法に基づいて、国家安全保障を理由に適格な買収を精査し、必要に応じて介入する権限を持っていると指摘している。

この展開は、2021年12月に、仏・イスラエルの実業家パトリック・ドライが英国の通信事業者の株式を保有する目的で設立したアルティスUKが、BTの議決権付き株式資本に対する持分を12.1%から18.0%に引き上げたことが明らかになったことに起因する。アルティスUKは、2021年6月にBTの12.1%の株式を取得し、筆頭株主となったことを発表しており、発表時の株式価値は約22億ポンド（27億6,000万米ドル）であった。ドライは、前年6月に20億ポンドを投じて12%の株式を取得して以来、BTに対する思惑が渦巻いており、レバレッジド・テイクオーバーを企んでいるのではないかとの見方が大勢を占めている。英国政府がアルティスの株式を調査することを決定し、救済措置や保有株式の削減を要求する可能性を高めたことは、イスラエル系フランス企業がさらに積極的な動きをとることは政治的なハードルに直面する可能性があることを示唆している。

<table>
<tr><td>英　国</td><td>■ Ofcom、電波を UAS 利用するために新免許制度の導入に向けた諮問文書を発出
Ofcom は、2022 年 6 月 10 日、商業用ドローン事業者が航空機の飛行可能距離を飛躍的に伸ばすことを可能にする、英国の新しい周波数ライセンス制度を開始するためのコンサルテーション文書を発出した。提案されている無人航空機システム（UAS）オペレーター無線ライセンスは、①オペレーターが、データおよびビデオの制御と送信のためのモバイルおよび衛星端末、および②UAS が英国の空域で安全に飛行できるよう安全装置を含む現在認められていない様々な技術、をドローン（フリート）で使用できるようにするものである。この変更により、ライセンスを取得したドローンは、オペレーターの目視範囲を超えた飛行が可能になり、一度の飛行で数百マイルを飛行できる可能性がある。このライセンスは、75 ポンド（現在のレートで約 12,000 円強）の年会費で、オペレーターが使用する、あるいは民間航空局（CAA）が携帯を義務付ける様々な機器もカバーする。このライセンスでは、商用ドローンでの携帯端末の使用も許可されるが、免許取得者（ライセンシー）は携帯ネットワーク事業者から使用前に書面による同意を得る必要がある。各携帯電話事業者は、自社のネットワークでそのような使用を許可できない可能性があるため、この使用を許可するかどうかを決定する裁量権が与えられる。いままで、英国ではドローンの操縦には、35MHz 帯及び、2.4GHz、5GHz の低出力帯を使っており、免許は必要なかった。この現行の免許免除制度が、新たに導入しようと提案している制度によって置き換えられることはない。
■ DCMS、新たな「英国デジタル戦略」を発表
デジタル・文化・メディア・スポーツ省（DCMS）は、2022 年 6 月 13 日、政府横断的な戦略である「英国デジタル戦略」を発表した。英国をグローバルなテック超大国として強化し、デジタルビジネスの起業と成長のための欧州有数の地としての地位を築くことで経済を成長させ、より多くの高スキル・高賃金の雇用を創出することが目的である。同戦略は、政府の新しいビジョンとして、①デジタル基盤、②アイデアと知的財産、③デジタル・スキルと人材、④デジタル成長への融資、⑤繁栄の拡大とレベルアップ、⑥世界における英国の地位向上、の六つの主要分野に焦点を当てている（英国のデジタル戦略としては、直近では 2017 年に発表されたものがある）。この他、人工知能のような将来のテクノロジーを強化するために不可欠な英国のコンピュータ処理能力の外部評価とデジタル・スキルギャップに対処するための新しい専門家評議会（デジタル・スキル評議会など）を設置する予定である。</td></tr>
<tr><td>ドイツ</td><td>■連邦ネットワーク庁、6GHz 帯を無線 LAN に割り当て
連邦ネットワーク庁（BNetzA）は、2021 年 7 月 14 日、無線 LAN に 6GHz 帯（5.945GHz-6.425GHz：480MHz 幅）を割り当てると発表した。6GHz 帯に対応した「WiFi-6E」へより多くのチャネルを提供することを想定している。人口密度の高いエリアの一般ユーザや企業ユーザに対してより高速なデータスループットを実現し、ビデオ会議、ゲーミング及びストリーミングなどの高容量アプリケーションへの安定した接続が可能になる。また、他の欧州諸国との周波数調和を図り、欧州全体で規模の経済性を生み出すことになるとしている。
■新規参入の 1&1、日本の楽天の支援を受け OpenRAN をベースとした完全仮想化モバイルネットワークの構築へ
ドイツ・マインタールに拠点を置く通信事業者 1&1 は、2021 年 8 月 4 日、ドイツで 4 番目の無線ネットワーク事業者になることを目指して、OpenRAN 技術に基づく完全仮想化モバイルネットワークを構築するために、楽天と長期的なパートナーシップを締結することに合意したと発表した。これにより、1&1 は、1 つのネットワークサプライヤーによって全体的に提供されることが多い従来の独自ネットワークから、完全にクラウドベースのマルチベンダーのネットワークアーキテクチャに移行することになる。楽天は、アクティブネットワーク機器の構築を引き継ぎ、1&1 のモバイルネットワーク全体のパフォーマンスも担当する。1&1 は、アクセス、コア、クラウド、運用の各ソリューションからなる楽天コミュニケーションプラットフォーム（RCP）スタックと、パートナーネットワークへのアクセスを持つことになる。また、楽天が独自に開発したオーケストレーションソフトウェアを提供し、1&1 ネットワークの高度な自動運用を実現する。1&1 モバイルネットワークの建設は、2021 年第 4 四半期に開始される予定である。特に、2021 年 5 月にテレフォニカと全国ローミング契約を締結したことを受け、1&1 は新ネットワークの建設段階においても、顧客に全国規模のカバレッジを提供することができる。
※ 1&1 は旧社名が 1&1 ドリリッシュ（1&1 Drillisch）で、2021 年 6 月より社名が 1&1 となっている。携帯通信事業はドイツの移動体通信事業者（MNO）であるテレフォニカドイツおよびボーダフォンの回線を使用した仮想移動体通信事業者（MVNO）として展開してきた。2020 年度版の本書でも既報の通り、2019 年 6 月 12 日に終了した 5G 周波数オークションで周波数の取得に成功し、ドイツで第 4 の移動体通信事業者として新規参入することが決定している。</td></tr>
</table>

ドイツ

■ドイツテレコム、ソフトバンクと長期提携に合意

ドイツテレコムと日本のソフトバンクグループは、2021 年 9 月 2 日、長期提携および米国の T モバイル US に関する株式交換に合意したと発表した。ソフトバンクは T モバイル US の約 4,500 万株と引き換えに、ドイツテレコムの 2 億 2,500 万株の新株を受け取ることになる。さらに、ドイツテレコムは、T モバイル・オランダの売却で見込まれる 24 億米ドルの売却益を再投資して、ソフトバンクから米国の T モバイルの株式約 2,000 万株を追加で購入することを検討する予定である。これらの取引（株式交換と売却金の再投資）の結果、ソフトバンクグループはドイツテレコムの株式を 4.5% 保有することになり、ドイツの大手企業の個人株主としては 2 番目に大きな株主となる。また、ドイツテレコムは T モバイル US の株式を 5.3％増やし 48.4％とし、米携帯電話大手の経営権取得に向け、さらに意欲を高めている。なお、ソフトバンクは T モバイル US の株式 3.3％を保有することになる。米国 T モバイルは米国 T-Mobile 本体の他にスプリントを所有している。米国 T モバイルとスプリントの経営統合に伴い米国 T モバイルが所有する携帯通信事業は米国 T モバイルに集中する計画を発表しており、スプリントは 2022 年 6 月 30 日をもってネットワークを停波する予定である。スプリントの携帯通信事業は 2022 年 6 月 30 日に終了することになる。

■連邦ネットワーク庁、ドイツテレコムの光ファイバー開放の規制緩和案を公表

連邦ネットワーク庁 BNetzA は、2021 年 10 月 11 日、ドイツテレコムの光ファイバーの競合事業者への開放に関する規制緩和を図る新たな案を公表し、パブリックコメントの募集を開始した。新規制案の主な内容は以下の通りで、BNetzA は、国内通信事業者による光ファイバー網への投資を促進し、ギガネット社会への移行を図るとしている。

* 競合事業者によるドイツテレコムの光ファイバーのラストワンマイルへのアクセスに関する事前規制を撤廃する。
* アクセスサービスの同等性原則（Equivalence of Input principle：EoI）に基づき、ドイツテレコムは、社内で利用する同じシステム及び条件で競合事業者がラストワンマイルにアクセスすることを保証する。
* ドイツテレコムは、自社の同軸ケーブルから光ファイバーへ切り替える際に、消費者、事業者に対し十分なリードタイムをもって周知する。

■テレフォニカドイツが 3G を停波、ドイツの全社が 3G を終了

O2 のブランド名でサービスを提供するテレフォニカドイツは、2021 年 12 月 30 日に 3G ネットワークを停止した。これより先、ドイツの移動体通信事業者としてはボーダフォンが 2021 年 6 月 30 日、テレコムドイツが 2021 年 7 月 1 日に 3G の停波を完了している。今回のテレフォニカドイツの 3G の停波によって、ドイツの移動体通信事業者は 3G を完全に終了したことになる。

■テレフォニカドイツ、オープン RAN 技術を使った最初のミニ無線セルを展開

O2 のブランド名でサービスを提供しているテレフォニカ・ドイツは、2022 年 1 月 17 日、ミュンヘンでドイツ初のオープン RAN 技術によるミニ無線セルを稼働させたと発表した。同社は、この動きにより、今後、広場やショッピング街、公共交通機関の停留所など、都市中心部の人通りの多い場所で、より多くの容量とより高い帯域幅を顧客に提供できるようになる。ミュンヘンのガートナープラッツ地区にある建物のファサードに取り付けられたミニ無線セルは、市街地の屋上に設置された 4G/5G モバイルネットワークを補完するもので、これに取って代わるものではない。スモールセルには、電源に加えて、光ファイバーによる接続が必要であった。純粋な 5G Open RAN ミニ無線セル（5G Standalone）の設置は、同年後半、再びミュンヘンに続く予定である。オープン RAN はソフトウェアベースであり、将来的にメーカーを選択する際の柔軟性が大幅に向上する。新しいサービスをネットワークに導入する際には、ソフトウェアの更新でほぼ十分であるため、固定インフラの交換や取り替えの必要が少なくなるためである。

■リヴァダ、2024 年から低軌道衛星 600 基を打ち上げる計画を発表

米国に本社を持つリヴァダ・スペース・ネットワークス（Rivada Space Networks）は、2022 年 3 月 21 日、今後数年間に 600 機の低軌道（LEO）通信衛星を打ち上げる計画を明らかにした。2024 年に配備を開始し、2028 年半ばには全機配備を完了する予定である。同社は、通信、企業、海事、エネルギー、政府サービス市場向けに、安全でグローバルなエンドツーエンドのエンタープライズグレード接続を提供することを目指している。リヴァダ・スペース・ネットワークスは、米国のリヴァダ・ネットワークスによって設立され、ドイツを拠点とする予定である。

<table>
<tr>
<td>ドイツ</td>
<td>■規制当局、ゼロレートオプションの販売を禁止する命令
ドイツの連邦ネットワーク庁（Bundesnetzagentur：BNetzA）は、2022年4月28日、テレコムドイツ（Telekom Deutschland）が提供するゼロレートオプション「ストリームオン（StreamOn）」とボーダフォンの「ボーダフォンパス（Vodafone Pass）」の販売を禁止し、既存の顧客契約の解除を命じた。同監視当局は、これらのオプションはデータトラフィックを平等に扱わないため、ネット中立性規定に違反すると指摘した。欧州司法裁判所（ECJ）は2021年9月2日、ゼロレーティングオプションは、特定のサービスやアプリケーションを料金表に含まれるデータにカウントせず、他のすべてのサービスやアプリケーションとは対照的に無制限に使用できるため、データ通信の平等な取り扱いの原則に適合しないとの判決を下していた。（4-4-2-3　EUの通信政策の項を参照）
BNetzAは、2022年7月1日までに2つのゼロレーティングオプションの新規販売を停止し、プロバイダーは2023年3月末までに既存顧客に対するゼロレーティングオプションを終了するよう命じた。BNetzAは、データ通信量が多く、モバイル定額料金が割安な料金体系への移行が加速することが予想されるため、オプション終了がもたらすドイツのモバイル市場全体への影響はプラスであると判断している。
■連邦ネットワーク庁、電気通信最低供給条例を施行
ドイツの連邦ネットワーク庁（FNA）は、「電気通信最低供給条例（TKMV）」を連邦法公報に掲載したと発表した。2022年6月1日に施行された同条例は、電気通信サービスを提供される権利の最低要件を定めている。電気通信法によると、すべての国民は、適切な社会的・経済的参加のために、音声通信サービスおよび高速インターネット接続サービスを提供される法的権利を有している。ダウンロード速度は最低10Mbps、アップロード速度は最低1.7Mbpsでなければならず、遅延は150ミリ秒を超えてはならない。FNAはこれらの値を毎年見直す予定である。電気通信サービスの最低提供価格は、規制当局が決定・監視する手頃な価格で提供されなければならないが、電気通信サービスを供給される権利には、最低限提供されるべき技術が規定されてはいない。これまで基本サービスはテレコムドイツが提供してきたが、どの通信事業者でも新たに自主的に基本サービスを提供できるようになった。基本サービスを提供する事業者がいない場合には、FNAは事業者に対して通信接続とサービス提供を義務付ける権利も有する。</td>
</tr>
<tr>
<td>フランス</td>
<td>■政府、2025年までに150億ユーロ規模の5G市場を見据えた、投資戦略を発表
アニェス・パニエ・ルナシェ産業相とセドリック・オーデジタル担当国務長官は、2021年7月6日、「5Gと将来の通信ネットワーク技術に関する国家戦略」と題する講演を行い、2025年までに150億ユーロ規模の5G市場を見据えた国の5Gおよび将来の電気通信戦略を発表した。
5Gの市場規模を150億ユーロとする2025年戦略に貢献するため、フランス政府は2022年までの間に優先プロジェクトを支援するため、4億8,000万ユーロの公的資金をあてる意向を発表した。2025年までには、この資金は7億3,500万ユーロに拡大される。民間投資と合わせると、フランスでは今後数年間で17億ユーロを超える資金が通信分野に投資されることになる。発表の中でパニエ・ルナシェ産業相は、自動車、サービス業、農業などの分野の競争力を高めるために5Gがもたらす機会について説明し、欧州委員会のアーシュラ・フォン・デア・ライエン委員長が「5Gを優先事項の1つに挙げている」ことにも言及し、「我々のノウハウを生かし」、研究開発を発展させ、ノキアやエリクソンなどの「歴史ある欧州の機器メーカーを支援する」ことが、彼女が「産業復興のためのテコ」と呼ぶものに関わるものであるとの見解を示した。デジタル担当のセドリック・オー国務長官は、フランスが「2022年までにビジネスネットワークの主権的ソリューションを構築する」ことを目指すと語った。また、この戦略では、高い安全性と信頼性を保証するネットワークを得るための主権となる技術的基盤（チェーンのリンク）の開発に貢献し、このテーマでの独仏の協力を強化することを計画している。公的資金3億6,000万ユーロの大半は、これに充てられる予定である。
■アルティス、MVNOのコリオリ・テレコムを買収
アルティス（Altice France、SFR）は、2021年9月20日、フランスの通信事業者コリオリ・テレコムを2億9,800万ユーロ（3億4,950万米ドル）の初期対価と1億1,700万ユーロの後払いで買収する契約を締結した。この買収により、アルティスはフランスの中小都市にある約50万件のMVNO契約（SFRはすでにコリオリのホストネットワークの1つ）、約3万件のビジネス契約、およびコリオリのCRM部門（フランス国内および海外の4つのコールセンターを通じて社内およびサードパーティーの顧客に対応）を取得することになる。2022年4月25日、アルティスは、この買収に関し、規制当局の承認が得られたと発表した。フランスではここ数年、大手4社による、小規模通信会社の買収、市場の再編が進んでいる。例えば、2020年6月、Bouygues Telecom（ブイグテレコム）はCrédit Mutuel（クレディ・ミチュエル）からEuro-Information Telecomを買収した。アルティスフランスは、2021年5月にAfone Participationsの買収を通じてRégloMobileの50％を購入することに合意した。3年前の2019年には、IliadがJaguar Networksを、また、Bouygues Keyyoを買収している。</td>
</tr>
</table>

フランス

■政府、産業用 5G プロジェクト推進を目的とした一連の施策を発表

フランス政府は、2022 年 3 月 3 日、産業用 5G プロジェクト推進を目的とした一連の施策を発表した。また、国内産業における 5G ユースケース展開を促進するために設置された「5G 産業ミッション」が、国内での産業用 5G 発展の遅れの要因とその対策についての勧告をまとめた報告書を提出した。同報告書は、フランスが他の欧州諸国と比べて 5G 発展に遅れた理由として、必要な周波数へのアクセスが不十分であることを指摘しており、政府は、暫定措置として、産業用 5G に対して 2.6GHz 帯の使用を許可すること、また 3.8GHz 及び 4GHz 帯の 5G パイロットへの使用についても近日中に検討することを公約した。なお、今回発表された主な産業用 5G 推進に向けた施策内容は以下のとおり。

＊機器メーカー、通信事業者、インテグレーター、サプライヤ等の利害関係者を一拠点に集結させる特定区域「産業 5G キャンパス」への参加希望事業者を近日中に公募。

＊独仏産業界の接続性を確保し、両国で 5G エコシステムを強化することを目的とした両国合同 5G プライベート網プロジェクトへの参加を公募。

＊ 2021 年 7 月に開始されている国家 5G 促進計画の下、新規 7 件の研究開発プロジェクトに対して 4,700 万ユーロ（約 59 億円）を支出。「フランス 2030」投資計画の一環であるこの取り組みには、これまでプロジェクト 31 件に対する、総額 4 億 7,800 万ユーロの投資実績がある。

■オレンジ新社長、M&A は重点戦略ではないと明言

フランスで最大手の通信グループ「オレンジ」の新社長クリステル・ヘイデマンは、2022 年 4 月 4 日、CEO に就任してから初めての記者会見で、国境を越えたヨーロッパの統合や大規模な M&A プロジェクトは、欧州におけるオレンジの戦略には含まれていないと新戦略について語った。同社の優先事項は、既存の地域の既存の顧客にすでに提供できる、多くの価値を持ったビジネスを持っている、既存市場での地位を強化することであると付け加えた。CAC40（パリ証券取引所上場企業 40 社）の中で、電力・ガスのエネルギー供給会社エンジー（Engie）の女性社長に次いで 2 人目の女性責任者となるヘイデマンは、「常に挑戦的」と周囲に言われている。オレンジがフランスの通信市場の統合を必要としているのか、また、事業者数を 4 社から 3 社に減らす試みが何度か失敗した後、そうした合併交渉に参加する可能性はあるのかという質問に対しては、いかなる機会も歓迎するとしつつ、「オレンジの戦略の中核となることはありえない」と、フランスの通信セクターにおける合併の可能性について具体的に言及した。

一方で、オレンジは現在、スペインのライバルであるマスモビルと独占合併交渉中で、業績不振が重荷となっている。ヘイデマン新社長はまた、ベルギーとルーマニアを、同社がサービス拡大のためにブロードバンドまたはモバイルのいずれかの分野で他の企業の経営権を取得した、グループにとって意味のある最近の取引の例として挙げた。

■国務院、スターリンクの免許の取り消しを決定

フランスの最高行政裁判所である国務院（Conseil d'Etat）コンセイユ・デタ）は、2022 年 4 月 5 日、イーロン・マスク氏が経営するスターリンク社にフランスの全地域をブロードバンドで結ぶ衛星インターネットサービス用に付与された 2 つの周波数帯に与えられた免許を取り消す決定を行った。フランスの電子通信・郵便規制庁（ARCEP）が誤ったプロセスに基づいて免許を付与したという、法的技術的な理由で取り消した。同庁は、免許付与の決定が「広帯域インターネットへのアクセス市場に影響を与え、エンドユーザーの利益に影響を与える可能性がある」ため、免許付与前に公聴会を開くことが法的要件となるはずで、フランスの電子通信･郵便規制庁（ARCEP）はこのステップを省略していたと判断した。ARCEP は、2021 年 2 月に SpaceX の Starlink にフランスでのインターネット提供のための 10 年間のライセンスを付与した。この免許は 10.95GHz-12.70GHz および 14GHz-14.5GHz 帯を対象としていた。

■ ARCEP、スターリンクに新たな免許を交付

フランスの通信規制当局である電子通信・郵便規制庁（ARCEP）は、2022 年 6 月 2 日、以前の認可が法的な問題で取り消されていた衛星インターネット企業のスターリンクに公開協議の結果を踏まえ、スターリンク社が衛星インターネット接続サービスを提供できるよう、新たな周波数使用認可を付与した。同社に 2 つの周波数帯を付与するという当初の決定は、2022 年 4 月にフランスの最高行政裁判所である国務院（Conseil d'Etat）によって覆されていた。裁判所の決定を受け、ARCEP は新たに公開協議プロセスを開始し、特にファイバーネットワークが十分に行き届いていない「ホワイトエリア」での接続性を改善するスターリンクサービスの可能性を強調した。その結果、ARCEP は決定番号 2022-1102 を発行し、10.95GHz ～ 12.70GHz および 14GHz ～ 14.5GHz 帯をスターリンクに付与することを決定した。

その他の欧州諸国・アフリカ諸国の動向	【イタリア】米KKR、テレコム・イタリアに買収提案 2021年11月21日付のロイター電は、イタリア通信大手のテレコム・イタリア（TIM）が、21日に米投資会社のコールバーグ・クラビス・ロバーツ（KKR）から買収の打診を受けたと伝えた。提示額は1株あたり0.505ユーロで、発行済み株式数をかけた買収規模は約108億ユーロ（約1兆4,000億円）。KKRは友好的な買収を目指す意向だが、テレコム・イタリア側は態度を明らかにしていない。KKRの提案は拘束力のない打診段階で、今後のデューデリジェンス（資産査定）の結果を踏まえて正式提案に乗り出すかを決める。買収後は株式を上場廃止して非公開化する方向である。買収にはイタリア政府の認可も必要で、実現するかは不透明である。 一方、テレコム・イタリアは、2022年3月13日、同社の買収を提案している米プライベートエクイティ（PE）大手KKRと正式な交渉を開始すると発表した。しかし、4月8日現在、テレコム・イタリア（TIM）は、投資会社KKRによる財務へのアクセスを拒否し、この米国企業による108億ユーロ（118億米ドル）の買収提案を事実上否定している。KKRは4月初め、正式な入札を行う前にデューデリジェンスを行う必要があると申し入れたが、TIMは帳簿を開く前にオファーを行う必要があるとの立場を取っている。KKRの入札額についても、これまでTIMの筆頭株主であるフランスのビベンディは低すぎると判断している。 またTIMには、ネットワーク事業を政府系のブロードバンドの卸売り事業者オープン・ファイバーと統合させる別の取引の話も浮上している。KKRはすでにTIMのラストマイル・ネットワーク部門であるファイバーコップの37.5%を保有しており、TIMとオープン・ファイバーの合併に際して共同投資家として招かれる可能性がある。オープン・ファイバーとの合併が実現すれば、国内でブロードバンド最大手となる。また、TIMは、CVCキャピタル・パートナーズによる、TIMの企業向けサービス部門の少数株式取得に関する拘束力のない別の関心表明についても評価を行っている。 【スペイン】テレフォニカ、NECと4ヶ国でのオープンRANのプレ商用実証に合意 スペインの大手通信事業者テレフォニカと日本電気株式会社（NEC）は、2021年9月14日、テレフォニカの主要市場であるスペイン、ドイツ、英国、ブラジルにおけるオープンRANのプレ商用実証に合意した。テレフォニカはネットワークのオープン化に積極的に取り組んでおり、2021年1月にオープンRANの優先的な展開をコミットする覚書に署名した欧州の大手通信事業者の一社である。同社は5G時代における柔軟で効率的かつ安全なモバイルネットワークの構築を目的に、オープンRANソリューションの導入と展開に取り組んでおり、2025年までにモバイルネットワーク全体の50%をオープンRANベースで構築することを目標としている。これまでNECはテレフォニカドイツやテレフォニカUKと共にオープンRANの実証を成功裏に実施してきた。今後、本合意に基づきNECはプライムシステムインテグレータとして、テレフォニカグループのスペインやドイツ、英国、ブラジルの事業会社と共同でマルチベンダーによるオープンRANソリューションの実証を実施し、2022年に4ヶ国合計800箇所以上に基地局を設置して商用展開することを目指す。 【スペイン】CNMC、緊急時のモバイルアラートシステムに関する新規則案を公表 国家市場競争委員会（CNMC）は、2021年10月18日、災害・緊急時のモバイル通知システムについて、公共アラートシステム及び欧州共通の緊急通話番号112番の利用に関する新たな規則案を公表した。EUでは、欧州電子通信コード第110条により、加盟国に2022年6月までに緊急時の公共警報システムを導入することを義務付けており、これに対応するため、モバイルデバイス画面でポップアップウィンドウを開き緊急情報を表示するEU共通の技術仕様をベースに、セル・ブロードキャストシステム（CBS）を実装したEUアラート・ブロードキャストシステムを導入する。 また、緊急通話番号112番については、緊急通報時に112番号発信者が使用しているモバイルデバイスの位置を特定する高度モバイルロケーション（AML）システムを導入するとしている。 【スペイン】オレンジ、マスモビルとスペイン事業統合へ オレンジスペイン（Orange Espana）とマスモビル（Grupo MASMOVIL）は、2022年3月8日、スペインにおける両社の事業統合を目指し、「独占交渉期間」を開始したことを明らかにした。提案によれば、統合後の事業体は、196億ユーロ（213億米ドル）の50/50の合弁会社となる予定である。（注：Orangeは81億ユーロ、MASMOVILは115億ユーロとされている）オレンジが出資するタワー会社のTOTEMは、MASMOVIL Portugal（Nowoを含む）と同様、今回の買収から除外される。両社は、合併後の事業体の議決権を等しく保持し、両社ともこの合弁会社を連結決算の対象としない意向である。本合意には、①両社が合意した一定の条件の下で株式公開買付け（Oferta Publica de Venta, OPV）を実施する権利、② OPV実施時にオレンジ社が統合会社を支配・連結する権利、が含まれている。ただし、オレンジはいかなる場合にも統合会社から撤退する必要はなく、またこれらのオプションを行使する必要もない。取引は2022年第2四半期中に締結される見込みで、関係行政当局、競争当局、規制当局からの適切な承認が得られれば、2023年第2四半期に完了する予定である。

その他の欧州諸国・アフリカ諸国の動向	**【スウェーデン】行政裁判所、ファーウェイ排除を追認** スウェーデン行政裁判所は、2022年6月22日、中国の通信機器最大手、華為技術（ファーウェイ）による上訴を棄却する判決を下した。ファーウェイは、スウェーデン郵便電気通信庁（PTS）による同社製の通信機器の使用禁止令を不服として訴訟を起こしていた。今回の判決により、「PTSの禁止令を変更する必要はない」とのスウェーデン行政裁判所の考えが示された。 PTSは、2020年10月20日、次世代通信規格「5G」で中国の通信機器大手華為技術（ファーウェイ）と中興通訊（ZTE）の製品を使うことを禁止すると発表した。安全保障上の懸念が理由で、2025年1月までに他社製品に交換することを求めた。これに対して、ファーウェイは2020年11月5日、PTSによる禁止令の執行停止や同社製品を排除する行政指導の撤回などを求め、スウェーデン行政裁判所に対して複数の訴訟を提起していた。今回、棄却の判決を下すにあたり、スウェーデン行政裁判所は、PTSの禁止令には妥当な理由があると結論づけた。同時に国家安全保障の見地から、ファーウェイ製の5G関連の通信設備をすでに導入済みの場合、（PTSが通信事業者に対して）2025年1月1日までにそれらを撤去するよう求めることができる、との判断を示した。 **【オランダ】光ファイバー事業者DELTA Fiber、400Gbpsの次世代光ファイバー網の構築へ** 光ファイバー事業者DELTA Fiberが、ノキアと共同で次世代光ファイバー網を構築することが、2021年8月9日に公表された。伝送速度は400Gbps級。DELTA Fiberは、ファイバーネットワーク上のトラフィックが年々倍増し、今後も増大が予想される通信需要に対応するために、都市部におけるネットワークの超高速化から着手し、今後10年間で国内75区域において次世代光システムを構築する計画としている。ノキアは、自社製「1830フォトニックサービス交換プラットフォーム」をベースに、光ファイバー網の超高速化を図り、また、光トランスポートネットワーク（OTN）と高密度波長分割多重（DWDM）を統合し通信トラフィックの需要へのスケーラビリティを確保することで、運用コストの効率化とネットワークのライフサイクルの延長を実現すると述べている。 **【オランダ】独立諮問委員会、3.5GHz帯の5Gオークションとインマルサットの周波数利用を調整した勧告** 閣僚会議下の独立諮問委員会は、2022年5月12日、5Gへの3.5GHz帯の割当てに関する勧告書を公表した。3.5GHz帯は、現在、インマルサットがオランダ国内の地球局経由で海上安全管理サービスを提供しており、これに対し、独立諮問委員会は、インマルサット地球局をギリシャに移転させ、同帯域の300MHz幅の5Gオークションを2023年12月に実施するが、インマルサットが2024年1月以降もオランダ国内の地球局を運用する場合は、80MHz幅を継続して使用すると勧告した。同帯域の5G割当の政府方針については、2021年6月にロッテルダム地方裁判所が政府計画の一時差し止めを命じる仮処分を下したため、双方の利害を調整した解決案として上記勧告案が公表された。インマルサットもこれを歓迎する意向を表明しており、オランダ政府は、今後、勧告内容をベースに5Gオークションへ向けて手続きを進める。 **【ロシア】政府、モスクワ通信情報技術大学で6G研究開発に着手** デジタル発展・通信・マスコミ省傘下のモスクワ通信情報技術大学（MTUCI）は、2021年8月23日、無線技術や量子情報通信技術の研究開発事業に係る入札公告を政府調達ポータルサイトで公開した。研究開発の対象には6Gも含まれており、政府による本格的な6G研究開発はこれが初めてと見られる。6G研究開発では、6Gユースケースの分析、6Gサービス提供のシナリオ提案、技術要件の開発、規制枠組みの提案等が求められており、事業予算は2億2,560万RUB（約3億4,000万円）。入札締切は9月14日、開札は同月22日、プロジェクト完了は12月17日を予定している。ロシア無線通信研究所（NIIR）は同国で6Gが導入されるのは2035年になると予測している。 **【ロシア】政府、国内製モバイルOS「Aurora」に304億RUBを投資** 連邦法第390号「2022年度の連邦予算及び2023-2024年度の計画期間における連邦予算について」が2021年12月18日に発効し、2024年までに国内製モバイルOS「Aurora」に総額304億RUB（約471億円）を投じることが決定した。 304億RUBにはOS・アプリ開発費や行政機関職員へのAurora搭載デバイス提供費等が含まれる。これらの取組みは国家プログラム「ロシア連邦のデジタル経済」の一環で、政府は2024年までに行政機関や国有企業でAuroraを導入する計画である。なお、AuroraはOpen Mobile Platformが開発を進めてきたが、2018年に通信大手RostelecomがOpen Mobile Platformの株式75%を取得した。Rostelecom株式の35.91%を連邦政府が保有している。

その他の 欧州諸国・ アフリカ諸国 の動向	**【ロシア】プーチン政権、ウクライナ侵攻に伴いロシア国内の言論統制を強化** 　ロシアによるウクライナ侵攻が、2022年2月24日開始され、戦闘が激しさを増すなか、プーチン政権は国内の言論統制を強化した。連邦通信・情報技術・マスコミ分野監督庁は2022年2月26日、軍事侵攻に批判的な国内の独立系メディアが「軍事作戦を『攻撃』や『侵攻』と表現するなど現実とは異なる情報を発信している」とし、政府公式発表以外の情報を削除するよう指示し、これに従わない場合はウェブサイトへのアクセス制限や多額の罰金を科す可能性があると警告した。これに伴い、3月3日には、政権に批判的な報道を続けてきた独立系ラジオ局「モスクワのこだま」が取締役会の多数決で会社の解散を決定し、30年以上続いた放送に幕を閉じた。同日、2010年に設立された独立系テレビ局「ドーシチ」も無期限で配信を停止することを発表した。 　外国報道機関への締め付けも増した。プーチン大統領は2022年3月4日、ロシア軍に関する虚偽情報を意図的に拡散した場合に禁固刑や罰金を科す法律に署名した。公的立場を利用し憎悪や敵意といった利己的な動機からロシア軍に関する虚偽情報を拡散した場合、最長10年の禁固刑又は最高500万RUB（約600万円）の罰金が科され、虚偽情報の拡散が重大な結果につながった場合には最長15年の禁固刑が科される。英BBC、米CNN、米ブルームバーグ、加CBC等がスタッフの安全確保のため現地からの報道を一時停止することを決めた。同日、ロシア政府は虚偽情報拡散を理由に欧米メディアのウェブサイトへのアクセスも遮断した。遮断されたメディアには、BBC、米VOA、米RFE/RL、独ドイチェ・ヴェレ等が含まれる。更に、大規模な暴動、過激主義的行動及び違法な街頭行動に対する参加の呼びかけ等を禁じる「情報、情報技術及び情報保護に関するロシア連邦法」に基づき、フェイスブックへのアクセスが遮断され、ツイッターもアクセス制限を受けた。 **【トルコ】トルコ初の「国家AI戦略」公表** 　大統領府デジタル変革局と産業技術省が共同策定した同国初の「国家AI戦略（National Artificial Intelligence Strategy：NAIS）」が2021年8月24日に公表された。戦略はトルコの向こう5年間のAI開発を方向付けるもので、2025年までのビジョン、戦略的優先項目、具体的なアクション、ガバナンス体制等を提示している。戦略的優先項目と2025年までの具体的目標は以下のとおり。 ＜戦略的優先項目＞ ＊AI分野における専門家育成と雇用拡大 ＊AI分野における研究、起業、イノベーションの支援 ＊信頼性の高いデータとインフラへのアクセス促進 ＊AI技術を社会に適応させるための規制 ＊AI分野における国際協力の強化 ＊構造改革及び労働市場改革の推進 ＜2025年までの具体的目標＞ ＊AI分野のGDPへの貢献度5% ＊AI分野の雇用者数5万人 ＊学部レベルの学位保有者1万人 ＊AI研究開発のGDPに占める支出割合15% ＊AI分野のスタートアップ1,000社 ＊200の公的機関・企業で高パフォーマンスコンピュータ・インフラへのアクセスを提供 ＊10の業種でデータシェアリング用クラウド・プラットフォームを設立 ＊20社がサンドボックス制度を活用 ＊AI技術の社会適応に関する10の研究プロジェクトを実施 ＊100の国際的AIプロジェクトへの参加

出所：ワールド・テレコム・アップデート各号（マルチメディア振興センター発行）、各国規制機関ウェブサイト、関係各種資料より作成

4-4-2-3　EU の通信政策

1．欧州議会、児童ポルノ対策でネット企業がユーザの SNS 等をスキャンする暫定措置を承認

欧州議会は、2021 年 7 月 6 日、児童ポルノ・コンテンツを検知するためにインターネット企業がユーザーの SNS やメールをスキャンすることを認める緊急措置を承認した。措置はインターネット企業が問題となるコンテンツを検知・削除することを最長 3 年間認めるもの。EU 加盟国のデータ保護当局は、当該企業が使用する技術やデータ処理方法が一般データ保護規則（GDPR）や欧州連合基本権憲章に準拠しているかを監視しなければならない。

欧州議会は緊急措置について、オンライン上の児童の性的虐待の検知とユーザーのプライバシー保護を両立させるものと説明しているが、欧州データ保護監督機関（EDPS）や欧州評議会はプライバシー侵害の恐れがあるとして懸念を表明している。

なお、今回の措置の背景には新型コロナ拡大でオンライン上での児童の性的虐待が増加していることがある。欧州委員会によると、2020 年には児童虐待関連の画像・動画が約 400 万件報告されたほか、成人が性的動機から児童に接近する「グルーミング」行為が約 1,500 件発生していた。

2．欧州委員会、スマートシティの域内相互運用性の枠組みを提案

欧州委員会は、2021 年 7 月 28 日、欧州地域におけるスマートシティ・コミュニティの相互運用性の枠組み（EIF4SCC）を提案した。欧州スマートシティに関する定義、原則、勧告、ユースケースを共有し、欧州全体で推進するべきスマートシティの共通モデルを構築するとしている。相互運用性の確保が必要なレイヤーとして、技術、セマンティック、組織、法律、文化が挙げられ、共通化や相互連携を図る取り組みが進められる。また、共通モデルについては、サービスユーザ、スマートシティ統合サービス、サービスプロバイダー、データソースとサービス、技術、セキュリティとプライバシー保護といった構成要素を組み込んだコンセプトモデルの構築へ向けた検討作業を進めていく。

3．欧州連合裁判所、商習慣に基づくゼロレーティングはネット中立性に違反するとする画期的な判決

欧州連合司法裁判所（CJEU）は 2021 年 9 月 2 日、国内調査の結果、ドイツの裁判所から付託された訴訟案件に関し、ドイツテレコムがデータ容量のカウントから提携するストリーミングサービスを除外する「ストリームオン」とボーダフォンドイツの国外でのローミングに際して「ボーダフォンパス」のゼロ・レーティング（料金を課さないこと）パッケージはオープン・インターネットの原則であるネット中立性に適合しておらず、これらのオプションサービスが規則に違反している旨の判決をくだした。

今回の裁判所の判決は、通信事業者に対して下したわけではなく、単に、サービスの適合性（この場合は、欧州法との適合性）を判断したに過ぎない。とはいえ、これはドイツテレコムとボーダフォンにとって良いニュースではなく、両社に対しては、国内の規制機関から何らかの動きが取られることになる。

ゼロ・レーティングとは、サービスプロバイダーが、音楽配信サービスのスポッティファイや動画配信サービスのネットフリックス、あるいはゲームアプリなど、特定の人気オンラインサービスをデータ消費量を除外して、ユーザー全体に対して利用できるサービスの選択肢を提供することである。ビデオ見放題などもその例であり、インターネット接続サービスのデータ上限から除外する、広く用いられている商慣習である。また、ネット中立性とは、通信事業者が、事業者の金銭的・商業的な優位性に基づいてサービスにスポットライトを当てたり、ランク付けしたりしないことで、ネットワークを通過するすべてのデータを平等に考慮しなければならないという考えである。

ドイツの規制当局であるドイツ連邦ネットワーク庁（Bundesnetzagentur：NetzA）は、およそ 5 年前から、ドイツテレコムの音楽とビデオをカバーするゼロレートのストリームオンを問題視し、その後ボーダフォンドイツの同様のビデオパスや音楽パスなどを問題視してきた。連邦ネットワーク庁は状況を検討した結果、いくつかの不満な点を指摘し、通信事業者に変更を指示した。ドイツテレコムの場合、特定の料金プランで一部のユーザーのデータ通信速度が制限されていることと、ユーザーがローミングしているときにゼロレートが適用されないことに異論を唱えた。ボーダフォンについても同様だった。

指導を受けた通信事業者 2 社は、連邦ネットワーク庁が要求するプランの変更を行うのではなく、裁判所の判断を仰ぐことにした。ケルンの行政裁判所とデュッセルドルフの高等裁判所は、EU 法の解釈について欧州司法裁判所に伺いを立て、この度、欧州連合司法裁判所が判決を下した。

欧州連合司法裁判所は、ドイツの裁判所が提出した具体的な訴訟案件を審議する代わりに、これらの案件はすべて、ゼロ・レーティング自体が EU 法に適合するという誤った前提に基づいていると簡潔に指摘した。ゼロ・レーティングが EU 法と両立しないこと、そしてこの両立しないことは、ローミングやテザリングを使用する場合など、ゼロ・レーティングに対するいかなる制限にも関係なく維持されることを説明している。

この判決の重要な点は、本案件で争点となっているような『ゼロ・レーティング』オプションは、商習慣に基づいて、パートナーアプリケーションへのトラフィックを基本パッケージに含めないことで、インターネットトラフィック内に区別を設けるものである説明していることにある。ゼロ・レーティングが商習慣に基づいているため、ネット中立性規則第3条3項にある、オープンなインターネットアクセスに関する規則が要求する、差別や干渉なしにすべてのトラフィックを平等に扱うという一般的な義務を満たしていないという点である。この義務を満たさないということは、ゼロ・レーティングの性質そのものに起因するものであり、データ上限超過後に徐々に速度制限がかからなくても、ゼロ・レーティ

ングによって生じる特定サービス利用のインセンティブがあるだけで、3条3項の違反があることを意味する。
今回の判決では、裁判所が、現行のゼロ・レーティングの実務の表向きはマイナーな一面に関する訴訟案件で、ゼロ・レーティングはEU法（ネット中立性規則）と相容れないという権威ある1つの重要な判決に効果的に転化させたと言える。
今後、インターネットアクセスプロバイダは、この判決を覆すために最大限の努力をすることが予想される。しかし、そうなるまで、2021年9月2日の判決は、EU全域で現在使用されている多くのゼロレート行為を評価する際に、ドイツ連邦ネットワーク庁を始めとしたEU加盟国の規制当局を拘束することになる。

４．EU加盟19か国で視聴覚メディアサービス指令及び欧州電子通信コードの国内法制化が遅延、欧州委員会は法的措置の実施へ

EUでは加盟19か国において視聴覚メディアサービス指令（AVMSD）及び欧州電子通信コード（EECC）の国内法制化が遅延しており、欧州委員会は、2021年9月23日、これらの国に対して法的措置を行使することを発表。MVD、EECCとも、デジタル市場における事業者・消費者の利益を確保する上で不可欠な法制度と位置づけられており、それぞれ2020年11月、2020年12月までの国内法制化が義務付けられている。欧州委員会は、今後2か月の猶予期間内に国内法整備を実施しない加盟国を、欧州連合司法裁判所に提訴する予定。AVMSDの不履行国はアイルランド、スペイン、イタリアなど9か国、EECCの不履行国は、アイルランド、スペイン、イタリア、オランダ、オーストリア、ポーランド、ポルトガル、スウェーデンなど18か国（延べ19か国）。

５．欧州委員会、「欧州デジタルの10年」への道筋を提案

欧州委員会のライエン委員長が欧州議会で行った一般教書演説に関連して、欧州委員会は、2021年9月15日、2030年までに欧州の社会と経済のデジタル変革を達成するための具体的な計画「デジタル化の10年への道」の提案を発表した。この提案は、2030年に向けたEUのデジタルに関する熱意を具体的な実現メカニズムに置き換えるものと言える。これは、デジタル技能、デジタルインフラ、企業や公共サービスのデジタル化の分野において、EUレベルで「デジタルの10年」の目標を達成するために、加盟国との年次協力メカニズムに基づくガバナンスの枠組みを構築するものである。また、欧州委員会と加盟国が関与する大規模なデジタルプロジェクトを特定し、実施することも目的としている。欧州の価値観に沿って、「デジタル化の10年」への道筋は、欧州のデジタル・リーダーシップを強化し、市民と企業に力を与える人間中心の持続可能なデジタル政策を推進するものになる。
具体的には、欧州委員会は、加盟国との年次協力体制を構築することを提案しており、その構成は以下の通りである。

・デジタル経済社会指標（DESI）に基づき、2030年の各ターゲットに対する進捗を測定するための、主要業績評価指標（KPI）を含む、構造化された透明性の高い共有モニタリングシステム
・欧州委員会は進捗状況を評価し、行動のための勧告を行うことが含まれる「デジタル化の10年の現状」に関する年次報告書
・各加盟国が、2030年目標を支援するために採用または計画されている政策や施策の概要を示した、複数年にわたる「デジタルの10年」戦略ロードマップ
・欧州委員会と加盟国間の勧告や共同コミットメントを通じて、進捗が不十分な分野について議論し、対処するための体系的な年次枠組み
・複数国間プロジェクトの実施を支援するメカニズム

６．欧州委員会、デジタルヨーロッパ・プログラムへ約20億ユーロ拠出

欧州委員会は、2021年11月10日、デジタル技術主権の強化とデジタルソリューションの市場投入を支援するデジタルヨーロッパ・プログラムへ約20億ユーロ（約2,600億円）の拠出を決定した。2030年までの政策枠組み「欧州のデジタル・ディケイド」における目標を実現するため、今回三つの事業計画に対する戦略的投資が発表された。メインとなる事業計画には2022年までに13億8,000万ユーロの予算が拠出される。
主なテーマとして、人工知能（AI）、クラウド、共通データスペース、量子通信インフラ、高度デジタルスキル、経済及び社会全体における幅広いデジタル技術導入などに焦点が当てられている。欧州委員会はこの主要事業計画の他、二つの特定分野に対する資金援助についても発表。一つはサイバーセキュリティ分野で2022年末までに予算2億6,900万ユーロを拠出。もう一つは、官民両セクター、特に中小企業を重視したDX支援を行うことを目的とした「欧州デジタルイノベーション・ハブ」のネットワーク構築及び運営で、同分野に対しては2023年末までに3億2,900万ユーロの予算を割り当てるとしている。

７．欧州理事会、NIS（ネットワーク情報セキュリティ）指令の改正案「NIS2指令」を承認

EU理事会は2021年12月3日、EU全体のレジリエンス及びインシデント対応能力を強化することを目的とした、ネットワーク情報セキュリティ（NIS）指令の改正案「NIS2」の概要について承認したと発表した。NIS2は、エネルギー、交通、医療及びデジタルインフラなど同司令の対象となる全ての分野におけるリスク管理対策及び報告要件について、規制枠組みを最小限に抑えたEU共通の基準を設定。また加盟国間の協力体制を促進するメカニズムとして、大規模なサイバーセキュリティ・インシデントの共同管理を支援する、欧州サイバー危機連絡調整ネットワーク「EU-CyCLONe」

の設置を決定している。

現行 NIS 指令の対象がエッセンシャル・サービス・プロバイダやデジタルサービスプロバイダに限定されていたのに対して、改正版では指定された産業分野におけるすべての中規模及び大規模事業者と対象を大幅に拡大している。

その他、理事会は重要インフラ事業者を対象とした「クリティカル企業のレジリエンス指令」(CER)や、金融セクターのデジタル・レジリエンス強化を目的とした規制(DORA)などのセクター固有の法律と NIS2 の内容について矛盾が生じないよう、法的に明確にし、調整を行っている。

EU 理事会の次のステップは欧州議会との協議となる。法案成立には両者による合意が必要であり、成立した場合、加盟国には同司令発効後 2 年以内に国内法へ整備することが義務付けられる。

8．EU、ビッグテックの規制を意図した，デジタル市場法（DMA）に合意

欧州連合(EU)は、2022 年 3 月 24 日、欧州委員会が 2020 年 12 月に発表した法案「Digital Markets Act(DMA:デジタル市場法)」に合意したと発表した。いわゆる「ビッグテック」、Apple、Meta、Google、Amazon などのビジネスモデルに大きな影響を与える可能性がある新たな独禁法である。早ければ 10 月に発効する見込みである。DMA は、企業を買収する際の当局への事前通知や、自社製品の優遇の禁止などを規定する。EU 人口の 10%に当たる 4,500 万人以上のユーザーを擁する企業を大手と定義し、規制対象とする。重大な違反には、年間売上高の最大 10%の罰金、EU 域内での業務停止、企業の分割などの罰則がある。今後は、欧州議会と EU 加盟 27 カ国による正式採択を待つことになる。DMA には以下の内容が含まれている。

・(メッセンジャーアプリなど)サードパーティーのサービスがゲートキーパーのシステムと相互運用できるようにする。
・ユーザーがゲートキーパープラットフォーム以外で入手したサービスにプラットフォームからアクセスできるようにする。
・ユーザーがプリインストールアプリを削除できるようにする。
・ゲートキーパープラットフォームに広告を出す企業が効果測定ツールにアクセスできるようにする。
・企業ユーザーが自身のアクティビティーで生成したデータにアクセスできるようにする。

9．EU、個人データ移転の新枠組みで米国と暫定合意

フォン・デア・ライエン欧州委員会委員長とバイデン米大統領は、2022 年 3 月 25 日、欧州連合(EU)と米国間の個人データ移転に関する新たな枠組である「大西洋横断データ・プライバシー・フレームワーク(The Trans-Atlantic Data Privacy Framework)」に暫定合意したと発表した。大西洋横断データ・プライバシー・フレームワークは、EU 居住者の個人データに関わる米国の諜報活動を制限するために、より優れたプライバシー保護を導入することを目的としており、EU 居住者が独立したデータ保護審査裁判所を通じて救済を求めることを可能にするものである。EU は、新フレームワークのいくつかの重要な原則を次のように列挙した。

・EU と参加する米国企業との間で、データが自由かつ安全に行き来できるようになる。
・新しい規則と拘束力のあるセーフガードは、米国の情報当局が国家安全保障を守るために「必要かつ適切」なデータのみにアクセスすることに制限し、情報当局は新しいプライバシーおよび市民的自由の基準を効果的に監督するための手続きを導入することになる。
・データ保護審査裁判所を含む独立した 2 層の救済システムが、米国の情報当局による個人データへのアクセスに関する欧州住民の苦情を調査することになる。
・具体的な監視とレビューの仕組みも導入される。

米・EU 間のデータ移転は、欧州司法裁判所が 2020 年 7 月に「プライバシーシールド」を無効とする判決を下して以来、大きな混乱に直面していた。

10．欧州委員会、欧州電子通信コード指令（EECC）国内法化が遅れている加盟 10 か国を司法裁へ提訴

欧州委員会は、2022 年 4 月 6 日、欧州電子通信コード指令(EECC)国内法化が遅れている、スペイン、クロアチア、ラトビア、リトアニア、アイルランド、ポーランド、ポルトガル、ルーマニア、スロベニア及びスウェーデンの加盟 10 か国について欧州司法裁判所へ提訴することを決定した。

同指令は 2018 年 12 月に発効し、加盟各国に対して 2020 年 12 月 21 日までに国内法で反映することが義務付けられていた。欧州委員会は 2021 年 2 月の時点で期限を順守していない 24 か国に対して正式な通知を送付し、同年 9 月には 18 か国に対して意見書を送付している。

欧州委員会は EECC について、近年の欧州通信分野における新たな課題に対応するための規則刷新を目的としており、全 EU 市民がデジタル経済及び社会に参加する、欧州ギガビット社会を実現するための重要な法であることを強調し、各国の国内法化促進を支援するため、今後もその過程を監視するとしている。なお、欧州電子通信規制者団体(BEREC)が、新規則国内法化のためのガイドラインを策定し、発行している。

11．EU、デジタルサービス法案（DSA）に合意

欧州連合(EU)は、2022 年 4 月 23 日、欧州委員会が 2020 年 12 月に発表した法案「Digital Services Act(DSA:デジタルサービス法)」に合意したと発表した。この後、法的な文言を最終決定し、正式に法とする。法制化から 15 カ月後、

または2024年1月1日のいずれか遅い時点から、すべての企業に適用される見込みだ。DSAは、仲介サービス（特にSNSや電子商取引などのオンラインプラットフォーム）の提供事業者に対し、違法コンテンツに対処し、日常生活で重要性を増すプラットフォームがそのアルゴリズムに責任を持ち、コンテンツ監視・削除等を改善するための一連の措置を規定することで、オンライン空間の安全を図るものとなっている。

主な内容は以下の通り。

＊ネット上の違法な商品・サービス・コンテンツへの対策と削除手続きの明確化

＊トラッキングフリー広告への対応選択肢の保障と、ターゲティング広告への未成年者のデータ使用の禁止

＊サービスの受け手側の損害賠償請求権の保障

＊有害コンテンツや偽情報対策のためのリスク評価の義務付けと、アルゴリズムの透明性向上

なお、超大型プラットフォームはその規模に照らして特別なリスクがあるために付加的な義務が課される一方、零細・小企業は特定の義務を免除される。

12. 欧州委員会、子どものインターネット利用に関する新戦略を採択

近年、インターネットの利用が若年層にも広がる中、欧州委員会は、2022年5月11日、「子どものためのより良いインターネットに関する新欧州戦略（BIK＋）」を採択したと発表した。2012年に採択された戦略の改訂版で、子どもによるインターネット利用の促進とインターネット上のいじめ、有害・違法コンテンツなどのリスクからの保護のため、以下の施策を展開するとしている。

＊安全なデジタル・エクスペリエンス：有害・違法コンテンツやリスクからの保護のためのEUコードと検証標準の策定（～2024年）。違法・有害コンテンツの通報やネット上のいじめ被害者への相談窓口の共通番号「116 111」の導入（～2023年）。

＊デジタル・エンパワーメント：オンライン上での情報選択・表現のスキル習得を支援する「インターネット安全センター」の加盟各国での設置。

＊積極的な参加：デジタル世界のメリットとリスクに関する子ども側からの評価・発言の機会を拡大するため交流イベントの開催支援、子ども主導によるBIK＋の隔年見直しの実施。

欧州委員会は、2021年3月に「子どもの権利に関する戦略」と題した政策文書を採択しており、BIK＋は、その中の「デジタル環境で安全に過ごし、その機会を利用する権利」を実現するための戦略として位置づけられている。

13. 欧州委員会、7年間4億ユーロ規模となる欧州オーディオビジュアル産業支援策「Media Invest」を発表

欧州委員会は、2022年5月20日、欧州投資基金（EIF）との協力の下、欧州のオーディオビジュアル（AV）産業支援を目的とした新たな財政ツール「Media Invest」の導入を発表した。同支援策は、持続可能な復興のための投資プログラムInvest EUと、文化産業振興策Creative Europaのメディア部門から、7年間で合計4億ユーロ（約540億円）の投資が見込まれている。

なおMedia Investは、2020年に発表された、メディア視聴覚アクションプランにおける主要10項目の一つであり、投資と政策措置の組み合わせによる、メディア及びAV産業の復興及び変革支援を目的とした内容となっている。

14. EU、「偽情報に関する行動規範」の更新、プラットフォームが新たな措置を講じることに

欧州委員会は、2022年6月16日、偽情報に関する行動規範（Code ofPractice on Disinformation）の改訂版を歓迎する声明を発表した。欧州委員会はこれについて、世界の先駆的な枠組みとなった2018年の最初の行動規範を補足し、また昨年発表された欧州委員によるガイダンスと、新型コロナウィルスの流行及びロシアによるウクライナ侵攻から得た教訓を反映させた内容になっていると述べている。新･行動規範の作成に参加し、署名した34団体には、Meta、グーグル、ツイッター、TikTok、マイクロソフトなどの巨大オンラインプラットフォーム事業者の他、小規模及び専門分野のプラットフォーマー、オンライン広告事業者、ファクトチェッカー、市民団体、偽情報対策専門家などが含まれている。これらの団体は行動規範に基づいた偽情報対策強化のための取組みや措置の実施期間として6か月間が与えられており、2023年初頭には欧州委員会に対して進捗状況に関する最初の報告書を提出することになっている。

新・行動規範は、デジタルサービス法（DSA）及び政治広告の透明性とターゲティングに関する法と共に、欧州委員会にとって虚偽情報拡散阻止のための強力なツールの一つとなる。

巨大プラットフォーマーがリスク緩和措置を導入しないなど、複数回にわたって同規範を順守しない場合、DSAに基づき、世界収益の最大6%の罰金が科されることになるという。

新・行動規範の主な取り組み内容は以下のとおり。

＊偽情報による収益化阻止を目的とした、より強力な措置の導入

＊政治に関する広告の透明性向上

＊虚偽または誤解を招くコンテンツの検出やフラグ設定など、ユーザー権限強化のためのツール提供

＊EU全言語に対応したファクトチェック・カバレッジの拡大

＊研究者に対する広範なデータへのアクセス権限の付与

＊EU及び加盟国レベルにおける強固な監視及び報告枠組みの確立

＊行動規範を発展させるための恒久的なタスクフォースの創設、など。

4-4-2-4　その他国際組織の動向

1．GSMA、5G サービスの実現にミッドバンドの割当を要望

国際的業界団体 GSMA は、2021 年 7 月 8 日、5G 用周波数として、ミッドバンド（3.5GHz 帯、4.8GHz 帯、6GHz 帯）における 2GHz 幅の確保が、下り 100Mbps、上り 50Mbps を 2030 年までに実現するとする ITU の 5G 目標の達成に必要であるとの意見を表明した。このため、各国の規制当局へ、2025-2030 年までに上記帯域の 2GHz 幅を確保するためのタイムフレームの作成と、規制機関間で 5G 用のミッドバンドの割当ての調整を進めることを求めた。

また、GSMA の分析では、ミッドバンドを使用することで、5G に必要なアンテナ数、基地局数を減らし、設置コストや環境負荷を最小化できるとしており、ミッドバンドを使わないケースと比較して、消費者が負担するコストでは 2 ～ 3 倍、炭素排出量は 2 倍から 3 倍の差が出ると試算している。そのほか、ミッドバンドの 2GHz 幅を固定無線アクセス（FWA）に利用することで、基地局当たりの世帯カバレッジは 5 倍になり、光ファイバーよりも低廉なブロードバンド通信を提供できるとしている。

2．米英豪、新安保枠組み構築へ、サイバーや先端技術に焦点

米英豪 3 か国の首脳は、2021 年 9 月 15 日、サイバー技術やその他の新興技術、軍事能力に焦点を当てた新しい安全保障協力の枠組みを発表した。「AUKUS」と名付けられたこのパートナーシップについて、バイデン大統領は、「サイバー、人工知能（AI）、量子技術、海面下領域などにおける重要な技術について、我々の優位性と軍事能力を維持・拡大するために海軍、科学者、産業界の力を結集する」と述べた。

政府高官は、このパートナーシップは中国など特定の国を対象にしたものではないと説明した上で、情報と技術の共有を維持、深化させるための協力も進めるとし、安全保障や防衛に関する科学技術、産業基盤、サプライチェーンの統合を目指す取り組みが増えるだろうと予想している。パートナーシップで重要な議題となっているのは、原子力潜水艦の配備を目指す豪州に対する支援だが、バイデン大統領は、「AUKUS の重要なプロジェクトとして、オーストラリアが通常兵器で武装した原子力潜水艦を獲得するための協議を開始する」と述べ、核兵器を搭載した潜水艦ではなく、原子力で電力を供給する通常の潜水艦だと強調した。

3．クアッド開催、共同声明に 5G や Beyond 5G 等の連携強化盛り込み

日米豪印の首脳は、2021 年 9 月 24 日、ワシントン DC で開催された対面による初の「クアッド」首脳サミットに出席し、「自由で開かれたインド太平洋」の実現に向けて国際秩序の強化等にコミットすることを確認した。

発表された共同声明では中国を明示的に名指しすることを避け、新型コロナウイルス対策、インフラ、気候変動といった共通の課題に焦点を当てる。

共同声明では、技術の開発や利用に関する共同原則を発表するとともに、特に、5G や Beyond 5G について、多様化に向けた技術実証、技術標準に関するコンタクトグループの設立や国際標準化機関における連携協力、重要技術にかかるサプライチェーンの確保等が盛り込まれたほか、サイバー空間における新たな協力を開始するとしている。

4．ITU、世界人口の 1/3 が未だネットアクセスの手段を持たないとの調査結果を発表

ITU は、2021 年 11 月 30 日、世界人口の 37％に相当する約 29 億人が、未だにネットアクセスの手段を持ち合わせていないのとの調査結果を発表した。

ITU によれば、世界のインターネット利用者数は、2019 年の世界人口の 54％に相当する 41 億人から、コロナ禍による需要拡大で、2021 年には世界人口の 63％に相当する 49 億人へ増加している。しかし一方で、ネットアクセスの手段がない 29 億人の内、96％を発展途上国の人々が占めている。

同時に、世界人口の 95％が 3G/4G モバイルブロードバンドのカバレッジ内に居住しており、接続格差は是正されつつあるものの、アフリカのルーラル地域人口の約 30％がカバーされていない等、後発開発途上国（LDCs）では依然として接続格差は解消されていない。

ITU は、調査による数値と実際の接続状況には明確な違いがあるとも指摘、今後もインターネット利用の障壁となっている、端末価格やサービス料金、デジタルスキルの欠如、ネット接続による恩恵への理解不足、母国語によるコンテンツの不足などの課題に引き続き取り組むとしている。

5．業界団体 GSA、2021 年末時点の世界 5G 商用ネットワーク数は 200 と発表

モバイル通信端末の業界団体 GSA（Global mobile Suppliers Association）は 2022 年 1 月 6 日、「5G 市場スナップショット－ 2021 年末」レポートを発表し、2021 年末の時点で 200 の 5G 商用ネットワークが世界で運用されていると報告した。それによると、世界 145 か国・地域の 487 事業者が、トライアル、事業免許取得、計画、ネットワーク構築、サービス立ち上げなどの、5G 関連事業への投資を実施しており、さらに、これらの事業者の内、78 か国・地域の 200 事業者は、既に 1 種類以上の 3GPP 準拠の 5G サービスを開始していることが判明したという。その他の主な調査結果は以下のとおり。

＊ 72 か国・地域 187 事業者が、5G モバイルサービスを開始している。

＊ 45 か国・地域 83 事業者が 3GPP 準拠 5G 固定無線アクセス（FWA）サービスを開始している。（5G サービス事業

者の41.5%に相当）
＊50か国99事業者が、評価・テスト、パイロット、計画、配置などを含む、5Gスタンドアローン型（SA）関連事業への投資を実施。
＊GSAは今回、公衆網に5G SAを導入した、16か国・地域20事業者のリストを掲載。
＊発表された1,257機種の5Gデバイスのリストを掲載。2021年の559機種から約125%の増加。
＊発表された5G端末614機種を特定。2020年末の278機種から120%超増加している。現在、857機種以上の商用5Gデバイスが市販されており、2021年の335機種から155%超の増加となった。

６．ATIS、Next Gアライアンスの目標を説明する6Gロードマップ発表

電気通信産業ソリューション連合（ATIS）は、2022年2月3日、6G開発に向けた「Next Gアライアンス」の目標を説明する6Gロードマップを発表した。同アライアンスは、今後10年間の6G等の無線技術における北米のリーダーシップを推進する構想（イニシアチブ）を持っている。。ロードマップの検討にあたり、立ち上げたワーキンググループには、同アライアンスに加入する80の団体からのべ600人以上の専門家が協力した。ロードマップでは、6Gにおける将来の世界標準や展開、製品、運用、サービスについて北米がリーダーシップを発揮するための大胆な目標として、1）信頼性・セキュリティ・耐障害性の向上、2）デジタル世界体験の向上、3）ネットワークアーキテクチャのコスト効率の向上、4）クラウドと通信システムの分散化、5）人工知能（AI）ネイティブなネットワーク、6）持続可能性を提示している。同アライアンスは、「6Gの主導権を握るという目標の達成には、周波数の確保や製造基盤、人材育成、インフラの展開といった分野でさらなる課題が生じる」とし、6Gネットワークの研究・開発・展開に対する民間部門の投資を支援する政策について、産学官が連携し、5Gよりも早期から取り組む必要があると指摘した。

７．アクセス・ナウ、2021年はデジタル権威主義に世界中が回帰したとする報告書を発表

NGO団体アクセス・ナウは、2022年4月28日、「デジタル権威主義の復活：2021年のインターネット遮断」と題するするレポートを発表し、世界中で政府によるインターネットアクセスの遮断措置が増加していることに懸念を示した。報告書では、1年分のインターネット遮断の背後にあるデータ、傾向、ストーリーを解き明かしている。インターネット遮断は、デジタル権威主義の危険な行為である。2021年、34か国で少なくとも182回、当局により意図的にインターネットのシャットダウンが行われた。これは、2020年に29か国で記録された159回のシャットダウンと比較して、この抑圧的な形態のコントロールの使用が劇的に増加していることを示している。アクセス・ナウの関係者は、「当局は、民主主義を停止させるためにインターネットを遮断している。このようなデジタル独裁の悪質な武器は、2021年に少なくとも182回行使され、日常生活を混乱させただけでなく、抗議活動、戦争、選挙など、国家のエポックにおける重要な瞬間を攻撃した。これは、指導者が民衆に話す力を与える代わりに、意図的に民衆を黙らせることにした182回ということだ。」と語った。

報告書の主な調査内容は以下の通りである。
・最大の犯罪者：インドは少なくとも106回インターネットを遮断し、4年連続で世界一の違反者となった。ミャンマーは少なくとも15回、スーダンとイランはそれぞれ少なくとも5回インターネットを遮断した。
・政府が初めて遮断スイッチを入れたのは、新たに7か国であった。ブルキナファソ、エスワティニ（旧スワジランド）、ニジェール、パレスチナ、セネガル、南スーダン、ザンビアの7か国
・ブルキナファソ、キューバ、チャド、エスワティニ、イラン、ヨルダン、ミャンマー、ニジェール、パキスタン、スーダン、その他多くの国の当局は、2021年の抗議デモの際に接続を中断、あるいは完全に切断した。
・ガザ地区、ミャンマー、エチオピアのティグライ地方など、活発な紛争地域でインターネット遮断が開始されることが多くなっている。
・チャド、コンゴ共和国、イラン、ニジェール、ウガンダ、ザンビアの6か国で、選挙関連のインターネット遮断が7件発生した。
・ベナン、イラク、ガンビアなど、これまで重要な国家的イベントの際にインターネットを遮断していた国々が、選挙期間中もアクセスを可能にした。

８．CEPT、ウクライナ侵攻を受けロシアとベラルーシの加盟資格停止

欧州郵便電気通信主管庁会議（CEPT）は、2022年3月18日、ロシア及びベラルーシの加盟資格を即時かつ無期限に停止した。決定はロシアによるウクライナ侵攻を受けてのもの。複数のCEPT加盟国が両国の加盟資格停止に関する採決を要請し、賛成34件、棄権1件で可決された。再加盟は、CEPT協定で定められた規則に従い、かつ、CEPT加盟国の3分の2の承認を得られた場合に可能となる。

CEPTは1959年に設立された、欧州における郵便・電気通信分野の標準化組織。ロシアとベラルーシの加盟資格が停止されたことで、加盟国は46か国となった。

９．国連とITU、2030年までに世界の15歳以上の全人口へ携帯電話及びインターネットを普及する等の新目標を設定

国連と国際通信連合（ITU）は、2022年4月19日、2030年末までの国際的なインターネットアクセスに関して新た

な目標を設定したことを発表した。今回設定された15項目の目標の内容は以下の通りである。

＊15歳以上の人口100%がインターネットを利用
＊100%の世帯がインターネットへ接続
＊100%の企業がインターネットを利用
＊100%の学校がインターネットへ接続
＊100%の人口を最新技術のモバイル通信網でカバー
＊15歳以上の人口100%が携帯電話を所有
＊15歳以上の人口70%以上が基本的なデジタルスキルを保有
＊15歳以上の人口50%以上が中級のデジタルスキルを保有
＊インターネット利用率、携帯電話の所有及び利用率、デジタルスキル保有率における男女格差の是正
＊通信速度10Mbps以上の固定ブロードバンド加入率を100%に
＊学校でのダウンロード通信速度を20Mbps以上に
＊生徒一人当たりの下り通信速度を50kbps以上に
＊各学校に対するデータ容量を200GB以上に
＊エントリープランのブロードバンド加入料金を、一人当たりの月間国民総所得の2%以下に設定
＊エントリープランのブロードバンド加入料金を、全人口下位40%の平均所得の2%以下に設定

なお、同目標に関する進捗状況は、2022年6月に開催されるITU世界電気通信開発会議（WTDC）で報告された。

10. ITU、世界電気通信開発会議（WTDC）においてSDGsに沿ったDXロードマップを採択

国際電気通信連合（ITU）は2022年6月16日、ルワンダの首都キガリで開催された世界電気通信開発会議（WTDC）において、国連による持続可能な開発目標（SDGs）に沿ったDXロードマップを採択した。同時に、全世界にインターネット未接続人口が約29億人存在していることを踏まえて、コネクティビティ格差是正を目的としたキガリ・アクション・プランも採択している。

これら二つの施策における注目すべき内容は以下のとおりである。

＊ITUとUNICEFとの共同イニシアティブ「Giga」により2030年までに世界のすべての学校のインターネット接続実現を目指す。
＊最もネット接続が困難なコミュニティに対して、コネクティビティを確保、DXを促進するための新たなパートナーシップ「Partner2Connect（P2C）」プロジェクトを推進。
＊SDGs達成を目的とした、起業及びデジタル・イノベーション・エコシステム育成に係る環境整備。

11. GSMA、2030年に向けてローバンド、ミッドバンド、ハイバンドにわたる5Gスペクトラムの必要性の提言を発表

モバイル通信端末の業界団体GSA（Global mobile Suppliers Association）は、2022年6月30日、2030年までに5Gを企業や消費者の生活に取り入れるために必要な周波数帯の容量について、各市場で2030年までに、高周波数帯で平均帯域5GHz、中周波数帯で同2GHzをそれぞれ確保する必要があるとする提言を発表した。低周波数帯についても、600MHz帯を活用してデジタル格差を是正すべきだとしている。これは2022年6月に発行した低周波数帯と高周波数帯に関する調査リポート「Vision 2030: Low-band spectrum for 5G」、「Vision 2030: mmWave Spectrum Needs」、および、2021年7月発行の中周波数帯に関するリポート「Vision 2030: Insights for Mid-band Spectrum needs」に基づくものとなっている。

<u>ハイバンド(mmWave)</u>：2030年までに、密集した都市部での拡張モバイルブロードバンド（eMBB）、ファイバー型の固定無線アクセス（FWA）、エンタープライズ5Gのために、市場ごとに平均5GHzのハイバンド周波数が必要になる。ミリ波スペクトラムは、最も密集した都市の5Gホットスポットに使用される。また、スポーツ会場や音楽会場、旅行ターミナルなどの高密度な場所への接続も可能になる。

<u>ミッドバンド</u>：都市部での5Gアプリケーションのために、2030年までに国ごとに2GHzのミッドバンドスペクトラムが必要とされる。これまで5Gの立ち上げを牽引してきたが、今後10年間で5Gの社会経済的メリットの最大部分を実現するのに役立つと期待されている。2GHzのミッドバンドは、各市場で都市全体の5Gに使用され、スマートシティのビジョン、都市全体のFWAソリューション、医療と教育の5G時代のデジタル化を実現することになる。

<u>ローバンド</u>：5Gのためのスペクトラムニーズは、1GHz以下に自然に存在する容量よりも高い。しかし、600MHz帯の利用可能性を確保することで、地方のブロードバンド速度は30～50%向上する。5Gの展開の成功は、低域、中域、高域のスペクトラム・アクセスに依存すると予想される。これらすべての帯域の特性を活用することで、5Gはすべての地域で容量を提供し、すべての潜在的なユースケースでその効果を最大化することができる。ローバンドスペクトラムは、広範囲をカバーし、建物の奥深くまで浸透する強力な伝搬特性を持っている。そのため、地方のブロードバンドを提供するメカニズムであり、600MHz帯のような追加の低帯域を利用可能にすることは、デジタルインクルージョンを推進し、地方と都市のデジタル平等を確保することになる。

4-4-3　アジア・オセアニア

4-4-3-1　アジアとオセアニア主要国における電気通信産業概要

（2022年6月30日現在）

国・地域名	中国	香港	台湾
1人あたりGNI（米ドル）（注１）	11,890	54,450	—
対1米ドルレート	6.6975元	7.8477HK$	29.746NT$
規制機関（注２）	工業情報化部	通信事務管理局（CA） 通信監理局事務室（OFCA） （商務経済発展局）	交通部郵電局 通信放送委員会（NCC）
主回線数	1億8071万回線	386回線	1,254万回線
普及率（%）	12.7	51.5	52.5
携帯電話加入数	17億3266万加入	2,394万加入	2,967万加入
普及率	121.5	319.4	124.4
固定系 主要電気通信事業者	・中国電信（China Telecom） ・中国聯通（China Unicom） ・中国鉄通 （China Tietong/China Mobile）	・PCCW香港テレコム ・HGC Global（旧ハチソンHGC → Asia Cube Globalへ売却済） ・WTT HK（Wharf T&Tの改称） ・香港ブロードバンド・ネットワーク（HKBN） なお、2018年8月末現在、香港では27の通信事業者が固定市内通信サービスの提供を認可されている。	・中華電信 ・アジア・パシフィック・ブロードバンド（旧称イースタン・ブロードバンド・テレコム） ・スパーク（ニューセンチュリインフォコム） ・台湾フィックストネットワーク（TFN）
移動電話系 主要電気通信事業者	・中国移動（China Mobile） ・中国聯通（China Unicom） ・中国電信（China Telecom） ・中国広電（China BroadcastingNetwork） ・多数のMVNOが運用（例↓） 携帯販売業者系 蘇寧（Suning）、国美（Gome） 携帯メーカー系 小米（Xiaomi）、 聯想（Lenovo） 電子商取引業者系 京東（JD）、 阿里巴巴（Alibaba） 金融業者系 平安保険（Pingan）、 民生銀行（Minsheng）	・HKT（（香港移動通訊：旧PCCW、CSLと1010、Club Simのブランド名で展開） ・CMHK（中国移動香港） ・3（ハチソン・テレコム） ・スマートーン	・中華電信 ・台湾大哥大（台湾モバイル） ・遠傳電信（ファー・イーストーン） ・台湾之星移動電信（スターテレコム）（←台湾大哥大に吸収合併の予定） ・亜太電信（APT：アジア・パシフィックテレコム）（←遠傳電信と合併の予定、合併後は消滅へ）
インターネット利用者数	10億4,166万	698万	2,119万（20年）
パソコン世帯普及率	55.0%（17年）	75.8%	71.6%（20年）

出所：ITU、各国規制機関、主要電気通信事業者のWWWページ、各種関係資料より作成

注１：１人あたりGNIは、世界銀行のAtlas方式により算出した2021年の数値、単位はUS$,
日本の2021年の１人あたりGNIはは42,620（出所：世界銀行）

注２：独立規制委員会等を設立し、規制機関と政策策定機関が分離されている場合には、（　）の中に政策策定機関名を記入した。

（2022年6月30日現在）

国・地域名	韓国	インド	タイ
1人あたりGNI（米ドル）（注1）	34,980	2,170	7,260
対1米ドルレート	1,293.8ウォン	79.007NR	35.278バーツ
規制機関（注2）	放送通信委員会（KCC）（科学技術情報通信部）	デジタル通信庁（DCRAI）デジタル通信員会（DCC）、通信情報技術省内の電気通信局（DOT）と電子工学・情報技術局（DEIT）	国家放送通信委員会（NBTC）MDES（デジタル経済社会省）
主回線数	23,213万回線	2,377万回線	463万回線
普及率	44.8	1.7	6.5
携帯電話加入数	7,286万加入	11億5,405万加入	1億2,085万加入
普及率（%）	140.6	82.0	168.8
固定系主要電気通信事業者	・KT ・SKブロードバンド ・LG U+（旧LGテレコム） ・世宗テレコム（国際通信のみ、旧オンセ・テレコム、MVNO） ・SK Telink（国際電話のみ、MVNO）	・BSNL ・バルティ・エアテル（タタを吸収合併） ・MTNL ・リライアンス ジオ（→リライアンスを買収） ・アトリア コンバージェンス（ブロードバンド系） ・ハスウェイ ケーブル&データコム（ブロードバンド系）	・ナショナル・テレコム（CATとTOTが21年に合併、国営） ・トゥルー ・TT&T
移動電話系主要電気通信事業者	・SKテレコム ・KT（商標olleh） ・LG U+（旧LGテレコム）	・ボーダフォンアイデア（新ブランド名はVi（ウィー）） ・バルティ・エアテル（タタとテレノールを吸収合併） ・リライアンス　ジオ（→リライアンスを買収） ・BSNL（国営） ↑合併協議中↓ ・MTNL（国営）（→BSNLとの合併により子会社化の予定）	・AIS（Intouch傘下） ・dtac（トータル・アクセス） ・トゥルームーブ（datacとトゥルーは22年中に合併することで合意済み） ・ナショナル・テレコム（CATとTOTが21年に合併、国営） ・シン・サテライト（衛星通信：通称タイコム）
インターネット利用者数	5,057万	6億45万	6,105万
パソコン世帯普及率	73.6%	10.7%（18年）	25.8%

出所：ITU、各国規制機関、主要電気通信事業者のWWWページ、各種関係資料より作成

（2022年6月30日現在）

国・地域名	シンガポール	マレーシア	ベトナム
1人あたりGNI（米ドル）（注1）	64,010	10,930	3,560
対1米ドルレート	1.3910SG$	4.3943リンギット	23,265ドン
規制機関（注2）	情報通信メディア開発庁（IMDA）（情報通信省） 政府技術庁（GovTech）	通信・マルチメディア委員会（MCMC）（通信マルチメディア省）	ベトナム電気通信庁（VNTA） ベトナムインターネット網情報センター（VNNIC）（情報通信省） 国家資本管理委員会（CMSC、通称：スーパー委員会）
主回線数	189万回線	825万回線	312万回線
普及率（%）	31.8	24.6	3.2
携帯電話加入数	866万加入	4,720万加入	1億3,535加入
普及率	145.8	140.6	138.9
固定系主要電気通信事業者（注3）	・シンガポールテレコム ・スターハブ ・M1（国際通信のみ）	・テレコムマレーシア ・マクシス ・タイム.コム（DI） ・TSGN（衛星通信サービス　←　Telkom Indonesiaが買収） ・デジタル・ナショナル（DNB）→5G専用網卸売り）	・ベトテル（Viettel） ・ベトナム郵電グループ（VNPT） ・FPTテレコム ・SCTV　（CATV） ・SPT ・CMCテレコム　（MVNO） 他2社
移動電話系主要電気通信事業者	・シングテル　モバイル ・スターハブ（星和移動） ・M1（旧モバイルワン） ・シンバテレコム（旧TPG、→2016年免許取得、2020年6月オーストラリアの親会社から完全に分離独立） ・アンティナ（2020年9月設立、スターハブとM1の合弁会社、両社向けに5G卸専用） この他にMVNO 5社	・セルコム（Axiata系）（↑↓セルコムディジとして合併することに合意） ・ディジテレコム ・マクシス ・TM（テレコムマレーシア） ・Uモバイル（旧MiTV） ・Yes 4G ・Unifi Mobile（旧webe、テレコムマレーシア傘下） ・ALTEL ・Redtone ・Tune Talk（MVNO）	・ベトテル（Viettle Mobile） ・ヴィナフォン（VNPT系） ・VMSモビフォン（VNPT系） ・ベトナモバイル（旧HT Mobile） ・Gtel（商標はGモバイル、旧ビーライン） この他にIindochina Mobile（IT Telecom）とMobicastのMVNO 2社
インターネット利用者数	548万（20年）	3,248万	7,233万
パソコン世帯普及率	91.8%	88.3%	27.1%

出所：ITU、各国規制機関、主要電気通信事業者のWWWページ、各種関係資料より作成

（2022年6月30日現在）

国・地域名	インドネシア	フィリピン	オーストラリア	ニュージーランド
1人あたりGNI（米ドル）（注1）	4,140	3,640	56,760	45,340
対1米ドルレート	14,984ルピア	54.855ペソ	1.4492A$	1.6029NZ$
規制機関（注2）	電気通信規制庁（BRTI） 電気通信規制員会（通信情報技術省）	情報通信技術省（DICT） 電気通信委員会（NTC）	通信メディア庁（ACMA） 競争消費者委員会 （インフラ・交通・地域開発・通信省）	商務委員会（ComCom） ビジネス・イノベーション・雇用省（MBIE）
主回線数	900万回線	503万回線	460万回線	65万回線
普及率	3.3	4.4	17.7	12.7
携帯電話加入数	3億6,587万加入	1億6,335万加入	2,709万加入	585万加入
普及率	133.7	143.4	104.5	114.0
固定系 主要電気通信事業者	・テルコム ・インドサット　ウーレドゥ ・バクリーテレコム（FWA（注3）） ・モバイル　8（FWA）） ・サンポエルナ　テレコム（FWA） ・インドネシア・コムネッツ・プラス（Icon+）	・PLDT ・ディジテル（PLDT系） ・イノーブ（グローブテレコム） ・バヤンテル（グローブテレコム系） ・PT&T ・フィルコム ・コンバージICT（ブロードバンド） ・グローブテレコム ・ベガテレコム	・テルストラ ・オプタス(シングテル) ・TPGテレコム（ボーダフォン　ハチソン　オーストラリアを合併して改称） ・ボーカス ・マッコーリーテレコム ・NBN	・スパーク（旧テレコムニュージーランド） ・ヴォーダフォンニュージランド ・ボーカス　NZ ・2デグリーズ ・トラストパワー（電力会社） ・コーラス（旧テレコムニュージーランド、法によってキャリアー向け卸売りに特化）
移動電話系 主要電気通信事業者	・テルコムセル ・XLアシアタ（旧エクセルコミンド） ・インドサット　ウーレドゥ （↑↓合併協議中） ・PTハッチソン3 ・スマートフレン ・バクリーテレコム（BTEL） ・サンポエルナ　テレコム（STI/Net1）	・スマート･コミュニケーションズ（PLDT系） ・グローブテレコム ・ディト（旧ミステラル、中国電信系） ・ナウテレコム MVNO ・サンセルラー（ディジテル　←PLDT系） ・TM（←グローブ系） ・TNT（←PLDT系） ・Cherry Prepaid（(←グローブ系）	・テルストラ ・オプタス（シングテル系） ・TPGテレコム（ブランド名はボーダフォンオーストラリア） MVNO TPG バージンモバイル クレイジージョーンズ他多数	・ボーダフォン(←2019年7月に親会社はキャピタルファンドに売却し撤退) ・スパークニュージーランド（旧テレコムニュージーランド） ・2デグリーズ （旧：NZコミュニケーションズ） MVNO 6社
インターネット利用者数	1億7,001万	5,587万	2,300万（20年）	463万（20年）
パソコン世帯普及率	18.2%	23.8%（19年）	82.4%（17年）	90.9%（17年）

出所：ITU、世界銀行、各国規制機関、主要電気通信事業者のWWWページ、各種関係資料より作成

注3　インドネシアでは移動を制限した無線アクセス（最大同一市内通話エリア内）が固定電話サービスとして認められ、テレコムのFlexi、バクリーテレコムのEsia、インドサットのStar One、モバイル8のFren、Sampoerna TelecomのCeriaといったサービス がある。

4-4-3-2　アジア・オセアニア諸国における最近の電気通信政策・市場等の動向 － 2021 年 7 月～ 2022 年 6 月－

中　国

■ IMT-2030（6G）推進グループ、「6G 全体ビジョンと潜在コア技術白書」を公表

IMT-2030（6G）推進グループは 2021 年 6 月 6 日、「6G 全体ビジョンと潜在コア技術白書」を公表した。2030 年の 6G の実現に向け、白書では、全体のビジョンとして、「万物がつながり、デジタルツインを実現する」との目標を目指すとした。また、8 件の応用シーンとして、没入型クラウド XR、ホログラフィック通信、センサー感知相互接続、スマート相互作用、通信感知、万物スマート化、デジタルツイン、全域カバーを取上げた。さらに必要とする 10 のコア技術として、内生型スマート無線接続と新型ネットワークアーキテクチャ、増強型無線接続技術、新次元の無線伝送技術、新型周波数利用技術、通信センサー一体化技術、分散型ネットワークアーキテクチャ、コンピューティング･アウェア･ネットワーク、確定ネットワーキング、天地一体融合ネットワーク、ネットワーク内生セキュリティを取上げた。なお、IMT-2030（6G）推進グループは、6G の実現に向け、2019 年 6 月に工業・情報化部の指導のもと、中国情報通信研究院（CAICT）が主体となって設立された。産学研の各方面のリソースを集め、コア技術、周波数計画、標準策定に関する開発を行い、国際交流の推進も行っている。現在のメンバーは通信事業者、ベンダー、端末メーカー、大学、研究機関など 59 の組織に及ぶ。

■工業・情報化部、「第 14 次 5 か年計画における情報通信業界発展計画を発表

工業・情報化部は、2021 年 11 月 16 日、情報通信産業の第 14 次 5 か年計画（2021 ～ 25 年）期間の発展計画を発表した。産業の売上高を年平均 10%のペースで成長させて、25 年の売上高を 20 年比約 63%増の 4 兆 3,000 億元（77 兆円）とする目標である。新しいタイプのデジタルインフラの全面的な配備が計画されている。その中には 5G・ギガビット光ファイバ網・IPv6・モバイル IoT・衛星通信網などの次世代通信インフラ、データセンター・人工知能・ブロックチェーンなどのデータ･計算処理基盤、および工業インターネット･自動車 IoT を統一したインフラなどがある。全体的な目標は、2025 年までに、高速ユビキタス、相互接続の高度化、スマート環境保護、安全で信頼性の高い新しいデジタルインフラシステムの構築を基本的に完成させることで、具体的には、第一に、通信ネットワークインフラが世界先進レベルを維持することを目指す。第 14 次 5 か年計画期間中に、世界最大規模の SA 型 5G 網の構築を目指し、人口 1 万人あたり 26 基の 5G 基地局を目標とし、都市と郷鎮を全域カバーし、行政村（末端の行政単位）を概ねカバーし、重要な利用シーンでのエリアカバーを強化し､行政村での 5G アクセス率は 80%の達成を見込む｡ギガビット光ファイバ網のカバレッジを継続的に拡大し、都市や重点郷鎮における 10G-PON 機器の大規模配置を推進し、10G-PON およびそれ以上のポート数の 1,200 万到達を目指す。アプリケーションや端末の IPv6 アップグレード・改造を加速させ、IPv6 ユーザ規模とサービストラフィックを 2 倍に拡大させ、モバイルネットワークにおける IPv6 トラフィックの比率は 70%の達成を見込む。国際インターネットのアクセス帯域の拡大を加速し、国際情報通信サービスの質を継続的に高め、2025 年までに毎秒 48 テラビットの達成を目指す。第二に、データ・演算設備のサービス機能を大幅に高める。データセンターの処理能力は、毎秒 300 兆回の浮動小数点演算の達成を見込む。人工知能やブロックチェーンなど設備サービス機能を大幅に高める。

第三に、インフラを統合化し、更なる進展を実現する。各地域、業界をカバーする高品質の工業インターネット網の構築を基本的に完成させ､一連の「5G+ 工業インターネット」のモデルケースを構築する。

■華為技術が開発した HarmonyOS、ユーザ数が半年で 2 億 2,000 人を突破

華為技術（HUAWEI）は、2021 年 12 月 23 日、冬季フラッグシップ新製品発表会を開催し HarmonyOS を搭載した新製品を展示し、Harmony エコシステムに関する最新の進展状況を発表した。これまでに HarmonyOS を搭載した華為のデバイス数は 2 億 2,000 万台を突破しており、HarmonyOS Connect は 2021 年に新たにエコデバイスの出荷台数が 1 億台を超えた。華為は 2021 年 6 月 2 日に HarmonyOS 2 のフルネットワークのアップグレードを正式に開始し、2022 年上半期までに 100 機種以上の機器をカバーする計画である。開発者会議 2021（Together）で発表されたデータによると、華為は 3 年間で HarmonyOS や HMS などのエコシステムに 500 億元（約 8,981 億円）以上を投資する計画である。

中国

■中国の5G基地局は142万5,000カ所、世界最大の5Gネットワークに

工業・情報化部は、2022年1月26日、微博（ウェイボー）公式アカウントで「2021年通信業統計報告書」を発表した。この統計報告書によると、2021年の5G投資額は1,849億元で、総投資額の45.6%を占め、前年比8.9ポイント上昇した。2021年末現在の移動通信基地局総数は996万局で、年間65万局の純増となった。このうち、5G基地局は142万5,000局で、世界最大の5Gネットワークを構築しており、すべての行政区または市以上、県市街地の98%、郷鎮の80%超をカバーしている。2021年末現在、電話ユーザ総数は18億2,400万に達した。そのうち、携帯電話ユーザ総数は16億4,300万である。携帯電話ユーザのうち、4Gは10億6,900万、5Gは3億5,500万で、併せて携帯電話ユーザの86.7%を占めた。IPTVのユーザ総数は3億4,900万に上り、年間3,336万の純増となった。中国の大手携帯電話事業者3社の5Gパッケージ加入者数は、2021年末に、2020年の2倍以上となる7億2,950万人となった。5Gパッケージ加入者の純増数は4億720万人であった。この数字は、必ずしも対応デバイスを所有していなくても次世代プランを利用している顧客を指す。営業統計の更新で、中国移動は2021年末の5Gパッケージの顧客数が前年比2億2,180万人増の3億8,680万人であることを明らかにした。中国電信は1億130万人を追加して1億8,780万人、中国聯通は8,410万人を追加して1億5,490万人となった。携帯電話事業者全体の顧客数は4,770万人増加した。中国移動は1,500万人増の9億5,700万人、中国電信は2,140万人増の3億7,200万人、中国聯通は1,130万人増の3億1,700万人である。中国工業情報化部の報告によると、2021年に通信事業者が追加した5G基地局は65万4,000局で、合計140万局となった。

■北斗高精度サービスの世界ユーザ数、10億を突破

中国兵器工業集団は、2022年1月27日、傘下企業が運営する衛星ナビシステムの北斗高精度サービスの世界ユーザ数が10億を突破したと明らかにした。2020年7月より正式運用開始した北斗3号システムの地域ショートメッセージ通信民間サービス体制がサービス能力を備え、海南省で1万2,600セットの大規模応用を実現した。中国兵器工業集団は国務院国有資産監督管理委員会が管理監督する中央企業で、グループ企業には、軍事製品のほか、大型工作機械や電子回路といった民間用品の製造企業も含まれる。

■華為技術、2021年におけるの国際特許出願件数で最多

世界知的所有権機関（WIPO）は、2022年2月10日、2021年におけるPCT国際特許の出願統計結果を公表した。全体では前年比0.9%増の27万7,500件で過去最多となった。国別では、中国は6万9,540件に達し、同比0.9%増加し、3年連続で申請数トップを占めた。以降、2位から5位までは順に米国（5万9,570件、同1.9%増）、日本（5万260件、同0.6%減）、韓国（2万678件、同3.2%増）、ドイツ（1万7,322件、同6.4%減）であった。企業別では、華為技術（HUAWEI）は6,952件で、5年連続の最多である。以下、クアルコム（3,931件）、サムスン電子（3,041件）、LG電子（2,885件）、三菱電機（2,673件）と続く。また、トップ50にランクインした中国企業は13社で、このうち、端末メーカーのOPPOは2,208件で6位、2020年より2位上昇し、3回目のトップ10入りとなる。電子製品製造メーカーの京東方（BOE）は7位（1,980件）、中興通訊（ZTE）は13位（1,493件）で、その他として、平安科学技術、vivo、大疆（DJI）、瑞声科技（AACテクノロジーズ）、武漢華星光電、深セン華星光電、テンセント、バイトダンス、小米（Xiaomi）がある。

■国務院、「国家緊急時対応体制第14次5か年計画」を公布、災害事故の監視・感知能力向上を重視

国務院は、2022年2月14日、「国家緊急時対応体制第14次5か年計画」を公布した。計画では、IoT、工業インターネット、リモートセンシング、動画認識、5Gなどの技術を存分に活用して、災害事故の監視・感知能力を高め、自然災害監視ステーションのネットワーク配置を最適化し、緊急観測に対応したコンステレーションを整備し、「空天地海一体化（衛星通信と上空・地上・海上通信の一体化）」の全域をカバーする災害事故監視・早期警報ネットワークを構築することが示されている。安全・緊急時対応設備の応用試行・モデル事業および高リスク業界の事故防止設備普及プロジェクトを実施し、高リスク業界の重点分野企業に対して設備の安全レベル向上を推進する。危険化学品、鉱山、石油・ガス輸送パイプライン、花火・爆竹などの重点業界分野では、危険な作業場でのロボット代替モデル事業を実施し、無人化・少人数化・インテリジェント化されたモデル鉱山群を建設する。先進装備と情報化の融合応用により、スマート鉱山リスク予防制御、スマート化学工業団地リスク予防制御、スマート消防、地震安全リスク監視などのモデル事業を実施する。また、地震、地滑り、土石流、森林火災などの重大緊急災害に対応するため、5G、ハイスループット衛星、船舶・航空機搭載通信、ドローン通信など先進技術の非常用通信機器への実装と応用を拡大する。

中　国	■政府、外資による電気通信分野への投資に関する規制を緩和 国務院は、2022 年 3 月 29 日付で「外商投資電信企業管理規定」を改正し、外資による電気通信分野への投資に関する規制を緩和した。改正版は 2022 年 5 月 1 日より施行される。主な改正点は次のとおりである。 ①一部地域又は領域では、外資独資の外商投資電信企業の設立が認められている現状を鑑み、外商投資電子企業を中外合弁企業に限定する規定を削除した。 ②基礎電気通信業務に関する外資比率制限（49% を超えないこと）及び付加価値電信業務に関する外資比率制限（50% を超えないこと）につき、「国が別段の規定がある場合を除く」という規定を追加し、これにより外資比率制限の緩和に関する法的根拠を明確にした。 ③外商投資電信企業の外資の電気通信業務に関する実績や運営経験に関する条件を削除した。 ④外商投資電信企業の設立に関する手続を簡素化し、提出資料を減らし、手続の所要時間を短縮した。 ■ MIIT、スマートフォンや産業用ロボットなどの新製品の生産量で中国が世界最多と発表 中国共産党中央宣伝部と工業情報化部（MIIT）は、2022 年 6 月 14 日、「中国のこの 10 年間」をテーマに記者会見を行い、第 18 回党大会以降の工業と情報化発展の成果を紹介した。主な内容は次の通りである。 ＊ 2012 年から 2021 年にかけて、工業付加価値は 20 兆 9,000 億元（約 417 兆円）から 37 兆 3,000 億元に増加した。不変価格で計算すると、工業付加価値の年平均成長率は 6.3% で、同期間の世界の工業付加価値の年平均成長率（約 2%）を大きく上回る。 ＊製造業の付加価値は 16 兆 9,800 億元から 31 兆 4,000 億元へと増加し、世界に占める割合は 22.5% からほぼ 30% にまで増加した。 ＊中国は、世界の粗鋼、セメント、電解アルミニウム、メタノールなどの原材料の約 6 割を生産し、スマートフォン、コンピュータ、テレビ、産業用ロボットなどの新製品の生産量で世界首位となった。 ＊製品の国際競争力は持続的に高まっており、工業製品の輸出は世界のほぼすべての国と地域をカバーし、製造業の中間財貿易における世界シェアは約 20% に達し、通信機器、高速鉄道、船舶などの国際競争力が際立っている。 ＊スマート家電が本格的に普及し、人口 1,000 人当たりの自動車保有台数は 2012 年の 89 台から 2021 年には 208 台に増加した。 ■中国広電が 5G サービスを商用化、中国で第 4 の MNO に 中国国有で有線テレビ事業などを手掛けている中国広播電視網絡集団（中国広電）は、2022 年 6 月 27 日、高速通信規格「5G」を含めた携帯電話の試験サービスを始めた。国が支援する中国広電は、地元のケーブル放送事業者とテレビ事業者が合併したもので、2019 年 6 月に中国政府から 5G 免許を取得していた。中国広電の英語名は、China Radio and Television Network となる。「中国広電」、「広電 5G」、「広電慧家」3 つのサービスブランド名で事業を展開する。既存のプロバイダー 3 社と直接競合するのではなく、このシステムを利用して、モバイル通信と並行して、拡張現実（AR）、仮想現実（VR）などの没入型・対話型の放送・テレビメディアサービスを開発し、5G ベースの統合型メディア通信ネットワークとしての地位を確立することを目指している。中国広電の 5G ネットワークは、中国移動との提携を通じて展開されている。契約では、中国移動が 700MHz の 5G ネットワークを展開、運用、保守するが、2 つのプロバイダーはシステムの使用を共有することになる。さらに中国広電は、中国移動の 4G および 2600MHz の 5G ネットワークへの一時的な卸売アクセス権を得ている。

香 港	■ CMHK、新しい Wi-Fi ソリューションであるファイバートゥザルーム・サービスを開始 中国移動香港（CMHK）は、2021 年 9 月 28 日、「FTTR（Fiber-to-the-Room）」技術に基づく新しいオールオプティカル·ホーム Wi-Fi ソリューションの提供を開始した。このネットワークソリューションは、家庭全体に光ファイバー機器を引き込み、各部屋でギガビットの速度を提供する。CMHK の最高マーケティング責任者は、「CMHK は 2019 年から独自のホームブロードバンドネットワークの開発に取り組んでおり、カバレッジは現在 100 万世帯を超えた。最新の FTTR でパワーアップした全光 Wi-Fi ソリューションは、ユーザーエクスペリエンスをさらに向上させる。」と語った。 ■ OFCA、5G 向け周波数の追加入札を実施、600MHz 帯は応札希望が無し 通訊事務管理局（OFCA）は、2021 年 10 月 27 日、携帯通信向けに用意した周波数である 600MHz 帯、700MHz 帯、850MHz 帯、2.6GHz 帯、4.7GHz 帯の 25 日から 3 日間にわたり実施した入札結果を発表した。入札には、中國移動香港（China Mobile Hong Kong：CMHK）、HKT（Hong Kong Telecommunications：HKT）、和記電話（Hutchison Telephone：HT3）、數碼通電訊（SmarTone）の 4 社が参加した。香港政府は、2 回の入札で合計 18 億 7,700 万香港ドル（2 億 4,100 万米ドル）を調達した。700MHz、850MHz、2.5GHz、4.9GHz 帯の 255MHz の周波数が 15 年ライセンスで 4 つの既存携帯会社に落札された。Hutchison 3 は 700MHz と 2.5GHz の周波数を、SmarTone は 700MHz と 850MHz と 4.9GHz の周波数を、HKT は 700MHz と 2.5GHz の周波数を、そして China Mobile Hong Kong（CMHK）は 700MHz と 2.5GHz と 4.9GHz のライセンスを落札した。600MHz 帯はすべての移動体通信事業者が取得を希望しなかった。これにより、600MHz 帯は割当なし、700MHz 帯は完全な新規割当、4.7GHz 帯は追加割当、850MHz 帯および 2.6GHz 帯は再割当することになった。対象の周波数は基本的に第 5 世代移動通信システム（5G）で使用する予定である。 ■ CMHK、5G 加入者が百万件を超える 中国移動香港（CMHK）は、2021 年 11 月 1 日、5G モバイルの契約数が 100 万に達し、全体の顧客数の約 5 分の 1 を占めたと発表した。同社は 2020 年 4 月に香港初の商用 5G サービスを開始した。前月、700MHz、2.6GHz、4.9GHz 帯の 5G 対応周波数を追加獲得したが、これまで 2019 年に 3.3GHz、3.5GHz、4.9GHz、26GHz 帯の周波数を獲得していた。 ■ OFCA、ミリ波構築期限を延長 移動体専用のニュースを扱うウェブサイト Mobileworldlive は、2021 年 11 月 19 日、香港政府通信事務管理局（OFCA）は、ミリ波（mmWave）5G の周波数を保有する事業者の導入期限を延期したと報じた。HKT、China Mobile Hong Kong（CMHK）、SmarTone はそれぞれ 2019 年 3 月に 26GHz 帯と 28GHz 帯の 400MHz の周波数を獲得し、2024 年末までに各帯域に最低 2,500 台の無線機を設置することが規定されていた。規制当局は今回、構築要件を緩和し、2024 年 4 月までに最低要件の 20%（500 局）以上を、2025 年 4 月までにさらに 30% を設置（計 1,250 局）し、2026 年中に残りの 50%（計 2,500 局）を設置するよう免許者に要求した。事業者は、対応する携帯電話やネットワーク機器の入手が予想以上に遅れたため、期限の延長を要請していた。 ■ OFCA、今後 2 年間の周波数割当計画を公表 香港政府通信事務管理局（OFCA）は、2022 年 2 月 24 日、2022 ～ 24 年の周波数開放計画を発表した。この計画には、現在の免許が 2026 年に失効する 800MHz と 900MHz 帯の周波数 20MHz の再譲渡が含まれており、新たな免許の最短授与日は 2023 年と設定されている。一方、2.3GHz 帯の 90MHz の免許は 2027 年に失効することになっており、この計画でも最短の授与日は翌年（2023 年）に設定されている。最後に、39.5GHz ～ 43.5GHz の範囲で 4GHz の新規周波数が 2023 年または 2024 年に割り当てられると予想されている。 ■スリー、香港で初めての 700MHz 帯で 5G を導入 香港政府通信事務管理局（OFCA）は、移動体通信事業者各社に対して 2022 年 6 月 30 日より携帯通信用途で 700MHz 帯の使用を許可した。通信事務管理局の許可を受けてスリー（ハチソン・テレコム）は 6 月 30 日から 700MHz 帯でも第 5 世代移動通信システム（5G）の提供を開始した。香港特別行政区では 4 社の移動体通信事業者が携帯通信事業を展開している。その全社が事実上の 5G 向け周波数として 700MHz 帯を取得したが、スリーが最初に 700MHz 帯で 5G を導入することになった。

<table>
<tr><td>台　湾</td><td>

■台湾モバイル、スタンドアロン型5Gにおいて世界初のキャリアアグリゲーションを実現
フィンランド通信機器大手ノキアは、2021年8月3日、台湾通信事業者大手の台湾モバイルと共同でスタンドアロン型（SA）5G環境において世界初となるキャリアアグリゲーションを実現したと発表した。トライアルでは、台湾モバイルの商用5G網へノキア製AirScale 5G SAポートフォリオを導入し、700MHz及び3.5GHz両周波数帯の同時使用に成功したとしている。ノキアは、2020年6月、台湾モバイルの単独5G網サプライヤとして3年契約を結んでおり、台湾モバイルのサステナビリティ及びデジタル変革を焦点とする「スーパー5G戦略」をサポートしている。

■ NCC、遠傳電信による亞太電信への出資を承認
台湾の政府機関で電気通信分野などの規制を司る通信放送委員会（National Communications Commission：NCC）は、2021年8月26日、台湾の移動体通信事業者（MNO）である遠傳電信（Far EasTone Telecommunications）による台湾の移動体通信事業者である亞太電信（Asia Pacific Telecom：APT）への出資に関して条件付きで承認したと発表した。この投資計画に基づき、遠傳電信は50億台湾ドル（1億7,900万米ドル）を投じてAPTの株式の11.58％を取得し、取締役会の議席を獲得する。この投資により、同社はAPTの第2位の株主となる。条件は亞太電信の独立した経営を維持するために設定しており、承認から5年間は毎年7月1日までに直近の株主総会および董事会の議事録を国家通訊通信放送委員会に提出することを義務付けた。亞太電信は台湾の鴻海精密工業（Hon Hai Precision Industry）の子会社である。

■国会、デジタル発展省の設置を可決
デジタル分野に関する政策を担う新省庁「デジタル発展部（デジタル発展省）」の設置に関する法案が、2021年12月28日、立法院院会（国会本会議）で可決された。行政院（内閣）の報告書によれば、同部の設置は蔡英文（さいえいぶん）総統が掲げるデジタル分野の発展推進に関する公約を実現するための専門機関となる。具体的には、デジタル分野の発展政策、通信やデジタルに関する資源の運用計画の策定・推進、デジタル技術の応用・革新のための発展環境の整備などを担当する。交通部（交通省）や経済部（経済省）などが担っていた関連業務の管轄がデジタル発展部に移される。初代部長（大臣）候補の1人として、デジタル政策を担当する唐鳳（オードリー・タン）行政院政務委員（無任所大臣）の名が上がっている。また、デジタル発展部に属する機関として「デジタル産業署」や「情報セキュリティー署」が置かれることも盛り込まれた。

■台湾大哥大と台湾之星が合併で合意
加入者数で国内第2位の無線通信事業者である台湾大哥大（台湾モバイル）は、2021年12月30日、中小のライバルである台湾之星（スターテレコム）を買収する計画を明らかにした。両社は2021年12月30日に合併に関する契約を締結した。この買収は2021年12月30日に発表され、放送通信委員会（NCC）および公正取引委員会（FTC）の承認を得た後、2022年9月30日までに完了する予定である。合併後の存続会社は台湾大哥大はとなる。台湾之星の株主はこの取引の結果、合併後の会社の約7.4％の株式を取得する。この合併を円滑に進めるため、台湾大哥大は台湾之星一の株主に対し、合計282,222,106株の新株を発行するとしている。台湾大哥大は、今回の買収により、顧客基盤を拡大し、周波数リソースを増やすことで、より大きなスケールメリットを得られる。合併後の台湾大哥大の加入件数は合計で約980万件に達し、第5世代移動通信システム（5G）向け周波数の3.5GHz帯では業界で最も広い帯域幅を確保できるほか、3.5GHz帯の5Gは11,000局の基地局で人口カバー率を90％に拡大できる。

■遠傳電信と亞太電信が合併で合意、亞太電信は消滅へ
台湾の携帯市場で再編が進んでいる。2022年2月25日、台湾の遠傳電信（Far EasTone Telecommunictions：FET）は、ライバルの亞太電信（APT）と株式交換で合併する計画を発表した。FETとAPTは、第5世代移動通信システム（5G）向け周波数を共有するなど協業が進んでいた。合併に関する公式プレスリリースでは、FETはAPTとの株式対株式合併で、9,344万株以上の第三者割当を含む約3億5,700万株の新株発行を見込んでいるとし、この取引でAPTの株式1株をFETの株式0.0934406株に交換することを確認している。合併後の企業はFETのブランド名で取引を継続し、APTのブランドは廃止される。これまで、FETは2020年9月にAPTの株式11.58％を取得し、APTの第2位株主となることで合意していた。しかし、両社の合併を本格的に進めることになった背景には、FETの他のライバル会社によるM&Aの動きがあったといわれている。2021年12月末に契約数で国内第2位の台湾大哥大は、競合する中小の台湾之星を買収する計画を発表していた。2つの合併が実現すると、台湾の携帯電話市場は、中華電信と台湾大哥大（台湾モバイル）、遠傳電信（FET）の3社体制となる。

</td></tr>
</table>

韓　国	■情報通信部、ローカル5G周波数供給詳細計画発表 情報通信部（省）は、2021年6月29日、携帯電話事業者以外でも特定の地域で第5世代（5G）通信網の構築が可能となる「5G特化網周波数供給案」を発表した。韓国では携帯電話事業者以外の事業体が整備する5Gは名称を5G特化網と定めている。日本やドイツのローカル5Gに相当する対象区域を限定した小規模な5Gとなる。スマートファクトリーなど産業向けに使われる5Gサービスを実施する地域に限り、小規模通信網の整備が可能となる。韓国ではBtoB分野5G活性化対策として、2021年初めにローカル5G制度導入方針が発表されていた。今回の発表の要旨は以下のとおり。 ＊5G特化網に28GHz帯600MHz幅に加えて4.7GHz帯100MHz幅も同時供給 ＊5G特化網サービス提供のために基幹通信事業者として登録する場合は周波数割当て。自営網としての無線局設置の場合は周波数指定。周波数割当は政府算定対価を賦課する対価割当て方式を適用 ＊周波数利用期間は2-5年で選択。割当後は6か月以内の無線局構築義務 ＊周波数利用対価は土地・建物面積を基準に賦課。大都市とその他の地域で5対1の地域係数を設けて算定式を設定。特に、28GHz帯の割当対価は同一帯域幅を利用する条件で4.7GHz帯の1/10水準に抑えた。 韓国では電波法第11条で競争の需要が発生する周波数は原則としてオークション方式で割当しなければならないと規定されている。ただ、対象区域は特定の土地や建物に限定しており、競争の需要も限定的と判断したため、ドイツのローカル5Gを参考に政府算定対価が発生する対価割当方式を適用することになった。政府によるニーズ調査段階でローカル5G参入を検討している企業として、Naver、中堅通信事業者の世宗テレコム、ITベンダーのサムスンSDS、韓国電力等約20社がある。ロボット研究開発やスマート工場等でのニーズが寄せられている。 ■KT、OTT事業部門KT seezn分社 総合通信最大手KTがOTT事業部門をKT seeznとして2021年8月5日に分社した。韓国ではコロナ禍でネットフリックス（Netflix）が急成長し、国内OTTサービスの成長が伸び悩むなどNetflixをはじめとする海外有力OTTに対する危機感が強い。Netflix対抗策として、国内OTTの統合再編やサービスリニューアル、OTT事業部門分社といった動きが活発化している。KTは2008年のIPTV開始以降メディア事業に力を入れてきた。OTT部門分社により意思決定を迅速化して機動性を高める方針である。今後､KTのOTTサービスseeznは新会社がサービスを提供する。KT seeznはKTスタジオジニーと共に、KTグループのメディアコンテンツ事業で中心的役割を担う。スタジオジニーがコンテンツ制作と育成の司令塔となる一方で、KT seeznは顧客に近いところでOTT等次世代プラットフォームを提供する。KT seeznはまず、サービスリニューアルと共に、国内外のオリジナルコンテンツに果敢に投資する。投資誘致や提携も拡大する方針である。 ■韓国版ローカル5G「5G特化網」制度活用第一号はネイバークラウド 2021年に新たに導入された韓国版ローカル5G制度「5G特化網」の適用第一号企業として、ネイバー（Naver）クラウドが2021年12月28日付けで登録された。5G特化網の申請は2021年10月末以降随時受け付けられており、メーカーや電力公社、中堅通信事業者等約20社が制度活用に関心を示している。割当対象周波数は4.7GHz/28GHz帯で運営形態により免許の種類は3タイプ。予てから5G活用自律走行ロボット開発を進めていたネイバークラウドは4.7GHz/28GHz帯利用で申請していた。同社の新築第2社屋で自社開発した5Gブレインレスロボットを運用する計画である。ロボットが宅配便や弁当、ドリンク等を社員に配送する。免許利用期間は5年で周波数割当対価は計1,473万ウォン（約147万円）。また、科学技術情報通信部は5G特化網の愛称を公募していたが、コンテストの結果、「e-Um（イウム）5G」に決定。今後韓国版ローカル5Gはe-Um 5Gの名称で制度を積極宣伝する。

韓　国

■あらゆる分野への 5G 活用拡大を目指す政府の「5G+ 融合サービス拡散戦略」を策定

世界に先駆けて 5G 商用サービスを開始した韓国では、BtoB 分野 5G サービスが当初の期待よりも進展が遅いことが最大の課題となっている。新たな施策として、2021 年 8 月 18 日に開催された政府の 5G+ 戦略委員会第 5 回会合で、すべての産業と社会分野への 5G 活用を目指す「5G+ 融合サービス拡散戦略」がまとめられた。戦略目標として、2026 年までに① 5G 基盤のスマート工場、ヘルスケア、メタバース等の融合サービス専門企業 1,800 社の育成、② 5G 活用現場を 3,200 か所拡大が掲げられた。戦略の主な内容は次のとおり。

＊遠隔教育・産業安全・防災・治安・メタバースマーケット等社会問題解決面での 5G 活用
＊基幹通信事業者登録欠格事由緩和等市場参入要件改善、モジュール開発及びサービス実証によるローカル 5G 活性化
＊公共分野や政府新事業での 5G 優先導入

この日の会合で、5G 活用サービス優秀事例として製薬会社のハンミ精密化学、映像技術の 4DReplay、浦項産業科学研究院の事例が報告された。

■ローカル 5G への外資参入規制撤廃

韓国で 2021 年から新たに導入される 5G 特化網（ローカル 5G）制度参入企業の規制緩和を盛り込んだ電気通信事業法施行令改正案が 2021 年 11 月 2 日に国務会議で議決された。規制緩和の最大のポイントは、ローカル 5G での外資参入枠 49% 規制が撤廃されたことである。ローカル 5G 免許は形態によりタイプ 1 から 3 までの 3 種類がある。このうち外資規制撤廃の対象とされたのは、免許企業が基幹通信事業者登録をしてネットワークを構築・運用し自社以外のユーザにサービスを提供できるタイプ 2 の免許である。この他に、企業合併審査や利用約款届け出義務の免除対象についても、現行規定の前年度売り上げ 300 億ウォン未満から、タイプ 2 の場合は 800 億ウォン（約 80 億円）未満に緩和された。改正施行令は大統領裁可を経て公布即時に施行予定である。

■アプリマーケット事業者の特定決済方式強要行為禁止法が成立、2022 年 3 月から本格施行

韓国国会は、2021 年 8 月 31 日、本会議で、グーグルなどアプリマーケット事業者による「アプリ内決済」の導入強制を阻む内容の電気通信事業法改正案を可決した。改正案はアプリマーケット事業者が地位を不当に利用してモバイルコンテンツなどの提供事業者に特定の決済方式を強制する行為を禁じるもので、別名「グーグルパワハラ防止法」とも呼ばれている。アプリ内決済とは、グーグルやアップルが独自開発した内部決済システムでのみ有料アプリ・コンテンツを決済させる方式である。グーグルは先に、ゲームアプリにだけ適用していたアプリ内決済を 10 月から全てのアプリとコンテンツに拡大すると発表した。法改正により、グーグルは自社の決済システムの利用を強制できなくなる。改正法が施行されれば、グーグルやアップルによる決済システムの強制を規制する世界初の事例となるとみられる。

アプリマーケット事業者による特定の決済方式強要を禁止する世界初の制度は 2022 年 3 月 15 日から施行された。前年（2021 年）9 月に世界初のアプリマーケット事業者の義務を明確化して世界的に注目された電気通信事業法改正を受けた後続措置として、3 月前半に同法施行令が改正され、関連の告示も整備された。施行令ではアプリマーケット事業者の利用者保護義務、アプリマーケット運営実態調査、禁止行為の類型・基準及び課徴金負荷基準等の詳細が定められている。禁止行為の違法性の判断基準については別途告示「アプリマーケット事業者の禁止行為違法性判断基準」で定めた。施行令で規定した特定の決済方式強要行為の類型には、以下が含まれる。

＊モバイルコンテンツ等の登録・更新・点検を拒否・遅延・制限したり削除・遮断する行為
＊アプリマーケット利用を拒否・遅延・停止・制限する行為
＊技術的に制限する行為
＊アクセスや使用手続きを複雑にする行為

■端末流通法改正で端末割引幅拡大へ

放送通信委員会は 2021 年 10 月 7 日の会合で、端末流通法と関連告示「支援金公示及び掲示方法等に関する細部基準」の改正案を議決した。「移動通信端末装置流通構造改善に関する法律（以下、端末流通法）」の改正により、流通店が端末販売時に上乗せできる追加支援金限度が現行の 15% から 30% に拡大される。流通店ではこれまでも 15% の枠を超えた不法支援金支給が後を絶たなかった。さらに、告示改正により、キャリアの公示支援金の最小維持期間を現行の 7 日から、3-4 日に短縮した。公示支援金変更可能日を火曜日と水曜日に指定する。従来の制度ではキャリアの支援金競争が働かなくなり、端末料金が高くなったという批判がなされていた。なお、キャリア間の公示支援金競争活性化を誘導する今回の制度改正に対し、キャリアと流通店側は競争過熱化とマーケティング費用増加を懸念して反対の立場を表明してきた。

韓　国	■ SK テレコム、通信会社と投資会社 SK スクエアに分離 移動通信最大手 SK テレコムは 2021 年 10 月 12 日開催の臨時株主総会で、テレコム事業の SK テレコムと半導体・投資会社の SK スクエアへの会社分割案を議決した。会社分割は 11 月 1 日付で実施され、11 月末に再上場される。今後 SK テレコムは AI・デジタルインフラサービス会社に生まれ変わり、中核三事業の固定・移動通信、AI 基盤サービス、デジタルインフラサービスに専念する方針である。通信事業では 5G での主導権を固め、メディアサービスの継続的成長を目指す。AI 基盤サービスでは、8 月末に発売し好反応を得ている新サブスクサービス「T 宇宙」をオンライン・オフラインのサブスク・コマースプラットフォームに進化させ、メタバースプラットフォームの ifland と連携するメタバース事業規模を拡大する。デジタルインフラサービス事業は 5G MEC 活用でデータセンター、クラウド、産業 IoT 事業の拡大を本格化する。SK スクエアは現在 26 兆ウォンの資産価値を 2025 年までに 3 倍の 75 兆ウォンに成長させるビジョンを描く。傘下に SK ハイニクス、総合セキュリティの ADT CAPS、コマースの 11 番街、Tmap モビリティ等 16 社が連なる。今回、会社分割を図った背景には、規制が多く身動きがとりづらいテレコム事業部門から投資事業会社を切り離すことで企業価値を高め、特にグローバル投資を誘致したい考えがある。アマゾンをはじめ、複数の外資が SK スクエアへの出資を検討中と見られている。 ■全国の市内バス Wi-Fi 網が 2023 年までに 5G に移行 世界に先駆けて 2020 年末までに全国の市内バス 3 万台以上に無料の公共 Wi-Fi を整備した韓国では、バス Wi-Fi のバックホールを早くも 5G に置き換える事業が開始された。科学技術情報通信部は無料の公共 Wi-Fi の品質向上策の一環として、バス Wi-Fi を 2023 年までに段階的に 5G に置き換える計画を 2021 年 10 月 27 日に発表した。韓国では前の朴槿恵政権期から国策として全国で合計 5 万 7,000 拠点の無料公共 Wi-Fi を整備したが、様々な環境変化に対応するため Wi-Fi 高度化の必要が生じていた。 ■通信キャリア 3 社、共同で公認お知らせメッセージサービスの導入を発表 携帯キャリア 3 社（SK テレコム、KT、LG U+）は、2022 年 1 月 11 日、共同の公認お知らせメッセージサービスを提供する計画を発表した。このサービスは、公共・民間機関が発送する紙の告知書や案内文を電子文書化し、メッセージ（MMS、RCS）で発送するモバイル電子告知サービスである。発送された電子文書はオフライン登記と同様の法的効力を持つ。発送機関は電話番号を把握していない顧客への発送も可能である。受信側はスマホに専用アプリの設置も不要となっている。例えば、韓国環境公団は冬季の微細粉塵警報発生の際に老朽軽油車両運行自粛通知を、ソウル市傘下の自治体では民防衛訓練通知書を公認告知メッセージとして発送することなどがある。今後キャリア 3 社は、利用者が簡単に文書通知を確認できるように基本のメッセージボックスの中に「公認お知らせメッセージボックス」を設け、各社別のサービス専用ホームページを設ける予定である。このサービスは、キャリア 3 社が獲得した公認電子文書中継者制度を基に実施される。韓国では DX で官民双方のペーパーレス化が進められている。サービス活用を通じ、ペーパーレス化で郵便物を減らして環境と社会的コスト削減に寄与し ESG 価値向上効果が期待されている。 ■政府横断のメタバース産業育成国家戦略発表、2026 年までにグローバル・メタバース市場トップ 5 入りを目指す 2021 年から有望産業として官民を挙げてメタバースに力を入れてきた韓国で、政府横断の「メタバース新産業先導戦略」が 2022 年 1 月 20 日に発表された。コロナ禍克服の DX 戦略「デジタルニューディール 2.0」に盛り込まれた超連結新産業育成策としてまとめられた初の総合対策となる。韓国ではメタバースを、データ・ネットワーク・AI・XR・デジタルツインといった ICT の集約体として業界にパラダイム変化を呼び込むウェブ 3.0 プラットフォームと位置付けている。戦略では、2026 年までにグローバル・メタバース市場シェア 5 位、メタバース提供企業 220 社育成等の目標を掲げ、24 のプロジェクト実施を盛り込んだ。プロジェクト事例として、プラットフォームエコシステム活性化分野では、日常生活や経済活動 10 分野で新類型のメタバースプラットフォームプロジェクトを実施。五輪やエキスポ等の国際イベントや展示会を現実とハイブリッドさせたメタバースイベントも実施する。プラットフォーム成長基盤整備のため、中核 5 技術開発を支援し、中長期メタバース R&D ロードマップも策定する方針。戦略を通じ、韓国がグローバル・メタバース先進国として成長できる。

<table>
<tr><td>韓　国</td><td>■カードと同一効力の自動車運転免許スマホ搭載サービス開始
行政安全部と警察庁は2022年1月27日から自動車運転免許スマホ搭載（モバイル運転免許）の試験運用を開始した。試験運用期間中はモバイル運転免許の発行機関が限定されるが、7月から全国拡大される。一般国民対象の初のモバイル身分証となる。モバイル運転免許は自動車運転免許保持者のうち希望者に発行され、現行のプラスチックカード免許と同一の法的効力を持つ。また、オンライン環境でも利用が可能となる。発行は本人名義の端末一台に限定される。

■ SKネットワークスサービス、３番目の5G特化網（ローカル5G）事業者に
2021年秋に5G特化網（ローカル5Gに相当）制度を導入した韓国で、制度を活用する3番目の事業者が誕生した。科学技術情報通信部は、2022年5月26日、ITベンダーのSKネットワークスサービスへの周波数割り当てと回線設備保有基幹通信事業登録を完了した。韓国では、Naverクラウドと LG CNSに続き3番目のローカル5G事業者となる。周波数帯は4.7GHz（100MHz幅）/28GHz（400MHz幅）を割り当てられた。周波数割り当て対価は約480万ウォン（約48万円）で利用期間は3年間となる。SKネットワークスサービスはセントラル昌原（チャンウォン）工場内にローカル5G網を構築し、自律走行ロボット（AMR）運用で工場物流を自動化し、デジタルツイン基盤の管理・制御システムを導入する計画である。韓国のローカル5G免許は随時申請を受け付けており、中堅通信事業者や韓国電力、製造事業者、ITベンダーが制度活用を前向きに検討中である。</td></tr>
<tr><td>インド</td><td>■ DoT、5G試験用電波を通信大手３社に割当
電気通信省（DoT）の無線計画・調整（WPC）部門は、2021年5月27日、大手通信事業者3社に、3.5Ghz、26Ghz、700Mhz帯でそれぞれ100、800、10ユニットの5G試験電波を割り当てた。DoTは、5月初め、通信事業者にミッドバンド（3.2～3.67Ghz）、サブGhz（700Mhz）、mmWaveバンド（26Ghz）の実験電波が与えられ、6か月間5Gの試験運用を行うと発表していた。一方、5月初めに政府が承認したインドの通信事業者からの申請書の当初のリストからは、HuaweiとZTEの中国機器製造会社名が消えていた。インド政府からは、中国のネットワーク機器ベンダー2社がインドの5G展開には加わらないという明確なシグナルが発せられている。

■リライアンス・ジオ、5Gクラウド分野にもグーグルとの提携を拡大
インドのコングロマリット、リライアンス・インダストリーズ（RIL）の通信サービス部門であるリライアンス・ジオ・インフォコム（ジオ）が、米インターネット大手グーグルと提携し、後者のグーグル・クラウドをさまざまな5Gサービスに利用すると、2021年7月15日に開催されたグループの年次総会で発表した。RIL会長ムケシュ・アンバニ氏によると、RILのデジタル事業の持ち株会社でジオの親会社であるジオ・プラットフォームズに7.73%の株式を保有するグーグルは、5Gエッジコンピューティングソリューションや、ヘルスケア、ゲーム、教育をカバーする新サービスの提供でジオと協力することになる。一方、ジオは光ファイバー展開について、全国1,200万世帯・企業に届くようネットワークを拡大した。パンデミックによる展開の減速はあったものの、事業者は前年（2020年）、さらに200万戸の敷地を通過するインフラを展開したと説明している。

■ TRAI、衛星を利用したIoTに関する勧告を発表
電気通信規制庁（TRAI）は、2021年8月26日、IoTサービスやその他の低ビットレートアプリケーションに衛星接続を使用するためのライセンス枠組みに関する勧告を発表した。TRAIは、業界関係者との協議を経て、様々なビジネスモデルやネットワークトポロジーを容易にすることを意図し、ほとんど制限を課さない幅広いフレームワークを提案した。免許所有者にはあらゆる種類のネットワークトポロジーモデルを使用することを許可し、すべてのタイプの衛星（静止軌道および非静止軌道など）を低ビットレート接続に使用できるようにすることを推奨している。免許に関しては、TRAIは、統一ライセンスの枠組みのもとで既存の認可内容を修正し、衛星ベースの低ビットレート接続を可能にすること、また、他の種類の認可（GMPCS（衛星による国際移動通信）サービスなど）の範囲も同様に修正することを勧告した。さらに、いくつかの追加条件付きではあるが、免許所有者が政府認定の外国衛星から帯域幅を取得することも認める意向である。計画と容量調達を支援するため、政府は通信衛星の打ち上げ予定日と国内衛星の容量利用可能性を詳細に示すロードマップも提供する予定である。最後に、電気通信省（DoT）は、各種の関連認可や割り当ての付与に関与するすべての機関が共通のオンライン・ポータルを設け、ライセンス取得者はこれを通じて申込書を提出し、当局は透明かつ期限付きの方法で対応することを義務付ける方向である。</td></tr>
</table>

インド	■TRAI、ブロードバンド整備を加速させるための提言を発表 電気通信規制庁（TRAI）は、2021年8月31日、ブロードバンド・アクセスの利用できる度合いとその質を向上させるための提言を発表した。「ブロードバンド接続とブロードバンド速度向上のためのロードマップ（Roadmap to Promote Broadband Connectivity and Enhanced Broadband speed）」と名づけられたこの報告書は、インフラ、ライセンス、専門知識といった事項を網羅し、インドにおけるブロードバンドサービスの発展を阻む多くの潜在的障害を特定した。TRAIは12の重要な提案を行った。その第一は、多くのインターネットベースのサービスにおける帯域幅需要の増加をよりよく反映させるために、ブロードバンドの定義を更新することであった。TRAIの提案するシステムでは、現在の512kbpsではなく、2Mbps以上のダウンロード速度がブロードバンドとみなされ、顧客により明確な情報を提供するために、3つの新しいカテゴリーが設定される予定である。個々の顧客に提供可能な下り速度に基づいて、2Mbps以上50Mbps未満の接続を「基本ブロードバンド」、50Mbps以上300Mbps未満を「高速ブロードバンド」、300Mbps以上を「超高速ブロードバンド」と定義した。 ライセンスに関してTRAIは、ライセンス料の大半を占める調整後総収入（AGR）の定義を変更し、非通信サービスからの収益を除外することで、ケーブル事業者が既存のサービスと並行してブロードバンド・サービスを提供することを奨励することを示唆した。同様に、ネットワーク拡張のための免許料免除という形で、ライセンシーに目標に連動したインセンティブを提供すべきであるとする方向を打ち出した。また、通信やその他のライフラインのインフラ整備を簡素化・迅速化するため、道路使用許可（RoW）の全国ポータルを創設すること、州や連合準州にRoW改革を奨励する中央支援制度（CSS）を設けること、道路、鉄道、水道・ガスパイプラインの建設時に共通ダクトやポストを設けることを奨励し配置することなどが、ネットワークの整備を促進するものと位置づけた。また、TRAIは、インフラの共有化を促進するため、プロバイダーに対し、地理情報システム（GIS）を用いて利用可能なパッシブインフラの位置をマッピングすることを義務付けることも提言している。このほか、全国ブロードバンド網「BharatNet」を利用した携帯電話ネットワークのファイバー化や、直接給付移転（DBT）方式による農村部の利用者への補助金支給なども提案されている。 ■インド政府、通信分野を強化するためのセクター改革パッケージを承認、AGRの合理化と会費の徴収猶予を決定 インド政府は、2021年9月15日、低迷する通信業界に対する改革パッケージを閣議決定した。政府は、健全な競争を促進し、投資を奨励し、サービスプロバイダーの規制負担を軽減することを目指した。このパッケージは9つの構造改革、5つの手続き改革、サービスプロバイダーの流動性要件に対応するための4つの措置で構成されている。この改革では、調整後総収入（AGR）の定義（通信以外の収入を除外するよう変更）など、業界の長年の不満に取り組む一方で、支払いの一時停止を提供することで事業者の当面の財政圧力を軽減している。 このパッケージには、通信事業者が支払う料金の大半の根拠となっているAGRと銀行保証（BG）制度の合理化が含まれている。前者は非通信事業者からの収入を除外し、後者はライセンス料と同様の料金に対するBG要件を80%削減し、異なるサービスエリアに対する複数のBG要件を廃止した。同様に、2021年10月1日以降、免許料や周波数利用料（SUC）の支払い遅延に対する金利手数料は、現行のMCLRプラス4%ではなく、インド証券取引委員会（SEBI）の限界費用貸付金利（MCLR）プラス2%で徴収され、利息は毎月ではなく年複利となり、それに対する罰則やペナルティーの利息は削除された。一方、今後の周波数オークションに関しては、BGが分割払いを確保する必要がないことや周波数免許の期間が20年から30年に延長され、プロバイダーは10年後に周波数を返却できること、今後のオークションで購入する周波数にはSUCがかからないこと、共有周波数に対する0.5%の追加SUCが廃止されて周波数共有が促進されることが予定されている。また、周波数オークションは各会計年度の最終四半期に開催される予定である。 ビジネスのしやすさを向上させ、投資を増やすことを視野に入れ、この改革ではいくつかの分野でお役所的な仕事をなくす意向がしめされた。その一環として、事業者は自動ルートを通じて外国直接投資（FDI）を100%まで拡大することが認められ、無線機器に関する通関届の要件が簡単な自己申告に置き換えられ、常設無線周波数割当諮問委員会（SACFA）の通関要件も緩和されて、プロバイダーが電気通信省（DoT）のオンラインポータルにデータを提出できるようになる。

インド

最後に、今回のパッケージの中では最も重要と思われる点であるが、政府は、AGR に関する最高裁の 2019 年 10 月の判決から生じる会費と、2021 年以前にオークションで購入した周波数帯の会費について、事業者が最大 4 年間支払いを延期する選択肢を認めた。ただし、会費の正味現在価値（NPV）は保護される。サービス・プロバイダーには、このような延期によって生じる利息を株式によって支払うオプションが与えられ、モラトリアム／延期期間の終了時に支払額を株式によって変換する可能性がある。これに関するガイドラインは財務省によって最終決定される予定である。

シュウィニ・ヴァイシュナウ通信相はボーダフォン・アイデア（Vodafone Idea）の救済を意図したとの見方を否定したが、同社にとって財務的に一息つける事になったことは確かだ。英国のボーダフォングループ（VOD.L）のインド部門と国内の通信会社アイデア・セルラー（Idea Cellular）が合併したボーダフォン・アイデアは、政府に対して 785 億 4,000 万ルピー（10 億 7,000 万ドル）の AGR 分を支払ったが、まだ約 5,000 億の負債を負っている。1 兆 9,100 億ルピーの純負債を抱え、2022 年 8 月には億万長者の会長が辞任し、インドには大手通信事業者が 2 社しか残らないのではないかという懸念が広がっていた。今回のパッケージには、AGR 会費の 4 年間の支払い猶予も含まれており、ボーダフォン・アイデアの資金難は緩和される。最高裁は、2031 年までに AGR の会費を清算するよう各社に指示していた。

■ DoT、スターリンクへ予約受付けの停止を指示

電気通信省（DoT）は、2021 年 11 月 26 日、衛星接続プロバイダーのスターリンク（Starlink）社に対し、同社はインドで衛星インターネットサービスを提供するライセンスをまだ取得していないため、予約受付を停止するよう指示した。通知では、インドで衛星サービスを提供するには DoT のライセンスが必要であると説明し、スターリンク社はウェブサイトで宣伝しているサービスについて、インド政府からまだライセンスや認可を得ていないことを明らかにした。そのため、DoT は同社に対し、「インドの規制の枠組みを遵守し」、これ以上の予約を取るための譲歩を確保するよう要請している。イーロン・マスク氏の航空宇宙企業スペース X は、2021 年 11 月 1 日にスターリンク衛星通信社（Starlink Satellite Communications Private Limited（SSCPL））の名称でインドに子会社を登録した。同社は 2022 年 3 月から予約注文を受け付け始めて、10 月 1 日現在 5,000 件の事前予約を受け付けている。2022 年 12 月までに 20 万件のアクティブ端末（契約）を見込んでいる。スターリンクの早期予約受付は、規制当局の介入要求を呼び起こした。スターリンクは、DoT からの警告を受けて早期予約者に対して事前受付時に受け取った払込金を返金した。また、スターリンク衛星通信社の CEO は、12 月末を持って退社した。スターリンク衛星通信社は、2022 年 1 月末までに営業免許を申請する意向を表明している。

■スターリンクに刺激され、エアテルとジオが衛星ブロードバンドの提供に向け合弁会社を設立

〈エアテル、ヒューズと衛星ブロードバンドを提供する合弁会社を設立〉

バーティ・エアテル（Bharti Airtel）と衛星通信事業者のヒューズ通信・インド（Hughes Communications India Private Limited：HCIPL）は、2022 年 1 月 5 日、インドで衛星ブロードバンドサービスを提供する新しい合弁会社を設立したと発表した。ヒューズは 67%、エアテルは 33% の株式を保有する。両社は共同声明で、この事業体は HCIPL として運営され、両社の VSAT 事業を統合して柔軟で拡張性のあるネットワーキング・ソリューションを提供する。この提携は当初、2019 年 5 月に発表され、現在、電気通信省（DoT）および全国会社法法廷（NCLT）など、必要なすべての承認を得ている。

〈ジオ、SES と衛星ブロードバンドを提供する合弁会社を設立〉

リライアンス・インダストリーズ（Reliance Industries Limited：RIL）のデジタルサービス部門であり、フルサービスプロバイダーのリライアンス・ジオ・インフォメーション（Reliance Jio Infocomm：ジオ）の親会社であるジオ・プラットフォームズ（Jio Platforms）は、2022 年 2 月 14 日、ルクセンブルグの衛星ソリューションプロバイダー SES と 51% と 49% の株式持ち合い比率で合弁会社を設立し、衛星経由でインドにブロードバンドサービスを提供すると発表した。ジオは管理業務とゲートウェイインフラ運用サービスを提供する予定である。ジオは最も遠隔の町や村、企業、政府施設、消費者を新しいデジタルインディアにつなぐことができるようになる。ジオは JV のアンカーカスタマーとして、複数年の容量購入契約を締結している。

〈ジオの新設子会社、個人向け衛星サービス用の免許を申請、ワンウェブ（OneWeb）に続いて２社目〉

一方、関連する動きとして、2022 年 2 月 10 日付の Economic Times 紙は数か月前に設立されたジオ衛星通信社（Jio Satellite Communications Limited（JSCL））が電気通信省（DoT）に衛星によるグローバルモバイル個人通信サービス（global mobile personal communication by satellite services：GMPCS）免許を申請したと報じた。ジオ衛星通信社は、バーティ・エアテルのワンウェブ部門に続いて、2 社目の免許申請と伝えられている。インドでは、Stralink が 2022 年 1 月末までにブロードバンドを提供する免許を申請する意向を表明していたが、2 月の段階では確認されてない。

<table>
<tr>
<td>インド</td>
<td>

■インド政府が携帯電話大手ボーダフォン・アイデアの筆頭株主に

ボーダフォン・アイデアは、2022年1月11日、インド政府に支払う必要のある周波数などに関連する費用を、株式への転換という方法で支払うという政府の提案を選択することを取引所に通知した。前年の政府の通信パッケージの一環として、事業者は周波数と調整後総収入（AGR）関連費用の支払いを4年間延期し、その延期から生じる利息を株式に転換することが認められた。この転換により、政府は33％の株式を保有し、プロモーターである英国のボーダフォングループとインドのアディティヤ・ビルラグループは、同年3月の株式割当増資により74.99％の株式を保有することになる。インド政府の持分比率は50％を超えないため、インド政府は経営権を取得しないが、Vodafone Ideaの筆頭株主となる。2022年1月の時点でインドには6社の移動体通信事業者が存在する。Vodafone Ideaは3番目に大きい規模で、一般的に大手として認識されている。インド政府の発表によると2021年10月31日の時点でVodafone Ideaの加入件数の占有率は23.7％となっている。

■グーグル、業界2位のバーティ・エアテルに最大10億米ドルを投資

インド通信大手のバーティ・エアテルは、2022年1月28日、米グーグルが同社に最大10億ドル（約1,100億円）を投資すると発表した。グーグルが7億ドルを投じてエアテルの株式1.28％を取得し、別途最大で3億ドルを将来の事業連携に充てる予定である。通信網の拡充が進むインド市場を共同で開拓する。高速通信規格「5G」やクラウド関連事業、グーグルの基本ソフト（OS）「アンドロイド」対応端末の展開などで連携していく。隣国の中国とは異なり、インドは米国のハイテク企業からの巨額の投資を歓迎している。フェイスブック（FB）、グーグル、アマゾン（AMZN）、ネットフリックス（NFLX）などは、インド事業の成長のためにすでに数十億ドルを投資している。グローバルな事業拡大を目指す大手ハイテク企業にとってインドが重要な市場となっている。世界第2位の人口を誇るインドは、7億5,000万人のインターネットユーザーを抱え、さらに数億人が初めてインターネットを利用する予定である。ことに、近年では、農村部や低所得者層でもスマホの利用が広がっている。香港の調査会社カウンターポイントによると、インドのスマホ普及率は16年に44％だったが、20年には64％に上昇した。グーグルは、インド市場の獲得に注力し2020年にはリライアンス傘下の通信会社に対する3,373億ルピー（約5,100億円）の出資を発表した。すでにリライアンスは2021年に、グーグルと共同開発したスマートフォン「ジオフォーン・ネクスト」を発売している。

■インド政府「デジタル通貨」を法定通貨に4月から導入

インドのシタラマン財務相は,2022年2月1日、議会で来年度の予算案を発表し、この中で「インド準備銀行がデジタルルピーを発行する」と述べ、中央銀行のインド準備銀行が、次年度中にデジタル通貨を導入するという方針を明らかにした。またインド政府や中央銀行は、これまで民間企業が発行する暗号資産について、金融の不安定化を招くとして懸念を示していたが、シタラマン財務相は暗号資産の取引の利益に対して30％の税金を課す方針も示した。

現金に依存するインドは、中国を含む国々と同様に、取引をより効率的にするために新しい技術を活用しようと、自国通貨のデジタル版を推進する国に加わることになった。同時に、これまでたびたびの中央銀行の警告にもかかわらず、インドではマネーロンダリングやテロ資金調達などが急増しているが、今回暗号に対する高い税率を課すことによって、これらの取引を思いとどまらせる可能性に期待を寄せている。

■リライアンス・ジオ、2本の海底ケーブルを敷設する計画

リライアンス　ジオ　インフォコム（Reliance Jio Infocomm）は、2022年2月21日、Ocean Connect Maldives（OCM）と共同で、インド‐アジア‐エクスプレス（IAX）ケーブルシステムをモルディブまで延長することを発表した。2023年末のサービス開始を目指すIAXは、モルディブのフルマレとムンバイ（インド）、シンガポールを直接結び、インド、マレーシア、タイに追加上陸するなどの分岐が予定されている。OCMは、モルディブ政府が100％出資し、モルディブ･ファンド・マネジメント・コーポレーション（MFMC）の子会社として設立された新法人である。

また、ジオは、インドから中東および欧州（イタリアのサボナに陸揚げ）に伸びるINDIA-EUROPE-XPRESS（IEX）ケーブルの建設も進めている。この2つのケーブルは、16,000kmに渡って200Tbps以上の容量を提供する予定である。

</td>
</tr>
</table>

インド	■ TRAI、5G 向け周波数帯の入札に関する勧告を発表 電気通信規制庁（TRAI）は、2022 年 4 月 11 日、5G サービス用の周波数帯のオークションに関する勧告を発表した。次の帯域、600MHz、700MHz、800MHz、900MHz、1800MHz、2100MHz、2300MHz、2500MHz、3300MHz ～ 3670MHz、24.25GHz ～ 28.5GHz の利用可能な周波数帯をすべて公開するよう政府に勧告した。また、526MHz ～ 612MHz の周波数帯を含める可能性も提起されていたが、同帯域のエコシステムが未整備であること、ITU や 3GPP が定めたバンドプランがないこと、テレビ送信機（526MHz ～ 582MHz 帯）との干渉問題が生じる可能性があることなどから、TRAI は同周波数は今回のオークションで売却しないよう勧告している。その代わり、TRAI は電気通信省（DoT）に対し、526MHz-582MHz 帯を IMT サービス用に再調達する計画を策定するよう要請した。 600MHz 帯については、APT600（Option B1）のバンドプランを採用し、2 × 40MHz 帯（612MHz-652MHz/663MHz-703MHz）全域を売りに出すことを TRAI は推奨している。TRAI の提言では、300MHz ～ 3670MHz および 24.25GHz ～ 28.5GHz 帯のバンドプランについて、DoT が柔軟なアプローチをとり、事業者にそれぞれ n77 または n78、n257 または n258 のバンドプランを使用する選択肢を与えることが示唆された。 価格設定に関しては、TRAI が推奨する周波数帯の予備価格は、過去のオークションよりも低く設定され、規制当局は開始価格を周波数帯の推定値の 70％に設定するよう提案した。TRAI は周波数帯の価値を見積もるのに、それぞれ状況が異なるため、いくつかの異なる方法を用いている。需要の高い 700MHz 帯と 3.5GHz 帯について、TRAI は全国の周波数帯の 1MHz あたりの価格を、700MHz 帯のペア電波で 392.7 億インドルピー（5 億 1,790 万米ドル）、3.5GHz 帯、非ペア電波で 31.7 億インドルピーと勧告している。また、免許取得者のサービス開始に関わる義務の修正、周波数上限の合理化、プロバイダーの周波数放棄プロセスの簡素化についても提言している。 ■ DoT、通信インフラの設置のための道路使用権（RoW）に関する政策ガイドライン案を発表 電気通信省（DoT）は、2022 年 4 月 15 日、第 5 世代（5G）技術のインド全土への展開に先立ち、州間の道路使用権関連手続きに一貫性を持たせ、通信インフラの展開を促進するための政策ガイドライン案を発表した。州間の RoW に関する不整合は、通信事業者やタワー会社にとって大きな痛手となっていた。「通信インフラの設置のための道路使用権（RoW）に関する政策ガイドライン案」は、RoW 許可に関する一般原則を概説するために作成された。既存の RoW 政策は約 18 の州で採用されており、残りの州も政府の RoW 政策との整合を図るべく近づいている。通信省はそのガイドライン案で、RoW エリアの算出方法、スモールセル配備のための電柱の設置、スモールセル配備のためのストリートファニチャー（街路に設置される公共物（電柱・道路標識・ごみ箱など）の総称）の使用、建物内ソリューション（IBS）の義務化、オンライン RoW ポータルの提供、みなし承認などを規定している。 〝スモールセルとスモールセルの接続に必要な OFC（光ファイバーケーブル）を設置するために、地方／政府当局の不動地の上に個人または団体が設置したストリートファニチャーを使用する場合、申請料も補償も発生しない〟と通信部門は規定している。 ただし、申請者はスモールセル設置のためのストリートファニチャーの使用について、オンライン RoW ポータルで自己申告したものを、関連するすべての詳細とともに当局に提出する必要がある。テレコムエンジニアリングセンター（TEC）は、スモールセル設置のためのストリートファニチャーの構造的安全性に関してガイドラインを発行する。DoT は、中央政府当局は、政府の建物や構造物へのスモールセルの展開を無償で許可するものとする、と規定している。インドでは、2022 年 2 月 1 日時点でサービスを提供している約 230 万台の BTS のうち 79 万 3,551 台がファイバー化されており、拠点の約 34.5％に相当する。ベース・トランシーバー・ステーション（BTS）のファイバー化は 5G ネットワーク展開のための重要な要素である。しかし、インドのサービスプロバイダーは、サイトの大半をファイバーに接続する上で障害に直面している。主な障害は RoW（Right of Way）に関連しており、州当局が RoW の規則を中央政府の定める規則と整合させることができないために、プロバイダーは高いコスト、複雑なプロセス、遅延という問題を抱えている。この問題に対処するため、中央政府、州、地方公共団体が共同で、RoW の共通化、認可にかかる費用と期間の標準化、認可のための障壁の除去を行う制度的メカニズムを構築しようとしている。

インド	■ DoT、デジタル・インフラの促進を目指し RoW ポータルを立ち上げ 電気通信省（DoT）は、2022年5月7日、申請プロセスの合理化と迅速化を図り、全国の電気通信インフラの整備を促進するため、集中型 RoW ポータル「スガム・サンチャール（Sugam Sanchar）」を開設した。政府は2016年に RoW に関する法律を更新した際に RoW の申請と手続きに関する標準的な枠組みを作成したが、規則の実施は曖昧で、多くの州や連邦直轄領は法律に定められた政策と整合していないままになっている。このポータルは、インターネットサービス事業者や通信事業者、インフラプロバイダーが、光ファイバーケーブルの敷設やタワーの建設などのインフラ設置のために、州や地方自治体などのさまざまな機関や当局に RoW（道路使用権）認可を申請するための単一インターフェースを提供する。電気通信省は4月15日、第5世代（5G）技術のインド全土展開に先立ち、各州の RoW 関連手続きに一貫性を持たせ、通信インフラの展開を促進するための政策指針案を発表した。これには、オンライン RoW ポータルを設置する規定も含まれ、今回のサービス開始はこの政策を受けてのものである。この RoW ポータルは、国防省や環境森林気候変動省、道路交通高速道路省、鉄道省、石油天然ガス省、住宅都市省、港湾船舶水運省、民間航空省、郵便局などの中央省庁の ROW ポータルとも近々統合される予定である。 ■ DoT、5G 促進に向けて周波数リースと企業用 5G 専用通信網構築に向けての新ガイドラインを発表 電気通信省（DoT）は、2022年6月27日、同省が Captive Non-Public Networks（CNPN）と呼ぶプライベートネットワークのライセンスと運用に関するガイドラインを発表した。インドで初めて周波数リースを促進するための新たなガイドラインとともに、Captive Non Public Network（CNPN）を設立する企業に関する一連のガイドラインを発表した。これは、マシンツーマシン通信や人工知能、モノのインターネットなどのユースケースの開発における 5G 電波の利用を促進する目的で行われたものである。新しいガイドラインによると、企業が自社の CNPN を構築できる方法として、①通信サービス事業者（TSP）は、公衆ネットワーク上のネットワーク資源を利用する企業へのサービスとして CNPN を提供できる（ネットワークスライシングなど）、② TSP は取得した周波数を利用して企業向けに CNPN を設立できる、③企業は TSP から周波数をリースして自社の CNPN を設立できる、④企業は DoT から直接周波数を取得して自社の CNPN を設立できる、の4つの方法で可能になる。テクノロジー企業は事実上通信サービス提供事業者となり、企業セグメントで通信事業者と競争することができるようになった。キャプティブ･ノンパブリック･ネットワーク（CNPN）の規則では、政府から直接電波を取得したい企業は10年間有効となる免許を取得する必要がある。その場合、政府は免許料を徴収しない。ただし、専用 5G ネットワークを構築できるのは純資産が100億ルピー（約170億円）以上の企業に限られる。また、申請者は5万ルピーの申請手続き料（返金不可）を1回支払う必要がある。免許取得者は信頼できる供給元からの通信機器の調達に関して規定のネットワークセキュリティ規範に従う必要がある。周波数リースの場合、テクノロジー企業は、1社以上の通信サービス・プロバイダーから電波をリースすることが認められる。リースを受ける企業は、周波数帯や周波数量、リース期間、地理的範囲、敷地内の論理的境界の地理座標の詳細を政府に提出する必要がある。一方、アクセスサービスライセンス（ASL）を持つ通信事業者も、さまざまな企業にこのサービスを提供することができるようになる。また、通信事業者は、取得した IMT 周波数帯を利用して、企業向けに分離型 CNPN を提供することができる。周波数帯をリースしたことから得られる収入は、通信会社の総収入の一部となる。しかし、インドの携帯電話会社にとっては、収益を上げる可能性が最も高い産業用 5G サービス分野を失う可能性がでてきたという見方もあり、5G サービスのビジネスモデルを損なうリスクがある。注目すべき点は、CNPN ライセンスは、商用通信サービスの提供には使用できないことである。CNPN について、DoT はその使用を私的利用に限定し、私的ネットワークが「いかなる形でも」公的ネットワークに接続することを認めない。さらに、通信会社と周波数帯をリースするハイテク企業の両方は、公共ネットワークや他のライセンスされた周波数帯のユーザーに干渉を与えないことを保証しなければならない。企業向け CNPN ライセンスの範囲について、DoT は、免許取得者が免許の運用地域内で、自己使用のために屋内または敷地内に分離した隔離型非公共ネットワークを構築することができると説明している。

<table>
<tr><td>インド</td><td>■IT 担当大臣、5G 周波数オークションを経て、年末までに 20 数都市で 5G サービスを開始の見通し
アシュヴィニ・ヴァイシュナヴ（Ashwini Vaishnaw）鉄道・通信・電子 IT 担当の連邦大臣は、2022 年 6 月 18 日に開催されたイベントの席上、今夏に予定されている 5G 周波数オークションの落札者が 8 ～ 9 月にネットワーク展開を開始し、2022 年末までに 20 ～ 25 の町や都市をカバーできるようになるとの見通しを語った。インドの 5G オークションは、600MHz、700MHz、800MHz、900MHz、1800MHz、2100MHz、2300MHz、3.3GHz、26GHz 帯の 72GHz 以上の周波数で構成される予定である。インドでは 5G 向け周波数の最初のオークションが 2022 年 7 月 26 日に開始することが予定されている。</td></tr>
<tr><td>オーストラリア</td><td>■TPG テレコム、世界初の 700MHz 帯を使用した 5G SA サービスを開始
国内移動体市場第 3 位の通信事業者 TPG テレコムは、2021 年 7 月 5 日、世界初となる 700MHz 帯を使用したスタンドアロン（SA）方式の 5G サービスを、シドニーの一部地域で開始した。700MHz 帯は、国内に展開されている 5G ネットワークの中で最も低い周波数帯であり、既存の 5G ネットワークよりも、屋外ではより幅広いエリアをカバーし、屋内ではより信頼性の高いサービスを実現し、IoT の展開に適している。TPG テレコムは、700MHz 帯でのサービスを拡大することによって、2021 年末までに国内 6 大都市における 5G 人口カバレッジを 85％にまで引き上げる意向である。

■テルストラ、全国の公衆電話からの通話を無料へ
オーストラリアの固定電話会社テルストラは、2021 年 8 月 3 日、15,000 台の公衆電話から「標準的な」固定電話および携帯電話番号への市内および市外通話を継続的に無料で提供すると発表した。Telstra は現在、政府の電気通信に関するユニバーサルサービス義務（USO）に基づき、通信業界と州から年間 4,000 万豪ドル（2950 万米ドル）の資金を受け、公衆電話を提供している。テルストラによると、昨年は公衆電話から約 1,100 万件の通話があり、そのうち 23 万件は 000 やライフラインといった重要なサービスへの通話であった。

■テルストラ、5G の利用範囲を 25 年中に 95％まで拡大する戦略「T25」を発表
テルストラは、2021 年 9 月 16 日、「成長、卓越した顧客体験、ネットワークと技術のリーダーシップの継続」を目指す「T25」戦略を発表した。本戦略は、2022 年 7 月 1 日より開始される。同社の戦略の主要な要素の中には、2025 年度末（2025 年 6 月 30 日まで）までに 5G ネットワークのカバー率を人口の 95％に拡大する計画が含まれている。これと並行して、4G と 5G のフットプリントを共に 10 万平方キロメートル増加させ、地域のカバレッジを大幅に向上させることを実現する見込みであるとし、メトロセルの数を倍増して密度を高め、容量と速度を向上させる予定である。こうした取り組みの結果、2025 年度末には全モバイルトラフィックの 80％が 5G ネットワークで利用されるようになる見込みである。テルストラが T25 戦略の下で実現すると予想される株主への利益については、FY21 から FY25 まで、1 桁台半ばの基礎的 EBITDA と 10 桁台後半の基礎的 1 株当たり利益複合年間成長率（CAGR）を目標に、持続的成長と価値を目指している。一方、T25 戦略は、5 億豪ドル（3 億 6,600 万米ドル）の純費用削減、現金化および現金創出、積極的なポートフォリオ管理、資本管理の枠組みの更新による株主価値の実現を目指している。テルストラのアンドリュー ペン社長は、以前の「T22」戦略が同社を根本的に変革し、T25 が成長を実現するための道を開いたと述べ、幹部は次のように指摘した。T22 は、世界の通信事業者の中で最大、最速、かつ最も野心的な変革の 1 つであり、今日、当社は大きく変化している ... これは、社会と経済のデジタル化が進み、すべての人がオンラインで仕事、勉強、取引、娯楽を得る中で、当社が成長する態勢を整えていることを意味している。これらの基本的なシフトは、T25 とともに、テルストラの将来の成長と株主価値を支えるものである」。</td></tr>
</table>

オーストラリア	■オプタス社、連邦政府と先駆的な衛星音声通信技術のトライアルを実施 オプタスは、2021年9月22日、連邦政府の代替音声サービス試験（AVST）プログラムの一環として、衛星音声技術の試験を実施することを発表した。試験プロジェクトでは、高品質で信頼性の高い音声とデータを提供するよう設計された3つのオプタス衛星サービスが紹介されるとされ、事業者は、これらが展開されれば、地方や遠隔地のオーストラリア人が衛星を通じて従来の銅線と同等の品質のモバイルサービスを利用できるようになるとしている。この契約により、高品質で信頼性の高い音声とデータを提供する次の3つのオプタス衛星サービスが試行される。①「SatOffice Direct To Home Voice Over IP」は、衛星データ（IP）接続とオプタスのVoIPネットワークへのアクセスを、衛星アンテナ、モデム、標準DECTハンドセット経由で遠隔地に提供するものである。②「フェムト-4G衛星バックホール」は、4G衛星バックホール付きのフェムトセルを使用して、一般家庭の屋根に設置されたアンテナから最大1kmまでのモバイルカバレッジを提供する。③「SatOffice POP VoIP用無線アクセスループ」は、VSATとWi-Fiリピーターを使用して、衛星接続を数km離れた他の敷地までポイントツーポイント無線リンクで拡張する。3つのソリューションはすべて、南オーストラリア州、ニューサウスウェールズ州、クイーンズランド州の地方で個別に試験されている。オプタスは、フェムトセル4Gサイトの衛星端末やアンテナ、無線機器、ハンズフリー端末、携帯電話を含むすべての通信インフラを供給している。3つの技術は、2022年5月まで試行される。AVSTプログラムは、通信問題に関して地方、地域、遠隔地のコミュニティからフィードバックを求めた「2018年地域通信レビュー（2018 Regional Telecommunications Review）」に対するオーストラリア政府の回答の一部として発表され、2020年8月にガイドラインが発表されている。 ■テルストラとオーストラリア政府、ディジセルの太平洋地域の事業を買収、中国の買収を阻止 テルストラは、2021年10月25日、オーストラリア政府と協同し、通信会社デジセル・グループの太平洋地域事業（ディジセル・パシフィック）を160億米ドルで買収することで合意したと発表した。この地域で影響力を強める中国を封じ込める方法と見られている。デジセルはカリブ海のジャマイカを本拠地とし、世界中の33地域で携帯電話事業を営んでいる。ディジセル・パシフィックは、フィジー、ナウル、パプアニューギニア、サモア、トンガ、バヌアツの6か国で事業を展開し、約250万人の加入者を数える。デジセル・パシフィックは、引き続きテルストラの「国際部門」内の独立した事業として運営され、「損益およびITシステムも別々に維持」される。また、デジセルブランドは維持される。 ■TPGテレコム、子会社を設立して機能を分離する計画を発表 ボーダフォンオーストラリアとして携帯通信事業を展開するTPGテレコム社は、2021年11月8日、1997年電気通信法（Telecommunications Act 1997）第151C条に基づき、自身とその子会社を代表して競争消費者委員会（ACCC）に共同機能分離事業の計画を提出した。TPGの提案する事業は、同社が管理する、完全または主に住宅顧客にサービスを提供するすべてのローカルアクセス回線に適用される。これには、TPGが現在、通信事業者ライセンス条件宣言2014に従って機能分離ベースで運用しているFTTB（fiber-to-the-building）ネットワークが含まれる。これを受けて、2021年11月18日、ACCCは、TPGの引き受けについて利害関係者からのコメントを求めるコンサルテーションペーパーを発行した。提出は2021年12月17日に締め切られた。 ■競争と消費者保護を維持するために、現行のテルストラに対する規制を後継企業にも適用させる改正法が成立 オーストラリア政府は、2021年12月2日、「柔軟な規制の枠組みを通じて、固定回線の既存事業者であるテルストラが現在および将来においてどのような構造であっても、重要な消費者成果を引き続き提供すること」を保証するための法案「テルストラ社等法改正法案2021（Telstra Corporation and Other Legislation Amendment Bill 2021）」の成立を発表した。この法律によって、通信大臣とオーストラリア通信メディア局（ACMA）が、テルストラの後継企業を明確に規定し、テルストラへ関連する項目については指定された後継企業へにも該当するものとして決定を下すことを許可し、技術的および結果的な修正を行えるようにする。さらに、2001年新法案は、テルストラ法（Telstra Corporation Act 2001）を改正し、テルストラの運営と所有権に関する既存の規制を後継団体に拡大すること、2010年競争・消費者法（Competition and Consumer Act 2010）を改正し、テルストラの運営と所有権に関する既存の規制を後継団体に拡大すること、テルストラの後継団体にサービス提供者の義務や各承継団体の小売価格統制を課す通信大臣の権力を拡大すること、としている。最後に、新法は、テルストラ株の所有権、電気通信インフラへのアクセス、通信事業者ライセンス条件、緊急通報者とサービス、不動産開発免除、仲裁と日没に関連する「3つの規制、4つの決定、アクセスコード」も改正している。

オーストラリア	■ネット安全コミッショナーに幅広い権限を付与した2021年オンライン安全法が施行される 2021年6月23日に議会を通過し、同年7月に女王の裁可を経て成立した2021年オンライン安全法が、2022年1月23日に施行した。同法は、2015年に18歳未満の未成年者に対するネットいじめ対策として制定された2015年児童オンライン安全強化法を起源としている。2017年には対象が成人にまで拡大され、法律名も2015年オンライン安全強化法と改称された。2018年には被写体となった者の同意なく性的画像を共有することによる虐待（いわゆる「リベンジポルノ」等）に対応するべく改正された。そして、この安全強化法の仕組みを引き継ぎ、新規に条文を追加する形で2021年7月23日に、2021年オンライン安全法が新たに制定された。これまでの安全強化法は廃止された。新法では、暴力的行為を促進・扇動するようなインターネット上の書き込みへのアクセスの遮断を要求できるようにすることなどが新たに盛られている。主な内容は以下の通り。 ・ネット安全コミッショナーに、サービスプロバイダとアプリプロバイダに対して、それぞれリンク削除とアプリ削除の通知を発行する権限を提供する。通知が発行されると、それ以上の期間が指定されていない限り、24時間以内に素材を削除しなければならない。通知に従わない場合、民事罰（プラットフォームは最高55万豪ドル（約404,430米ドル）、個人は最高11万1,000豪ドル（約81,620米ドル）の罰金）が課されることになる。 ・ネット安全コミッショナーに、クレームを調査するために召喚状または文書提出通知を発行する権限を付与する。 ・アプリ配信サービスやインターネット検索エンジンのプロバイダーを、既存のネット規制の対象とし、ネット安全コミッショナーが深刻な有害オンラインコンテンツに対して措置を講じることができるようにする。 ・インターネットサービスプロバイダに対し、2019年のクライストチャーチでのテロ事件のような「忌まわしい暴力行為」を促進・扇動する素材へのアクセスを無効化することを義務付ける。 ■テルストラ、デジタル経済を支える国家建設に向けて２つの通信インフラ投資計画を発表 テルストラは、2022年2月2日、「国のデジタル経済を支え、オーストラリア全土で前例のないレベルの接続性を実現する」2つの「大規模」通信インフラプロジェクトへの投資を計画していると発表した。1つ目のプロジェクトは、最先端の都市間デュアルファイバー経路の建設で、既存の光ファイバーネットワークの容量を拡大するために最大2万キロメートルの経路を新たに追加する。このアップグレードにより、最大650Gbpsの伝送速度が可能になるとともに、ファイバーペア容量あたり最大55Tbpsの首都間高速接続が可能になる。テルストラによると、この全国光ファイバーネットワークプロジェクトは複数年にわたる構築で、2022年度後半に大規模に開始され、初期の試験運用はすでに始まっている。また、全国ファイバーネットワークの主要な固定顧客との協議も進んでいる。 一方、2つ目のプロジェクトとして、テルストラはViasatのためにオーストラリアで地上インフラと光ファイバーネットワークを構築･管理する。このプログラムは､16年半の契約の一環として、新しいViaSat-3テラビット級グローバル衛星システムをサポートする。 テルストラは､今後5年間にわたり､これら2つのプロジェクトの実現に向け､通常の事業（BAU）CAPEX以外に最大16億豪ドル（11億米ドル）の投資を見込んでいる。Telstraは、T25計画期間中にこのコミットメントの最大70%、または23年度から25年度にかけて年間3億5,000万豪ドルの追加設備投資を見込んでいる。 ■ ACCC、TPGテレコムの機能分離事業を承認、卸売と小売が分割へ オーストラリア競争・消費者委員会（ACCC）は、2022年4月7日、TPGテレコムから2021年11月に提出された卸売りと小売りを分離する機能分離計画を承認したと発表した。承認した計画によると、TPGはグループ全体の卸売事業体であるFTTB Wholesaleを設立し、TPGとその競合他社にサービスを提供することになる。このことで、TPGテレコムは、NBNに対するより強力な競争相手になると謳っている。同事業は、TPGテレコムのホールセール事業とリテール事業の活動分担を定める一方、企業向けサービスやネットワークエンジニアリングサービスを共同で提供する。TPGテレコムは、今回の事業譲渡を受け、固定電話ネットワークの拡大や卸売・小売市場における競争力強化に向け､より柔軟に対応できるようになった｡TPGは当初､地下への光ファイバー敷設を計画していたが、NBNを保護するための政府の規制によって阻まれ、敷設を縮小せざるを得なくなっていた。今回の計画は、TPGの既存のFTTBおよびTransACTネットワークに加え、TPGが新たに展開する超高速ローカルアクセス回線にも適用される。本事業は、ACCCが受理してから6カ月後の2022年10月7日に発効する予定である。

オーストラリア

■テルストラとTPGテレコム、オーストラリア地方における「画期的」なネットワーク共有契約に合意

テルストラとTPGテレコムは、2022年2月21日、「画期的な10年間の地域マルチオペレーターコアネットワーク（MOCN）商業契約」と称する契約を発表した。テルストラとTPGテレコムが第4世代移動通信システム（4G）および第5世代移動通信システム（5G）の整備で協業することになった。プレスリリースによると、両社は、この契約がテルストラのモバイル卸売収入に「大きな」価値をもたらすと同時に、TPGテレコムグループの加入者（Vodafone Australia、TPG、iiNet、Lebara、felixブランドと契約している加入者を含む）に「地域および都市周辺部の定められたカバレッジゾーンで」4Gと5G接続を提供する。この取引の詳細については、TPGテレコムはテルストラの携帯基地局など3,700件に及ぶ移動体通信網施設へのアクセスを獲得し、テルストラの4Gカバレッジを人口の約96%から98.8%に拡大する。また、テルストラはTPGテレコムの周波数帯を利用できるようになり、ネットワークの拡張と容量増加が可能になる。一方、MOCN契約に基づき、テルストラは定められたカバレッジゾーンにおいて、4G、ひいては5G用のRANを共有する。同時に、両社は独自のコアネットワークの運用を継続する。また、テルストラはTPGテレコムの既存モバイルサイト最大169カ所へのアクセスを取得し、インフラを展開することで、同ゾーンにおける両社の顧客に対するカバレッジを向上させることになる。TPGテレコムは、引き続き大都市圏で独自の3G、4G、5Gネットワークを運用し、人口の約80%をカバーするようになり、これらの地域ではオプタスとのネットワークインフラ共有契約が強化されることになる。また、TPGは、「環境への影響、エネルギー消費、運用コスト、将来の設備投資の削減」の観点から、現在MOCNのカバーエリア内で運営している725のモバイルサイトを廃止する予定である。オーストラリア競争・消費者委員会の承認を経て、MOCNは年内にTPGテレコムの顧客に提供される見込みで、非独占契約には、5年ずつの契約延長を2回要求できるオプションが含まれている。

■ ACMA、SIMスワップ詐欺への対策を強化

オーストラリア通信メディア庁（ACMA）は2022年4月8日、SIMスワップ詐欺対策強化を目的に、「2022年通信サービス事業者（顧客識別認証）決定（Telecommunications Service Provider（Customer Identity Authentication）Determination 2022)」を同年6月30日より発効すると発表した。SIMスワップ詐欺とは、契約者以外の何者かが契約者の個人情報を搾取することにより携帯電話番号を乗っ取り、契約者の個人サービスへ虚偽アクセスすることで、甚大な損害をもたらす詐欺行為である。同決定はSIMスワップ詐欺から契約者を守るため、SIMの移行、電話番号変更、個人情報の開示などリスクの高い取引を通信事業者が実施する際の認証作業を強化する内容となっており、銀行業務などと同様に、個人情報の確認やワンタイムコード対応など多要素認証を義務付けている。また、通信事業者がこれらの義務を怠った場合の罰則も規定されている。

■オプタスとノキア、世界初の3CC 5Gスタンドアロンデータ通信を実現

オプタスとフィンランドのノキアは、2022年5月3日、オーストラリアで5Gスタンドアロン（SA）ネットワーク上で3コンポーネント（3CC）キャリアアグリゲーション（CA）技術を用いたデータセッションを実現したと発表した。「商用スマートフォンを用いた初の試み」である。この開発に関するプレスリリースでは、CA技術を使用して1つのFDDバンドキャリア（2,100MHz）と2つのTDDバンドキャリア（2,300MHz + 3,500MHz）を組み合わせた試験で、ノキアは最新の商用AirScaleベースバンドとRefsharkチップセットを搭載した無線ポートフォリオを使用し、オプタスの商用ネットワークで使用した。

■政府、固定無線通信網を改善する計画に4億800万AUDの資金を拠出

オーストラリア政府は、2022年6月27日、「オーストラリアの地方と地域のためのより良いコネクティビティ計画（Better Connectivity for Rural and Regional Australia Plan)」に基づく最初の大きなマイルストーンとして、NBN Coに対してNBN固定無線ネットワークのアップグレードのために4億8,000万オーストラリアドルを提供したと発表した。この計画は、NBNへの投資を含め、オーストラリアの地方におけるブロードバンドとモバイルの普及を促進するものである。これにより、国内外にビジネスを展開するオーストラリアの企業や、最先端のブロードバンド接続へのアクセスを求める地域社会を支援する。固定ワイヤレス接続地域の消費者は、ダウンロード速度が最大100メガビット/秒（Mbps）に向上し、最大85パーセントが250Mbpsにアクセスできるようになる。また、このアップグレードにより、一般的なホールセールのビジーアワー・スピードは少なくとも50Mbpsとなる。これにより、755,000世帯が恩恵を受けると推定されている。現在は衛星放送のみである12万世帯にも固定無線のサービスエリアが拡大される予定である。今回の資金調達の合意により、NBN Coは今後数週間のうちにSky Musterのデータ許容量と商品内容を増やすことができ、アップグレード完了後にさらなる機能強化が行われる。これは、約30万世帯の施設に恩恵をもたらすことになる。

ニュー・ジーランド

■コーラス、初めて8Gbpsの光ブロードバンドサービスを開始

固定回線卸売業者のコーラスは、2021年6月17日、8Gbpsファイバーブロードバンドサービスの最初の接続が開始され、オークランドとウェリントンの約15万人の住宅および企業顧客がアクセスできるようになったと発表した。この新しい対称型ブロードバンドサービスは、2020年10月に全国で2Gbpsおよび4Gbps接続を開始した、同社のオープンアクセス次世代光ネットワーク技術「ハイパーファイバー」ファミリーの一部を構成している。

8Gbpsサービスを提供する最初の小売ISPはオルコン(Orcon:ニュージランドでは4番目の規模)である。ハイパーファイバー8Gbpsは、オークランドとウェリントンの10の中央交換エリアで利用することができる。オルコン社によると、ハイパーファイバーの接続数は現在数百に上り、接続の86%は個人が利用し、全顧客の65%が4Gbpsの対称型サービスを選択している。

ちなみに、5Gの映画をダウンロードする時間を比較するとおおよそ以下のようになる。

ハイパーファイバー 8Gbps	―――	5秒
ハイパーファイバー 4Gbps	―――	10秒
ハイパーファイバー 2Gbps	―――	20秒
ファイバープロ 1Gbps	―――	40秒
ファイバー 100Mbps	―――	6分40秒
銅線 VDSL 50Mbps	―――	13分20秒
銅線 ADSL 20Mbps	―――	33分20秒

■商務委員会、コーラスのファイバーネットワークに関する評価（案）を発表

ニュージーランドの商務委員会は、2021年8月19日、超高速ブロードバンド計画に基づいて政府系機関であるクラウン・インフラストラクチャー・パートナーズ（旧クラウン・ファイバー・ホールディングス）と共同で建設したコーラスの光ファイバーネットワークの価値を54億NZDとする決定案を発表した。ネットワークの価値、すなわちコーラスの初期規制資産（RAB）は、2022年1月1日から始まる新しい規制体制の最初の数年間にコーラスが得ることのできる収益を決定する上で重要な要素となる。電気通信法の下では、商務委員会は光ファイバーのネットワークの価値（初期RAB）を算出することが求められている。初期RABには、固定電話会社であるコーラス社が光ファイバーブロードバンドサービスを提供するために使用する資産と、需要に先行して光ファイバーネットワークを展開する際に発生する損失を補償するための金融損失資産（FLA: Financial Loss Asset）も含まれる。この光ファイバーネットワークは、超高速ブロードバンドプログラムのもと、コーラス社が政府系のCrown Infrastructure Partnersと共同で建設した。商務委員会は、諮問を経て、コーラス社が2021年3月に提出した当初のRABである55億700万NZD（38億100万米ドル）を約1億6,000万NZD引き下げることを提案した。これは、コーラス社のファイバーネットワークに対する特定のコストの配分に異なる見解があることが主な理由である。この削減は、コーラスのFLAの計算方法を改善するために行われた変更によって一部相殺され、約8,000万NZDが追加された。その結果、当初のRABの見積もりは8,000万NZD引き下げられ、合計54億2,700万NZDになった。

■商務委員会、電気通信開発負担金の配分を決定

商務委員会（COMCOM）は、2020年7月1日から2021年6月30日までの期間における政府の電気通信開発負担金（TDL）1,000万NZD（687万米ドル）の支払い配分に関する最終決定を、2021年12月14日に発表した。TDLは、インターネット、モバイル、データサービスなどの電気通信サービスから年間1,000万NZD以上の収入を得ている事業者が支払うもので、聴覚障害者向けの中継サービス、農村部向けのブロードバンド、111緊急サービスの改善など、商業的に成り立たない電気通信インフラやサービスの費用に充てられる。各事業者が支払う金額は、各事業者の通信収入に比例している。スパーク（32.86%）、ボーダフォン（25.44%）、コーラス（20.20%）、2degrees（9.48%）を合わせると、1,000万NZDの負担金の約88%を支払うことになる。今回の最終決定は、影響を受ける当事者との協議を経て、2018年に電気通信法が改正され、「電気通信」の定義から「放送」の免除が削除されたことを受け、放送信号の伝送に関わる事業者が徴収金の拠出義務を負うかどうかについて、委員会が高等裁判所に明確化を求めたことを受けて行われたものである。10月に出された判決で、高裁は、ニュージーランド国外で事業を行う無料放送事業者と衛星放送事業者を除き、放送の送信に関わる事業者がTDLの支払い義務を負う可能性があることを確認した。2020/21年度のTDLの主な影響は、スカイ・ネットワーク・テレビジョンが初めてTDLの拠出義務を負い、コルディアが例年より高い負担金を支払うことになった。

ニュー・ ジーランド	■2デグリーズとオルコン（ヴォーカスNZ）が合併計画を発表 携帯通信業界3位の2デグリーズ（2degrees）とISP業界4位のオルコン（Orcon Group）は、2021年12月31日、合併する計画を発表した。同国第3位の総合通信事業者を設立することになった。今回の合併は、ヴォーカスグループとそのニュージーランド子会社オルコン（Orcon）（旧ボーカスNZ）のオーナーが、2デグリーズの大株主である米国のTIP（Trilogy International Partners）とその少数株主から、ヴォイェージ（Voyage Digital）という新設法人を通じて2デグリーズの100%を取得する契約を締結したことを受けての発表である。2デグリーズの株式の73.17%を保有するTIPは、2021年10月に合併の可能性に関し、ヴォーカスグループの所有者である不動産投資信託のマッコーリーおよび年金ファンドであるアウェア・スーパーと協議を始めたことを発表していた。合併後の会社は、1,800のモバイルセルサイトと4,600kmのファイバーで150万以上のモバイル顧客と35万5,000の固定電話顧客にサービスを提供し、ニュージーランド人の生活と仕事の場の98.5%をネットワークでカバーすることになる。 ■ニュージーランド政府、デジタル技術産業転換計画（ITP）を提案 ニュージーランド政府は、2022年2月11日、デジタル技術に関する産業転換計画（ITP）を提案した。デジタル技術の新たな基盤づくり、国際的な技術優位性の確保、マオリなどすべての国内民族によるデジタルビジネスへの参加機会の拡大など、以下の7項目のアクションプランを推進するとしている。 ＊デジタルスキル：すべての市民のデジタルスキル向上と雇用促進 ＊輸出：デジタル製品・サービスの国産化と輸出促進 ＊マオリ：マオリ系市民によるデジタルビジネスへの参加機会の拡大 ＊技術展開：国内デジタル技術の国際認知度の向上、国内外の投資・人材の集積 ＊データ：全産業部門におけるデータの経済価値の理解の深化とデータドリブン技術社会への移行への社会基盤作り ＊AI：AI倫理基準の策定による安全性の確保とAI導入促進 ＊政府：デジタル技術に関連する政府調達による技術系企業のイノベーションの促進 パブリックコンサルテーションを行う予定であり、産業界などのステークホルダーからの意見を踏まえ、ITPの最終案を策定する。 ■コーラス、光ファイバーの普及を受け、ブロードバンドと音声サービスを提供している銅線キャビネットの切り替え（停止）を始める ニュージーランドの固定電話卸売業者であるコーラス社は、2022年3月14日、光ファイバーネットワークのアップグレードを継続するため、3月中旬に最初の銅線キャビネットの切り替え（停止）を開始すると発表した。同社は、規制当局である商務委員会の銅線廃止コードに定められたプロセスに従う一方で、可能な限り銅線から移行するよう顧客に呼びかけている。超高速ファイバーブロードバンド（UFB）の展開が予定より早く進んでいることを受けて、今回の切り替えが行われることになった。ニュージーランド国民の87%が年末までに光ファイバーにアクセスできるようになると予想されており、コーラス社は、すでに光ファイバーの普及が進んでいる地域において、顧客に銅線からの移行を促している。同社が銅線から切り離すのは、ファイバーが利用できる地域のみで、音声のみのサービスを希望する人は引き続き利用できる。2021年に、この技術を利用している50万人の顧客のうち1%未満に撤退コードを試行したコーラスは、現在、さらに1万3,500人の顧客（銅ベースの約3%）に銅撤退通知を送る予定である。 ■2デグリーズとオルコン（ヴォーカスNZ）が合併 2デグリーズ（2degrees）とヴォーカス・ニュージーランド（Vocus New Zealand（通称Orcon Group）は、2022年6月1日、合併を完了し、ニュージーランド第3位の総合通信事業者となった。買収額は13億1,500万NZD（約1,500億円）に相当する。合併後は、2degreesの社名で存続し、オルコンのCEOであるマーク・カランダーが指揮を執る。

インドネシア

■テレコムセルに続き、インドサットとXLアシアタも5Gを開始

インドネシアでは、テルコムセル社（国営通信テレコムニカシ・インドネシアの携帯電話サービス子会社であるテレコムニカシ・セルラー）が、2021年5月24日に通信情報技術省から認可を受け、5月27日にインドネシアでは初となる5Gサービスを開始したが、契約者数で業界2位のインドサットが11日遅れの6月7日に、業界3位のXLアシアタは、さらに2か月遅れて8月7日に5Gサービスを開始した。

■通信情報省、DX達成に不可欠な中小零細企業のデジタル化の遅れを指摘

通信情報省は、2021年6月30日に開催されたウェビナー「デジタルトランスフォーメーションの新時代」において、国民経済の屋台骨を担う村有企業（BUMDes）、中小零細企業（UMKM）、超零細企業のデジタル化が遅れていることを指摘した。現在、GDPの61%を担うこれらの企業のデジタル化率は21%にとどまっており、これら企業のデジタル化の加速化が、今後のインドネシア経済のデジタルトランスフォーメーションの実現に必須であるとしている。

政府は､以下の四つのデジタル化施策を進めており､これらを通じてMSME（中小及び零細企業：Micro, Small and Medium Enterprises）6,400社のうち約50%となる3,000万社のデジタル化を目指す計画である。

＊電気通信インフラの均衡な拡張によるデジタル格差の是正
＊デジタル分野の人的資源の開発
＊国内データセンターの統合
＊貿易、商業、製造業等の優先産業のデジタル化に関するロードマップ策定

■政府、初等・中等教育分野におけるインターネット利用支援プログラムを開始

インドネシア政府が、初等・中等教育分野の生徒、教師等に対し、インターネット無料使用の支援を実施することが、2021年8月4日に発表された。政府は、コロナ禍における教育環境を整備するためにインターネットの利用を促進する方針を示している。教育段階に応じて月間の無料通信トラフィックが定められ、幼児は7GB、初等・中等教育の生徒は10GBを無料で利用できる。また、教師は12GBを利用できる。今年9月から実施され、申請者に対し9月、10月、11月に支援を実施する。対象人数は2,680万人で、支援総額は23兆IDRとなっている。

■インドサットとハッチソン3が合併

カタールのウーレドゥ傘下の移動体通信大手インドサット（契約者数では業界2位）と香港の大手複合企業、長江和記実業（CKハチソン・ホールディングス、長和）傘下のハッチソン3（同4位）は、2021年9月16日、合併することで合意したと発表した。両社は、2020年12月、翌年4月までの合併に向けて覚書を締結していたが、2021年に協議の期限を3回延長していた。合併後の新社名はインドサット・ウーレドゥ・ハッチソン（Indosat Ooredo　Hutchison：IOH）となる。新会社の事業規模は60億USDとなり、インドネシアではテレコムセルに次いで国内第2位の新通信事業者「Indosat Ooredoo Hutchison」が誕生する。インドサットはブランド名をIndosat OoredooまたはIM3 Ooredooとして展開しており、ハッチソン3インドネシアはブランド名をTri Indonesiaとして展開している。合併に伴いIOHはウーレドゥおよびCKハッチソン・ホールディングスが共同所有することになり、ウーレドゥおよびCKハッチソン・ホールディングスの折半出資合弁会社であるシンガポールのウーレドゥ・ハッチソン・アジアの子会社となった。このウーレドゥ・ハッチソン・アジアがインドネシア証券取引所に上場する合併会社の株式の65.6%を保有し、インドネシア政府が9.6%、Tiga Telekomunikasi Indonesiaが10.8%、その他の一般株主が約14.0%を保有する。第5世代移動通信システム（5G）はインドサットが2021年6月22日に商用化したため、インドサットが導入した5Gを承継している。今回の合併は両社の株主および規制当局などの承認が必要となるが、インドネシア政府は移動体通信事業者の合併を必要と認識しており、移動体通信事業者の合併を推進する意向も示していたため、迅速に審査を実施して承認すると期待されている。

■通信情報省、インドサットとハッチソン3の合併を承認

通信情報省は2022年1月4日、カタールのウーレドゥ傘下の移動体通信大手インドサット（契約者数では業界2位）と香港の大手複合企業、長江和記実業（CKハチソン・ホールディングス、長和）傘下のハッチソン3（同4位）の合併を承認したと発表した。通信情報省は、今回の合併が国内通信産業の生産性・効率性を向上させ、インドネシアの国家DX推進につながるとしており、新会社に対し、2025年までに1万1,400か所以上の基地局の増設、7,660か所以上の地域へのサービスの拡大、12.5%以上の通信高速化を求めている。その他の合併の要件として、1年以内に旧Hutchison保有の5MHz幅の周波数を政府へ返還することを課している。

<table>
<tr><td>インドネシア</td><td>

■情報通信大臣、4G と 5G の展開強化に向けて通信事業者に 3G の段階的停止を要請
インドネシアの通信情報省（MCI、通称 KemKominfo）は、2022 年 1 月初頭、同国の既存モバイルネットワーク事業者（MNO）に対し、モバイルデータサービスの 4G または 5G カバレッジを強化するために、3G モバイル技術を段階的に廃止するよう要請した。ジョニー・G・プレート通信情報大臣は、『この 4G 信号は、国の通信の基幹となるものだ。携帯電話事業者にも 3G のフェードアウトをお願いしている。なぜ、2G ではなく 3G がフェードアウトされるのか？それは、ユーザーが違うからである。2G は音声通信だが、3G はデータ通信だ。』と説明している。しかし、現地の業界関係者は、「現在、約 83,218 の村 / ケルラハンがまだ 4G ネットワークでカバーされていないこと、また 12,548 の村 / ケルラハンのうち 9,113 が辺境・遠隔・不利地域（いわゆる「3T」）に位置し、残りの 3,435 は非 3T 地域である。それらの地域では、3G サービスが、住民へのインターネットアクセスの提供という点でギャップを埋めている。4G ネットワークがまだ利用できないということは、まだ 3G を必要としているということであることから、4G がそれらの地域に到達するまでは 3G は維持されることになるだろう。」と 3G は地域によっては当分続けざるをえない見通しを語った。

■ Axiata グループ、ブロードバンド事業者 Link Net 買収
マレーシアの通信大手 Axiata は、2022 年 1 月 22 日、インドネシアのブロードバンド・ケーブル事業者 Link Net の株式 66.03％を買収すると発表した。持株会社 Asia Link Dewa 及び PT First Mediad から、インドネシアの現地子会社である Axiata インベストメントとインドネシアの移動体事業者 XL Axiata が 46.03％、20％をそれぞれ取得する。買収価格は 8 兆 7,200 億 IDR。残りの株式 33.97％は入札方式で一般開放される。Link Net は、23 都市において 86 万加入者にサービスを提供する事業者。1 万 7,000 キロメートルの光ファイバを有しており、XL Axiata は、移動体通信のバックホールに使用する。また、インドネシアの固定ブロードバンドの世帯普及率は 13.4％で、今後のサービス市場の拡大が見込まれているため、移動体との融合サービスによる競争力強化を図り、新規加入者を取り込む戦略である。

■スターリンク、テレコムサットを通じてインドネシアに足掛かり
通信情報技術省（MCI、KemKominfo）のプレート大臣は、2022 年 6 月 12 日、国内最大の通信会社 Telkom Indonesia（Telkom）の子会社で、国際アップストリーム／ダウンストリーム衛星サービスの提供に注力するテレコムサット（Telekomsat:Telkom Satellite Indonesia）に対して、「スターリンク衛星の着陸権（Non-Geostationary Satellite Anchoring Rights（NGSO）」を発行したことを明らかにした。また、この着陸権は、テレコムサットがテレコムグループのバックホールサービスのみを対象とした独占的なものであり、インターネットサービスは対象外となっている。この着陸権により、テレコムサットはテルコムの通信バックボーンインフラとベーストランシーバー局（BTS）、Wi-Fi タワー、アクセス配信装置を光ファイバーネットワークで結ぶ中間ネットワークでバックホールサービスを提供することができるようになる。スターリンクが提供するバックホールは、ある通信インフラから別の通信インフラへのデータ転送を容易にする技術である。この技術は、特に光ファイバーケーブルで直接接続されていない地方でのブロードバンドインターネットサービス、特に 4G セルラーネットワークの提供をサポートするために利用することができる。MCI 規則第 21 号（2014 年）によれば、衛星着陸権は「大臣が電気通信事業者または放送機関に与える外国の衛星を利用する権利」である。ただし、テレコムサットは、スターリンク・サービスは閉域固定ネットワークの運用においてのみ利用可能である。インターネットに直接アクセスする顧客向けの小売サービスでは利用できない。インドネシアにはインターネットが届かない僻地が多数あるが、政府は目下のところスターリンクには遠隔地においてインターネット回線を開設する機会を与えていない。

</td></tr>
</table>

マレーシア

■ DNB、今後10年にわたる5Gの基盤構築パートナーにエリクソンを選択

第5世代移動通信(5G)基盤を構築するため政府が設けた特別目的事業体（SPV）である国営デジタル・ナショナル社（DNB）は、2021年7月1日、5Gネットワークとエコシステムを開発するパートナーとして、スウェーデンの通信大手エリクソンを指名したと発表した。DNBは同年3月、5G基盤構築を目指して、公開入札を実施した。ファーウェイ（華為技術）やZTE、シスコ、日本電機（NEC）、ノキア、サムスン、ファイバーホームなどが応札していた。今回エリクソンと締結した契約は10年にわたる。この契約に基づき、エリクソンは総コスト110億リンギット（26億5,000万ドル）でマレーシアにおけるネットワークのエンドツーエンド開発を担当する予定である。これには、コア、無線アクセス、トランスポートネットワーク、運用・ビジネスサポートシステム、マネージドシステムが含まれ、さらに地元ベンダーの開発・参加をサポートする。DNBによると、マレーシアは年内に国・行政の中心地であるクアラルンプールとプトラジャヤで5Gを開始し、最終的に2023年までに全国に拡大することを目指している。以前から中国のファーウェイが、マレーシアの5G契約の最有力候補と見られておりマレーシア政府は米国が提起したセキュリティ懸念を退けていた。ファーウェイはすでに、加入者数でマレーシア第2位のモバイルネットワーク、マキシスと5Gサービス開始の契約を締結している。DNBは2021年3月にマレーシア通信マルチメディア委員会（MCMC）からライセンスを取得し、特別目的会社として5G技術を全国展開する予定である。

■ MCMC、2022年末までに固定電話の番号ポータビリティを実施

通信業界の監督機関であるマレーシア通信マルチメディア委員会（MCMC）は、2021年7月21日、通信市場の競争に好影響をもたらすとして固定電話ポータビリティ（FNP）を実施することを決めたと発表した。詳細については、今年第3四半期までに設立されるワーキンググループを通じて検討される。固定電話の契約者は、個人・企業を問わず、2022年末までに、利用中の電話番号を変更せずに別の通信事業者へ乗り換えることができるようになる。固定電話ポータビリティ（FNP）は、2008年に導入された携帯電話番号ポータビリティ（MNP）と同様、他サービスへの乗り換えのハードルを下げる。マレーシアの固定電話市場は、現在、通信大手のテレコム・マレーシア（TM）が90％近くのシェアを持っている。競争原理が働いておらず、アナログベースの基本的な電話サービスしか提供できていない。世界的にはFNPはGDP上位50カ国の75％で実施されており、中小企業のイノベーションや通信費の値下げが進んでいる。固定電話ビジネスに本格的に参入するには、光ファイバーネットワークなどへの追加投資が必要となり、またサービス間の価格競争も始まることになる。一方、デジタル化や次世代の革新的なサービスを展開するには、消費者の選択の自由を促進するFNPが必要という声も業界より多く上がっていた。TMを除くすべての通信業者がFNP導入に賛成の声を上げている。

■ GSMA、マレーシアの単一卸売網による5G展開に懸念を表明

携帯電話の業界団体であるGSM Association（GSMA）は、2021年7月9日、マレーシアにおける第5世代移動通信システム（5G）の展開に懸念を表明した。

第4世代移動通信システム（4G）の時代には一部の政策立案者は単一卸売網を採用することで、より広範なカバレッジを達成できると考えた。実際に、ベラルーシ、ルワンダ、メキシコの3ヶ国では実際に採用したが、いずれも困難を経験している。ベラルーシではデータ通信の普及率がほかの欧州各国と比べて低いほか、通信速度もほかの欧州各国より低速にとどまる。ルワンダでは仮想移動体通信事業者の競争が働かず、4Gを整備する唯一の移動体通信事業者は損失の計上が報告されている。メキシコでは4Gの展開に遅れが生じているほか、GSMAが分析資料を公表後に単一卸売網を整備する移動体通信事業者が経営破綻した。また、ロシア、ケニア、南アフリカでは計画を中止するなど、事実として世界的に成功した事例がない。複数の移動体通信事業者に周波数などの免許を付与する一般的な方式では競争が加速して広範なカバレッジを実現した確かな実績があるが、単一卸売網はそうではない。卸提供を受ける仮想移動体通信事業者が加入者向けのサービスの開発に特化し、競争を促進できるとの考え方も示されていたが、実際にはカバレッジや品質を通じて競争力を獲得する能力を直接的に制約することになり、競争環境の整備には貢献しなかった。多くの移動体通信事業者は複数の周波数を保有し、時代や場所など条件に応じて適した通信方式および周波数を使用して携帯通信網を整備する。移動体通信事業者が周波数ポートフォリオを完全に管理できる場合は周波数ポートフォリオの最適化も行えるが、単一卸売網ではそれが困難となり、非効率を生み出すことも懸念されている。このような状況からGSMAとしてはマレーシアにおける5Gの展開に懸念を表明した。

マレーシア

■ **GSMA、マレーシアの5Gサービスを提供する方策についての報告書を公表**

GSMAは、2021年9月2日、「5Gへの道を守るマレーシア（Safeguarding the road to 5G Malaysia）」と題する報告書を発表し、マレーシアのDNB（Digital Nasional Berhad）のSWN（Single Wholesale Network）が5Gサービスを提供する際の成功に役立ついくつかの方策を表明した。この報告書は、英国のコンサルタント会社ET Ecomics社がGSMAからの委託を受けて調査し、まとめたものである。この報告書に盛られている提案には、3つの緩和策が含まれている。

1. DNBの任務の明確化と戦略目標に沿ったパフォーマンスの定期的なモニタリング：DNBの戦略目標および具体的な役割と責任を明確にすること。DNBがそのガバナンス構造の要素を改革し、変更できるようにするために、認可された商業および規制上のレビューを実施することが望ましい。この見直しは、マレーシア通信マルチメディア委員会（MCMC）が2～3年ごとに実施することが可能である。
2. DNBが商業運営を開始する際には、適切な規制システムを導入しなければならない。これは、小売市場におけるすべての事業者の公正な競争環境を確保するための鍵である。アクセス提供、新製品開発、卸売アクセス価格、サービス品質、ネットワークの柔軟性におけるDNBの規制義務を明確にすることが重要である。規制の枠組みが遅れる場合、DNBは移行期間中にアクセス価格について商業的交渉を行うものとする。価格は、競争の歪みを最小化するために、業界全体に対して透明でなければならない。
3. マレーシアにおける5Gネットワークとサービスの柔軟性を維持し、代替の提供オプションを提供すること：どのような大規模インフラプロジェクトにおいても、遅延やその他の予期せぬ開発リスクが存在する。政府はネットワーク提供のオプションを検討することが必要である。このオプションには、既存の携帯電話会社が既存の周波数を使用して5Gサービスを提供すること、特定の地域/経済分野に5Gネットワークを展開すること、DNBと共同投資契約を締結することなどが含まれる。

また、結論は以下の通りとなっている。

5Gネットワークの展開をDNBに委託することで、国営の独占企業が競争の激しい卸売市場に取って代わる。5Gの卸売サービスを提供する排他的な権利を独占することは、消費者や企業、マレーシア経済のデジタル化に害を及ぼす。

■ **通信マルチメディア委員会（MCMC）、2022年1月からクラウドサービスへ新規制を導入**

マレーシア通信マルチメディア委員会（MCMC）は、2021年10月16日、2022年1月からクラウドサービスに免許制を導入し、データセキュリティなどユーザ保護を強化する新規制の枠組みを発表した。サービス免許の種類は、MCMCへの登録により事業運営できるクラス免許とし、また、免許規定においてデータセキュリティの技術基準を定めることで、免許事業者がセキュリティ技術の開発状況に応じた対策を講じることを可能にするとしている。

MCMCは、登録制免許のクラス免許を採用することで、データ保護の技術環境を確保しつつ、クラウドサービス市場の成長を促すことができるとしている。

■ **マレーシアのDNB、2021年2月から通信事業者に5Gサービスを提供へ、初期展開時は無償で提供**

マレーシアの国営事業者デジタル・ナショナル（DNB）は、2021年12月6日、同月15日に5Gネットワークを商業的に開始する計画を発表した。DNBによると、同社の5Gサービスはまず同年12月にプトラジャヤ、サイバージャヤ、クアラルンプールの一部で利用できるようになる。DNBは、2024年末までにマレーシアの人口地域の80%に5Gのカバレッジを拡大する。DNBはまた、DNBネットワークに統合されたすべてのモバイルネットワーク事業者（MNO）に対して、5Gサービスを無償で卸売提供する予定である。DNBによると、このオファーは、12月31日までにプトラジャヤ、サイバージャヤ、クアラルンプールの一部で展開されるすべての5Gライブサイトに適用される。提供期間は2022年3月31日まで。MNOは、カバレッジエリア内で対応デバイスを持つ自社の顧客に5Gサービスを提供できるようになる。このリファレンス・アクセス・オファー（RAO）は、マレーシア通信・マルチメディア委員会（MCMC）の承認が必要となる。DNBは、RAOの承認後、携帯通信キャリアとの長期卸売契約の締結に向けた最終交渉に臨む意向である。2022年3月31日までに卸売契約を締結した携帯通信キャリアは、3月31日までの間にサイトが稼動すると、追加されたすべての5G容量に無料でアクセスできるようになる。5G対応デバイスを持つエンドユーザーは、100Mbps以上の速度でアクセスできるようになる。

マレーシア	■マレーシアの Yes が 5G を提供開始、マレーシア初の 5G に マレーシアの移動体通信事業者（MNO）で Yes として携帯通信事業を展開する YTL Communications はマレーシアでは初めてとなる第 5 世代移動通信システム（5G）の提供を開始した。2021 年 12 月 15 日より NR 方式に準拠した 5G を提供している。現在の 5G のカバーエリアは、プトラジャヤ、サイバージャヤ、クアラルンプール市街地の一部で、2022 年末までにクランバレー全域に拡大する予定である。マレーシアでは政府が 5G の整備で単一卸売網の形態を採用したため、マレーシア政府が設立した国有の特別目的事業体であるデジタル・ナショナル（DNB）が移動体通信事業者として 5G を整備し、既存の移動体通信事業者や仮想移動体通信事業者（MVNO）に卸提供する方式をとることになっている。そのため、YTL Communications は移動体通信事業者として 4G を整備しているが、5G は卸提供を受けることになる。 ■テレコム・マレーシア、5G 卸売事業者 DNB への光ファイバーのリース契約で合意 通信大手テレコム・マレーシア（TM）は、2021 年 12 月 16 日に、国営の 5G 卸売事業者 DNB と光ファイバーのリース契約を締結したと発表した。TM の光ファイバーを DNB の 5G 向けフロントホール及びバックホールに使用するというもので、DNB は、2021 年 6 月から国内光ファイバー網のリース契約を行う通信事業者を募集していた。この契約は、5G 周波数の単独免許をもつ通信事業者と財務省傘下の機関である DNB との間で締結された初の長期契約である。5G の通信基盤を DNB だけに排他的に構築させることに難色を示す他の民間携帯通信事業者は、DNB との締結を渋り第 2 の卸売通信網を構築する道を探っている。今回 DNB と締結したテレコム・マレーシアは、公的機関が大株主であり、国有色が強い。 ■ MCMC、テレコム・マレーシア等の事業者への 2,600MHz 帯の割当て マレーシア通信マルチメディア委員会（MCMC）が、国内 4 事業者への 2,600MHz 帯の周波数割当てを正式に決定したことが、2022 年 2 月 14 日に発表された。前年 5 月に MCMC が発表した 2,600MHz 帯における周波数割当計画に基づき、テレコム・マレーシア（TM）、セルコム・アシアタ、ディジ・テレコム、マキシスの 4 社が割当てを受けたもの。5G 導入、デジタルインフラ整備計画「JENDELA」、デジタル経済計画「My DIGITAL」の推進へ向け同周波数が使用される。各社の割当帯域は以下の通り。免許期間は 5 年間である。 ＊ TM：2,575-2,595MHz（20MHz 幅） ＊セルコム・アシアタ：2,530-2,540MHz ／ 2,650-2,660MHz（10MHz 幅× 2） ＊ディジ・テレコム：2,560-2,570MHz ／ 2,680-2,690MH（10MHz 幅× 2） ＊マキシス：2,510-2,520MHz ／ 2,630-2,640MHz（10MHz 幅× 2） ■携帯電話事業者 4 社が第 2 の 5G 卸売網構築を提案 セルコムとディジ、マクシス、U モバイルのモバイルネットワーク事業者（MNO）4 社は、2022 年 2 月 18 日、共同声明で、各社は DWN 設立のための提案書を提出したと発表した。提案書の中で、第 5 世代移動通信システム（5G）に関して第 2 の卸売網を構築する構想に関して、政府や DNB、出資する準備ができた MNO が関わる 2 つのコンソーシアムによって開発、運営されるデュアルホールセルネットワーク（DWN）モデルを認めるよう政府に提言している。マレーシア政府は 5G の展開の加速、地域間のデジタルデバイドの縮小、インフラストラクチャの近代化、インフラストラクチャの重複の回避、不足する経営資源の最適化、サービスベースで競争を促進する目的で、5G を構築する方式に単一卸売網の構想を 2021 年に 2 月に公表した。これを受けて 2021 年 3 月には、財務省がデジタル・ナショナル（DNB）を設立した。既存の移動体通信事業者には 5G の構築を許可しておらず、デジタル・ナショナルが既存の移動体通信事業者に 5G を卸提供する方式となる。DNB は財務省傘下の特別目的会社で、5G インフラに全面的に責任を負っている。しかし、デジタル・ナショナルと卸提供に係る契約を締結した既存の移動体通信事業者は YTL コミュニケーションズとテレコムマレーシア傘下の Webe Digital の小規模な 2 社に限られ、実際に 5G を加入者に提供する既存の移動体通信事業者は YTL コミュニケーションズの 1 社にとどまる状況となっている。単一卸売網は既存の移動体通信事業者が 5G の構築に関与できないため、提案書を提出した大手と中堅の 4 社は賛成しておらず、デジタル・ナショナルと契約を締結していない。そこで、4 社はコンソーシアムを構成して第 2 の卸売網を構築し、マレーシア全体では 2 つの卸売網で 5G を展開することを提案した。既存の移動体通信事業者の能力、インフラストラクチャ、供給網、数千人の技術者の知見を含めた既存の経営資源を生かすことができる実行可能なオプションが二重卸売網の構想であると説明している。

<table>
<tr><td>マレーシア</td><td>■5G ネットワーク、通信事業者が反対するものの DNB の単独運営に決定
テンク・ザフルル財務相とアヌアル・ムサ通信マルチメディア相は、2022 年 3 月 16 日、共同記者会見を行ない、第 5 世代移動通信（5G）ネットワークの運営について、国策会社デジタル・ナショナル（DNB）が単独で 5G ネットワークを所有・運営する 1 社独占方式（単独卸売制ネットワーク、SWN）を堅持することに決定したと発表した。移動体通信大手 4 社が DNB1 社独占について反対し、通信事業者の連合体が DNB とともにネットワークを所有・運営する 2 社方式を政府に提案していた。ザフルル財務相によると、5G ネットワーク導入を迅速化することが狙い。関係者との協議を行ない、2 社方式を含む各種方式を検討したが、SWN が最適だという結論に至ったという。過去に 3G、4G の普及が 8-9 年かかったことへの反省が背景にあると見られる。DNB については、政府が 30％株式を保有し、70％を通信事業者が保有する。6 月末までに各通信事業者への株式売却交渉を完了させる。DNB は他の通信事業者と同様に、マレーシア通信マルチメディア委員会（MCMC）や通信・マルチメディア省の監督下に置かれることになる。DNB から各通信事業者への 5G 卸売価格は 1 ギガバイト（GB）あたり 2 セン未満に抑える。政府は、今後 3 年以内に 5G の人口カバー率を 80％にすることを目標として掲げている。2021 年 12 月、財務省は、ネットワーク・ハードウェアやインフラを含む 5G の総コストを 125 億リンギと推定した。また、新しいモバイルインフラを展開する DNB に対して、地元のモバイルネットワーク事業者（MNO）が最大 70％の株式を提供することを明らかにした。DNB 主導の「コスト回収」と「供給主導」に基づく SWN モデルと、通信会社の資本参加は、「国民による 5G 利用促進の目的で 5G ネットワークの展開を加速する最善のソリューション」であり続けると関係者は判断している。
■マレーシアの大手通信事業者 4 社が 5G 機関 DNB への過半数出資を求める書簡を財務省に送付
マレーシアの大手携帯通信事業者 4 社（Celcom Axiata、DiGi Telecommunications、Maxis、U-Mobile）が、同国唯一の 5G ネットワークの展開を統括する国営特別目的会社 Digital Nasional Berhad（DNB）への過半数出資を求め、少数出資を提案する政府の提案に対抗していることが、各社が財務省に送った書簡で明らかになったと 2022 年 5 月 19 日付のロイター電が伝えた。ロイター電によると同通信社が 2022 年 5 月 9 日に目にした書簡では、DNB が提供する料金モデルやネットワークアクセス計画の見直しを求めている。政府の提案は、DNB に最大 70％の株式を提供するものの、これをより多くの企業グループに分割するもので、合計 9 社が株式売却に参加するよう求められた。大手 4 社の株式は合計で少数派にとどまることになる。携帯通信キャリアは、財務省への書簡で、「我々の投資を保護するための影響力と支配力を行使することができなければ、このベンチャーへの受動的な少数出資を正当化することはできないだろう」と記されている。さらに、「MoF が提案した少数株主としての役割は、我々のいずれもが株主としての価値を高めることが可能であるとは思えず、業界への貢献、株主や顧客に対する義務に見合ったものではない」との書簡が引用されている。セルコムやディジ、マクシス、U モバイルは、政府の提案をまだ検討する意向を示しているが、彼らの出資比率を合わせて 51％とすることが「合意に至るための最も現実的な方法」であることを示唆している。一方、マレーシアの 5G 計画がさらに複雑になる可能性があるのは、DNB と大手 4 社の間で価格や透明性をめぐって行き詰まり、国営の単独ネットワークが国策独占になりかねないとの懸念が浮上しているためとされる。ロイター通信によると、4 社の書簡は、前月発表された DNB の「Reference Access Offer」（RAO）の見直しを求めるもので、価格、サービス公約、その他 5G ホールセールモデルの詳細が記載されている。4 大携帯電話会社によると、「RAO で提示された現在のモデルは「商業的に実行可能ではない」ため、顧客のコスト上昇と普及率の低下につながる可能性がある。DNB の収益率や RAO における価格設定との関連性について完全な透明性がないため、ガバナンス上の疑問が生じる ... これは 5G アクセスの値ごろ感に重大な影響を与えるだろう」と書簡上で主張している。</td></tr>
<tr><td>フィリピン</td><td>■携帯電話番号持ち運び制度（MNP）を開始
フィリピンの携帯電話サービス 3 社は 2021 年 9 月 30 日、携帯電話番号の持ち運び（MNP）制度を開始した。費用は無料で回数に制限はないが、間隔には制限が設定されており、最後に移行を完了してから 60 日以上が経過している必要がある。携帯電話番号ポータビリティは日本では 2006 年 10 月より導入および運用しており、乗りかえや MNP として身近な制度となっているが、世界的には携帯電話番号ポータビリティを導入していない国や地域も多い。世界的には 1997 年 4 月にシンガポールで初めて携帯電話番号ポータビリティを導入した。東南アジアではシンガポールのほかにマレーシア、タイ、ベトナムでも携帯電話番号ポータビリティを導入しており、直近ではベトナムで 2018 年 11 月に携帯電話番号ポータビリティの運用を開始している。そのため、フィリピンは東南アジアで携帯電話番号ポータビリティを導入した 5 番目の国となった。</td></tr>
</table>

フィリピン	■ PLDT、テレサットと提携し、LEO（低軌道衛星）衛星を利用したブロードバンド接続の実証実験を開始携帯 通信事業者最大手の PLDT は、世界的な衛星通信事業者テレサット（Telesat）と提携し、カナダに拠点を置くテレサットの第 1 期低軌道（LEO）衛星を使って、高速ブロードバンド接続の試験にフィリピンとして初めて成功した。PLDT は、2022 年 2 月 11 日から 19 日にかけて、サンファン州グリーンヒルズの PLDT オフィスに設置した 85cm の Intellian パラボラアンテナを使用して LEO 衛星との接続試験に成功したと発表した。試験結果は、下り 100Mbps/ 上り 95Mbps、往復の遅延 26.53ms となった。PLDT は、LEO 衛星の試験運用の成功により、PLDT とその無線部門であるスマート社の双方が、諸島全域の到達困難な地域により高速のモバイルおよびインターネットサービスを拡大するための機会を得た。 ■ DITO、サービス開始から 1 年で 700 万件の加入者を獲得 フィリピン第 3 の通信事業者 DITO Telecommunity は、2022 年 3 月 15 日、営業開始から 1 年で、同社のネットワークにおける「アクティブ」な携帯電話契約数が 700 万に達したと発表した。ディト（DITO Telecommunity）は、中国電信からの支援を受けて、2021 年 3 月 8 日、フィリピンの第 3 の携帯電話会社としてサービスを開始した。 ■規制機関 DICT、ICT 分野のイノベーション強化でスタートアップ企業への助成基金 SGF を新設 フィリピンの規制機関 DICT は、2022 年 3 月 17 日、国内スタートアップ企業への公的支援として「スタートアップ助成基金（SGF）」を新設したことを発表。イノベーションの強化とスタートアップエコシステムの構築を目指す「デジタルスタートアップ開発・加速プログラム（DSDAP）」の一環として実施されるもので、スタートアップの立ち上げ、能力開発、企業間ネットワークの強化を目的にしている。フィリピン政府は、スタートアップ法を制定するなど、近年スタートアップ企業の育成に注力している。DICT は、デジタル分野のスタートアップの育成を所管しており、SGF の設立に際しては同基金の活用を促すガイダンス会合も開催するなど、デジタル分野のイノベーションの促進策を積極的に進めるとしている。 ■電気通信サービスなど公共サービスを営む企業への外国からの投資の 40％までの制限を撤廃する改正法が成立 ドゥテルテ大統領は 2022 年 3 月 21 日、公共サービス法（PSA）を改正し、国内の公共サービスの 100％までの外国人所有権を認める法案共和国法（RA）第 11659 号または「公共サービス法として知られる連邦法第 146 号を改正する法律」に署名した。PSA 改正は 2022 年 4 月 7 日に発効する。改正公共サービス法では、電気通信、鉄道、高速道路、空港、海運業が公共サービスとみなされ、これらの分野で 100％までの外国人所有が可能になる。 PSA 改正法では、重要インフラの定義を導入している。重要インフラとは、物理的、仮想的を問わず、フィリピン共和国にとって極めて重要なシステムや資産を所有、使用、運営している公共サービスで、そうしたシステムや資産の機能停止や破壊が国家の安全保障に有害な影響を与えるようなものを指している。改正法では、特に電気通信を重要インフラと位置づけ、大統領が他の重要サービスを重要インフラとして宣言することを認めた。改正法条項における電気通信とは、電気通信事業者が有線、無線、その他の電磁波、スペクトル、光学、技術的手段により、音声、データ、電子メッセージ、文書または印刷物、固定または動画、言葉、音楽、可視または可聴信号、あらゆるデザインおよび目的の制御信号を中継および受信することができるすべてのプロセスを意味する。ただし、電柱やファイバーダクト、ダークファイバーケーブル、パッシブ通信塔インフラおよび付加価値サービスなどのパッシブ通信塔インフラとコンポーネントは含まれない。重要なインフラを運用する事業者には、中断した場合、顧客からの苦情に 10 日以内に対応する、または行動計画を提供する、適切な政府機関に毎月報告するなどの義務が課せられる。また、改正 PSA は相互主義条項を設けており、外国人が重要インフラの運営・管理に携わる企業の資本の 50％以上を所有することは、当該外国人の国がフィリピン国民に同様の権利を付与していない限り、認められていない。また、政府または外国国有企業によって支配される、または外国政府または外国国有企業のために行動する事業体は、公益事業または重要インフラの資本を所有することが禁止されている。ただし、これは PSA 改正法が発効した後に行われた投資にのみ適用される。改正法発効前に資本を保有していた外国国有企業は、PSA 修正案発効後に追加投資をすることは禁止されている。ただし、各国の政府系ファンドや独立系年金基金が、当該公共サービスの資本金の 30％までを一括して保有することは可能である。

フィリピン

■グローブ、スマートフォン向けの衛星通信サービスの提供を行う米国のベンチャー企業スペースモバイルと協業の覚書を締結

大手通信事業者のグローブテレコム（Globe Telecom）は、2022年4月28日、フィリピンの標準的な携帯電話端末に衛星ブロードバンドを提供するため、米国のASTスペースモバイル（AST SpaceMobile）と覚書（MoU）に調印した。グローブテレコムは､この提携により「宇宙を利用した」モバイル（携帯電話）ブロードバンドネットワークの構築を支援するとの声明を発表し、このMoUの下、両者は「最先端の衛星技術を利用してフィリピン全域でのサービスのさらなる拡大を検討する」ことを明らかにした。フィリピンの何千もの島々は、携帯電話のブロードバンド接続に対する需要の高まりに対応出来ていない。グローブテレコムは約8,600万人の無線加入者を抱えており、通信衛星を活用したネットワークソリューションはフィリピンの島々など遠隔地や農村の住民も含めて多くのユーザーにデジタル環境を提供するのに適している。ASTスペースモバイルはグローブテレコムに、遠隔地や未開拓地域への通信網を提供していく予定である。

■ NTC、スターリンクに登録証を交付、衛星インターネットサービスの提供が可能に

国家電気通信委員会（NTC）は、2022年5月27日、米国のスペースXの子会社であるスターリンク・インターネットサービス・フィリピン（Starlink Internet Services Philippines）が、2022年5月26日に付加価値サービス事業者（VAS）としての登録証を取得したと発表した。NTCは前週、スターリンク・インターネットサービス・フィリピンが「ダウンロード速度100Mbpsから200Mbpsの高速低遅延衛星インターネットサービス」を提供すると発表したが、今回の発表は、同年4月に政府が発表したSpaceXの低軌道（LEO）衛星ネットワーク星座を利用して、諸島全域、特に現在インターネットアクセスの提供が困難または不可能な地域でインターネットサービスを提供する計画であることを受けたものである。今回登録証を取得したことによって､衛星インターネットサービスを公式に提供することが可能になった。NTCは、現在公共サービス法（Public Service Act）の改正作業が進んでいるため､細則が決まるまで時期を待っているのかもしれないが、他の事業者の進出を期待しているとのコメントを発している。

■ ARTA、一度はナウテレコムにフィリピンで4番目の携帯電話会社として営業を認める判断、3ヶ月後には180度転換して取り消し

フィリピンのアンチ･レッドテープ･オーソリティー（ARTA：お役所仕事的業務遂行廃絶局）は、2022年6月17日、ナウテレコム（NOW Network）とその姉妹会社ニュース・アンド・エンターテインメント・ネットワーク（Newsnet）に対して、2022年3月31日に下した「完了の宣言と自動認可の命令（'Declaration of Completeness and Order of Automatic Approval'）」を取り消し、無効とした。2022年3月31日、ARTAは業界規制当局である国家電気通信委員会（NTC）が提出した再審議の申し立てを却下する決議を出し、ナウテレコムの携帯電話システム（CMTS）暫定権限申請が完了したと宣言した。モバイルブロードバンド市場で足場を確保するための事業者の努力は10年以上妨げられてきたが、暫定権限は1,970MHz～1,980MHz、2,160MHz～2,170MHzと5G周波数を含む3.6GHz～3.8GHzの220MHzの周波数をモバイルおよび固定無線ブロードバンド用に対で使用する権利を包含している。2005年、NTCはナウテレコムの法的、技術的、財政的な適格性に基づいてCMTSの仮権利を付与した。しかし、ナウテレコムによると、NTCは再三の申し立てにもかかわらず､CMTS仮権限を実行するために必要な周波数の割り当てを拒否し続け､その結果、ARTAの判断を仰ぐことに至った。ARTAは、当事者の権利と義務について裁定したのではなく、単にナウテレコムが提出した書類が完全であるかどうか、つまり法律の運用により自動的に承認されることを保証する問題であると表明し、2021年3月1日にARTAから自動認可の命令が出された。「2022年1月31日付のオムニバス・オーダーによる処分を覆す法的根拠も説得力のある理由もないため、当局は2022年2月14日付のNTCの再考の申し立てを却下することを決議する」と、ARTAは説明していた。その後、2021年4月にARTAはナウテレコムのモバイルライセンス許可証の自動延長申請を承認し、全国でモバイルブロードバンドサービスを提供する道が開かれていた。

ARTAによると、ナウテレコムとその姉妹会社のニュース･アンド･エンターテインメント･ネットワーク（Newsnet）はARTAに対して、それぞれ2019年と2020年に、様々な周波数の自動承認と割り当てを求める2つの別々の訴えを起こした。ARTAは両訴訟者の要求を認めた。しかし、業界規制当局である国家電気通信委員会（NTC）は、準司法的権限を持つARTAの管轄権を疑問視し、司法省に2件の裁決を申請した。司法省は、周波数の割り当てと使用に関するNTCの取引にEODB法は適用されないとして､ARTAがNewsnetに出した自動承認命令を破棄し､取り消した。ARTAは司法省の決定を不服として大統領府に提訴した。しかし、大統領府はARTAの上訴と再考の申し立てを棄却した。大統領府は2022年4月25日、この決定を確定し、執行することを宣言する命令を発した。ARTAは、大統領令242号に基づく紛争解決に関する統一規則を引用し、"当該決議は最終的であり、当事者を拘束し、裁判所の最終決定と同じ効力を持つ"との考えを固めた。その結果、ARTAは2021年7月9日に司法省（DOJ）が下した前回の裁定が「最終的かつ実行可能なものとなり、周波数の割り当てと使用における国家電気通信委員会（NTC）の権限が肯定された」ことへと見解を変更し、2022年6月17日にの取り消しの発表に至った。

シンガポール	■スターハブ、ISPのマイリパブリックを買収 シンガポール第2位の通信事業者スターハブ（StarHub）は、2021年9月22日、最大1億6,280万シンガポールドル（1億2,050万米ドル）を投じて、ライバルISPのマイリパブリック（MyRepublic）の固定ブロードバンド事業（シンガポール国内の中小企業や大企業など約6,000の企業顧客と、85,000の住宅ブロードバンド加入者を顧客）の株式50.1%を取得すると発表した。この買収にはマイリパブリックのモバイル事業と国際事業が含まれていない。2021年5月時点で、同社は2018年にモバイル事業を開始し、都市国家で約7万人のMVNO加入者を抱えていた。この取引が完了すると、スターハブの固定ブロードバンド市場シェアは約6%上昇し、40%近くとなる。この取引を円滑に進めるため、マイリパブリック社はマイリパブリック・ブロードバンドという新しい事業体を設立し、スターハブのブロードバンド部門であるスターハブ・オンラインがこれを買い取る予定である。スターハブは、2021年12月末までにマイリパブリックの固定通信事業の取得を完了する意向を示しているが、買収には規制当局の承認が必要となる。 ■シングテル、デジタルインフラ戦略の新方針を発表、海外通信インフラの売却とアジア地域データセンター建設へ シングテルは、2021年10月1日、デジタルインフラ戦略の新方針を発表。COVID-19を契機としたデータ通信需要の急速な増加を見越して通信インフラ資産を再編する。海外における通信事業の売却とアジア地域規模のデータセンター建設の二つを柱にしており、将来的には、すべての通信インフラ資産を統合管理するデータセンター・プラットフォームを構築する。実施事項は以下の通り。 ＊オーストラリアにおける通信塔インフラ運用会社オーストラリア・タワーネットワーク（ATN）の70%を退職年金ファンドAustralianSuperに売却し、シンガポールにおける5Gの展開及びB2Bデジタルサービスを拡張する。 ＊タイの現地電力会社ガルフ・エナジー及びインドネシアのテルコム・インドネシアと共同でデータセンターを各国で建設し、ASEAN地域のデータセンター市場の70%を取り込む。 ■シンガポール当局、3者に5G向けの2.1GHz帯を割当 シンガポールの電気通信分野の規制機関である情報通信メディア開発庁（Info-communications Media Development Authority：IMDA）は、2021年11月26日、第5世代移動通信システム（5G）の展開の加速を目的として、国内事業者のシングテル、スターハブとM1との企業連合（アンティナ）、TPGテレコムに5Gサービス用の2.1GHz帯周波数の暫定割り当てを授与したと発表した。シンガポール全土を対象区域とする5G向け周波数の割当は3.5GHz帯に次いで2回目となる。5G向けの2.1GHz帯は2022年1月1日より有効期間が開始した。シンガポールでは2001年と2010年に3G周波数使用権として、2.1GHz帯をシングテル、スターハブ、M1の3社に割り当てており、いずれも2021年12月31日に満期を迎えることになっていた。そのため、2.1GHz帯は事実上の再割り当てで、満期の翌日から使用できることになった。今回割り当てられた帯域幅はシングテルモバイルが25MHz幅×2、M1とスターハブの企業連合が1社として25MHz幅×2、TPG Telecomが10MHz幅×2であった。M1とスターハブは個別に移動体通信事業者として運営している。しかし、5Gの導入初期に5Gの整備に適した周波数となる3.5GHz帯の免許は2枠に限定されていた。このため、スターハブとM1は免許を共同取得し、5Gを共同整備することを決定し、2020年9月に合弁会社アンティナ（Antina）社を設立した。同年11月には5G移動通信の免許を獲得している。議決権持分比率は両者それぞれ50%ずつで、登記上の本店所在地はスターハブの本社と同一である。スターハブとM1は5G向けの3.5GHz帯はアンティナを通じて1社として周波数を取得しており、2.1GHz帯も同様となった。シングテルとスターハブは、5Gサービスについてはアンティナのいわば MVNO（仮想移動体通信事業者）と言える存在となっている。シングテルとアンティナ（スターハブ・M1）の両社は、本格的な5G SA機能を備えた2つの全国ネットワークを、2022年末までに少なくとも50%、2025年末までに全国をカバーできるようにする予定である。また、TPGは、2.1GHz帯の電波使用権開始から2年以内に50%以上をカバーする5G SAネットワークを展開し、5年以内に全国規模で5G SAを展開する必要がある。 ■ TPG、加入者数が50万人を突破、社名をシンバに変更 TPGシンガポールは、シンガポール進出2周年を迎えた。2022年4月12日付のテレコムペー紙はTPGが、2020年の商用開始以来、アクティブな加入者数がすでに50万人というマイルストーンを達成したと報じている。また、TPGシンガポールは、小売チャネルとネットワークリーチの拡大に伴い、2022年4月1日に社名シンバテレコム（Simba Telecom）に変更した。

シンガポール	■ IMDA、スターハブのマイリパブリック買収を承認 規制機関であるIMDAは、2022年3月9日、スターハブがライバルISPであるマイリパブリックの固定ブロードバンド事業の50.1%の株式を取得することを承認した。この事業は中小企業や大企業を含む約6,000の企業顧客と、シンガポールで8万以上の家庭用ブロードバンド契約者を対象としており、スターハブはこの事業を買収することで、ISPの固定ブロードバンド事業を強化することができる。IMDAは、同日付けのプレスレリースで承認にあたっては、提案されている統合は「シンガポールのどの電気通信市場においても競争を実質的に弱めることはなく、公共の利益を損なうことはない」と評価した、と説明している。 ■ MCI、デジタルトラストセンターを立ち上げ 通信情報省（MCI）は、2022年6月1日、2022年5月の人工知能（AI）のガバナンステストフレームワークおよびツールキットの導入に続き、デジタルトラストセンター（DTC）を立ち上げたと発表した。特に、MCIは、DTCがプライバシー向上や信頼性の高いAI技術などのトラスト技術の研究開発を主導することを意図している。これに関連して、MCIは、DTCが、研究の実施、イノベーションの育成、サンドボックスの開発、ローカル能力の深化など、4つの主要分野に注力することを確認した。また、これと並行して、DTCは、人工知能に関するグローバル・パートナーシップ（「GPAI」）および人工知能の進歩のためのモントリオール国際専門家センター（「CEIMIA」）における進行中の協力の一環として、特にプライバシー向上技術に関する国境を越えた協力に焦点を当てたAIイニシアティブを実施することを、MCIは期待している。
タイ	■タイ国営通信2社が合併、「ナショナル・テレコム」に タイの国営通信会社TOTとCATテレコムは2021年1月7日、合併手続きを完了し、社名を「ナショナル・テレコム」に改めた。当初は2020年7月に経営統合する予定だったが、新型コロナウイルスの感染拡大や事務作業の遅れで延期されていた。TOTとCATはかつてタイの国内電話サービスと国際電話サービスをそれぞれ独占していた。2000年代半ばから本格化した通信自由化以降は民間との競争にさらされ、業績不振が続いていた。両社の合併構想は1990年代から浮上していたが、延期が繰り返されていて今回ようやく実現した。タイの携帯通信の市場シェアは両社合わせて2～3%前後とみられている。 ■首相、フェークニュースを禁止する措置を発表、メディアは表現の自由を損なうと反対へ 2021年7月29日付けの王室官報は、プラユット・チャンオチャ首相が、Covid-19の大流行に対する政府の対応を損なう偽情報を阻止するため、すべてのメディアプラットフォームにおいて「フェイクニュース」または国民の恐怖を引き起こす情報の配信を禁止する声明を掲載した。首相によるこの声明は、緊急事態令の第9条に準拠して発行された。このような措置に対しては、これまでメディアや関係団体が自由を制限することになるとして、計画を中止するよう求めていた。発表された声明文によると、国民の恐怖を引き起こす情報の配信や、誤解を引き起こし国家の安定に影響を与える歪曲した情報の配信は禁止される。虚偽の内容がネット上で拡散された場合、国家放送通信委員会（NBTC）はインターネットサービスプロバイダにIPアドレスを確認し、直ちにサービスを停止するよう通知することが義務付けられている。ISPは発見した内容をNBTCに報告しなければならず、NBTCは速やかに苦情を申し立て、警察に証拠を提出して法的措置を取るよう義務付けられている。この告知に従わないISPは、運営ライセンスの要件に従わなかったとみなされ、NBTCはISPに対してさらなる措置を講じることになる。 ■ DTACとトゥルーが合併し、タイ国内最大の携帯電話会社が誕生へ、3社体制へ デジタル・トータル・アクセス・コミュニケーション（DTAC）とトゥルー・コーポレーションは、2021年11月19日に両社の取締役会で合併計画を承認し事業の統合に合意した。また、両社は、11月22日、対等なパートナーシップによる合併新会社の設立に向けた覚書を締結した。その後、両者は、相互に事前調査を行い、2022年2月18日にそれぞれ開催した取締役会で両社の合併を承認したことを受けて、2022年2月18日に合併に係る契約を締結した。DTACとトゥルーは、DTACの既存株式1株を新会社の株式24.5株に、トゥルーの株式1株を2.4株に交換することに合意し、さらに新会社がSETへの上場を申請することを表明した。DTACの親会社であるテレノール・アジア（Telenor Asia）とトゥルーの親会社であるタイのアグリビジネスコングロマリットCharoen Pokphand（CP）Holdingの合弁会社であるCitrine Global Companyは、トゥルーの1株あたり5.09バーツ（0.15米ドル）、DTACの1株あたり47.76バーツの2社の全株式を条件付きで任意公開買い付けする予定である。 両者は2022年9月後半から10月前半での合併を完了することを目指している。タイの携帯電話市場は、AIS（Advanced Info Service）とDTAC、トゥルー（True Corp）の3つの民間携帯電話会社の他にCAT TelecomとTOTが2021年1月に合併して設立された国営携帯電話会社ナショナル・テレコム（National Telecom：NT）で構成されている。AISは、シンガポールを拠点とするシングテル（Singtel Group）をバックに持ち、2021年9月時点で全契約数の44.5%を占め、市場を支配している。ライバルであるトゥルー（CPグループが経営し、China Mobileが共同所有）とテレノール（Telenor）が経営するDTACは、それぞれ32.6%と19.6%で、AISには遠く及ばない。合併の可能性があれば、国内の全契約数の50%以上を支配する新たなマーケットリーダーが誕生することになる。

タイ	■NBTC 新理事に５人を選出、２名は承認に至らず空席 タイ国上院は、2021 年 12 月 20 日、7 人の候補者のうち 5 人が国家放送通信委員会（NBTC）の理事になることに賛成した。これにより、規制当局の意思決定の空白に終止符が打たれることになった。新理事会は、正式にスタートする前に、王室のお墨付きを得なければならない。たった 5 人のメンバーでも、改正された NBTC 法に沿って新理事会の運営を開始することができる。この 5 人の構成は以下の通り。 ・放送分野では、NBTC の事務次長であるタナパン・ライチャリーン空将。 ・テレビ分野では、チュラロンコン大学コミュニケーションアート学部の講師であるピロングロン・ラマソータ氏。 ・消費者保護分野では、元国家議会議員で医学専門家のサラナ・ブーンバイチャヤプラック博士。トルポン・セラノン（タイ盲人協会会長）：人民の自由と権利の推進。 ・経済分野では、タマサート大学地域研究所所長のスパット・スーパチャラサイ氏。 選考委員会は 7 人の候補者を推薦したが、通信分野での CAT テレコムの元最高責任者と他 1 名が任務に適してないと判断され、上院で承認されなかった。空席となった 2 名分については、後日新たに候補者が選考される予定である。 NBTC はデジタル資源の割り当て、特にインターネット経済のデジタルバックボーンとなる周波数帯を担当している。また、通信・放送業界に対する規制も行う。また、1 月に新理事による会合が開催され、サラナ・ブーンバイチャヤプラック理事が議長に選出された。また、選出された 5 名の新理事は、2022 年 4 月 13 日に王室からの承認を受け、後に官報で告示されて正式に就任した。 ■NBTC、ケーブルの地中埋蔵化促進を宣言 2022 年 1 月 26 日付のバンコクポスト紙は、国家放送通信委員会（NBTC）は、今年中にバンコクで 400km、地方で 2,000km に及ぶ架空通信線の清掃を関係者と協力して実施することを宣言したと報じた。同紙によると、この公約は、2021 年 11 月 23 日の内閣決議に基づき、前週末に理事会で承認された NBTC の決議に明記されている。NBTC の事務局長代理であるトライラット ビリヤシリクル氏は、ケーブルの乱雑さを解消する動きは、首都圏電力庁（MEA）、地方電力庁（PEA）、バンコク都庁（BMA）、電気通信事業者とともに、3 年間の架空ケーブル管理計画の一部であると語った。この架空ケーブルの地下埋蔵化作業を主導する責任を負っているのが NBTC である。トライラット氏によると、NBTC は、特にバンコクの緊急エリアにおいて、放送・通信研究開発基金を使って作業費用の一部を負担する予定である。緊急エリア以外の通信事業者は、NBTC の規則に従い、NBTC への年間手数料の支払いを条件に、アップグレードにかかる費用を収入から差し引くことができる。一方、MEA は、バンコクとその周辺地域の電柱に通信ケーブルを吊るすための設備費用を負担している。PEA は、地方で通信ケーブルを電柱にかけるための機器の費用を負担する。BMA は、廃棄予定のケーブルゴミを保管するスペースを提供し、通信回線の整理を促進する役割を担っている。NBTC オフィスは、ケーブルの撤去と廃棄にかかる費用を担当する。NBTC 事務局によると、2019 年には、NBTC と BMA、MEA が協力して 27km に及ぶ架空ケーブルを地下に埋設していた。バンコクの 24 の道路（27km）と地方の 82 の道路（247km）を含む全国 106 の道路、275km にわたって架空ケーブルを架空管に入れるために 3 社が協力した。2020 年には、52km に及ぶケーブル線が地下に埋設され、バンコクの 8 つの道路では 40km に及ぶケーブル線が架空管に入れられた。しかし、2021 年はコロナ・パンデミックのため、プロジェクトはスローダウンしたと NBTC は弁解している。 ■２年遅れで個人データ保護法が施行 タイの個人データ保護法（以下、PDPA）が 3 年間の遅延を経て 2022 年 6 月 1 日、発効した。2019 年 5 月に制定された PDPA は、当初 1 年間の猶予期間を設けており、同法の主な運用規定は 2020 年に施行される予定であった。しかし、COVID-19 の大流行により、タイ政府は勅令を出し、遵守期限を 2022 年 6 月 1 日に延長した。PDPA は、多くの点で EU の一般データ保護規則（「GDPR」）を模倣している。具体的には、データ管理者および処理者が個人データ（人を直接的または間接的に識別できるデータ）を処理するための有効な法的根拠を持つことを要求している。そのような個人データが機微な個人データ（健康データ、生体情報、人種、宗教、性的嗜好、犯罪歴など）である場合、データ管理者および処理者は、データ対象者がそのデータの収集、使用、開示について明確な同意を与えるようにしなければならない。ただし、公共の利益、契約上の義務、重要な利益、または法律の遵守については、例外が認められている。PDPA は、タイにおける製品またはサービスの提供のために個人データを処理するタイ国内および海外の事業体に適用される。GDPR と同様、データ対象者には、情報提供を受ける権利、データへのアクセス、修正および更新、処理の制限および異議申し立て、データの消去とポータビリティを含む権利が保証されている。違反があった場合、50 万バーツ（14,432 米ドル）から 500 万バーツの罰金と懲罰的賠償金が課される可能性がある。機密性の高い個人データや違法な開示に関わる特定の違反には、最高 1 年の禁固刑を含む刑事罰も科せられる。

ベトナム

■通信大手３社、5G 通信インフラを共用

ベトナム軍隊工業通信グループ（ベトテル＝ Viettel）、情報通信省傘下のモビフォン（MobiFone）、ベトナム郵便通信グループ（Vietnam Posts and Telecommunications Group ＝ VNPT）傘下のビナフォン（Vinaphone）の通信大手 3 社は、2021 年 5 月 27 日、第 5 世代移動通信システム（5G）の通信インフラの共用に関する契約を締結した。3 社は 5G インフラの共用を試験的に展開し、中でもローミングの実施とマルチオペレータ無線アクセスネットワーク（MORAN）の共用に焦点を当てる。これに伴い、投資コストの削減に加え、5G 通信ネットワークを国内全域に広げることが期待されている。3 社は 5 月末時点で、ハノイ市やホーチミン市、北部紅河デルタ地方バクニン省、東北部地方バクザン省、東南部地方ビンフオック省、北中部地方トゥアティエン・フエ省の 6 省・市で 5G 商用サービスを試行した。5G の平均ダウンロード速度は 500 〜 600Mbps で、4G の速度の 10 倍となっている。5G のトライアルを展開すると同時に 5G の検証も行い、5G のカバレッジは基地局から半径数百メートルにとどまることを確認した。基地局から半径 2 〜 3km を整備できる従来の第 2 世代移動通信システム（2G）、第 3 世代移動通信システム（3G）、第 4 世代移動通信システム（4G）と比べてカバレッジが狭いため、5G を広範に整備するためには多数の基地局の展開が必要との見解で一致している。そこで、3 社は 5G の基地局の効率的な展開の実現を目的として、2012 年 5 月 27 日付けで 5G の基地局を構成する通信設備の共有およびローミングの試験を共同で実施することで合意に達していた。今回の合意はそのレベルアップを図ったものである。なお、ベトナムには 5 社の移動体通信事業者が存在するが、ベトテル、モビフォン、ビナフォンは大手の 3 社となる。

■ベトナム初のオンライン児童保護プログラムを導入

インターネットを学生や子どもたちにとって健全で安全な場所にするため、ベトナム政府は子どもたちの学習、社会参加、自己表現の場を守るための国家プログラムを始動させている。ファム・ミン・チン首相は、2021 年 6 月 1 日、子どものプライバシーを保護し、ウェブ閲覧中に起こりうる虐待行為を防止するための決定第 830 号に署名した。ベトナム初のオンライン児童保護プログラムは、年齢に応じた情報とスキルを子どもたちに提供し、適切な知識を身につけさせ、起こりうる仮想の攻撃から身を守ることができるようにすることに重点を置いている。決定 830 号はまた、健全なサイバー環境を維持し、子どもたちが学び、仲間と出会い、安全で同時に創造的な方法でコミュニケーションするためのベトナムのアプリのエコシステムを開発することを支援するものでもある。さらに、ネットワーク事業者や Google、Facebook、Zalo などのデジタルプラットフォームに AI やビッグデータなどの新技術を導入し、子どもにふさわしくないコンテンツの早期警告を自動的に収集・分析する取り組みも含まれている。今後、「.vn」ドメインを持つウェブサイトや、国内に IP アドレスを持つウェブサイトには、子どもの年齢に適したコンテンツを自己分類することが義務付けられる予定である。同様に、子ども向けのオンラインサービスやアプリケーションを提供する企業は、子どもを保護し、保護者が子どものアプリケーションやサービスの利用を管理できるよう支援するソリューションを自己展開する必要がある。

このプログラムでは、企業はインターネット上で子どもを保護するための情報セキュリティソリューションを開発し、若い世代にとってより安全な仮想空間を開発するために実際に良い活動をすることが奨励されている。

この決定に先立ち、情報通信相は、5 月 26 日、ネットワーク環境における子どもの権利と安全に対する侵害の防止と戦い、これに関する国民の意識の向上に関する任務の遂行において、国家管理の効率を高めるために総務省を支援する多くの国家機関、組織、企業の関与の下に、ネットワーク環境における子どもの保護と救済ネットワークの構築に関する決定第 716/QD-BTTTT を発行している。

■デジタル政府構築に向け開発戦略を策定

ファム・ミン・チン首相は、2021 年 6 月 15 日、2021 年から 2025 年の期間に、2030 年までのビジョンを持つデジタル政府に向けて、電子政府開発戦略を承認した。ベトナム政府が電子政府開発に関する戦略を発表したのはこれが初めて。この戦略では 6 つの主要な視点が強調されており、新時代のデジタル政府およびデジタル経済･社会の発展のための方向性と指針となっている。まず、最も重要なのは、デジタル環境での安全な運用、運用モデルの再設計、データとデジタル技術に基づく運用を備えたデジタル政府を発展させることと指摘している。これにより、より質の高いサービスの提供、よりタイムリーな意思決定、より良い政策の策定、資源の最適な利用、開発の促進、社会経済発展や経営における主要な問題への効果的な対処が可能になる。

<table>
<tr>
<td>ベトナム</td>
<td>

■情報通信省、SNS 利用のガイドラインを発表

ベトナム政府は 2021 年 6 月 18 日、国民に向けソーシャルメディア（SNS）上での行動に関するガイドライン（決定第 874 号 /QD-BTTTT）を発表した。同決定は即時施行された。同国について肯定的な内容を投稿することを奨励し、国家公務員には「矛盾する情報」を上司に報告することを求めた。6 月 17 日付の情報省の決定に含まれている。

このガイドラインでは、法律に違反したり、「国益に影響を与える」ような投稿を禁止している。国家機関やソーシャルメディア企業だけでなく、ベトナム国内の全てのユーザーが対象となる。「ソーシャルメディアのユーザーは、ベトナムの風景や人々、文化の美しさを宣伝することが奨励される」としている。

ガイドラインは 3 章・9 条から成り、以下の 3 つのグループを対象に適用される。

・SNS を利用する公的機関とその職員
・SNS を利用する組織・個人
・SNS プロバイダー

全ての対象者に適用される共通の規則は以下の通りである。

・法律遵守：ベトナムの法律を遵守し、組織や個人の正当な権利と利益を尊重すること。
・健全な言動：SNS での行動や発言はベトナム人の公序良俗や美徳、文化に適するものであること。
・情報の安全性：情報の保護に関する規則を遵守すること。
・責任：SNS での行動や発言に責任を持ち、法律に違反する行為やコンテンツを処分するために管轄機関と協力すること。

これに加え、SNS ガイドラインには、対象グループ別に適用される規則も盛り込まれている。中でも、SNS プロバイダーは、本人から承諾を得ない限り、個人情報を収集したり、第三者に提供したりしてはならないと規定されている。

■情報通信省、1 個の個人 QR コードで、すべての COVID-19 対策アプリに対応するプラットフォームの普及推進

情報通信省は、2021 年 9 月 11 日、一つの個人 QR コードで、すべての COVID-19 対策アプリに対応する「QRQG プラットフォーム」の推進を発表した。同年の夏に、情報通信省と保健省が、QR コードを利用した国民の健康情報を管理することで合意し、その後、個人 QR コード全国で一律的に運用可能な「QRQG プラットフォーム」の構築を進めてきた。現在、個人 QR コードを介して COVID-19 対策管理するプラットフォームは既に完成しており、アプリ接続及びデータ同期化の完了を待つ段階にあるとしている。情報通信省は、安定した社会状況を保つために QR コードなどの技術ソリューションの活用が不可欠であるとして、市民が商店や公共の場へ行く場合の QR コードの提示などを義務付ける方針である。

■電子政府委員会をデジタル・トランスフォーメーションに関する国家委員会と改称

電子政府に関する国家委員会が、2021 年 9 月 24 日に再編され、デジタル・トランスフォーメーションに関する国家委員会と名称が変更された。委員会のメンバーは 16 名で、ファム・ミン・チン首相が委員長を務める。同委員会は、国家のデジタル変革に資する法的環境を構築するためのガイドライン、戦略、メカニズム、政策の研究、指導、調整、政府への提案を担当する。同委員会は、行政改革、電子政府の構築と発展、デジタル経済・社会、スマートシティと密接に関連し、全体として、国内での第四次産業革命の実施を促進することを目的としている。この他、情報通信省（MIC）を拠点に、同委員会を支援するワーキンググループの設立も決定された。グエン・マン・フン情報通信省大臣が同グループを率いることになった。このワーキンググループには、多くの省庁の部門レベル担当者の代表と、VNPT、Viettel、Vietnam Post、FPT といった主要な通信グループのリーダーや専門家が参加している。

ベトナムは早ければ 2025 年に ICT 発展指数の上位 50 カ国に入ることを目指しており、10 年後までには、わずか 5% だった同国の GDP に占めるデジタル経済の割合が 3 分の 1 になることを目指している。そのためには、インフラを整備し、デジタル技術の活用を促進し、投資を呼び込み、中小企業がデジタル経済に参加できる環境を整える必要がある。また、ベトナムは労働者にデジタル技術を身につけさせ、新しい技術への適応をよりダイナミックにする必要がある。

</td>
</tr>
</table>

<table>
<tr>
<td>ベトナム</td>
<td>

■政府、デジタルトランスフォーメーション指数を発表。都市で一位は中部のダナン市

情報通信省は、2021 年 10 月 19 日、各省庁や閣僚級機関、省、市の機関のデジタルトランスフォーメーション指数（DTI）の評価結果を発表した。前年のベトナムのデジタル変革の全体像を示すと同時に、省庁・省・市の毎年のデジタル変革の結果を監視・評価・順位付けし、将来への解決策を持つことを目的としている。ハノイで開催された会議で発表された「DTI 2020」レポートの中で、全国の自治体を対象としたデジタル変革指数（DTI）2020 のランキングで、中部のダナン市がデジタル政府、デジタル経済、デジタル社会の 3 つの重要な柱のすべて首位にランク付けされた。ダナンに次いで、トゥアティエン・フエ、バクニン、クアンニン、ホーチミン、ティエンザン、カントー、ニンビン、キエンザン、バクザンなどが、それぞれ順に上位 10 都市・省に選ばれた。省庁レベルでは、全体的にデジタルへの移行は進んでおらず初期段階にあると結論付けている。そのなかでは、財務省が、オンライン公共サービスの提供においてトップの機関と位置づけられた。

■ベトナム政府、22 年に 5G 免許供与　サービス開始の方針

情報通信部（省）は、2021 年 12 月 31 日、同年の課題と方向性をまとめる会議の中で、2022 年に独自開発したデバイスによる 5G サービスの提供を中核的なミッションとして位置づけたことを明らかにした。しかし、インフラに一定の限界があるため、2025 年には国民の 25％に提供することが目標となっている。すでに、4G ネットワークは国民の 99.8％をカバーしている。5G 技術に関しては、国営グループのベトテル、VNPT、モビフォンの 3 大キャリアがハノイ市やホーチミン市、ダナン市、ハイフォン市、カントー市など 16 都市と省で試験運用に成功している。5G サービスの正式な商用化に向けた技術的な準備が整ったと判断した。ベトナムは、ダウンロードとアップロードの速度がそれぞれ 900Mbps と 60Mbps のオープン無線アクセスネットワーク（ORAN）技術を使用した 5G 局の設置を完了した。これは、2022 年の商用化に向け、ベトナムにおける 5G デバイスの研究・製造を促進するための大きな前進となっている。グエン・マン・フン総務相は、10 月中旬にオンライン形式で開催された ITU デジタルワールド 2021 のイベントで、ベトナムは国内の 5G 開発の第一段階においてすべての通信事業者の協力を求めており、VNPT はこれを全面的に支持していると語った。このため、各キャリアは国土面積の 25％をカバーし、投資コストを削減するために顧客に自社の設備を使用させる必要がある。これにより、わずか 1 年で 5G 技術の全国的なフルカバレッジが実現することになる。

■コロナ禍の影響でキャッシュレス決済が弾みをつけ 70％以上を占める

国営通信社の公式電子新聞「ベトナムプラス」は、2022 年 1 月 19 日、COVID-19 の流行は、複雑な展開を見せながらも、電子商取引に弾みをつけ、2021 年のベトナムでは、非現金決済が小売取引全体の 70％を占めたと報じた。テック企業 Sapo が 15,000 の小売業者を対象に行った調査によると、2021 年のキャッシュレス決済は取引全体の 72.8％を占め、前年比 9％増となった。小売店、レストラン、カフェでの取引総額の 36.5％を占める銀行口座による支払いが最も普及し、現金（29.8％）、電子財布（14.8％）、QR コード（9.9％）、銀行カード（8.5％）、支払いゲートウェイ（0.5％）がそれに続いた。注目すべきは、89.3％の小売業者が非現金決済を肯定的に評価しており、現在および将来のトレンドであると考えている。

</td>
</tr>
</table>

<table>
<tr>
<td>ベトナム</td>
<td>

■政府、農業分野のディジタル化促進計画を承認

情報通信部（省）（MIC）は、農業・農村デジタル経済の発展を目指し、農業生産世帯が電子商取引プラットフォームで活動できるようにする計画を承認したことを2022年2月23日付のプレスリリースで公表した。同プレスリリースによると、同計画は以下の目標を掲げている。

・すべての農業生産世帯は、ベトナム郵政公社またはViettel Post JS Corporationの電子商取引ポータルサイトで活動するための基準を満たすこと。
・省および中央運営都市の三ツ星基準を満たすコミューン・ワンプロダクトプログラムの全製品をeコマース・プラットフォームで取引すること。
・すべての生産世帯は、デジタル技術とビジネススキルの訓練を受けること。
・同省は、電子商取引サイトでの農産物の消費促進を支援するとともに、商品の宣伝や国内外市場の拡大を図ること。
・同省は、農業生産に必要な原材料や道具を信頼できるブランドから選定し、適正な価格を設定する。
・生産世帯には、電子商取引やデジタルプラットフォームを通じて、製品市場、需要予測、農業生産能力、気象データ、作物、肥料などに関する情報を提供すること。

同省は、これらの目標を達成するためには、関係省庁、すなわち工業貿易省、農業農村開発省、地方部門、電子商取引フロアが緊密かつ効果的に連携し、生産世帯、個人事業世帯、協同組合、小商工人を指導・支援することが必要であると説いている。2021年7月、総務省は農村部のデジタル経済を促進するため、農業生産世帯をオンライン化する計画を承認した。計画開始後4か月余りで、400万戸以上の農業生産世帯が電子商取引フロアに参加し、4万9,000点以上の農産物がオンライン化され、6万7,500件以上の取引が記録された。2022年2月までに、520万戸以上の農業生産世帯が電子商取引フロアで商品を取引している。570万以上の農業生産世帯がデジタルスキルの訓練を受け、6万5,000以上の商品が電子商取引フロアに掲載され、約7万9,000件の取引が処理された。

■政府、ディジタル経済開発戦略を承認

情報通信部（省）は、2022年4月4日、ブ･ドゥク･ダム副首相が、2025年までのデジタル経済･社会発展のための国家戦略と、2030年までの方向性を承認する決定書に署名したと報じた。情報通信部（省）によると、この計画は、2025年までに低中所得国の地位を克服し、2030年までに高中所得国に、そして2045年までに高所得国になることを目指すものである。政府は、情報通信部（省）にデジタル経済の発展を加速させるための主要な責任を課すことにした。同省はまた、他の省庁や地方公共団体に戦略の実施を指示・支援し、そのパフォーマンスについて毎年首相に報告するよう命じられている。ベトナムは、第4次産業革命への参加に関するガイドラインに関する政治局の決議により、2025年までにデジタル経済の国内総生産（GDP）シェアを20%に引き上げるという目標を掲げている。

この戦略では、デジタル経済と社会の発展において重要な役割を果たす制度、インフラ、人材、企業などを特定している。17の課題グループと8つの解決策グループが設定されており、企業生産、政府業務、国民生活のあらゆる側面へのデジタル技術とデータの浸透を促進することを目的としている。ベトナムのデジタル経済は2025年までに430億米ドルに達する可能性があるとされている。東南アジアで最も急速に成長している2つのデジタル経済のうちの1つで、2015年以降の平均成長率は40%を超えており、その中でも電子商取引は顕著な数字を支える重要な推進力となっている。こうした原動力は、オンラインにシフトしてビジネスを展開する起業家精神旺盛なベトナムの中小企業にとって、ビジネスチャンスの扉を開く。ベトナムは2026年までに東南アジアで最も急成長する電子商取引市場となり、電子商取引の商品総額（GMV）は2026年までに560億米ドルに達し、2021年の推定値の4.5倍になると予想されている。2021年のICT産業の世界全体の収益は1,362億米ドルに達したと見られている。そのうちの13.8%はベトナム企業（187.8億米ドル）のものであった。2022年、MICはベトナムのデジタル技術企業の総数を7万社に増やすことを目標としている。

</td>
</tr>
</table>

ベトナム	■情報通信部、モバイルマネーサービスが、地理的・技術的隔たりの解消に一役 情報通信部（省）は、2022 年 5 月 12 日、モバイルマネーサービスの現状についてのプレスリリースを配信した。プレスリリースによると、ベトナムでは、2022 年 3 月末までに 110 万人以上がモバイルマネーを登録し、利用している。このうち、約 60%（66 万人）が農村部、山間部、遠隔地、国境、島嶼部での利用者だった。3,000 以上の事業所がこのデジタルサービスを通じてお金を受け入れていた。遠隔地の事業所数は 3 割（900 事業所）を占めている。モバイルマネーに登録された取引は 850 万件以上、総額は 3,700 億ベトナムドン（1,600 万米ドル）以上に上った。モバイルマネーを展開するにあたり、政府は既存のインフラやデータ通信ネットワークを活用した。これにより、社会的コストを削減し、モバイル機器でのキャッシュレス決済チャネルを拡大することができた。COVID-19 の大流行がデジタル決済の普遍化の必要性を浮き彫りにしたと言える。インターネット接続や銀行口座に関係なく、電話番号さえあれば、ユーザーはモバイルマネー口座を通じて簡単にキャッシュレス決済を行うことができた。パンデミックは e コマース市場を大きく後押しし、前年のベトナムの小売取引全体の 70% を非現金決済が占めた。新常識のシナリオにおいても、モバイルマネーは地理的・技術的な隔たりを解消し、すべての人の貿易機会を拡大する重要な役割を担っている。ベトナム国民の 40% は銀行口座を持っていないため、モバイルマネーは、補助金、社会保障基金、経済開発を促進するための融資の配布など、遠隔地の人々への支援活動を行うことも可能にした。ベトナムでは非接触型カードや QR コード、デジタルや電子商取引サービスのモバイルバンキングなど、キャッシュレス決済手段の普及が進んできている。2025 年までにモバイル決済の取引量が 50 ～ 80% 増加し、取引額は毎年 80 ～ 100% 急増することが期待されている。また、15 歳以上の人口の 80% 以上が銀行口座を持ち、インターネット決済の件数は毎年 35% ～ 40% 増加し、個人と組織のキャッシュレス決済の利用率は 40% に達することを目指している。2025 年までの国家デジタルインフラ戦略（案）によると、ベトナムの成人のスマートフォン利用率は 73.5% で、政府は 2022 年末までに 85% まで引き上げることを目指している。そのためには、フィーチャーフォンを使っている 1,000 万人のうち 860 万人がスマートフォンに移行する必要がある。電気通信省のデータによると、2021 年末時点でベトナムのスマートフォン契約者数は 9,130 万人だった。今年 3 月までにさらに 200 万人の加入者が増え、合計 9,350 万人となった。
そのほかのアジア諸国の動向	【ミャンマー】テレノア・ミャンマー、社名をアトム・ミャンマーに改称 ミャンマーの携帯通信大手のテレノア・ミャンマーは、2022 年 6 月 1 日、旧親会社の北欧ノルウェーのテレノアグループがレバノンの M1 グループに売却したことを受け、2022 年 5 月 30 日より社名をアトム ミャンマー（Atom Myanmar）に変更したと発表した。同社は声明の中で、この変更が同社が提供するサービスの範囲に影響を与えることはなく、顧客もこの変更の影響を受けないことに言及している。テレノア グループは同年 3 月、物議を醸したミャンマー部門の M1 への売却を完了した。M1 は、現地当局の許可を得るために、ミャンマー企業と提携する必要があった。そのため、M1 はテレノアとの取引完了後、携帯電話会社の株式の過半数（80%）をミャンマーの Shwe Byain Phyu Group（SBP）に譲渡することに同意した。M1 グループは株式の 20% を保有し、M1 グループの関連会社となっている。テレノア・ミャンマーは 2014 年 1 月 30 日に携帯通信事業を含めた電気通信事業の免許を取得し、2014 年 9 月 27 日に携帯通信サービスを商用化した。2021 年 2 月 1 日にミャンマーで発生した政変の影響で安全保障や規制の観点から事業環境が悪化し、最終的にミャンマーから撤退することになった。

参考資料：ワールド・テレコム・アップデート各号（マルチメディア振興センター発行）、各国規制機関ウェブサイト、関係各種資料より作成

4-5 主要通信事業者の提携状況

4-5-1　世界の主要電気通信事業者（売上高上位 10 社）

順位	事業者名	売上高	営業利益	純利益	従業員数
1	AT&T（米）	168,864	23,347	21,479	203,000
2	Verizon Communications（米）	133,613	32,448	22,618	118,400
3	China Mobile Ltd（香港）	133,482（注 1）	18,563	18,302	449,934
4	Deutsche Telekom Group（独）	123,499	14,821	6,928	216,528
—	Comcast（米） （米国の CATV 会社）	116,385	20,817	13,833	189,000
5	NTT（日）	100,006	14,550	9,716	333,850
—	T-mobile USA（米）（注 2） （Deutsche Telekom の米国子会社）	80,118	6,892	3,024	75,000
6	China Telecom（中国）	69,168（注 1）	4,870	4,115	278,922
7	Vodafone Groupe（英）	51,738	6,429	2,979	96,941
—	Charter Communications（米） （米国の CATV 会社）	51,682	10,526	4,654	93,700
8	ソフトバンクグループ（日）	51,182	-7,154（注 3）	-14,051	59,721
9	Orange（仏）	48,267	2,862	883	139,698
10	KDDI（日）	47,993	8,725	5,532	48,829
参考	NTT ドコモ（日） （2020 年から NTT の完全子会社）	49,228	8,918	—	46,500
参考	ソフトバンク（日） （ソフトバンクグループの通信系子会社）	46,814	8,109	4,804	49,581
以下 11.　Telefonica（西）、12.　America Movil（墨）、13.　China Unicom（中国）、14.　BT（英）					

・売上高、営業利益、及び純利益の単位は 100 万 US ドル。

・決算年度は 2021 年度で、米・独・仏・イタリア・スペインは 2021 年 1 月 1 日～ 2021 年 12 月 31 日、英・日本は 2021 年 4 月 1 日～ 2022 年 3 月 31 日の決算である。

・通貨は Pacific Exchange Rate Service（http://fx.sauder.ubc.ca/data.html）による為替レートのデータベースに基づき、独・仏・イタリア・スペイン、中国、は 2021 年 12 月 31 日、英・日本は 2022 年 3 月 31 日のドル換算（1 ユーロ = 1.1351US ドル、1 ポンド =1.3138、1 RMB=0.15736、100 円= 0.82266US ドル）で換算した。

・Comcast と CharterCommunications は米国の大手 CATV 会社、ブロードバンド契約数が CATV 契約数を上回っているため参考までに掲載した。

・NTT はグループの連結決算。

・出所：各社ウェブサイト、年次報告書、有価証券報告書を基に作成。

注 1：China Mobile（中国移動）と China Telecom（中華電信）の売上げの中には、製品などの販売によるものも含まれる。売上げに占めるその割合は、China Mobile が 11.4%、China Telecom が 5.3% である。

注 2：T-mobile USA：ドイツテレコムの子会社であるが参考までに掲載した。2020 年 4 月 1 日にスプリントを吸収合併している。

注 3：ソフトバンクグループは営業利益は非公表のため、税引き前利益を掲載した。同社の損失は税引前損失を大幅に上回っている。これは、同社が投資会社としての色彩が強いためであり、いわゆる「含み損」が大きな割合を占めている。

4-5-2　世界の主要携帯電話会社（加入者別）

順位	事業者名	国	主な市場	伝送方式	加入者数（単位：百万）
1	中国移動（China Mobile）	中国	中国、香港、パキスタン、タイ、英国	GSM、GPRS、EDGE、TD-SCDMA、TD-HSDPA、TD-LTE、FD-LTE（香港のみ）	966.39（2022.04）
2	シングテル（SingTel）注1	シンガポール	シンガポール、オーストラリア、タイ、インド、フィリピン、バングラデッシュ、インドネシア、パキスタン、スリランカなど全世界では21ヶ国	GSM、GPRS、UMTS、HSPA、HSPA+、LTE）	744.0（2021.03）
3	エアテル（Airtel）	インド	インド、バングラデッシュ、スリランカの他、ケニヤ、コンゴ、ガーナ、タンザニア、マダガスカル、ウガンダなど主にアフリカ諸国を市場として、全世界では19ヶ国に展開	GSM、GPRS、EDGE、HSPA、UMTS、HSPA+、LTE、TD-LTE、FD-LTE、LTE-A	491.26（2022.03）
4	リライアンス ジオ（Reliance Jio）	インド	インド	LTE、TD-LTE、FD-LTE、LTE-A	405.68（2022.04）
5	中国電信（China Telecom）	中国	中国、マカオ	CDMA、EV-DO、TD-LTE、LTE、LTE-A	380.32（2022.04）
6	ボーダフォン（Vodafone）	英国	英国、ドイツ、オランダ、スペインなどの欧州の主な国々、ハンガリー、トルコ、フィジー、米国、オーストラリア、ニュージーランド、南アフリカ、エジプト、ガーナ、など27ヶ国	GSM、GPRS、EDGE、HSPA、HSPA+、LTE、LTE-A	323.0（2022.03）
7	中国聯通（China Unicom）	中国	中国、香港、米国、英国	GSM、GPRS、EDGE、UMTS、TD-LTE、LTE、LTE-A	317（2021.12）
8	アメリカ・モビル（America Movil）	メキシコ	メキシコ、ラテンアメリカ諸国、米国など25ヶ国	D-AMPS、cdmaOne、CDMA20001x、EV-DO、GSM、GPRS、EDGE、UMTS、HSPA+、LTE	286.53（2021.12）
9	テレフォニカ / モビスター /O2	スペイン	スペイン、主なラテンアメリカ諸国、ブラジル、英国、ドイツ、スーダンなど13ヶ国	GSM、GPRS、EDGE、UMTS、HSDPA,cdmaOne、CDMA2000、D-AMPS、LTE	277.8（2021.12）
10	MTN グループ	南アフリカ	南アフリカ、ナイジェリア、などのアフリカ諸国、シリア、イラン、アフガニスタンなど21ヶ国	GSM、GPRS、EDGE、UMTS、HSDPA、HSPA+、LTE	272（2021.12）
11	オレンジ（Orange）	フランス	フランス、ポーランド、スペイン、ルーマニア、モルドバ、セネガル、マリ、象牙海岸・マダガスカル、などのアフリカ・カリブ諸国、ドミニカなど26ヶ国	GSM、GPRS、EDGE、UMTS、HSDPA、HSPA+、LTE	271（2021.12）
12	ボーダフォン　アイデア	インド	インド	GSM、GPRS、EDGE、UMTS、HSPA、HSPA+、LTE、TD-LTE、FD-LTE、LTE-A	259.21（2022.04）
13	ドイツテレコム（T- モバイル）	ドイツ	ドイツ、米国、ポーランド、オランダ、オーストリア、チェコなどの東欧諸国、プエルトリコ、バージン諸島など18ヶ国	GSM、GPRS、EDGE、UMTS、HSPA、HSPA+、DC-HSPA+、LTE、LTE-A、LTE-A Pro、NR	248.2（2021.12）
14	ベオン（Veon：旧称 Vimpelcom）	オランダ	ロシアを始め、カザフスタン、キルギスタン、ウズベキスタン、ウクライナなどの主なCIS連邦諸国、バングラデッシュ、ジョージア、パキスタン、アルジェリアの9ヶ国	GSM、GPRS、EDGE、HSDPA、HSPA+、UMTS、LTE-A	214.4（2021.12）
15	AT&T	米国	米国、メキシコ	UMTS、HSDPA、HSPA+、LTE	201.791（2021.12）
16	テルコムセル	インドネシア	インドネシア、東チモール	GSM、GPRS、EDGE、UMTS、HSDPA、HSPA+、LTE	176（2021.12）
17	テルノア（Telnor）	ノルウェー	ノルウェー、スウェーデン、フィンランド、デンマーク、タイ、バングラデッシュ、パキスタン、マレーシア	GSM、GPRS、EDGE、HSDPA、UMTS、LTE	172（2021.12）
18	アクシアタ（Axiata Group Berhad）	マレーシア	マレーシア、ネパール、インドネシア、スリランカ、バングラデッシュ、カンボジア	GSM、GPRS、EDGE、UMTS、HSDPA、HSPA+、LTE、LTE-A	163（2021.12）
19	エティサラート	アラブ首長国連邦	中近東・アフリカ諸国など16ヶ国	GSM、GPRS、EDGE、UMTS、HSDPA、LTE	159（2021.12）
20	ウ - レドゥ	カタール	アルジェリア、インドネシア、イラク、クウェート、モルディブ、ミャンマー、オマーン、カタール、チュニジア	CDMA、EV-DO、GSM、GPRS、EDGE、UMTS、HSDPA、HSPA+、LTE	121（2021.12）

順位	事業者名	国	主な市場	伝送方式	加入者数（単位：百万）
21	ベライゾンワイヤレス（Verizon Wireless）	米国	米国、メキシコ、プエルトリコ	CDMA、EV-DO、LTE	120.85（2021.04）
参考	NTT ドコモ		日本、中国、台湾、フィリピン、グァム、英国、ブラジル	UMTS、HSPA、LTE、LTE-A	84.75（2022.03）
	KDDI（au）		日本、米国、英国、中国、韓国、シンガポール、モンゴル、ミャンマー	CDMA2000、1xRTT、EV-DO、LTE、TD-LTE、LTE-A	62.11（2022.03）
	ソフトバンク		日本、米国	UMTS、HSPA+、DC-HSPA+、LTE、TD-LTE、LTE-A	48.27（2022.03）

・加入者数の単位は 100 万人

出所：各社ウェブサイト、年次報告書、ニュース記事を基に作成

注１：シングテルの加入者数には、33% の株式を保有しているインドのバーティ　エアテル（表では３位）や 35% の株式を所有しているインドネシアのテルコムセル（表では 17 位）が含まれている。シングテルは、シンガポール国内での携帯事業では 2021 年３月末で約 410 万件（シェア 51%）の加入者がある。

注２：日本の３通信事業者については、参考までに日本国内の加入者数のみを掲げている。

4-6　世界の電気通信の動向 － 2021 年～ 2022 年 6 月－

世界の通信市場（サービスと機器を含む）は、2021 年の 2 兆 6,421 億ドルから 2022 年には 2 兆 8,661 億ドルに、年平均成長率（CAGR）8.5％で成長するとフランスの市場調査会社レポートリンカー社が 2022 年 3 月に発表した報告書で予測している。報告書によると、コロナウィルスによるパンデミックの影響により、社会生活で距離を置くことや在宅での作業、商業活動の閉鎖など制限的な封じ込めが行われ、その結果、事業運営が困難になった企業が、事業を再編成し、回復につなげていることが主な要因と分析している。アジア太平洋地域が最大の市場であり、北米が通信市場における 2 番目に大きな市場である。市場全体としては、今後数年間は 7 ～ 8％程度の成長率で拡大し続けると期待されている。

また、2021 年は、インターネットが正常化した年として記憶されるかもしれない。コロナウィルスの大流行によってインターネットのトラフィックパターンが変化し、トラフィック量が急増した 2020 年の後、ネットワーク事業者は帯域幅を追加し、より慎重な方法でトラフィックをエンジニアリングする業務に戻った。電気通信市場調査およびコンサルティング会社であるテレジェオグラフィー社が世界中の通信事業者から収集した調査データに基づいた分析によると、2021 年の世界のインターネット帯域は 29％増加し、前年のコロナ禍による 34％の急増から「通常」の成長率に戻っている。

将来的に市場拡大の牽引力と予想されているのが「モノのインターネット」と呼ばれる IoT 技術である。電子機器やソフトウェア、センサー、ネットワーク接続が組み込まれたデバイスによって、以前はインターネットにつながっていなかった自動車や建物などの大きなものから温度計などの小さなものまでがネットワークに繋がり、データを収集および交換するようになる。IoT 技術の採用によって、通信サービスの需要がますます拡大されてゆく。その IoT は現在主流となっている 4G では扱う大量のトラフィックデータに対応しきれない。高速・大容量、低遅延、同時多数接続と、4G の性能を遥かにしのぎ、IoT をいま以上に進化させ、普及を促進するための社会インフラになる切り札として各国の通信事業者が構築に力を入れているのが 5G ネットワークである。

移動通信関連の業界団体 GSMA が 2022 年 3 月 2 日に発表した報告書「Mobile Economy Report 2022」によると、2022 年 1 月時点で世界 70 カ国､約 200 の 5G ネットワークが稼働している。このうち 68 の事業者が 5G 固定無線アクセス（Fixed Wireless Access、FWA）サービスを提供し、23 の事業者が 5G SA（Stand Alone）サービスを提供している。また、複数のサブ 3GHz 周波数帯やミリ波の活用、5G Advanced、プライベートネットワークに向けた取り組みが進んでいる。2022 年末までには 5G 接続が 10 億を超え、2025 年までに 20 億へ届くとの見通しである。2025 年末までには、5G は全移動通信接続の 5 分の 1 超を占め、世界の 5 人に 2 人以上が 5G ネットワーク圏内に暮らすようになると予測している。

5Gの展開状況　（2022年1月末現在）

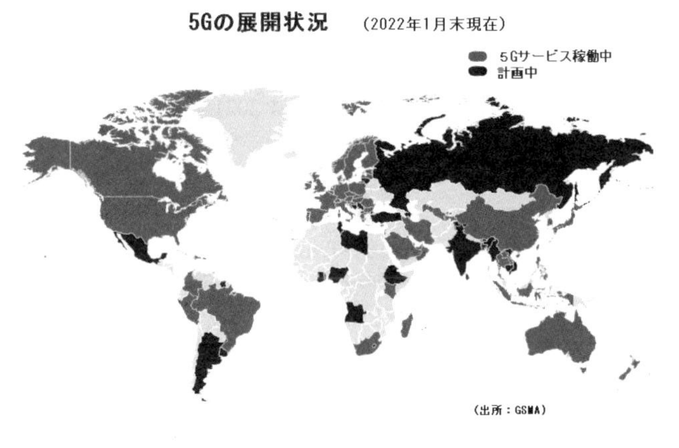

（出所：GSMA）

スタンドアロン型５G展開状況　（2022年1月現在）

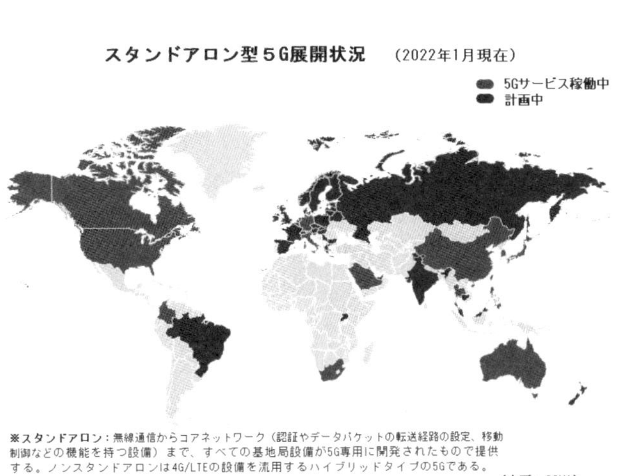

※スタンドアロン：無線通信からコアネットワーク（認証やデータパケットの転送経路の設定、移動制御などの機能を持つ設備）まで、すべての基地局設備が5G専用に開発されたもので提供する。ノンスタンドアロンは4G/LTEの設備を流用するハイブリッドタイプの5Gである。

（出所：GSMA）

通信事業者による5Gへの一層の取り組みが進むのに伴い、オープンラジオアクセスネットワーク（O-Ran）規格を採用する動きも目立ってきた。通信インフラのソフトウエア化が急速に進んでいる。専用機器がほとんどだった通信機器分野に、汎用サーバー上のソフトウエアとして動作する、いわゆる仮想化の波が訪れている。5Gは、当初からスイッチなどのハードウェアの集合体としてではなく、ソフトウェア化、つまり「仮想化」できるサービスの集合体として考案されていた。携帯電話がアプリケーションを実行できるスマートフォンになったように、ネットワークはソフトウェアアドオンのためのプラットフォームとなることができる。そして通信業界は、これまでハードウェアが担ってきた機能をより多く仮想化できるO-Ran規格を採用し、独自性を薄めつつある。

オープンRANの普及状況（2022年1月末現在）

（出所：GSMA）

例えば、米国では、衛星放送サービスのDISH社が、O-Ranを使い、既製の通信用ハードウェアと多くのコンピュータコードを組み合わせた非独占的なアーキテクチャで、ゼロから新しい5Gネットワークを構築しようとしている。通信市場への新規参入を目論むDISH社のネットワークでは、従来のモバイルネットワークで使われていた巨大な基地局ではなく、アンテナ支柱に取り付けられた細長いボックスにその技術が収められている。これらはアマゾンのAWSクラウド（Amazon Web Services）に直接接続され、DISH社の他のソフトウェア（例えば、加入者管理や課金に使用するもの）を含むネットワークの仮想部分をホストしている。コアネットワークから無線アクセスネットワーク（RAN）の一部まで、AWSのクラウド基盤の上に仮想化ネットワークとしてつくる計画である。

2021年から2022年上半期にかけての動きとして、アマゾンやマイクロソフトなどの大手IT企業が、資金力を背景にクラウドを通じて通信分野に進出しつつあるという事が挙げられる。通信事業者は、AWSをインフラの一部として活用することで、市場参入への時間を短縮できる。DISH社だけでなく、米国や日本、英国、韓国など世界的に大手の通信事業者がAWSをインフラの一部として使い始めた。また、AT&Tは2021年6月30日、自社の5Gモバイルネットワークをマイクロソフトのクラウドへと移行すると発表した。これにより、AT&Tの5Gモバイルネットワークのトラフィック全てがAzureテクノロジーによって管理されるようになる。クラウドサービスを提供する大手IT企業と通信事業者は蜜月関係を築きつつある。

しかし、通信事業者を手助けするばかりではなく、大手IT企業は「通信サービス」をも侵食し始めている。通信事業者にとって協業相手であると同時に競争相手にもなってくる。アマゾンは、2021年11月に企業専用の5G網を、わずか数日で提供できるようにする「AWS Private 5G」のサービスを開始した。企業専用5Gネットワークの導入の手間を極力簡単にし、料金も初期コストなしに、利用したネットワーク容量に応じた従量課金で提供する。大手IT企業が提供するクラウドが、通信分野でも欠かせないインフラの一部になりつつある。

通信業界はこれまで、通信事業者がサービスから技術開発、通信インフラへの投資に至るまで主役を担ってきた。ここに来て巨大クラウド事業者が、膨大なデータを生み出し、通信技術に対するニーズもリードしつつあり、通信インフラへの投資に至るまで主役に躍り出ようとしているかのようである。また、通信事業者はO-Ran規格を採用してエリクソンやノキアなどのハードウェア造業者との束縛が解消されつつあるが、アマゾンやマイクロソフトなどと手を組みクラウド上に仮想化したネットワークを構築することは、新たにクラウド事業者とソフトウェアで束縛されることを意味する。

そして、観点は少し違うが、市場支配力を背景に日常生活にも大きな影響力を持つこの巨大IT企業に対して規制をかけようとする動きが2021年から2022年にかけてはっきりしてきた。欧州議会は、2022年7月5日、欧州委員会が2020年に発表したIT大手を抑制する2つの法案「デジタルサービス法（DSA）」と「デジタル市場法（DMA）」を賛成多数で可決した。DSAは、デジタル市場で、消費者の保護を意図したものである。ソーシャルメディアサービス（SNS）に携わる大手IT企業は、DSAが完全に施行される2024年までに、自社のプラットフォームをどのように管理しているのかについて、より透明性を高め、規制当局のアドバイスに従って改善し、ユーザーが簡単に悪いコンテンツにフラグを立てる方法を提供しなければならなくなる。

一方、DMAは、デジタル市場の公平・公正な競争の確保と競争の促進を意図している。「ゲートキーパー」として機能するプラットフォームに、より公正なビジネス環境とより多くのサービスを消費者に提供することを求めている。

通信分野では数十年に1度と言われるほどの大改革であるこのような動きは、欧州ばかりではなく、オーストラリアや韓国などでも同様の動きが見られ、世界的な潮流となりつつある。以下にまとめてみた。

各国のIT規制法

EU	デジタルサービス法(DSA) (2022年中に施行)	EU人口の10%に当たる4500万人以上のユーザーを擁する企業を大手と定義し、規制対象とする。SNS(交流サイト)や電子商取引(EC)サイトを対象に、ヘイトスピーチや児童ポルノ、海賊版の販売といった違法コンテンツや商品について、削除を含む対応を義務付ける。広告分野では、宗教や出自、性的嗜好をもとにしたターゲティング(追跡型)広告も禁止する。ウェブサイトの表記やデザインによって、消費者を不利な決定に誘導する「ダークパターン」を禁じ、サービスの解約も加入と同様の簡単な操作でできるよう求める。違反した場合、年間売上高の最大6%の罰金が科せられる。DSAの適用及び執行に責任を負う管轄当局を1つ以上指定し、うち1つを「デジタルサービス調整官」として指定すること。
EU	デジタル市場法(DMA) (2022年中に施行)	「中核的プラットフォームサービス」を提供する年間売上高75億ユーロ以上の大企業を「ゲートキーパー」に指定。ブラウザやメッセンジャー、ソーシャルメディアなど、EU域内の月間エンドユーザー数が4,500万人以上のサービスが対象。企業を買収する際の当局への事前通知や、Webブラウザなど重要なソフトウェアをOSインストール時にデフォルト要求しないこと自社製品の優遇の禁止。重大な違反には、年間売上高の最大10%の罰金、EU域内での業務停止、企業の分割などの罰則
ドイツ	競争制限禁止法(GWB)デジタル化法 (2021年1月施行)	市場競争に対し決定的な重要性を有する企業に対しては、支配的地位を気づいていない場合であっても、例外的に事前介入措置を講じることができる。また、濫用行為が新設され、次の行為が禁止された。①購入・販売市場へのアクセス時に自社の提案を優先すること。②ブラウザや携帯端末に自社の提案をプリインストール又はプリセットするなどして、他の事業者を妨害すること。③製品の相互運用性・データポータビリティを困難に又は不可能にして、競争を阻害すること。
英国	オンライン安全法 (議会に提出中)	「カテゴリー1」と分類された最大規模のオンラインプラットフォーム運営企業に対し、有害コンテンツの摘発と削除を義務付ける。メディア・通信業界の監督機関Ofcomの監督権限を強化し、違反した企業に全世界売上高の最大10%の罰金を科すことが可能。ソーシャルメディアプラットフォームや検索エンジン、その他のアプリケーションやウェブサイトは、人々によるコンテンツ投稿を許可する場合、子供を保護し、違法行為を取り締まり、自らの規約を守らねばならない。 ポルノサイトには、ユーザーの年齢確認の厳格化を義務付ける運営企業には、ユーザーが希望しないコンテンツや他のユーザーからのアクセスを拒否できるよう対応を義務付ける。わいせつな画像を一方的に送りつける「サイバーフラッシング(露出)」は新たに違法とする。
米国	イノベーション・選択法 オープンアプリマーケット法 (審議中)	連邦取引委員会(FTC)と司法省に権限を付与する。プラットフォームは自社の製品ないしサービスを「優先」することを禁止。規制機関は、「優先」が何を意味するのか決める上で幅広い裁量権を持つ。また、自社のサービス上で他社のサービスも利用できるようにすることを事実上義務付けている。「著しいサイバーセキュリティー上のリスク」につながる恐れのある場合には、義務は適用されない。(イノベーション・選択法案) 「アップルストア」「グーグルプレイ」を通じてアプリを配信するアップルとグーグルが主な対象。アプリ開発会社に対して自社決済システムを使うよう強制するのを禁じる。他社のアプリ配信サービスも認めるよう求める。(オープンアプリマーケット法案)
オーストラリア	2021年オンライン安全法 (2021年2月施行)	未成年者に対するネットいじめやリベンジポルノへ対応した「2015年オンライン安全強化法」の主要な枠組みを引き継いで、2021年7月に成立した。"ネット安全コミッショナー"にオンライン上での安全を確保するための幅広い権限を付与した。コミッショナーはプロバイダに対して、個人を標的にしたネット上の書き込みには削除通告を、暴力を助長する書き込みには遮断要請・通告することができる。従わない場合は罰則がある。
韓国	特定決済方式強要行為禁止法 (2022年2月施行)	アプリ市場運営者が、市場支配力を持つ地位を不当に利用して「モバイルコンテンツの提供者に特定の支払い方法を強制する行為」を禁止した。アップルやグーグルをターゲットとしている。類型として以下のような行為が挙げられている。 *モバイルコンテンツ等の登録・更新・点検を拒否・遅延・制限したり削除・遮断する行為 *アプリマーケット利用を拒否・遅延・停止・制限する行為 *技術的に制限する行為 *アクセスや使用手続きを複雑にする行為 違反した場合は、関連事業の平均年間収入の最大2%の罰金が科される可能性がある。
日本	デジタルプラットフォーム取引透明化法 (2021年2月施行)	国内売上高3000億円以上のオンライン・モール運営事業者と、国内売上高2000億円以上のアプリ・ストア運営者を特定デジタルプラットフォーム提供者と規定。①取引条件の開示を義務付け、②自主的な手続き・体制の整備、③運営状況の自己評価の報告書を経済産業大臣に提出しレビューを受ける。

(各種資料を基に作成)

2022年2月24日に開始されたロシアのウクライナ侵攻は、改めて有事の際に通信手段を確保することの重要性を認識させた。戦争の初期に通信インフラを破壊し、通信麻痺の状態にして敵を孤立させようとすることは、軍事活動の基本戦術である。実際に、侵攻直後、かつての回線交換による通信方式がいまでも主流であったら、爆撃を受けた都市からゼレンスキー大統領が世界に向けて支援を要請するメッセージを流したり、ウクライナ市民が部屋の中から崩壊した市街の様子を動画で配信するということはなかっただろう。

従来の回線交換方式に代わり、インターネットという新しい通信方式を生み出す誘引となったのは、1957年10月4日、ソ連が人類初の人工衛星「スプートニク1号」の打ち上げに成功したことであった。この打ち上げの成功は、西側諸国の人々に、いわゆる"スプートニクショック"を与えた。米軍関係者には上空を飛ぶ人工衛星から地上の交換機が攻撃されるかもしれないという危機意識が芽生えた。

かつての音声通信やデータ通信は回線交換が基本で、通信網内では交換機がツリー型に構成されていた。上位にある交換機に攻撃を加えれば、システムの大半を機能不全に落とし込めた。広範囲に通信障害を引き起こさせることができる。米軍内では、従来のようなツリー型の通信網ではなく、損傷箇所を迂回しても通信が確保できるような平面的なダイアグラムの通信網へと研究開発の舵が切られた。その研究成果として1969年にアーパネット(ARPANET)と名付けられた初のパケット通信網が誕生した。このパケット通信網をベースに、1983年にTCP/IPと言う通信プロトコルが導入され、現在のインターネットへと発展している。

ウクライナは、インターネットサービスプロバイダー（ISP）の数が非常に多い。ISP濫立国である。侵攻される以前には国内に2,000社以上があった。一つのISPに集中する度合いは世界で4番目に低い。攻撃で荒廃化が進んだ東部地域を除き通信状況は安定している。ネットワークのボトルネックがほとんどないため、通信不能に落とし込むことが難しい。この観点からは、1970年前後に登場したインターネットの祖先であるアーパネットの目的の一つを満たしている。

インターネットを通じて戦場からの生映像が配信されるのは、ウクライナ侵攻が初めてというわけではない。1990年代の湾岸戦争やユーゴスラビア内戦などからジャーナリストが伝え始めている。今回のウクライナ侵攻でインターネットを通じて配信される映像の特色はその規模である。ウクライナは過去に紛争があった地域よりも、遥かにネットワーク網が発達している。国際電気通信連合（ITU）によれば、ウクライナ人の約75%がインターネットを利用している。2015年にロシアがシリア介入を開始し始めた時、シリアでインターネットの普及率は30%であった。2014年にロシアがクリミアを併合した時は、スマートフォンの普及率は14%程度であった。2020年に、この数字は70%へと跳ね上がる。2014年にスマートフォンで3G網へアクセスできるのはわずか4%程度であった。2020年には80%が高速通信網への接続が可能と推測されている。

ロシアからの侵攻直後にウクライナ政府は非常用通信手段としてスペースX社に衛星通信サービスのスターリンクの利用に必要な低軌道衛星と通信するための専用の地上端末を要請した。地上波を通じては通信が困難な地域からも低軌道衛星を介して戦闘の生々しい映像が送られてくるようになった。低軌道衛星コンステレーションでは、一部の人工衛星のアクセスを止められても、大規模なアクセス停止は非常に難しい。別のシステムに切り替えて通信が継続できるよう、冗長性がある。回復力も高い。セキュリティの関連から、通信衛星コンステレーションビジネスが新たな境地を開こうとしている。

ソーシャルメディアに映し出される映像は、時間的にズレがある場合には、いわば“ドキュメント”になるが、リアルタイムでは“通信”として機能している。言葉に現れる以上のものが呼び起こされる。インターネットを通じてウクライナから届けられる映像は、「いつでもどこでもブロードバンドの接続」が可能となり、平和なときも戦争をしているときも、実生活がますますオンラインで営まれるようになっていることを示している。

第5章
TCA会員事業者の状況

5-1　TCA 会員の状況

5-1-1　会員一覧

【提供する電気通信役務の記号表示について】
1…加入電話　2…総合デジタル通信サービス（中継電話または公衆電話であるもの及び国際総合デジタル通信サービスを除く）　3…中継電話（国際電話であるものを除く）　4－①…国際電話　4－②…国際総合デジタル通信サービス　5…公衆電話　6－①…携帯電話（三・九―四世代移動通信システムを使用するもの）　6－②…携帯電話（第五世代移動通信システムを使用するもの）　6－③…携帯電話（三・九―四世代移動通信システム又は第五世代移動通信システムを使用するもの以外のもの）　7…PHS　8－①…IP 電話（050・0AB～J 番号を使用するもの）　8－②…IP 電話（050・0AB～J 番号を使用するものを除く）　9…ワイヤレス固定電話　10…衛星移動通信サービス　11…FMC サービス　12…インターネット接続サービス　13－①…FTTH アクセスサービス　13－②…FTTH アクセスサービス（VDSL 等の設備を使用するもの）　14…DSL アクセスサービス　15…FWA アクセスサービス　16…CATV アクセスサービス　17…携帯電話・PHS アクセスサービス　18…三・九―四世代移動通信アクセスサービス　19…第五世代移動通信アクセスサービス　20…ローカル 5G サービス　21…フレームリレーサービス　22…ATM 交換サービス　23…公衆無線 LAN アクセスサービス　24－①…BWA アクセスサービス（全国 BWA アクセスサービス）　24－②…BWA アクセスサービス（地域 BWA アクセスサービス）　24－③…BWA アクセスサービス（自営等 BWA アクセスサービス）　25…IP－VPN サービス　26…広域イーサネットサービス　27…衛星アクセスサービス　28－①…専用役務（国内）　28－②…専用役務（国際）　29…アンライセンス LPWA サービス　30…上記 1～29 までに掲げる電気通信役務を利用した付加価値サービス　31…インターネット関連サービス（IP 電話を除く）　32－①…仮想移動電気通信サービス（携帯電話に係るもの）　32－②…仮想移動電気通信サービス（PHS に係るもの）　32－③…仮想移動電気通信サービス（ローカル 5G サービスに係るもの）　32－④…仮想移動電気通信サービス（BWA アクセスサービスに係るもの）　33－①…ドメイン名電気通信役務（第 59 条の 2 第 1 項第 1 号イに掲げるもの）　33－②…ドメイン名電気通信役務（第 59 条の 2 第 1 項第 1 号ロに掲げるもの）　33－③…ドメイン名電気通信役務（第 59 条の 2 第 1 項第 2 号に掲げるもの）　34－①…電報（受付配達業務を行うもの）　34－②…電報（受付配達業務を行わないもの）　35…1～34 までに掲げる以外の電気通信役務

※業務区域の表記について
北海道
東北地方・・・青森、岩手、宮城、秋田、山形、福島
関東地方・・・茨城、栃木、群馬、山梨、埼玉、東京、千葉、神奈川
信越地方・・・長野、新潟
北陸地方・・・富山、石川、福井
東海地方・・・静岡、愛知、岐阜、三重
近畿地方・・・滋賀、京都、大阪、兵庫、奈良、和歌山
中国地方・・・鳥取、島根、岡山、広島、山口
四国地方・・・徳島、香川、愛媛、高知
九州地方・・・福岡、佐賀、長崎、熊本、大分、宮崎、鹿児島
沖縄

※総務省資料「登録事業者一覧」をもとに会員へのアンケート調査により作成。

（2022 年 7 月 1 日現在）

事業者名	提供区域	提供役務																																																掲載頁
		1	2	3	4①	4②	5	6①	6②	6③	7	8①	8②	9	10	11	12	13①	13②	14	15	16	17	18	19	20	21	22	23	24①	24②	24③	25	26	27	28①	28②	29	30	31	32①	32②	32③	32④	33①	33②	33③	34①	34②	35	
日本電信電話㈱																																																			250
東日本電信電話㈱	北海道 東北地方 関東地方 信越地方	○	○				○					○	○					○	○	○		○				○		○						○		○			○	○								○		○	251
西日本電信電話㈱	北陸地方 東海地方 近畿地方 中国地方 四国地方 九州地方 沖縄県	○	○				○					○	○					○	○	○	○	○						○	○					○		○			○	○								○		○	252
KDDI ㈱	全国			○	○	○		○	○			○			○		○	○	○				○	○	○				○				○	○	○	○	○		○	○	○			○				○		○	253
ソフトバンク㈱	全国	○	○	○	○	○		○	○	○	○	○	○		○		○	○	○	○			○	○	○				○				○	○	○	○	○		○	○	○			○					○		254
アルテリア・ネットワークス㈱	全国			○								○	○				○	○	○														○	○		○	○		○	○	○	○		○							255
エヌ・ティ・ティ・コミュニケーションズ㈱	全国			○	○	○						○	○		○		○	○	○														○	○		○	○再販		○	○	○								○	○	255
東日本旅客鉄道㈱	全国																												○				○	○										○						○	256
スカパー JSAT ㈱	全国											○再販			○		○																	○再販	○	○	○		○											○（転送電話、映像配信）	256
ピーシーシーダブリュー・グローバル・ジャパン㈱	全国																○																				○														257
ソニーネットワークコミュニケーションズ㈱	全国											○	○				○	○	○														○	○		○		○	○	○	○			○							257
北海道総合通信網㈱	北海道																○																	○		○				○											258
	東京都																																							○											

事業者名	提供区域	提供役務																																																	掲載頁
		1	2	3	4①	4②	5	6①	6②	6③	7	8①	8②	9	10	11	12	13①	13②	14	15	16	17	18	19	20	21	22	23	24①	24②	24③	25	26	27	28①	28②	29	30	31	32①	32②	32③	32④	33①	33②	33③	34①	34②	35	
東北インテリジェント通信㈱	東北6県 新潟県				○再販							○	○				○				○								○再販				○再販	○		○			○	○	○			○							258
北陸通信ネットワーク㈱	北陸地方											○再販					○																○再販	○		○	○再販		○	○											259
中部テレコミュニケーション㈱	東海地方 長野県											○	○		○再販		○	○	○														○	○	○再販	○				○	○	○		○						○	259
㈱オプテージ	全国				○							○					○	○	○	○													○	○	○	○			○	○	○			○						○	260
㈱エネルギア・コミュニケーションズ	中国地方											○	○				○	○	○															○		○			○	○	○										260
㈱ STNet	全国											○					○	○	○														○	○		○			○		○			○						○	261
㈱ QTnet	全国											○					○	○	○							○			○再販				○	○		○	○	○		○	○			○							261
OTNet ㈱	沖縄県											○再販					○	○卸	○卸	○													○	○		○		○再販													262
日本デジタル配信㈱	関東地方																																	○		○			○												262
日本ネットワーク・エンジニアリング㈱	全国											○再販	○		○再販	○再販	○再販																	○再販		○					○										263
エルシーブイ㈱	信越地方											○再販					○	○再販	○再販			○							○		○					○再販					○再販										263
近鉄ケーブルネットワーク㈱	奈良 大阪 京都 三重 愛知											○再販					○	○	○			○									○		○			○															264
	全国																																								○			○							
イッツ・コミュニケーションズ㈱	関東地方 （東京都・ 神奈川県）											○再販					○	○	○	○再販		○							○		○					○				○	○										264
㈱ケーブルテレビ品川	東京都											○再販					○	○	○			○							○											○	○										265
㈱ニューメディア	山形県 米沢市 南陽市 高畠町 川西町 北海道 函館市 北斗市 七飯市 新潟県 新潟市 福島県 福島市											○					○	○	○			○							○		○					○					○										265
㈱シー・ティー・ワイ	三重県											○再販					○	○				○							○		○					○				○	○										266
東京ケーブルネットワーク㈱	東京都											○						○				○							○		○			○		○									○						266

事業者名	提供区域	提供役務																																																	掲載頁
		1	2	3	4①	4②	5	6①	6②	6③	7	8①	8②	9	10	11	12	13①	13②	14	15	16	17	18	19	20	21	22	23	24①	24②	24③	25	26	27	28①	28②	29	30	31	32①	32②	32③	32④	33①	33②	33③	34①	34②	35	
JCOM ㈱	全国																○																			○			○	○	○			○						○	267
ミクスネットワーク㈱	愛知	○																○	○			○							○		○	○	○																		268
㈱アドバンスコープ	東海地方							○									○	○				○							○		○																				268
㈱TOKAIコミュニケーションズ	全国											○再販					○	○再販	○再販	○								○					○再販	○		○	○再販		○	○	○			○						○	269
㈱秋田ケーブルテレビ	東北地方											○					○	○								○			○		○		○			○				○	○			○							270
松阪ケーブルテレビ・ステーション㈱	三重県																○	○				○									○					○					○										271
㈱コミュニティネットワークセンター	東海地方																												○		○			○					○		○									○	272
伊賀上野ケーブルテレビ㈱	三重県											○					○	○	○			○							○		○			○		○															272
㈱いちはらコミュニティー・ネットワーク・テレビ	市原市 千葉市緑区											○再販					○	○	○		○	○									○					○			○	○	○										273
㈱中海テレビ放送	鳥取県 西部											○					○	○				○									○					○卸				○	○										274
入間ケーブルテレビ㈱	関東地方											○						○				○									○					○卸			○	○	○										274
㈱NTTドコモ	全国				○			○	○	○		○			○		○	○	○				○	○	○				○				○	○	○	○			○	○											275
沖縄セルラー電話㈱	沖縄県				○			○	○			○					○	○	○				○	○	○				○							○			○	○				○							276
楽天モバイル㈱	全国		○	○				○	○			○	○				○	○	○	○			○	○	○															○	○			○						○	277
東京テレメッセージ㈱	全国																																																	○	277
アビコム・ジャパン㈱	全国																																			○															278
関西エアポートテクニカルサービス㈱	大阪府																○																							○											279
UQコミュニケーションズ㈱	全国																○													○				○					○		○									○	279

5-1-2　会員各社の概要

（2022年7月1日現在）

会社名	日本電信電話株式会社	会社名（英文）	NIPPON TELEGRAPH AND TELEPHONE CORPORATION		
本社所在地	〒100-8116 東京都千代田区大手町一丁目5番1号 TEL: 03 - 6838 - 5111 ／ ホームページ：https://group.ntt/jp/				
代表者	代表取締役社長　島田（しまだ）　明（あきら）	資本金	938,000百万円 （2022年3月31日現在）	従業員数	2,486人 （2022年3月31日現在）
設立年月日	1985年4月1日	事業開始年月日			
主たる出資者	財務大臣（35.59%）、日本マスタートラスト信託銀行㈱（信託口）（10.40%）、㈱日本カストディ銀行（信託口）（4.50%）、トヨタ自動車㈱（2.28%）、モックスレイ・アンド・カンパニー・エルエルシー（1.01%）、日本生命保険相互会社（0.77%）、バークレイズ証券㈱（0.73%）、ステート　ストリート　バンク　ウェスト　クライアント　トリーティー　505234（0.71%）、ジェーピー　モルガン　チェース　バンク　385632（0.70%）、NTT社員持株会（0.70%）※2022年3月31日現在				
設備投資額及び主な計画	設備投資額：2021年度（実績）：19,000百万円 2022年度（計画）：24,000百万円				
関係会社一覧	㈱NTTドコモ、東日本電信電話㈱、西日本電信電話㈱、NTT㈱、エヌ・ティ・ティ・コミュニケーションズ㈱、NTT Ltd、NTTセキュリティ㈱、㈱エヌ・ティ・ティ・データ、NTTアーバンソリューションズ㈱、エヌ・ティ・ティ都市開発㈱、㈱NTTファシリティーズ、NTTファイナンス㈱、NTTアノードエナジー㈱、エヌ・ティ・ティ・コムウェア㈱、エヌ・ティ・ティ・アドバンステクノロジ㈱　他				

［決算状況］

（貸借対照表）　（単位：百万円）

資産の部	
科目	金額
固定資産	11,161,845
流動資産	502,446
繰延資産	
資産合計	11,664,291
負債及び資本の部	
科目	金額
固定負債	4,101,593
流動負債	2,550,532
資本金	937,950
資本剰余金	2,672,826
利益剰余金	1,510,925
その他有価証券評価差額金	116,923
自己株式	▲226,459
負債及び資本合計	11,664,291

（2022年3月末現在）

（損益計算書）　（単位：百万円）

区分		2017年度	2018年度	2019年度	2020年度	2021年度
収入	電気通信事業収入					
	電気通信事業以外の事業の収入	663,118	750,740	649,740	794,074	650,116
	合計	663,118	750,740	649,740	794,074	650,116
営業利益		530,552	613,833	510,317	644,427	479,806
経常利益		528,143	612,862	508,877	639,759	474,497
当期利益		724,908	1,192,784	480,768	639,237	470,502

（2022 年 7 月 1 日現在）

会社名	東日本電信電話株式会社	会社名（英文）	NIPPON TELEGRAPH AND TELEPHONE EAST CORPORATION		
本社所在地	〒163-8019 東京都新宿区西新宿三丁目 19 番 2 号 TEL: 03 - 5359 - 5111 ／ FAX: 03 - 5359 - 1221 ／ ホームページ：http://www.ntt-east.co.jp/				
代表者	代表取締役社長　澁谷（しぶたに）　直樹（なおき）	資本金	335,000 百万円（3,350 億円）	従業員数	4,900 人
設立年月日	1999 年 7 月 1 日	事業開始年月日	1999 年 7 月 1 日		
主たる出資者	日本電信電話㈱（100%）				
設備投資額及び主な計画	設備投資額：2021 年度（実績）：251,600 百万円 2022 年度（計画）：250,000 百万円 主な計画：サービスの改善・拡充、研究施設、共通施設等				
関係会社一覧	〈地域子会社（4 社）〉㈱ NTT 東日本－南関東、㈱ NTT 東日本－東北、㈱ NTT 東日本－関信越、㈱ NTT 東日本－北海道 〈情報通信エンジニアリング分野（3 社）〉㈱エヌ・ティ・ティ エムイー、エヌ・ティ・ティ・レンタル・エンジニアリング㈱、エヌ・ティ・ティ・ブロードバンドプラットフォーム㈱ 〈SI・情報通信分野（2 社）〉エヌ・ティ・ティテレコン㈱、日本テレマティーク㈱ 〈電話帳ビジネス・印刷分野（2 社）〉NTT タウンページ㈱、NTT 印刷㈱ 〈テレマーケティング分野（2 社）〉㈱ NTT 東日本サービス、㈱ NTT ネクシア 〈不動産分野（2 社）〉㈱ NTT 東日本プロパティーズ、㈱エヌ・ティ・ティ・ル・パルク 〈金融・カード分野（1 社）〉㈱エヌ・ティ・ティ・カードソリューション 〈ファシリティマネジメント・福利厚生分野（3 社）〉テルウェル東日本㈱、テルウェル東日本アイピーエス㈱、㈱アイ・エス・エス 〈移動体通信分野（1 社）〉日本空港無線サービス㈱ 〈クラウド分野（1 社）〉ネクストモード㈱ 〈国際分野（1 社）〉NTT イーアジア㈱ 〈食農分野（1 社）〉㈱ NTT アグリテクノロジー 〈畜産・酪農分野（1 社）〉㈱ビオストック 〈ドローン分野（1 社）〉㈱ NTT e-Drone Technology 〈文化芸術分野（1 社）〉㈱ NTT ArtTechnology 〈e スポーツ分野（1 社）〉㈱ NTTe-Sports 〈コンサルティング分野（1 社）〉㈱ NTT DX パートナー 〈その他の分野（1 社）〉エヌ・ティ・ティ・スポーツコミュニティ㈱				

［決算状況］

（貸借対照表）　（単位：百万円）

資産の部	
科目	金額
固定資産	2,834,233
流動資産	594,910
繰延資産	
資産合計	3,429,143
負債及び資本の部	
科目	金額
固定負債	425,610
流動負債	808,932
資本金	335,000
資本剰余金	1,499,727
利益剰余金	356,535
その他有価証券評価差額金	3,339
自己株式	
負債及び資本合計	3,429,143

（2022 年 3 月末現在）

（損益計算書）　（単位：百万円）

区分		2017 年度	2018 年度	2019 年度	2020 年度	2021 年度
収入	電気通信事業収入	1,511,936	1,487,742	1,452,728	1,435,276	1,423,849
	電気通信事業以外の事業の収入	134,333	124,625	147,777	187,102	154,484
	合計	1,646,269	1,612,367	1,600,506	1,622,378	1,578,333
営業利益		260,071	251,430	221,102	243,906	263,432
経常利益		273,622	262,910	233,645	258,047	278,424
当期利益		152,433	162,516	168,868	182,689	200,954

（2022 年 7 月 1 日現在）

会社名	西日本電信電話株式会社	会社名(英文)	NIPPON TELEGRAPH AND TELEPHONE WEST CORPORATION		
本社所在地	〒534-0024 大阪府大阪市都島区東野田町四丁目 15 番 82 号 TEL: 06 - 6490 - 9111 ／ ホームページ：https://www.ntt-west.co.jp/				
代表者	代表取締役社長　森林（もりばやし）　正彰（まさあき）	資本金	312,000 百万円	従業員数	1,500 人
設立年月日	1999 年 7 月 1 日	事業開始年月日	1999 年 7 月 1 日		
主たる出資者	日本電信電話㈱（100%）				
設備投資額及び主な計画	設備投資額：2021 年度（実績）：211,400 百万円 2022 年度（計画）：221,000 百万円				
関係会社一覧	NTT ビジネスソリューションズ㈱、㈱エヌ・ティ・ティマーケティングアクト、㈱ NTT フィールドテクノ、エヌ・ティ・ティ・メディアサプライ㈱、エヌ・ティ・ティ・スマートコネクト㈱、エヌ・ティ・ティ・ソルマーレ㈱、㈱ NTT 西日本ルセント、㈱マーケティングアクト ProCX、㈱地域創生 Co デザイン研究所、テルウェル西日本㈱、㈱ジャパン・インフラ・ウェイマーク、㈱ NTTSportict、㈱エヌ・ティ・ティ・ビジネスアソシエ西日本、㈱ NTT 西日本アセット・プランニング、NTT PARAVITA ㈱、㈱ NTT EDX、エヌ・ティ・ティテレコン㈱、エヌ・ティ・ティ・ブロードバンドプラットフォーム㈱				

［決算状況］

（貸借対照表）　（単位：百万円）

資産の部	
科目	金額
固定資産	2,786,604
流動資産	368,402
繰延資産	0
資産合計	3,155,007
負債及び資本の部	
科目	金額
固定負債	827,662
流動負債	792,333
資本金	312,000
資本剰余金	1,170,054
利益剰余金	52,741
その他有価証券評価差額金	217
自己株式	0
負債及び資本合計	3,155,007

（2022 年 3 月末現在）

（損益計算書）　（単位：百万円）

区分		2017 年度	2018 年度	2019 年度	2020 年度	2021 年度
収入	電気通信事業収入	1,280,355	1,238,666	1,187,452	1,171,734	1,160,338
	電気通信事業以外の事業の収入	152,571	155,876	167,038	204,668	164,582
	合計	1,432,927	1,394,542	1,354,490	1,376,402	1,324,920
営業利益		167,453	139,035	113,053	118,803	128,150
経常利益		163,705	134,998	113,450	128,349	145,138
当期利益		72,432	77,025	86,709	92,083	108,175

（2022 年 7 月 1 日現在）

会社名	KDDI 株式会社	会社名（英文）	KDDI CORPORATION		
本社所在地	〒102-8460 東京都千代田区飯田橋 3 丁目 10 番 10 号ガーデンエアタワー TEL: 03 - 3347 - 0077 ／ FAX: 03 - 3347 - 7000 ／ ホームページ：http://www.kddi.com				
代表者	代表取締役社長　髙橋（たかはし）　誠（まこと）	資本金	141,852 百万円 （2022 年 3 月 31 日時点）	従業員数	48,829 人 （2022 年 3 月 31 日時点）
設立年月日	1984 年 6 月 1 日	事業開始年月日	1986 年 10 月 24 日		
主たる出資者	日本マスタートラスト信託銀行㈱（信託口）（16.13%）、京セラ㈱（15.10 %）、トヨタ自動車㈱（14.28%）、㈱日本カストディ銀行（信託口）（5.86%）、STATE STREET BANK WEST CLIENT-TREATY 505234（1.40%） （2022 年 3 月 31 日時点）				
設備投資額及び主な計画	設備投資額：2021 年度（実績）：676,461 百万円 2022 年度（計画）：680,000 百万円 主な計画：通信品質の向上とサービスエリアの拡充を目的とした無線基地局及び交換局設備の新設・増設等 FTTH 及びケーブルテレビに係る設備の新設・増設等 伝送路の新設・増設等				
関係会社一覧	沖縄セルラー電話㈱、JCOM ㈱、㈱ジェイコムウエスト、UQ コミュニケーションズ㈱、ビッグローブ㈱、㈱イーオンホールディングス、中部テレコミュニケーション㈱、㈱ワイヤ・アンド・ワイヤレス、au フィナンシャルホールディングス㈱、Supership. ホールディングス㈱、ジュピターショップチャンネル㈱、ジュピターエンタテインメント㈱、㈱エナリス、KDDI まとめてオフィス㈱、㈱ KDDI エボルバ、日本インターネットエクスチェンジ㈱、KDDI エンジニアリング㈱、㈱ KDDI 総合研究所、国際ケーブル･シップ㈱、日本通信エンジニアリングサービス㈱、KDDI America, Inc.、KDDI Europe Limited、北京凱迪迪愛通信技術有限公司、KDDI Asia Pacific Pre Ltd、TELEHOUSE International Corporation of America、TELEHOUSE Holdings Limited、TELEHOUSE International Corporation of Europe Ltd、KDDI SUMMIT GLOBAL SINGAPORE PTE.LTD.、KDDI Summit Global Myanmar Co.,Ltd 、MobiCom Corporation LLC　その他 129 社（2022 年 3 月 31 日時点）				

［決算状況］

（貸借対照表）　（単位：百万円）

資産の部	
科目	金額
固定資産	3,777,274
流動資産	2,189,306
繰延資産	
資産合計	5,966,580
負債及び資本の部	
科目	金額
固定負債	580,421
流動負債	1,272,519
資本金	141,852
資本剰余金	305,676
利益剰余金	3,925,167
その他有価証券評価差額金	47,348
自己株式	▲ 306,403
負債及び資本合計	5,966,580

（2022 年 3 月末現在）

（損益計算書）　（単位：百万円）

区分		2017 年度	2018 年度	2019 年度	2020 年度	2021 年度
収入	電気通信事業収入	2,627,982	2,604,826	2,640,235	2,664,575	2,596,243
	電気通信事業以外の事業の収入	1,400,542	1,456,887	1,430,638	1,398,175	1,440,779
	合計	4,028,524	4,061,713	4,070,873	4,062,750	4,037,022
営業利益		685,046	675,688	750,355	757,146	721,146
経常利益		740,023	723,323	800,209	814,445	790,544
当期利益		525,389	505,146	567,962	578,634	561,015

（2022年7月1日現在）

会社名	ソフトバンク株式会社	会社名（英文）	SoftBank Corp.		
本社所在地	〒105-7529 東京都港区海岸一丁目7番1号 TEL: 03 - 6889 - 2000 ／ ホームページ：https://www.softbank.jp/				
代表者	代表取締役会長　宮内　謙（みやうち　けん）	資本金	204,309百万円（2022年3月31日現在）	従業員数	18,929人（2022年3月31日現在）
	代表取締役 社長執行役員 兼 CEO　宮川　潤一（みやかわ　じゅんいち）	設立年月日	1986年12月9日		
	代表取締役 副社長執行役員 兼 COO　榛葉　淳（しんば　じゅん） 代表取締役 副社長執行役員 兼 COO　今井　康之（いまい　やすゆき）	事業開始年月日	1994年4月1日		
主たる出資者	ソフトバンクグループ㈱（40.7%）				
設備投資額及び主な計画	設備投資額：2021年度（実績）：647,284百万円 主 な 計 画：主にはコンシューマ事業および法人事業に係る通信サービスの拡充並びに品質の向上等				
関係会社一覧	・親会社：ソフトバンクグループ㈱、ソフトバンクグループジャパン㈱ ・子会社：Wireless City Planning㈱、LINEモバイル㈱、㈱ウィルコム沖縄、SBモバイルサービス㈱、SBエンジニアリング㈱、㈱IDCフロンティア、SB C&S㈱、Zホールディングス㈱、ヤフー㈱、アスクル㈱、バリューコマース㈱、㈱ZOZO、㈱イーブックイニシアティブジャパン、㈱一休、㈱ジャパンネット銀行、ワイジェイFX㈱、ワイジェイカード㈱、LINE㈱、LINE Pay㈱、LINE Plus Corporation、LINE Financial Asia Corporation Limited、LINE Financial Plus Corporation、LINE Financial㈱、HAPSモバイル㈱、PayPay証券㈱、SBペイメントサービス㈱、アイティメディア㈱、SBテクノロジー㈱、㈱ベクター、Aホールディングス㈱　ほか ・関連会社：C Channel㈱、㈱Tポイント・ジャパン、㈱ジーニー、サイジニア㈱、㈱出前館、PayPay㈱、DiDiモビリティジャパン㈱、WeWork Japan合同会社、OYO Japan合同会社、MONET Technologies㈱　ほか				

［決算状況］

（貸借対照表）　（単位：百万円）

資産の部	
科目	金額
固定資産	3,802,281
流動資産	1,353,690
繰延資産	
資産合計	5,155,971
負債及び純資産の部	
科目	金額
固定負債	2,326,318
流動負債	1,964,266
資本金	204,309
資本剰余金	71,371
利益剰余金	689,022
評価・換算差額等	▲2,137
自己株式	▲106,461
新株予約権	9,283
負債及び純資産合計	5,155,971

（2022年3月末現在）

（損益計算書）　（単位：百万円）

区分		2017年度	2018年度	2019年度	2020年度	2021年度
収入	電気通信事業収入	2,367,656	2,430,864	2,551,083	2,679,908	2,524,874
	電気通信事業以外の事業の収入	831,706	814,404	706,706	727,634	814,902
	合計	3,199,362	3,245,268	3,257,789	3,407,542	3,339,776
営業利益		570,296	570,445	630,512	680,124	556,839
経常利益		539,958	490,089	615,504	671,342	526,760
当期利益		380,682	324,786	406,871	419,021	364,219

(2022 年 7 月 1 日現在)

会社名	アルテリア・ネットワークス株式会社	会社名(英文)	ARTERIA Networks Corporation		
本社所在地	〒105-0004 東京都港区新橋六丁目 9 番 8 号　住友不動産新橋ビル TEL: 03 - 6821 - 1881(代表)／ ホームページ:https://www.arteria-net.com/				
代表者	代表取締役社長　株本(かぶもと)　幸二(こうじ)	資本金	5,150 百万円	従業員数	791 名(2022 年 3 月 31 日現在)
設立年月日	1997 年 11 月 4 日	事業開始年月日	2000 年 1 月 11 日		
主たる出資者	丸紅㈱				
設備投資額及び主な計画					
関係会社一覧	㈱つなぐネットコミュニケーションズ、アルテリア・エンジニアリング㈱、GameWith ARTERIA ㈱、㈱ GameWith				

[決算状況]

(貸借対照表)　(単位:百万円)

資産の部	
科目	金額
固定資産	69,235
流動資産	15,327
繰延資産	-
資産合計	84,563
負債及び資本の部	
科目	金額
固定負債	12,896
流動負債	50,231
資本金	5,150
資本剰余金	3,537
利益剰余金	12,954
その他有価証券評価差額金	-
自己株式	▲ 206
負債及び資本合計	84,563

(2022 年 3 月末現在)

(損益計算書)　(単位:百万円)

区分		2017 年度	2018 年度	2019 年度	2020 年度	2021 年度
収入	電気通信事業収入	38,908				
	電気通信事業以外の事業の収入	3,328				
	合計	42,237	41,973	43,697	45,498	45,303
営業利益		5,185	4,721	5,292	4,799	3,851
経常利益		4,816	4,566	6,554	6,136	5,215
当期利益		3,073	3,427	4,869	5,226	7,100

(2022 年 7 月 1 日現在)

会社名	エヌ・ティ・ティ・コミュニケーションズ株式会社	会社名(英文)	NTT Communications Corporation		
本社所在地	〒100-8019 東京都千代田区大手町二丁目 3 番 1 号 TEL: 03 - 6700 - 3000 ／ホームページ:https://www.ntt.com/index.html				
代表者	代表取締役社長　丸岡(まるおか)　亨(とおる)	資本金	230,900 百万円	従業員数	9,000 人
設立年月日	1999 年 5 月 28 日	事業開始年月日	1999 年 7 月 1 日		
主たる出資者	㈱ NTT ドコモ(100%)				
設備投資額及び主な計画					
関係会社一覧	NTT コムエンジニアリング㈱、NTT コム オンライン・マーケティング・ソリューション㈱、エヌ・ティ・ティ・コム　チェオ㈱、NTT Com DD ㈱、NTT スマートトレード㈱、㈱エヌ・ティ・ティ ピー・シー コミュニケーションズ、エヌ・ティ・ティ・ワールドエンジニアリングマリン㈱、㈱ドコモビジネスソリューションズ、㈱エヌ・エフ・ラボラトリーズ、エヌ・ティ・ティ・ビズリンク㈱、㈱コードタクト、㈱ドコモ gacco、㈱ Phone Appli、Mobile Innovation Co.,Ltd、NTT Com Asia Limited、恩梯梯通信系統(中国)有限公司、上海恩梯梯通信工程有限公司				

[決算状況]

(貸借対照表)　(単位:百万円)

資産の部	
科目	金額
固定資産	827,926
流動資産	309,494
繰延資産	
資産合計	1,137,420
負債及び資本の部	
科目	金額
固定負債	180,655
流動負債	279,498
資本金	230,979
資本剰余金	101,827
利益剰余金	297,324
その他有価証券評価差額金	47,136
自己株式	
負債及び資本合計	1,137,420

(2022 年 3 月末現在)

(損益計算書)　(単位:百万円)

区分		2017 年度	2018 年度	2019 年度	2020 年度	2021 年度
収入	電気通信事業収入	699,005	701,710	677,719	672,419	649,128
	電気通信事業以外の事業の収入	248,833	256,684	268,684	306,078	296,583
	合計	947,838	958,394	946,403	978,497	945,711
営業利益		109,995	94,102	115,554	121,740	111,517
経常利益		123,582	106,584	145,782	142,046	135,151
当期利益		87,881	78,081	137,658	116,038	104,245

（2022 年 7 月 1 日現在）

会社名	東日本旅客鉄道株式会社	会社名(英文)	East Japan Railway Company		
本社所在地	〒151-8578 東京都渋谷区代々木二丁目 2 番 2 号 TEL: 03 - 5334 - 1257 ／ FAX: 03 - 5334 - 1253 ／ ホームページ：https://www.jreast.co.jp/				
代表者	代表取締役社長　深澤（ふかさわ）　祐二（ゆうじ）	資本金	200,000 百万円	従業員数	48,040 人 （2022 年 4 月 1 日）
設立年月日	1987 年 4 月 1 日	事業開始年月日	1987 年 4 月 1 日		
主たる出資者	日本マスタートラスト信託銀行㈱（信託口）（14.01％）、㈱日本カストディ銀行（信託口）（4.03％）、㈱みずほ銀行（3.44％）、JR 東日本社員持株会（3.36％）、㈱三菱 UFJ 銀行（2.16％）				
設備投資額及び主な計画	設備投資額：2021 年度（実績）：5,200 百万円 2022 年度（計画）：6,340 百万円				
関係会社一覧	https://www.jreast.co.jp/group/				

［決算状況］

（貸借対照表）　（単位：百万円）

資産の部	
科目	金額
固定資産	7,665,164
流動資産	669,830
繰延資産	
資産合計	8,334,994
負債及び資本の部	
科目	金額
固定負債	4,825,242
流動負債	1,637,567
資本金	200,000
資本剰余金	96,600
利益剰余金	1,534,881
評価・換算差額等合計	44,129
自己株式	▲ 3,426
負債及び資本合計	8,334,994

（2022 年 3 月末現在）

（損益計算書）　（単位：百万円）

区分		2017 年度	2018 年度	2019 年度	2020 年度	2021 年度
収入	電気通信事業収入	非公開	非公開	非公開	非公開	非公開
	電気通信事業以外の事業の収入	2,125,941	非公開	非公開	非公開	非公開
	合計	2,125,941	2,113,362	2,061,077	1,184,145	1,424,150
営業利益		395,131	391,877	294,077	▲ 478,535	▲ 149,583
経常利益		358,943	354,852	260,136	▲ 517,715	▲ 177,718
当期利益		247,085	251,165	159,053	▲ 506,631	▲ 99,159

（2022 年 7 月 1 日現在）

会社名	スカパー JSAT 株式会社	会社名(英文)	SKY Perfect JSAT Corporation		
本社所在地	〒107-0052 東京都港区赤坂 1-8-1 赤坂インターシティ AIR TEL: 03 - 5571 - 7800（代表）／ FAX: 03 - 5571 - 1701 ／ ホームページ：http://www.sptvjsat.com/				
代表者	代表取締役 執行役員社長　米倉（よねくら）　英一（えいいち）	資本金	50,083 百万円	従業員数	1,090 人
設立年月日	1994 年 11 月 10 日	事業開始年月日	1989 年 4 月 16 日		
主たる出資者	㈱スカパー JSAT ホールディングス（100％）				
設備投資額及び主な計画					
関係会社一覧	㈱スカパー・ブロードキャスティング、㈱スカパー・エンターテイメント、㈱スカパー・カスタマーリレーションズ、㈱ディー・エス・エヌ、JSAT IOM Limited、JSAT International Inc.、JSAT MOBILE Communications ㈱				

［決算状況］

（貸借対照表）　（単位：百万円）

資産の部	
科目	金額
固定資産	166,620
流動資産	146,629
繰延資産	
資産合計	313,249
負債及び資本の部	
科目	金額
固定負債	33,171
流動負債	62,655
資本金	50,083
資本剰余金	65,140
利益剰余金	101,937
その他有価証券評価差額金	▲ 38
繰越ヘッジ損益	299
負債及び資本合計	313,249

（2022 年 3 月末現在）

（損益計算書）　（単位：百万円）

区分		2017 年度	2018 年度	2019 年度	2020 年度	2021 年度
収入	電気通信事業収入	24,763	52,326	24,634	22,603	24,093
	電気通信事業以外の事業の収入	89,638	82,768	87,172	91,295	88,569
	合計	114,401	135,094	111,806	113,897	112,662
営業利益		15,696	14,587	16,357	19,341	17,944
経常利益		16,770	15,736	16,968	20,005	22,569
当期利益		8,716	8,373	12,499	13,202	18,592

（2022 年 7 月 1 日現在）

会社名	ピーシーシーダブリュー・グローバル・ジャパン株式会社	会社名（英文）	PCCW Global (Japan)K.K.		
本社所在地	〒100-0011 東京都千代田区内幸町 1-1-1　帝国ホテルタワー 11F 11A-3 号室 TEL: 03 - 6686 - 9660 ／ FAX: 03 - 6686 - 9654 ／ ホームページ：http://www.pccwglobal.com/jp				
代表者	カントリーマネージャー　勝呂（すぐろ）　隆一（りゅういち）	資本金	10 百万円	従業員数	
設立年月日		事業開始年月日	2001 年 8 月 22 日		
主たる出資者	HKT Limited				
設備投資額及び主な計画					
関係会社一覧					

［決算状況］

（貸借対照表）　（単位：百万円）

資産の部	
科目	金額
固定資産	
流動資産	
繰延資産	
資産合計	
負債及び資本の部	
科目	金額
固定負債	
流動負債	
資本金	
資本剰余金	
利益剰余金	
その他有価証券評価差額金	
自己株式	
負債及び資本合計	

（2022 年 3 月末現在）

（損益計算書）　（単位：百万円）

区分		2017 年度	2018 年度	2019 年度	2020 年度	2021 年度
収入	電気通信事業収入					
	電気通信事業以外の事業の収入					
	合計					
営業利益						
経常利益						
当期利益						

（2022 年 7 月 1 日現在）

会社名	ソニーネットワークコミュニケーションズ株式会社	会社名（英文）	Sony Network Communications Inc.		
本社所在地	〒140-0002 東京都品川区東品川 4-12-3 品川シーサイド TS タワー ホームページ：https://www.sonynetwork.co.jp/corporation/company/profile/				
代表者	代表取締役社長　渡辺（わたなべ）　潤（じゅん）	資本金	79 億 69 百万円	従業員数	836 人（2022 年 3 月 31 日現在単独） 1,823 人（2022 年 3 月 31 日現在連結）
設立年月日	1995 年 11 月 1 日	事業開始年月日	1996 年 1 月 15 日		
主たる出資者	ソニー㈱（100％）				
設備投資額及び主な計画					
関係会社一覧	ソニービズネットワークス㈱、ソニーネットワークコミュニケーションズコネクト㈱、 ソニーネットワークコミュニケーションズスマートプラットフォーム㈱、 ソニーネットワークコミュニケーションズライフスタイル㈱、Qrio ㈱、SoVeC ㈱、SMN ㈱、SOULA ㈱、 Sony Network Communications Singapore Pte. Ltd.、So-net Entertainment Taiwan Limited				

［決算状況］

（貸借対照表）　（単位：百万円）

資産の部	
科目	金額
固定資産	
流動資産	
繰延資産	
資産合計	
負債及び資本の部	
科目	金額
固定負債	
流動負債	
資本金	
資本剰余金	
利益剰余金	
その他有価証券評価差額金	
自己株式	
負債及び資本合計	

（2022 年 3 月末現在）

（損益計算書）　（単位：百万円）

区分		2017 年度	2018 年度	2019 年度	2020 年度	2021 年度
収入	電気通信事業収入					
	電気通信事業以外の事業の収入					
	合計					
営業利益						
経常利益						
当期利益						

（2022 年 7 月 1 日現在）

会　社　名	北海道総合通信網株式会社	会社名（英文）	Hokkaido Telecommunication Network Co., Inc		
本社所在地	〒060-0031 北海道札幌市中央区北 1 条東 2 丁目 5 番 3　塚本ビル北 1 館 TEL: 011 - 590 - 5200 ／ ホームページ：https://www.hotnet.co.jp				
代　表　者	取締役社長　古郡（ふるごおり）　宏章（ひろあき）	資　本　金	5,900 百万円	従業員数	254 人
設立年月日	1989 年 4 月 1 日	事業開始年月日	1990 年 5 月 1 日		
主たる出資者	北海道電力㈱（100％）				
設備投資額及び主な計画	設備投資額：2021 年度（実績）：3,646 百万円				
関係会社一覧					

［決算状況］

（貸借対照表）　（単位：百万円）

資産の部	
科　目	金　額
固定資産	21,552
流動資産	4,769
資産合計	26,321
負債及び資本の部	
科　目	金　額
固定負債	2,900
流動負債	4,422
資本金	5,900
資本剰余金	259
利益剰余金	12,839
負債及び資本合計	26,321

（2022 年 3 月末現在）

（損益計算書）　（単位：百万円）

区　分		2017 年度	2018 年度	2019 年度	2020 年度	2021 年度
収入	電気通信事業収入	13,029	12,979	13,525	13,538	14,302
	電気通信事業以外の事業の収入	27	25	45	40	96
	合　計	13,056	13,004	13,570	13,578	14,398
営業利益		1,857	1,759	2,309	2,093	2,940
経常利益		1,833	1,740	2,324	2,109	3,017
当期利益		1,261	1,221	1,586	1,445	2,065

（2022 年 7 月 1 日現在）

会　社　名	東北インテリジェント通信株式会社	会社名（英文）	Tohoku Intelligent Telecommunication Co., Inc.		
本社所在地	〒980-0811 宮城県仙台市青葉区一番町三丁目 7-1　電力ビル TEL: 022 - 799 - 4204 ／ FAX: 022 - 799 - 4205 ／ ホームページ：http://www.tohknet.co.jp				
代　表　者	代表取締役社長　齋藤（さいとう）　恭一（きょういち）	資　本　金	10,000 百万円	従業員数	385 人
設立年月日	1992 年 10 月	事業開始年月日	1994 年 6 月		
主たる出資者	東北電力㈱（100％）				
設備投資額及び主な計画	設備投資額：2021 年度（実績）：　7,228 百万円 2022 年度（計画）：11,049 百万円				
関係会社一覧					

［決算状況］

（貸借対照表）　（単位：百万円）

資産の部	
科　目	金　額
固定資産	40,256
流動資産	13,353
繰延資産	
資産合計	53,609
負債及び資本の部	
科　目	金　額
固定負債	4,094
流動負債	14,274
資本金	10,000
資本剰余金	15,510
利益剰余金	9,696
その他有価証券評価差額金	33
自己株式	0
負債及び資本合計	53,609

（2022 年 3 月末現在）

（損益計算書）　（単位：百万円）

区　分		2017 年度	2018 年度	2019 年度	2020 年度	2021 年度
収入	電気通信事業収入	23,041	23,110	23,288	22,610	22,744
	電気通信事業以外の事業の収入				905	1,512
	合　計	23,041	23,110	23,288	23,515	24,256
営業利益		1,761	2,313	2,634	2,054	3,353
経常利益		1,905	2,575	2,808	2,230	3,514
当期利益		1,285	1,990	2,103	1,550	2,410

（2022 年 7 月 1 日現在）

会社名	北陸通信ネットワーク株式会社	会社名（英文）	Hokuriku Telecommunication Network Co.,Inc		
本社所在地	〒920-0024 石川県金沢市西念一丁目 1 番 3 号 TEL: 076 - 263 - 5620 ／ FAX: 076 - 233 - 5401 ／ ホームページ：https://www.htnet.co.jp				
代表者	代表取締役社長　徳光（とくみつ）　吉成（よしなり）	資本金	6,000 百万円	従業員数	186 人
設立年月日	1993 年 5 月 25 日	事業開始年月日	1994 年 10 月 1 日		
主たる出資者	北陸電力㈱（100%）				
設備投資額及び主な計画					
関係会社一覧					

［決算状況］

（貸借対照表）　（単位：百万円）

科目	金額
資産の部	
固定資産	9,425
流動資産	7,398
繰延資産	
資産合計	16,824
負債及び資本の部	
固定負債	365
流動負債	1,910
資本金	6,000
資本剰余金	
利益剰余金	8,517
その他有価証券評価差額金	30
自己株式	
負債及び資本合計	16,824

（2022 年 3 月末現在）

（損益計算書）　（単位：百万円）

区分		2017 年度	2018 年度	2019 年度	2020 年度	2021 年度
収入	電気通信事業収入					
	電気通信事業以外の事業の収入					
	合計	7,191	7,011	7,227	7,167	7,371
営業利益		1,689	1,250	1,283	1,208	1,930
経常利益		1,822	1,428	1,415	1,299	2,055
当期利益		1,253	983	975	900	1,424

（2022 年 7 月 1 日現在）

会社名	中部テレコミュニケーション株式会社	会社名（英文）	Chubu Telecommunications Company, Incorporated		
本社所在地	〒460-0003 愛知県名古屋市中区錦一丁目 10 番 1 号 TEL: 052 - 740 - 8011 ／ FAX: 052 - 740 - 8932 ／ ホームページ：https://www.ctc.co.jp/				
代表者	代表取締役社長　宮倉（みやくら）　康彰（やすあき）	資本金	38,816 百万円	従業員数	844 人 （2022 年 3 月現在）
設立年月日	1986 年 6 月 3 日	事業開始年月日	1988 年 6 月 1 日		
主たる出資者	KDDI ㈱（80.5%）、中部電力㈱（19.5%）				
設備投資額及び主な計画	設備投資額：2021 年度（実績）：18,800 百万円 2022 年度（計画）：18,168 百万円				
関係会社一覧					

［決算状況］

（貸借対照表）　（単位：百万円）

科目	金額
資産の部	
固定資産	91,276
流動資産	99,030
繰延資産	
資産合計	190,306
負債及び資本の部	
固定負債	10,432
流動負債	15,423
資本金	38,816
資本剰余金	18,746
利益剰余金	106,888
その他有価証券評価差額金	
自己株式	
負債及び資本合計	190,306

（2022 年 3 月末現在）

（損益計算書）　（単位：百万円）

区分		2017 年度	2018 年度	2019 年度	2020 年度	2021 年度
収入	電気通信事業収入					
	電気通信事業以外の事業の収入					
	合計	85,737	91,262	94,811	99,339	99,423
営業利益		19,084	22,387	23,780	25,938	24,860
経常利益		19,446	22,592	24,062	26,274	25,314
当期利益		13,246	15,821	16,677	18,210	17,509

（2022 年 7 月 1 日現在）

会社名	株式会社オプテージ	会社名(英文)	OPTAGE Inc.		
本社所在地	〒540-8622 大阪府大阪市中央区城見2丁目1番5号　オプテージビル TEL: 06 - 7501 - 0600 ／ FAX: 06 - 7501 - 0602 ／ ホームページ：https://optage.co.jp/				
代表者	代表取締役社長　名部（なべ）　正彦（まさひこ）	資本金	33,000 百万円	従業員数	2,768 人 (2022 年 4 月 1 日現在)
設立年月日	1988 年 4 月 2 日	事業開始年月日	2001 年 6 月 1 日		
主たる出資者	関西電力㈱（100%）				
設備投資額及び主な計画					
関係会社一覧	Neutrix Cloud Japan ㈱、㈱パシフィックビジネスコンサルティング、中央コンピューター㈱、West Japan Partners ㈱				

［決算状況］

（貸借対照表）　（単位：百万円）

資産の部	
科　目	金　額
固定資産	234,555
流動資産	71,146
繰延資産	
資産合計	305,701
負債及び資本の部	
科　目	金　額
固定負債	18,850
流動負債	71,205
資本金	33,000
資本剰余金	5,543
利益剰余金	176,994
その他有価証券評価差額金	107
自己株式	
負債及び資本合計	305,701

（2022 年 3 月末現在）

（損益計算書）　（単位：百万円）

区　分		2017 年度	2018 年度	2019 年度	2020 年度	2021 年度
収入	電気通信事業収入					
	電気通信事業以外の事業の収入					
	合　計	211,191	224,358	257,689	260,897	248,456
営業利益		23,854	31,610	34,278	37,927	39,474
経常利益		22,499	30,966	33,860	37,548	39,268
当期利益		15,866	20,665	22,742	26,112	27,290

（2022 年 7 月 1 日現在）

会社名	株式会社エネルギア・コミュニケーションズ	会社名(英文)	Energia Communications, Inc.		
本社所在地	〒730-0051 広島県広島市中区大手町二丁目 11 番 10 号 TEL: 082 - 247 - 8511 ／ FAX: 082 - 247 - 8512 ／ ホームページ：http://www.enecom.co.jp/				
代表者	取締役社長：渡部（わたなべ）　伸夫（のぶお）	資本金	6,000 百万円	従業員数	1,019 人 (2022 年 4 月 1 日現在)
設立年月日	1985 年 4 月 1 日	事業開始年月日	1993 年 10 月 1 日　(旧中国通信ネットワーク㈱) 2001 年 10 月 1 日　(旧中国情報システムサービス㈱)		
主たる出資者	中国電力㈱（100%）				
設備投資額及び主な計画	設備投資額：2021 年度（実績）：7,696 百万円 2022 年度（計画）：(非公開)				
関係会社一覧					

［決算状況］

（貸借対照表）　（単位：百万円）

資産の部	
科　目	金　額
固定資産	63,577
流動資産	11,724
繰延資産	
資産合計	75,302
負債及び資本の部	
科　目	金　額
固定負債	20,806
流動負債	15,461
資本金	6,000
資本剰余金	13,398
利益剰余金	19,564
その他有価証券評価差額金	70
自己株式	
負債及び資本合計	75,302

（2022 年 3 月末現在）

（損益計算書）　（単位：百万円）

区　分		2017 年度	2018 年度	2019 年度	2020 年度	2021 年度
収入	電気通信事業収入					
	電気通信事業以外の事業の収入					
	合　計	40,966	41,864	42,981	45,114	45,252
営業利益		2,645	2,332	3,445	3,411	3,793
経常利益		2,440	2,177	3,261	3,185	3,629
当期利益		1,594	1,469	2,297	2,197	2,503

（2022 年 7 月 1 日現在）

会社名	株式会社 STNet	会社名（英文）	STNet, Incorporated		
本社所在地	〒761-0195 香川県高松市春日町 1735 番地 3 TEL: 087 - 887 - 2400 ／ FAX: 087 - 887 - 2450 ／ ホームページ：https://www.stnet.co.jp/				
代表者	取締役社長　小林（こばやし）　功（いさお）	資本金	3,000 百万円	従業員数	735 人
設立年月日	1984 年 7 月 2 日	事業開始年月日	1989 年 10 月 2 日		
主たる出資者	四国電力㈱（100%）				
設備投資額及び主な計画					
関係会社一覧					

［決算状況］

（貸借対照表）　（単位：百万円）

科目	金額
資産の部	
固定資産	31,831
流動資産	13,019
繰延資産	
資産合計	44,850
負債及び資本の部	
固定負債	6,059
流動負債	9,419
資本金	3,000
資本剰余金	7,401
利益剰余金	18,970
その他有価証券評価差額金	
自己株式	
負債及び資本合計	44,850

（2022 年 3 月末現在）

（損益計算書）　（単位：百万円）

区分		2017 年度	2018 年度	2019 年度	2020 年度	2021 年度
収入	電気通信事業収入					
	電気通信事業以外の事業の収入					
	合計	37,026	39,243	40,985	41,614	40,860
営業利益		4,584	5,734	5,418	5,420	6,551
経常利益		4,655	5,759	5,433	5,584	6,737
当期利益		3,180	3,978	3,739	3,877	4,662

（2022 年 7 月 1 日現在）

会社名	株式会社 QTnet	会社名（英文）	QTnet,Inc.		
本社所在地	天神本店：〒810-0001 福岡県福岡市中央区天神一丁目 12 番 20 号 赤坂本店：〒810-0073 福岡県福岡市中央区舞鶴三丁目 9 番 39 号 TEL: 092 - 981 - 7575 ㈹ ／ FAX: 092 - 981 - 7600 ／ ホームページ：https://www.qtnet.co.jp/				
代表者	代表取締役社長執行役員　岩﨑（いわさき）　和人（かずと）	資本金	22,020 百万円	従業員数	898 人
設立年月日	1987 年 7 月 1 日	事業開始年月日	1989 年 11 月 1 日		
主たる出資者	九州電力㈱（100.0%）				
設備投資額及び主な計画					
関係会社一覧	㈱ QTmedia、㈱ネットワーク応用技術研究所、㈱戦国				

［決算状況］

（貸借対照表）　（単位：百万円）

科目	金額
資産の部	
固定資産	134,132
流動資産	28,675
繰延資産	
資産合計	162,807
負債及び資本の部	
固定負債	46,859
流動負債	33,456
資本金	22,020
資本剰余金	33,387
利益剰余金	26,847
その他有価証券評価差額金	237
自己株式	
負債及び資本合計	162,807

（2022 年 3 月末現在）

（損益計算書）　（単位：百万円）

区分		2017 年度	2018 年度	2019 年度	2020 年度	2021 年度
収入	電気通信事業収入	51,097	52,068	55,243	57,527	56,338
	電気通信事業以外の事業の収入	4,793	5,287	6,994	8,145	8,186
	合計	55,890	57,355	62,238	65,672	64,524
営業利益		3,713	3,374	3,257	3,686	1,737
経常利益		3,554	3,253	2,837	3,896	2,473
当期利益		2,233	2,213	1,939	2,715	1,701

（2022 年 7 月 1 日現在）

会社名	OTNet 株式会社	会社名（英文）	OTNet Company, Incorporated		
本社所在地	〒900-0032 沖縄県那覇市松山 1 丁目 2 番 1 号　沖縄セルラービル TEL: 098 - 866 - 7727 ／ FAX: 098 - 866 - 7587 ／ ホームページ：https://www.otnet.co.jp/				
代表者	代表取締役社長　山森（やまもり）　誠司（せいじ）	資本金	1,184 百万円	従業員数	167 人
設立年月日	1996 年 10 月 29 日	事業開始年月日	1997 年 10 月 1 日		
主たる出資者	沖縄セルラー電話㈱（54.20%）、沖縄電力㈱（26.26%）、他 24 社（19.54%）　合計 26 社				
設備投資額及び主な計画					
関係会社一覧	沖縄セルラー電話㈱				

［決算状況］

（貸借対照表）　（単位：百万円）

資産の部	
科目	金額
固定資産	7,976
流動資産	2,472
繰延資産	
資産合計	10,449
負債及び資本の部	
科目	金額
固定負債	582
流動負債	1,716
資本金	1,184
資本剰余金	484
利益剰余金	6,479
その他有価証券評価差額金	1
自己株式	
負債及び資本合計	10,449

（2022 年 3 月末現在）

（損益計算書）　（単位：百万円）

区分		2017 年度	2018 年度	2019 年度	2020 年度	2021 年度
収入	電気通信事業収入	5,439	5,787	6,343	6,834	7,123
	電気通信事業以外の事業の収入	377	212	212	462	404
	合計	5,816	5,999	6,556	7,297	7,527
営業利益		807	597	902	1,183	1,358
経常利益		801	628	901	1,184	1,368
当期利益		606	472	677	902	1,035

（2022 年 7 月 1 日現在）

会社名	日本デジタル配信株式会社	会社名（英文）	Japan Digital Serve Corporation		
本社所在地	〒100-0013 東京都千代田区霞ヶ関 3 丁目 7 番 1 号　霞ヶ関東急ビル 14 階 TEL: 03 - 6757 - 0200 ／ FAX: 03 - 6757 - 0209 ／ ホームページ：http://www.jdserve.co.jp				
代表者	代表取締役社長　高秀（たかひで）　憲明（のりあき）	資本金	2,700 百万円	従業員数	128 人
設立年月日	2000 年 4 月 10 日	事業開始年月日	2001 年 3 月 10 日		
主たる出資者	東急㈱（33%）、JCOM ㈱（33%）、イッツ・コミュニケーションズ㈱（9%）、㈱ジェイコム埼玉・東日本（7%）、㈱ TBS ホールディングス（2%）、㈱ジェイコムウエスト（2%）				
設備投資額及び主な計画					
関係会社一覧					

［決算状況］

（貸借対照表）　（単位：百万円）

資産の部	
科目	金額
固定資産	
流動資産	
繰延資産	
資産合計	
負債及び資本の部	
科目	金額
固定負債	
流動負債	
資本金	
資本剰余金	
利益剰余金	
その他有価証券評価差額金	
自己株式	
負債及び資本合計	

（2022 年 3 月末現在）

（損益計算書）　（単位：百万円）

区分		2017 年度	2018 年度	2019 年度	2020 年度	2021 年度
収入	電気通信事業収入					
	電気通信事業以外の事業の収入					
	合計					
営業利益						
経常利益						
当期利益						

（2022 年 7 月 1 日現在）

会社名	日本ネットワーク・エンジニアリング株式会社	会社名（英文）	Japan Network Engineering Co.,Ltd		
本社所在地	〒104-0061 東京都中央区銀座 7-15-5 TEL: 03 - 3524 - 1721 ／ FAX: 03 - 3524 - 1725 ／ ホームページ：http://www.jne.co.jp/				
代表者	代表取締役社長　小泉（こいずみ）　真吾（しんご）	資本金	50 百万円	従業員数	30 人
設立年月日	1991 年 8 月 1 日	事業開始年月日	2002 年 12 月 1 日		
主たる出資者	電源開発㈱（100％）				
設備投資額及び主な計画					
関係会社一覧					

［決算状況］

（貸借対照表）（単位：百万円）

科目	金額
資産の部	
固定資産	
流動資産	
繰延資産	
資産合計	
負債及び資本の部	
固定負債	
流動負債	
資本金	
資本剰余金	
利益剰余金	
その他有価証券評価差額金	
自己株式	
負債及び資本合計	

（2022 年 3 月末現在）

（損益計算書）（単位：百万円）

区分		2017 年度	2018 年度	2019 年度	2020 年度	2021 年度
収入	電気通信事業収入					
	電気通信事業以外の事業の収入					
	合計					
営業利益						
経常利益						
当期利益						

（2022 年 7 月 1 日現在）

会社名	エルシーブイ株式会社	会社名（英文）	LCV Corporation		
本社所在地	〒392-8609 長野県諏訪市四賀821 番地 TEL: 0266 - 53 - 3833 ／ FAX: 0266 - 58 - 2836 ／ ホームページ：https://www.lcv.jp/				
代表者	代表取締役社長　深井（ふかい）　賀博（よしひろ）	資本金	353.5 百万円	従業員数	118 人
設立年月日	1971 年 2 月 12 日	事業開始年月日	1987 年 10 月 1 日		
主たる出資者	㈱ TOKAI ケーブルネットワーク（89.28％）				
設備投資額及び主な計画					
関係会社一覧	㈱ TOKAI ホールディングス、㈱ TOKAI コミュニケーションズ、㈱ TOKAI ケーブルネットワーク、㈱いちはらコミュニティー・ネットワーク・テレビ、厚木伊勢原ケーブルネットワーク㈱、㈱倉敷ケーブルテレビ、㈱トコちゃんねる静岡、東京ベイネットワーク㈱、㈱テレビ津山、仙台 CATV ㈱				

［決算状況］

（貸借対照表）（単位：百万円）

科目	金額
資産の部	
固定資産	5,070
流動資産	4,267
繰延資産	
資産合計	9,338
負債及び資本の部	
固定負債	458
流動負債	1,086
資本金	353
資本剰余金	
利益剰余金	7,440
その他有価証券評価差額金	
自己株式	
負債及び資本合計	9,338

（2022 年 3 月末現在）

（損益計算書）（単位：百万円）

区分		2017 年度	2018 年度	2019 年度	2020 年度	2021 年度
収入	電気通信事業収入	1,805	1,924	2,043	2,266	1,996
	電気通信事業以外の事業の収入	2,592	2,572	2,598	2,799	2,613
	合計	4,397	4,496	4,641	5,065	4,609
営業利益		722	932	973	950	902
経常利益						921
当期利益						647

（2022 年 7 月 1 日現在）

会社名	近鉄ケーブルネットワーク株式会社	会社名（英文）	Kintetsu Cable Network Co., Ltd.		
本社所在地	〒630-0213 奈良県生駒市東生駒 1 丁目 70 番地 1 TEL: 0743 - 75 - 5511 ／ FAX: 0743 - 75 - 5666 ／ ホームページ：https://www.kcn.jp/				
代表者	代表取締役社長　桑原（くわはら）　克仁（かつじ）	資本金	1,485 百万円	従業員数	244 人
設立年月日	1984 年 6 月	事業開始年月日	1988 年 4 月		
主たる出資者	近鉄グループホールディングス㈱、生駒市、奈良市				
設備投資額及び主な計画					
関係会社一覧	こまどりケーブル㈱、㈱KCN 京都、㈱テレビ岸和田、㈱KCN なんたん				

［決算状況］

（貸借対照表）　（単位：百万円）

資産の部	
科目	金額
固定資産	
流動資産	
繰延資産	
資産合計	
負債及び資本の部	
科目	金額
固定負債	
流動負債	
資本金	
資本剰余金	
利益剰余金	
その他有価証券評価差額金	
自己株式	
負債及び資本合計	

（2022 年 3 月末現在）

（損益計算書）　（単位：百万円）

区分		2017 年度	2018 年度	2019 年度	2020 年度	2021 年度
収入	電気通信事業収入					
	電気通信事業以外の事業の収入					
	合計					
営業利益						
経常利益						
当期利益						

（2022 年 7 月 1 日現在）

会社名	イッツ・コミュニケーションズ株式会社	会社名（英文）	its communications Inc.		
本社所在地	〒158-0097 東京都世田谷区用賀4 丁目10 番1 号 世田谷ビジネススクエアタワー22F ホームページ：https://www.itscom.co.jp/				
代表者	代表取締役社長　嶋田（しまだ）　創（はじめ）	資本金	5,294 百万円	従業員数	648 人
設立年月日	1983 年 3 月 2 日	事業開始年月日	1987 年 10 月 2 日		
主たる出資者	東急㈱（100％）				
設備投資額及び主な計画	設備投資額：2021 年度（実績）：4,175 百万円 2022 年度（計画）：4,000 百万円				
関係会社一覧	横浜コミュニティ放送㈱				

［決算状況］

（貸借対照表）　（単位：百万円）

資産の部	
科目	金額
固定資産	19,711
流動資産	15,132
繰延資産	
資産合計	34,843
負債及び資本の部	
科目	金額
固定負債	1,777
流動負債	5,056
資本金	5,294
資本剰余金	1,694
利益剰余金	20,986
その他有価証券評価差額金	35
自己株式	
負債及び資本合計	34,843

（2022 年 3 月末現在）

（損益計算書）　（単位：百万円）

区分		2017 年度	2018 年度	2019 年度	2020 年度	2021 年度
収入	電気通信事業収入	11,375	11,357	13,163	14,131	14,411
	電気通信事業以外の事業の収入	19,403	19,882	18,233	17,004	16,132
	合計	30,778	31,239	31,396	31,135	30,543
営業利益		2,653	2,139	2,481	3,270	3,227
経常利益		2,723	2,203	2,263	3,239	3,293
当期利益		1,941	1,552	1,055	2,109	2,245

（2022 年 7 月 1 日現在）

会社名	株式会社ケーブルテレビ品川	会社名（英文）	Cable Television Shinagawa inc.		
本社所在地	〒142-0041 東京都品川区戸越 1-7-20 戸越台ビル TEL: 03 - 3788 - 3877 ／ FAX: 03 - 3788 - 3820 ／ ホームページ：http://www.cts.ne.jp/				
代表者	代表取締役執行役員社長　橋本（はしもと）　夏代（なつよ）	資本金	2,500 百万円	従業員数	3 人
設立年月日	1985 年 3 月 19 日	事業開始年月日	1996 年 4 月 1 日		
主たる出資者	東急㈱（74.62%）、日本電気㈱（7.00%）、品川区（7.00%）				
設備投資額及び主な計画	設備投資額：2021 年度（実績）：469 百万円 2022 年度（計画）：793 百万円				
関係会社一覧	㈱エフエムしながわ				

［決算状況］

（貸借対照表）　（単位：百万円）

資産の部	
科目	金額
固定資産	2,505
流動資産	1,773
繰延資産	
資産合計	4,278
負債及び資本の部	
科目	金額
固定負債	453
流動負債	558
資本金	2,500
資本剰余金	
利益剰余金	767
その他有価証券評価差額金	
自己株式	
負債及び資本合計	4,278

（2022 年 3 月末現在）

（損益計算書）　（単位：百万円）

区分		2017 年度	2018 年度	2019 年度	2020 年度	2021 年度
収入	電気通信事業収入	1,303	1,720	1,350	1,371	1,329
	電気通信事業以外の事業の収入	1,719	1,370	1,705	1,651	1,624
	合計	3,022	3,090	3,055	3,022	2,953
営業利益		127	223	115	161	52
経常利益		106	209	94	145	29
当期利益		69	227	103	109	18

（2022 年 7 月 1 日現在）

会社名	株式会社ニューメディア	会社名（英文）	New Media. Corporation		
本社所在地	〒992-0044 山形県米沢市春日 4 丁目 2-75 TEL: 0238 - 24 - 2525 ／ FAX: 0238 - 24 - 2526 ／ ホームページ：http://www.ncv.co.jp				
代表者	代表取締役社長　金子（かねこ）　敦（あつし）	資本金	1,086 百万円	従業員数	190 人
設立年月日	1986 年	事業開始年月日	1989 年　CATV 事業開始 1997 年　インターネット事業開始 2009 年　電話事業開始		
主たる出資者	金子建設工業㈱（28.02%）、㈱ HKY（23.69%）、米沢市（4.60%）、山形郵便輸送㈱（2.94%）				
設備投資額及び主な計画	設備投資額：2021 年度（実績）：953 百万円 2022 年度（計画）：800 百万円 主な計画：社屋増改築、HE・サーバー関連機器更新・増設				
関係会社一覧	CCS スタジオ㈱（子会社）				

［決算状況］

（貸借対照表）　（単位：百万円）

資産の部	
科目	金額
固定資産	4,555
流動資産	3,383
繰延資産	
資産合計	7,938
負債及び資本の部	
科目	金額
固定負債	1,306
流動負債	1,510
資本金	1,086
資本剰余金	1
利益剰余金	4,035
その他有価証券評価差額金	
自己株式	
負債及び資本合計	7,938

（2022 年 3 月末現在）

（損益計算書）　（単位：百万円）

区分		2017 年度	2018 年度	2019 年度	2020 年度	2021 年度
収入	電気通信事業収入	2,879	3,011	3,220	3,472	5,382
	電気通信事業以外の事業の収入	3,769	3,949	4,060	4,185	2,592
	合計	6,649	6,960	7,280	7,657	7,974
営業利益		544	337	346	816	977
経常利益		555	369	422	870	1,124
当期利益		367	241	280	624	764

（2022 年 7 月 1 日現在）

会社名	株式会社シー・ティー・ワイ	会社名(英文)	CTY.co.,Ltd		
本社所在地	〒510-0093 三重県四日市市本町 8 番 2 号 TEL: 059 - 353 - 6505 ／ FAX: 059 - 352 - 0004 ／ ホームページ：https://www.cty-net.ne.jp				
代表者	代表取締役社長　渡部（わたべ）　一貴（かずき）	資本金	1,100 百万円	従業員数	202 人
設立年月日	1988 年 6 月 20 日	事業開始年月日	1990 年 1 月 31 日		
主たる出資者	㈱ CCJ（96.36%）、四日市市（3.64%）				
設備投資額及び主な計画	設備投資額：2021 年度（実績）：315 百万円 2022 年度（計画）：747 百万円 主な計画：FTTH 設備増強				
関係会社一覧	㈱ CCJ、㈱エヌ・シィ・ティ、㈱ケーブルネット鈴鹿、㈱アビ・コミュニティ				

［決算状況］

（貸借対照表）　（単位：百万円）

資産の部	
科目	金額
固定資産	6,221
流動資産	2,329
繰延資産	
資産合計	8,550
負債及び資本の部	
科目	金額
固定負債	969
流動負債	1,742
資本金	1,100
資本剰余金	3
利益剰余金	4,736
その他有価証券評価差額金	
自己株式	
負債及び資本合計	8,550

（2022 年 3 月末現在）

（損益計算書）　（単位：百万円）

区分		2017 年度	2018 年度	2019 年度	2020 年度	2021 年度
収入	電気通信事業収入	2,786	2,869	3,022	4,348	3,955
	電気通信事業以外の事業の収入	2,397	2,372	2,453	1,932	1,666
	合計	5,183	5,241	5,475	6,280	5,621
営業利益		464	485	241	473	416
経常利益		572	516	301	552	677
当期利益		357	342	195	483	646

（2022 年 7 月 1 日現在）

会社名	東京ケーブルネットワーク株式会社	会社名(英文)	TOKYO CABLE NETWORK,INC.		
本社所在地	〒112-0004 東京都文京区後楽 1-1-7　グラスシティ後楽 TEL: 0800 - 123 - 2600 ／ FAX: 03 - 3818 - 6797 ／ ホームページ：http://www.tcn-catv.co.jp				
代表者	代表取締役社長執行役員　大坪（おおつぼ）　龍太（りゅうた）	資本金	1,600 百万円	従業員数	79 人
設立年月日	1985 年 3 月 20 日	事業開始年月日	1988 年 4 月 1 日		
主たる出資者	㈱東京ドーム（36.68%）、㈱講談社（18.81%）、㈱関電工（5%）、伊藤忠商事㈱（5%）、日本テレビ放送網㈱（5%）、㈱読売新聞東京本社（5%）				
設備投資額及び主な計画					
関係会社一覧	㈱ TCP、㈱アース・キャスト、㈱シーティエス				

［決算状況］

（貸借対照表）　（単位：百万円）

資産の部	
科目	金額
固定資産	3,945
流動資産	1,601
繰延資産	
資産合計	5,546
負債及び資本の部	
科目	金額
固定負債	702
流動負債	1,078
資本金	1,600
資本剰余金	
利益剰余金	2,166
その他有価証券評価差額金	
自己株式	
負債及び資本合計	5,546

（2022 年 3 月末現在）

（損益計算書）　（単位：百万円）

区分		2017 年度	2018 年度	2019 年度	2020 年度	2021 年度
収入	電気通信事業収入	1,237	1,306	1,317	1,464	1,277
	電気通信事業以外の事業の収入	3,901	3,866	3,878	3,380	3,744
	合計	5,138	5,172	5,195	4,844	5,021
営業利益		40	56	125	31	187
経常利益		11	106	283	44	194
当期利益		38	75	186	78	125

（2022 年 7 月 1 日現在）

会社名	JCOM 株式会社	会社名（英文）	JCOM Co., Ltd.		
本社所在地	〒100-0005 東京都千代田区丸の内 1-8-1 丸の内トラストタワー N 館 TEL: 03 - 6365 - 8030 ／ FAX: 03 - 6365 - 8091 ／ ホームページ：http://www.jcom.co.jp				
代表者	代表取締役社長　岩木（いわき）　陽一（よういち）	資本金	37,600 百万円	従業員数	16,699 人 （2022 年 3 月末現在）
設立年月日	1995 年 1 月 18 日	事業開始年月日			
主たる出資者	KDDI ㈱、住友商事㈱				
設備投資額及び主な計画					
関係会社一覧	㈱ジェイコム札幌、㈱ジェイコム埼玉・東日本、土浦ケーブルテレビ㈱、㈱ジェイコム千葉、㈱ジェイコム東京、㈱ジェイコム湘南・神奈川、㈱ジェイコムウエスト、㈱ケーブルネット下関、㈱ジェイコム九州、大分ケーブルテレコム㈱、横浜ケーブルビジョン㈱、ジェイコム大分エンジニアリング㈱、大分県デジタルネットワークセンター㈱※、臼杵ケーブルネット㈱、グリーンシティケーブルテレビ㈱※、ジュピターエンタテインメント㈱、ジュピターゴルフネットワーク㈱、㈱ジェイ・スポーツ、チャンネル銀河㈱、ディスカバリー・ジャパン㈱※、アスミック・エース㈱、㈱プルークス、ゴルフネットワークプラス㈱、㈱インタラクティーヴィ※、アイピー・パワーシステムズ㈱、㈱エニー、ジュピターショップチャンネル㈱、㈱ジェイコムハート、日本デジタル配信㈱※、オープンワイヤレスプラットフォーム（同）※、㈱ SBS M&C ※、㈱ザクア、ジェイコム少額短期保険㈱ ※当社の出資比率が 20％以上 50％以下の議決権を保有している持分法適用対象会社です。				

［決算状況］

（貸借対照表）　（単位：百万円）

資産の部	
科目	金額
固定資産	
流動資産	
繰延資産	
資産合計	
負債及び資本の部	
科目	金額
固定負債	
流動負債	
資本金	
資本剰余金	
利益剰余金	
その他有価証券評価差額金	
自己株式	
新株予約権	
負債及び資本合計	

（損益計算書）　（単位：百万円）

区分		2017 年度	2018 年度	2019 年度	2020 年度	2021 年度
収入	電気通信事業収入					
	電気通信事業以外の事業の収入					
	合計					
営業利益						
経常利益						
当期利益						

（2022 年 3 月末現在）

（2022 年 7 月 1 日現在）

会社名	ミクスネットワーク株式会社	会社名(英文)	MICS NETWORK CORPORATION		
本社所在地	〒444-2137 愛知県岡崎市薮田一丁目 1 番地 5 TEL: 0564 - 25 - 2402 ／ FAX: 0564 - 87 - 5941 ／ ホームページ：https://www.catvmics.ne.jp				
代表者	代表取締役社長：大川（おおかわ）　和昌（かずまさ）	資本金	2,233 百万円	従業員数	60 人
設立年月日	1983 年 10 月 1 日	事業開始年月日	1990 年 11 月 3 日 有線テレビジョン放送事業 1998 年 4 月 1 日 第一種電気通信事業		
主たる出資者	㈱オリバー（48.39%）、岡崎市（8.95%）、あいち三河農協（4.47%）、岡崎信用金庫（4.47%）、三菱 UFJ 銀行（1.79%）、東海テレビ放送（1.79%）				
設備投資額及び主な計画	設備投資額：2021 年度（実績）：500 百万円 2022 年度（計画）：500 百万円 主な計画：伝送路 FTTH 化、放送設備増強、通信設備増強、無線設備新設				
関係会社一覧					

［決算状況］

（貸借対照表）　（単位：百万円）

資産の部	
科目	金額
固定資産	1,354
流動資産	5,718
繰延資産	
資産合計	7,072
負債及び資本の部	
科目	金額
固定負債	143
流動負債	383
資本金	2,233
資本剰余金	
利益剰余金	4,313
その他有価証券評価差額金	
自己株式	
負債及び資本合計	7,072

（2022 年 3 月末現在）

（損益計算書）　（単位：百万円）

区分		2017 年度	2018 年度	2019 年度	2020 年度	2021 年度
収入	電気通信事業収入	1,014	1,087	1,139	1,196	1,279
	電気通信事業以外の事業の収入	1,521	1,532	1,483	1,447	1,423
	合計	2,535	2,619	2,622	2,643	2,702
営業利益		432	436	378	407	354
経常利益		455	436	393	423	359
当期利益		302	292	301	291	242

（2022 年 7 月 1 日現在）

会社名	株式会社アドバンスコープ	会社名(英文)	advanscope inc.		
本社所在地	〒518-0444 三重県名張市箕曲中村 18 番地の 2 TEL: 0595 - 64 - 7821 ／ FAX: 0595 - 64 - 5202 ／ ホームページ：https://www.catv-ads.jp/				
代表者	代表取締役社長　福田（ふくた）　聡（さとし）	資本金	490 百万円	従業員数	94 人
設立年月日	1983 年 5 月 18 日	事業開始年月日	1992 年 11 月 30 日		
主たる出資者	オキツモ㈱（43.92%）、東芝インフラシステムズ㈱（6.12%）				
設備投資額及び主な計画	設備投資額：2021 年度（実績）：215 百万円				
関係会社一覧	オキツモ㈱、㈱ソバーニ				

［決算状況］

（貸借対照表）　（単位：百万円）

資産の部	
科目	金額
固定資産	1,470
流動資産	375
繰延資産	0
資産合計	1,845
負債及び資本の部	
科目	金額
固定負債	76
流動負債	276
資本金	490
資本剰余金	1
利益剰余金	1,007
その他有価証券評価差額金	0
自己株式	5
負債及び資本合計	1,845

（2022 年 3 月末現在）

（損益計算書）　（単位：百万円）

区分		2017 年度	2018 年度	2019 年度	2020 年度	2021 年度
収入	電気通信事業収入	802	891	900	935	944
	電気通信事業以外の事業の収入	973	999	992	969	982
	合計	1,775	1,890	1,892	1,904	1,926
営業利益		144	109	100	158	130
経常利益		151	137	104	158	142
当期利益		93	80	69	103	99

（2022 年 7 月 1 日現在）

会社名	株式会社 TOKAI コミュニケーションズ	会社名（英文）	TOKAI Communications Corporation		
本社所在地	〒420-0034 静岡県静岡市葵区常磐町 2 丁目 6 番地の 8 TEL: 054 - 254 - 3781 ／ FAX: 054 - 254 - 5092 ／ ホームページ：https://www.tokai-com.co.jp/				
代表者	代表取締役社長　福田（ふくだ）　安広（やすひろ）	資本金	1,221 百万円 （2022 年 3 月 31 日現在）	従業員数	1,305 人 （2022 年 3 月 31 日現在）
設立年月日	1977 年 3 月 18 日	事業開始年月日	1988 年 5 月 1 日		
主たる出資者	㈱ TOKAI ホールディングス（100%）				
設備投資額及び主な計画	設備投資額：2021 年度（実績）：2,887 百万円 2022 年度（計画）：4,600 百万円 主な計画：ネットワーク設備、データセンタ設備 等				
関係会社一覧	㈱ TOKAI ホールディングス、㈱ TOKAI、東海ガス㈱、㈱ TOKAI ケーブルネットワーク、㈱ TOKAI ベンチャーキャピタル&インキュベーション、㈱ TOKAI マネジメントサービス、㈱サイズ、㈱アムズブレーン、㈱アムズユニティー、㈱クエリ、㈱いちはらコミュニティー・ネットワーク・テレビ、厚木伊勢原ケーブルネットワーク㈱、エルシーブイ㈱、㈱倉敷ケーブルテレビ、㈱トコちゃんねる静岡、東京ベイネットワーク㈱、㈱テレビ津山、仙台 CATV ㈱、東海造船運輸㈱、トーカイシティサービス㈱、TOKAI ライフプラス㈱、㈱エナジーライン、にかほガス㈱、日産工業㈱、㈱テンダー、東海非破壊検査㈱、拓開（上海）商貿有限公司、TOKAI MYANMAR COMPANY LIMITED、有限会社大須賀ガスサービス、㈱ジョイネット、㈱ネットテクノロジー静岡、中央電機工事㈱、㈱イノウエテクニカ、㈱マルコオ・ポーロ化工、㈱ウッドリサイクル、その他連結子会社 1 社、持分法適用関連会社 10 社				

［決算状況］

（貸借対照表）（単位：百万円）

科目	金額
資産の部	
固定資産	19,006
流動資産	12,834
繰延資産	
資産合計	31,840
負債及び資本の部	
固定負債	1,339
流動負債	13,452
資本金	1,221
資本剰余金	1,433
利益剰余金	14,439
その他有価証券評価差額金	▲ 44
自己株式	
負債及び資本合計	31,840

（2022 年 3 月末現在）

（損益計算書）（単位：百万円）

区分		2017 年度	2018 年度	2019 年度	2020 年度	2021 年度
収入	電気通信事業収入	34,714	34,953	34,391	34,185	33,349
	電気通信事業以外の事業の収入	19,427	19,501	21,059	20,604	22,080
	合計	54,141	54,454	55,450	54,789	55,429
営業利益		1,876	2,724	3,043	3,177	3,312
経常利益		1,876	2,725	3,072	3,195	3,320
当期利益		1,161	1,666	1,154	1,908	2,189

（2022 年 7 月 1 日現在）

会社名	株式会社秋田ケーブルテレビ	会社名（英文）	Cable Networks AKITA		
本社所在地	〒010-0976 秋田県秋田市八橋南一丁目 1 番 3 号 TEL: 018 - 865 - 5141 ／ FAX: 018 - 888 - 3511 ／ ホームページ：https://www.cna.ne.jp/				
代表者	代表取締役社長　末廣（すえひろ）　健二（けんじ）	資本金	1,200 百万円	従業員数	94 人
設立年月日	1984 年 6 月 12 日	事業開始年月日	1997 年 12 月 1 日		
主たる出資者	㈱秋田ケーブルテレビ（自己株式）（50.00%）、富士フイルム BI 秋田㈱（10.90%）、秋田県（8.33%）、東北新社㈱（8.33%）、秋田市（5.00%）、㈱秋田銀行（4.80%）				
設備投資額及び主な計画	設備投資額：2021 年度（実績）：382 百万円 2022 年度（計画）：559 百万円 主な計画：シェアードアクセス方式によるエリア拡張、通信設備増強、地域 BWA 基地局の置局				
関係会社一覧	・㈱ TEAM CNA CREATION、100% 出資子会社、2015 年 2 月 2 日設立 ・㈱ TEAM CNA LIFE、100% 出資子会社、2015 年 8 月 7 日設立 ・㈱ TEAM CNA ENGINEERING、100% 出資子会社、2017 年 10 月 2 日設立 ⇒㈱ TEAM CNA E&S に 2020 年 4 月 1 日商号変更 ・㈱ TEAM CNA SUPPORT、100% 出資子会社、2018 年 4 月 18 日設立 ⇒秋田シネマ & エンターテイメント㈱に 2020 年 5 月 27 日商号変更、秋田新都心ビル㈱に株式 100% 譲渡 ・㈱ ALL-A、65% 出資子会社、2019 年 4 月 1 日設立 ・秋田新都心ビル㈱、100% 出資子会社、2020 年 3 月 25 日買収				

［決算状況］

（貸借対照表）　（単位：百万円）

資産の部	
科目	金額
固定資産	4,386
流動資産	1,320
繰延資産	0
資産合計	5,707
負債及び資本の部	
科目	金額
固定負債	2,171
流動負債	1,045
資本金	1,200
資本剰余金	0
利益剰余金	3,089
その他有価証券評価差額金	0
自己株式	▲ 1,798
負債及び資本合計	5,707

（2022 年 3 月末現在）

（損益計算書）　（単位：百万円）

区分		2017 年度	2018 年度	2019 年度	2020 年度	2021 年度
収入	電気通信事業収入	965	1,013	1,087	1,165	1,743
	電気通信事業以外の事業の収入	2,574	2,703	2,837	2,316	1,959
	合計	3,539	3,716	3,924	3,481	3,703
営業利益		147	155	255	332	266
経常利益		154	154	232	351	332
当期利益		98	88	148	234	238

（2022 年 7 月 1 日現在）

会社名	松阪ケーブルテレビ・ステーション株式会社	会社名(英文)	Matsusaka CATV Station Co.,Ltd. (MCTV)		
本社所在地	〒515-0031 三重県松阪市大津町 731-6 TEL: 0598 - 50 - 2200 ／ FAX: 0598 - 50 - 2400 ／ ホームページ：https://www.mctv.jp/				
代表者	代表取締役社長　川村（かわむら）　和弘（かずひろ）	資本金	480 百万円	従業員数	81 人
設立年月日	1990 年 11 月 5 日	事業開始年月日	1993 年 5 月 28 日（一般放送事業） 1999 年 9 月 1 日（電気通信事業）		
主たる出資者	㈱サンライフ（24.99%）				
設備投資額及び主な計画					
関係会社一覧					

［決算状況］

（貸借対照表）　（単位：百万円）

資産の部	
科目	金額
固定資産	
流動資産	
繰延資産	
資産合計	
負債及び資本の部	
科目	金額
固定負債	
流動負債	
資本金	
資本剰余金	
利益剰余金	
その他有価証券評価差額金	
自己株式	
負債及び資本合計	

（損益計算書）　（単位：百万円）

区分		2017 年度	2018 年度	2019 年度	2020 年度	2021 年度
収入	電気通信事業収入					
	電気通信事業以外の事業の収入					
	合計					
営業利益						
経常利益						
当期利益						

（2022 年 3 月末現在）

(2022年7月1日現在)

会社名	株式会社コミュニティネットワークセンター	会社名(英文)	COMMUNITY NETWORK CENTER INCORPORATED
本社所在地	〒461-0005 愛知県名古屋市東区東桜一丁目三番地10号 東桜第一ビル10階 TEL: 052 - 955 - 5161 ／ FAX: 052 - 951 - 5550 ／ ホームページ：http://www.cnci.co.jp/		
代表者	代表取締役社長 原(はら) 年幸(としゆき)	資本金	293百万円 ／ 従業員数 117人
設立年月日	2000年2月2日	事業開始年月日	2000年2月2日
主たる出資者	㈱シーテック(19.78%)、トヨタ自動車㈱(9.44%)、KDDI㈱(8.87%)、中部電力㈱(4.55%)、㈱三菱UFJ銀行(3.30%)、㈱豊田自動織機(2.79%)		
設備投資額及び主な計画	設備投資額：2021年度(実績)：1,058百万円 2022年度(計画)： 973百万円 主な計画：非公開		
関係会社一覧	㈱キャッチネットワーク、知多メディアスネットワーク㈱、知多半島ケーブルネットワーク㈱、中部ケーブルネットワーク㈱、ひまわりネットワーク㈱、おりべネットワーク㈱、㈱ケーブルテレビ可児、シーシーエヌ㈱、三河湾ネットワーク㈱、スターキャット・ケーブルネットワーク㈱、グリーンシティケーブルテレビ㈱		

[決算状況]

(貸借対照表) (単位：百万円)(百万円未満切捨)

資産の部	
科目	金額
固定資産	34,288
流動資産	17,252
繰延資産	-
資産合計	51,541
負債及び資本の部	
科目	金額
固定負債	197
流動負債	15,112
資本金	293
資本剰余金	27,539
利益剰余金	8,617
その他有価証券評価差額金	0
自己株式	▲219
負債及び資本合計	51,541

(2022年3月末現在)

(損益計算書) (単位：百万円)

区分		2017年度	2018年度	2019年度	2020年度	2021年度
収入	電気通信事業収入	7,418	6,452	4,401	4,461	3,158
	電気通信事業以外の事業の収入	9,418	9,936	9,600	9,180	7,628
	合計	16,837	16,389	14,001	13,641	10,787
営業利益		1,537	1,499	1,584	1,571	1,555
経常利益		1,543	1,509	1,596	1,581	1,564
当期利益		1,244	1,221	1,357	1,339	1,321

(2022年7月1日現在)

会社名	伊賀上野ケーブルテレビ株式会社	会社名(英文)	Igaueno Cable Television Co.,Ltd.
本社所在地	〒518-0835 三重県伊賀市緑ケ丘南町2332 TEL: 0595 - 24 - 2560 ／ FAX: 0595 - 24 - 6260 ／ ホームページ：https://www.ict.jp/		
代表者	代表取締役社長 小坂(こさか) 元治(もとじ)	資本金	484百万円 ／ 従業員数 60人
設立年月日	1990年6月20日	事業開始年月日	1991年11月1日
主たる出資者	上野ガス㈱(71.6%)、上野ハウス㈱(6.2%)、上野都市ガス㈱(3.3%)、伊賀市(1.9%)、北伊勢上野信用金庫(1.0%)、岡波総合病院(1.0%)、西日本電信電話㈱(0.8%)		
設備投資額及び主な計画			
関係会社一覧	上野ガス㈱、上野都市ガス㈱、上野ガス配送センター㈱、上野ハウス㈱、上野合同保険㈱		

[決算状況]

(貸借対照表) (単位：百万円)

資産の部	
科目	金額
固定資産	
流動資産	
繰延資産	
資産合計	
負債及び資本の部	
科目	金額
固定負債	
流動負債	
資本金	
資本剰余金	
利益剰余金	
その他有価証券評価差額金	
自己株式	
負債及び資本合計	

(2022年3月末現在)

(損益計算書) (単位：百万円)

区分		2017年度	2018年度	2019年度	2020年度	2021年度
収入	電気通信事業収入					
	電気通信事業以外の事業の収入					
	合計					
営業利益						
経常利益						
当期利益						

(2022 年 7 月 1 日現在)

会社名	株式会社いちはらコミュニティ・ネットワーク・テレビ	会社名(英文)	ICHIHARA COMMUNITY NETWORK TELEVISION CORPORATION
本社所在地	〒290-0054 千葉県市原市五井中央東 2 丁目 23 番地 18 TEL: 0436 - 24 - 0009 ／ FAX: 0436 - 24 - 0003 ／ ホームページ：http://www.icntv.ne.jp/		
代表者	代表取締役社長　長谷川（はせがわ）　達也（たつや）	資本金	490 百万円 ／ 従業員数 34 人
設立年月日	1989 年 6 月 28 日	事業開始年月日	1990 年 4 月 1 日
主たる出資者	㈱TOKAI ケーブルネットワーク（92.08%）、市原市（2.56%）、㈱千葉興業銀行（1.92%）、古河電気工業㈱（1.28%）		
設備投資額及び主な計画	設備投資額：2021 年度（実績）： 582 百万円 2022 年度（計画）： 694 百万円 主な計画：FTTH 投資 191 百万円 HFC 放送通信投資 94 百万円 社屋建替 302 百万円 リース投資 107 百万円		
関係会社一覧	㈱TOKAI ホールディングス、㈱TOKAI コミュニケーションズ、㈱TOKAI ケーブルネットワーク、㈱TOKAI マネジメントサービス、㈱エルシーブイ、㈱倉敷ケーブルテレビ、㈱トコちゃんねる静岡、東京ベイネットワーク㈱、㈱テレビ津山、厚木伊勢原ケーブルネットワーク㈱		

[決算状況]

(貸借対照表)　(単位：百万円)

資産の部	
科目	金額
固定資産	1,658
流動資産	731
繰延資産	0
資産合計	2,389
負債及び資本の部	
科目	金額
固定負債	254
流動負債	300
資本金	490
資本剰余金	657
利益剰余金	688
その他有価証券評価差額金	0
自己株式	0
負債及び資本合計	2,389

(2022 年 3 月末現在)

(損益計算書)　(単位：百万円)

区分		2017 年度	2018 年度	2019 年度	2020 年度	2021 年度
収入	電気通信事業収入	512	606	711	848	883
	電気通信事業以外の事業の収入	629	619	611	667	719
	合計	1,141	1,225	1,322	1,515	1,602
営業利益		97	122	192	256	257
経常利益		97	125	202	256	256
当期利益		53	84	133	169	145

（2022 年 7 月 1 日現在）

会　社　名	株式会社中海テレビ放送	会社名(英文)			
本社所在地	〒683-0852 鳥取県米子市河崎 610 番地 TEL: 0859 - 29 - 2211 ／ FAX: 0859 - 29 - 7911 ／ ホームページ：http://www.chukai.co.jp				
代　表　者	代表取締役社長　加藤（かとう）　典裕（のりひろ）	資　本　金	493 百万円	従業員数	68 人
設立年月日	1984 年 11 月 20 日	事業開始年月日	1989 年 11 月 1 日		
主たる出資者	東亜成果㈱（8.8%）、㈱サテライトコミュニケーションズネットワーク（8.8%）、松田恒勇（5.9%）、中海テレビ放送持株会（4.0%）、㈱山陰ビデオシステム（2.9%）				
設備投資額及び主な計画					
関係会社一覧					

［決算状況］

（貸借対照表）　（単位：百万円）

資産の部	
科　目	金　額
固定資産	
流動資産	
繰延資産	
資産合計	
負債及び資本の部	
科　目	金　額
固定負債	
流動負債	
資本金	
資本剰余金	
利益剰余金	
その他有価証券評価差額金	
自己株式	
負債及び資本合計	

（2022 年 3 月末現在）

（損益計算書）　（単位：百万円）

区　分		2017 年度	2018 年度	2019 年度	2020 年度	2021 年度
収入	電気通信事業収入					
	電気通信事業以外の事業の収入					
	合　計					
営　業　利　益						
経　常　利　益						
当　期　利　益						

（2022 年 7 月 1 日現在）

会　社　名	入間ケーブルテレビ株式会社	会社名(英文)	IRUMA CABLE TELEVISION CO.,LTD		
本社所在地	〒358-8550 埼玉県入間市高倉 5-17-27 TEL: 04 - 2965 - 0550 ／ FAX: 04 - 2965 - 5432 ／ ホームページ：http://ictv.jp				
代　表　者	代表取締役社長　鹿倉（しかくら）　貞二（ていじ）	資　本　金	420 百万円	従業員数	66 人
設立年月日	1986 年 6 月 3 日	事業開始年月日	1990 年 4 月 1 日		
主たる出資者	三ヶ島製材（10.8%）、㈱スズキガス（6.7%）、入間市（1.4%）				
設備投資額及び主な計画					
関係会社一覧	㈱エフエム茶笛、東松山ケーブルテレビ㈱、ゆずの里ケーブルテレビ㈱、瑞穂ケーブルテレビ㈱、㈱ ICTV スマイル農場				

［決算状況］

（貸借対照表）　（単位：百万円）

資産の部	
科　目	金　額
固定資産	
流動資産	
繰延資産	
資産合計	
負債及び資本の部	
科　目	金　額
固定負債	
流動負債	
資本金	
資本剰余金	
利益剰余金	
その他有価証券評価差額金	
自己株式	
負債及び資本合計	

（2022 年 3 月末現在）

（損益計算書）　（単位：百万円）

区　分		2017 年度	2018 年度	2019 年度	2020 年度	2021 年度
収入	電気通信事業収入					
	電気通信事業以外の事業の収入					
	合　計					
営　業　利　益						
経　常　利　益						
当　期　利　益						

（2022 年 7 月 1 日現在）

会社名	株式会社 NTT ドコモ	会社名（英文）	NTT DOCOMO, INC.		
本社所在地	〒100-6150 東京都千代田区永田町 2-11-1　山王パークタワー TEL: 03 - 5156 - 1111（代）／ FAX: 03 - 5156 - 0307 ／ ホームページ：https://www.docomo.ne.jp/				
代表者	代表取締役社長　井伊（いい）　基之（もとゆき）	資本金	949,679 百万円 （2022 年 3 月 31 日現在）	従業員数	8,847 人 （2022 年 3 月 31 日現在）
設立年月日	1991 年 8 月 14 日	事業開始年月日	1992 年 7 月 1 日		
主たる出資者	日本電信電話㈱（100%）				
設備投資額及び主な計画	設備投資額：2021 年度（実績）：698,600 百万円 2022 年度（計画）：713,000 百万円 主な計画：通信設備の拡充、改善に伴う投資、d マーケット、 金融・決済及び生活関連サービス等の拡充に伴う投資				
関係会社一覧	NTT コミュニケーションズ㈱、NTT コムウェア㈱、㈱ドコモ CS、ドコモ・サポート㈱、ドコモ・システムズ㈱、ドコモ・テクノロジ㈱、㈱ドコモ CS 北海道、㈱ドコモ CS 東北、㈱ドコモ CS 東海、㈱ドコモ CS 北陸、㈱ドコモ CS 関西、㈱ドコモ CS 中国、㈱ドコモ CS 四国、㈱ドコモ CS 九州、㈱オークローンマーケティング、タワーレコード㈱、㈱ D2C、㈱ドコモ・アニメストア、㈱ドコモ・インサイトマーケティング、マガシーク㈱　等				

［決算状況］

（貸借対照表）　（単位：百万円）

資産の部	
科目	金額
固定資産	4,988,952
流動資産	4,329,240
資産合計	9,318,193
負債及び資本の部	
科目	金額
固定負債	223,022
流動負債	2,585,752
資本金	949,679
資本剰余金	828,559
利益剰余金	4,599,905
その他有価証券評価差額金	131,273
負債及び資本合計	9,318,193

（損益計算書）　（単位：百万円）

区分		2017 年度	2018 年度	2019 年度	2020 年度	2021 年度
収入	電気通信事業収入	3,316,556	3,325,218	3,254,873	3,377,636	3,221,407
	電気通信事業以外の事業の収入	1,490,572	1,575,126	1,384,205	1,305,993	1,245,338
	合計	4,807,128	4,900,344	4,639,078	4,683,629	4,466,745
営業利益		918,678	918,883	729,548	805,545	772,316
経常利益		969,361	986,280	805,832	872,981	867,344
当期利益		847,735	680,080	601,682	636,214	633,624

※記載金額は百万円未満の端数を切り捨てて表示しています

（2022 年 3 月末現在）

（2022 年 7 月 1 日現在）

会　社　名	沖縄セルラー電話株式会社	会社名（英文）	OKINAWA CELLULAR TELEPHONE COMPANY		
本社所在地	〒900-8540 沖縄県那覇市松山 1 丁目 2 番 1 号 TEL: 098 - 869 - 1001 ／ FAX: 098 - 869 - 2643 ／ ホームページ：https://www.au.com/okinawa_cellular/				
代　表　者	代表取締役社長　菅（すが）　隆志（たかし）	資　本　金	1,414 百万円	従業員数	254 人
設立年月日	1991 年 6 月 1 日	事業開始年月日	1992 年 10 月 20 日		
主たる出資者	KDDI ㈱（52.4%）、日本マスタートラスト信託銀行㈱（信託口）（3.7%）、 STATE STREET BANK AND TRUST COMPANY 505224（常任代理人 ㈱みずほ銀行）（2.9%）、㈱沖縄銀行（1.8%）、 沖縄電力㈱（1.8%）、琉球放送㈱（1.8%）、㈱日本カストディ銀行（信託口）（1.7%）、 BBH FOR FIDELITY PURITAN TR: FIDELITY SR INTRINSIC OPPORTUNITIES FUND（常任代理人 ㈱三菱 UFJ 銀行）（1.4%）、JP モルガン証券㈱（1.1%）、 BBH BOSTON FOR NOMURA JAPAN SMALLER CAPITALIZATION FUND 620065（常任代理人 ㈱みずほ銀行）（0.9%）				
設備投資額及び主な計画					
関係会社一覧	KDDI ㈱、沖縄通信ネットワーク㈱、沖縄セルラーアグリ＆マルシェ㈱				

［決算状況］

（貸借対照表）　（単位：百万円）

資産の部	
科　目	金　額
固定資産	48,104
流動資産	70,505
繰延資産	
資産合計	118,609
負債及び資本の部	
科　目	金　額
固定負債	2,788
流動負債	15,630
資本金	1,414
資本剰余金	1,618
利益剰余金	93,559
自己株式	▲ 209
その他の包括利益累計額	34
非支配株主持分	3,347
負債及び資本合計	118,609

（2022 年 3 月末現在）

（損益計算書）　（単位：百万円）

区　分		2017 年度	2018 年度	2019 年度	2020 年度	2021 年度
収入	電気通信事業収入	45,177	46,357	48,167	50,762	50,762
	電気通信事業以外の事業の収入	19,999	20,656	19,883	23,428	23,428
	合　計	65,176	67,013	68,051	74,191	74,190
営業利益		12,449	12,949	13,966	14,450	14,450
経常利益		12,511	13,113	14,074	14,565	14,565
当期純利益		8,943	9,541	10,196	10,936	10,522

（2022 年 7 月 1 日現在）

会社名	楽天モバイル株式会社	会社名（英文）	Rakuten Mobile, Inc.		
本社所在地	〒158-0094 東京都世田谷区玉川一丁目 14 番 1 号 楽天クリムゾンハウス TEL: 050 - 5817 - 1360 ／ ホームページ：https://corp.mobile.rakuten.co.jp/				
代表者	代表取締役社長　矢澤（やざわ）　俊介（しゅんすけ）	資本金	100 百万円	従業員数	4,621 人 （2022 年 1 月 1 日現在）
設立年月日	2018 年 1 月 10 日	事業開始年月日	2019 年 10 月 1 日		
主たる出資者	楽天グループ㈱（100%）				
設備投資額及び主な計画					
関係会社一覧	楽天グループ㈱、楽天コミュニケーションズ㈱、楽天シンフォニー㈱、楽天モバイルカスタマーサービス㈱、楽天モバイルエンジニアリング㈱、楽天モバイルインフラソリューション㈱				

［決算状況］

（貸借対照表）　（単位：百万円）

科目	金額
資産の部	
固定資産	960,043
流動資産	145,334
繰延資産	
資産合計	1,105,377
負債及び資本の部	
固定負債	237,664
流動負債	829,706
資本金	100
資本剰余金	579,974
利益剰余金	▲ 542,074
その他有価証券評価差額金	6
自己株式	
負債及び資本合計	1,105,377

（2021 年 12 月末現在）

（損益計算書）　（単位：百万円）

区分		2017 年度	2018 年度	2019 年度	2020 年度	2021 年度
収入	電気通信事業収入					
	電気通信事業以外の事業の収入					
	合計			69,062	135,171	156,803
営業利益				▲ 50,983	▲ 207,909	▲ 416,343
経常利益				▲ 51,257	▲ 207,875	▲ 422,966
当期利益				▲ 51,537	▲ 161,231	▲ 326,232

（2022 年 7 月 1 日現在）

会社名	東京テレメッセージ株式会社	会社名（英文）	Tokyo Telemessage Inc.		
本社所在地	〒105-0003 東京都港区西新橋 2-35-2 TEL: 03 - 5733 - 0247 ／ FAX: 03 - 5733 - 0280 ／ ホームページ：http://www.teleme.co.jp/				
代表者	代表取締役社長　清野（せいの）　英俊（ひでとし）	資本金	100 百万円	従業員数	17 人
設立年月日	2008 年 10 月 1 日	事業開始年月日	1986 年 12 月 16 日		
主たる出資者	MTS キャピタル㈱（100%）				
設備投資額及び主な計画					
関係会社一覧					

［決算状況］

（貸借対照表）　（単位：百万円）

科目	金額
資産の部	
固定資産	195
流動資産	5,102
繰延資産	123
資産合計	5,420
負債及び資本の部	
固定負債	0
流動負債	284
資本金	100
資本剰余金	86
利益剰余金	4,950
その他有価証券評価差額金	
自己株式	
負債及び資本合計	5,420

（2022 年 3 月末現在）

（損益計算書）　（単位：百万円）

区分		2017 年度	2018 年度	2019 年度	2020 年度	2021 年度
収入	電気通信事業収入	178	168	146	112	47
	電気通信事業以外の事業の収入	1,461	2,456	4,907	7,656	4,750
	合計	1,638	2,624	5,053	7,768	4,797
営業利益		396	1,030	2,070	3,721	1,712
経常利益		252	950	1,707	3,114	586
当期利益		166	725	1,223	2,242	423

（2022 年 7 月 1 日現在）

会社名	アビコム・ジャパン株式会社	会社名（英文）	AVICOM JAPAN CO., LTD.		
本社所在地	〒108-0014 東京都港区芝 5-26-20 TEL: 03 - 5443 - 9291 ／ FAX: 03 - 5443 - 9297 ／ ホームページ : http://www.avicom.co.jp				
代表者	代表取締役社長　小西（こにし）　一史（かずふみ）	資本金	1,310 百万円	従業員数	14 人
設立年月日	1989 年 9 月 1 日				
事業開始年月日	1990 年 4 月 1 日　国内空地データリンクサービス（現　航空無線データ通信） 1993 年 9 月 1 日　羽田空港における地上無線電話サービス（MCA） 2001 年 10 月 1 日　航空無線データ通信第一種電気通信事業開始 2002 年 4 月 1 日　航空無線電話サービス開始				
主たる出資者	ANA ホールディングス㈱（36.8%）、日本航空㈱（36.8%）、東日本電信電話㈱（12.4%）、KDDI ㈱（9.3%）、㈱ NTT データ（3.9%）				
設備投資額及び主な計画					
関係会社一覧					

［決算状況］

（貸借対照表）（単位 : 百万円）

資産の部	
科　目	金　額
固定資産	759
流動資産	3,119
繰延資産	
資産合計	3,878
負債及び資本の部	
科　目	金　額
固定負債	12
流動負債	420
資本金	1,310
資本剰余金	
利益剰余金	2,136
その他有価証券評価差額金	
自己株式	
負債及び資本合計	3,878

（2022 年 3 月末現在）

（損益計算書）（単位 : 百万円）

区　分		2017 年度	2018 年度	2019 年度	2020 年度	2021 年度
収入	電気通信事業収入	2,257	2,340	2,439	1,681	2,053
	電気通信事業以外の事業の収入					
	合　計	2,257	2,340	2,439	1,681	2,053
営業利益		828	695	833	307	616
経常利益		820	704	827	309	628
当期利益		601	486	423	206	438

(2022 年 7 月 1 日現在)

会　社　名	関西エアポートテクニカルサービス株式会社	会社名(英文)	Kansai Airports Technical Services Co.,Ltd		
本社所在地	〒549-0001 大阪府泉佐野市泉州空港北 1 番地 TEL: 072 - 455 - 2920 ／ FAX: 072 - 455 - 2935 ／ ホームページ：http://www.tech.kansai-airports.co.jp/				
代　表　者	代表取締役社長　鈴木(すずき)　慎也(しんや)	資　本　金	40 百万円	従業員数	264 人
設立年月日	1993 年 7 月 30 日	事業開始年月日	1994 年 4 月 1 日		
主たる出資者	関西エアポート㈱（100%）				
設備投資額及び主な計画					
関係会社一覧	関西エアポート㈱				

［決算状況］

(貸借対照表)　(単位：百万円)

資産の部	
科　目	金　額
固定資産	893
流動資産	4,313
繰延資産	
資産合計	5,207
負債及び資本の部	
科　目	金　額
固定負債	1,674
流動負債	659
資本金	40
資本剰余金	556
利益剰余金	2,276
その他有価証券評価差額金	
自己株式	
負債及び資本合計	5,207

(2022 年 3 月末現在)

(損益計算書)　(単位：百万円)

区　分		2017 年度	2018 年度	2019 年度	2020 年度	2021 年度
収入	電気通信事業収入	164	491	454	391	368
	電気通信事業以外の事業の収入	1,869	1,400	4,628	3,649	3,805
	合　計	2,033	1,891	5,082	4,041	4,174
営業利益		381	407	453	320	435
経常利益		381	408	456	495	545
当期利益		260	285	372	323	342

(2022 年 7 月 1 日現在)

会　社　名	UQ コミュニケーションズ株式会社	会社名(英文)	UQ Communications Inc.		
本社所在地	〒102-8460 東京都千代田区飯田橋三丁目 10 番 10 号 TEL: 03 - 6678 - 1728 ／ ホームページ：https://www.uqwimax.jp/wimax/				
代　表　者	代表取締役社長　竹澤(たけざわ)　浩(ひろし)	資　本　金	142,000 百万円	従業員数	
設立年月日	2007 年 8 月 29 日	事業開始年月日	2009 年 2 月 26 日		
主たる出資者	KDDI ㈱、東日本旅客鉄道㈱、京セラ㈱、㈱大和証券グループ本社				
設備投資額及び主な計画					
関係会社一覧					

［決算状況］

(貸借対照表)　(単位：百万円)

資産の部	
科　目	金　額
固定資産	
流動資産	
繰延資産	
資産合計	
負債及び資本の部	
科　目	金　額
固定負債	
流動負債	
資本金	
資本剰余金	
利益剰余金	
その他有価証券評価差額金	
自己株式	
負債及び資本合計	

(2022 年 3 月末現在)

(損益計算書)　(単位：百万円)

区　分		2017 年度	2018 年度	2019 年度	2020 年度	2021 年度
収入	電気通信事業収入					
	電気通信事業以外の事業の収入					
	合　計					
営業利益						
経常利益						
当期利益						

5-2 一般社団法人電気通信事業者協会（TCA）の活動状況

5-2-1　組織及び役員

● 協会の組織

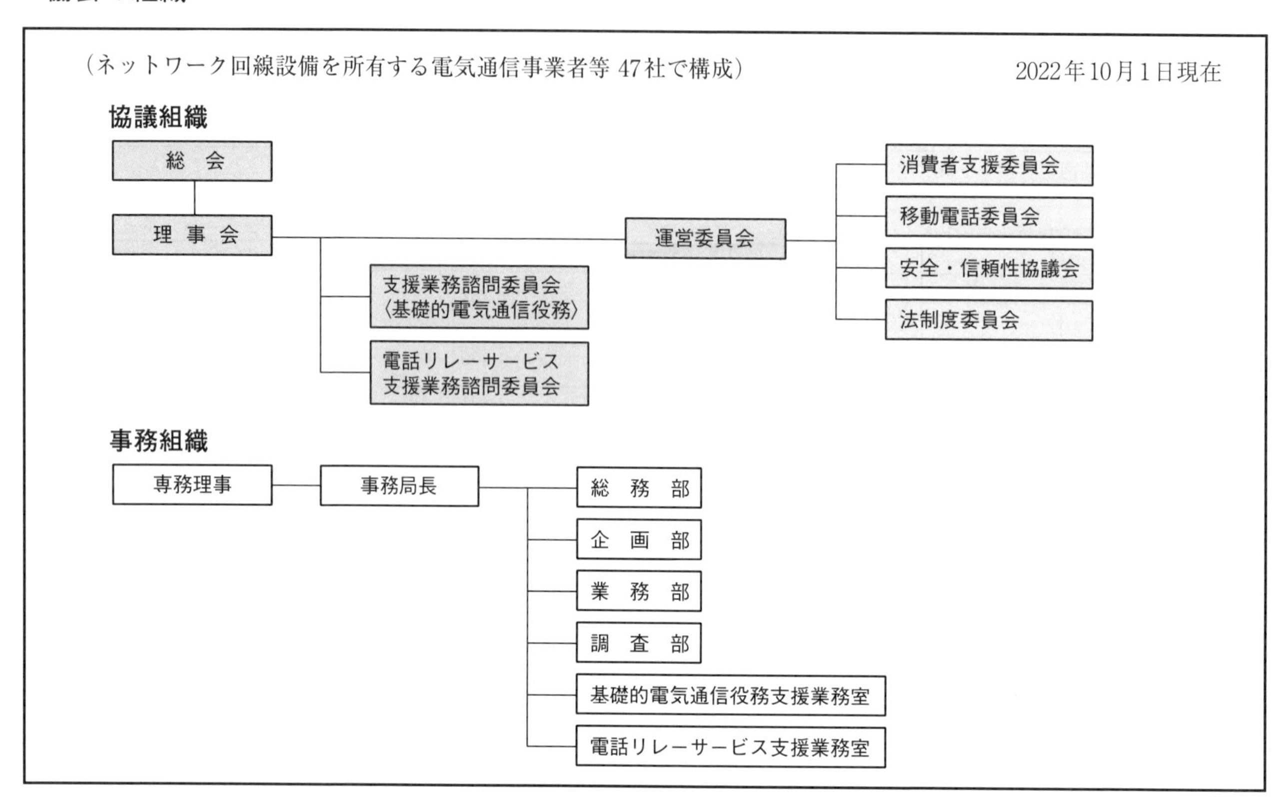

● 役員（2022年10月1日現在）

会　長	島田　明	日本電信電話株式会社社長
副会長	名部正彦	株式会社オプテージ社長
専務理事	山本一晴	一般社団法人電気通信事業者協会
理　事	髙橋　誠	KDDI株式会社社長
理　事	米倉英一	スカパーJSAT株式会社社長
理　事	宮倉康彰	中部テレコミュニケーション株式会社社長
理　事	宮川潤一	ソフトバンク株式会社社長兼CEO
理　事	栗山浩樹	株式会社NTTドコモ副社長
理　事	岩木陽一	JCOM株式会社社長
理　事	北村亮太	東日本電信電話株式会社副社長
理　事	坂本英一	西日本電信電話株式会社副社長
理　事	梶村啓吾	エヌ・ティ・ティ・コミュニケーションズ株式会社副社長
理　事	矢澤俊介	楽天モバイル株式会社社長
監　事	嶋田　創	イッツ・コミュニケーションズ株式会社社長
監　事	石井義則	一般社団法人情報通信ネットワーク産業協会常務理事

5-2-2　事業概要

●電気通信事業の健全な発展に資する取組み

1 「安全・信頼性協議会」におけるネットワークの安全性・信頼性確保対策の充実強化
　(1) 災害時における重要通信の確保等
　(2) 情報セキュリティ対策の推進
2　移動体通信の料金不払い者情報の交換
3　115 番の使用に関するガイドラインの管理
4　事業者識別コードの付与及び管理
5　各業界・業際間における共通課題への取組み

●消費者支援策の充実・推進に資する取組み

1 「消費者支援委員会」における消費者支援策の充実等
　(1) 苦情・相談処理体制の構築と円滑な運営
　(2) 消費者団体等との連携
　(3) 消費者に対する周知・啓発
2 「電気通信サービス向上推進協議会」等における消費者支援策の充実等
　(1) 広告表示適正化の推進
　(2) 消費者団体等との連携
　(3) 事故・障害時における利用者周知の推進
　(4) 販売適正化の推進
　(5) あんしんショップ認定制度の推進
3　個人情報保護の徹底
4　迷惑メール対策の推進
5　インターネット上の違法・有害情報対策の推進
　(1) 違法・有害情報から青少年を守るためのフィルタリングサービスの導入促進・啓発活動の強化
　(2) インターネット上の違法情報対策
　(3) 児童ポルノ流通防止対策
6　インターネットの安心・安全利用の推進
　(1) インターネットの安心・安全利用の啓発活動等への寄与
　(2) インターネット接続サービス安全・安心マークの推進

●社会貢献に資する取組み

1　地球環境問題への取組み
　(1) カーボンニュートラル及び循環型社会形成の取組みの強化
　(2) 携帯電話等のリサイクルの推進
2　周知・啓発活動の充実
　(1) 業界動向アナウンス
　(2) 携帯電話の課題に関する PR 活動
3　電気通信サービスの不正利用防止対策の推進
4　電気通信関連の権利侵害対策に関する活動
5　電気通信アクセシビリティの普及推進
6　電気通信事業分野における新型コロナウイルス感染症への対応

●会員の利便向上等に資する取組み

1　協会ニュースの充実
2　行政・他業界等の情報提供、講演会等の開催
3　協会の各種委員会等の活動の活性化
4　効率的な業務運営・経費の節減
5　一般社団法人としての適切な法人運営

●基礎的電気通信役務支援機関業務の実施

1　基礎的電気通信役務支援業務実施体制の確保
2　基礎的電気通信役務支援業務の実施
　(1)　支援業務諮問委員会〈基礎的電気通信役務〉の運営
　(2)　交付金の交付及び負担金の徴収に係る業務の的確な実施
　(3)　交付金の額及び負担金の額等に係る認可申請等の円滑な実施
　(4)　効果的な周知・広報活動の実施
　(5)　円滑な問い合わせ対応の実施
3　その他の事項
　(1)　独立性の確保
　(2)　効率的な業務執行体制の整備と関係事務の円滑な推進
　(3)　情報公開の実施

●電話リレーサービス支援機関業務の実施

1　電話リレーサービス支援業務実施体制の確保
2　電話リレーサービス支援業務の実施
　(1)　電話リレーサービス支援業務諮問委員会の運営
　(2)　交付金の交付及び負担金の徴収に係る業務の的確な実施
　(3)　交付金の額及び負担金の額等に係る認可申請等の円滑な実施
　(4)　効果的な周知・広報活動の実施
　(5)　円滑な問い合わせ対応の実施
3　その他の事項
　(1)　独立性の確保
　(2)　効率的な業務執行体制の整備と関係事務の円滑な推進
　(3)　情報公開の実施

5-2-3　2021年度及び2022年度の主な活動状況

年　月		活　動　状　況
2021年4月	6日	● 総務省・TCA電話リレーサービスに係る特定電話提供事業者説明会
	7日	● 総務省 IPネットワーク設備委員会（第65回）
		● 無電柱化推進検討会議（第1回）
	8日	● あんしんショップ認定協議会 運営委員会WG
		● 総務省 ブロードバンド基盤の在り方に関する研究会（第10回）
	12日	● 総務省 事故報告・検証制度等タスクフォース（第3回）
		● 総務省 衛星通信システム委員会 作業班（第25回）
	16日	● 子供の性被害撲滅対策推進協議会 総会
	19日	● あんしんショップ認定協議会 臨時審査委員会
		● 電気通信サービス向上推進協議会 広告表示検討部会（第48回）
		● 総務省 事故報告・検証制度等タスクフォース（第4回）
	21日	●「ポストコロナ」時代におけるデジタル活用に関する懇談会WG（第9回）
		● IPv6社会実装推進タスクフォース（第13回）
		● 電気通信サービス向上推進協議会 広告表示アドバイザリー委員会（第53回）
	22日	● あんしんショップ認定協議会 運営委員会WG
	23日	● 総務省 災害時における通信サービスの確保に関する連絡会（第8回）
		● 総務省 ブロードバンド基盤の在り方に関する研究会（第11回）
	26日	● 総務省 競争ルールの検証に関するWG（第17回）／消費者保護ルールの在り方に関する検討会（第29回）合同会合
		● 総務省 事故報告・検証制度等タスクフォース（第5回）
		● 総務省・TCA電話リレーサービスに係る事業者（MVNO、FVNO等）説明会
	27日	● TCAユニバーサルサービス支援業務諮問委員会（第46回）
		● あんしんショップ認定協議会 審査委員会（第1回）
	28日	● 総務省 IPネットワーク設備委員会（第66回）
		● 内閣府 青少年インターネット環境の整備等に関する検討会（第50回）
5月	6日	● 総務省 青少年の安心・安全なインターネット利用環境整備に関するタスクフォース（第13回）
	6、7日	● TCA外部会計監査
	10日	● インターネットコンテンツセーフティ協会 理事会（第58回）
		● ファイル共有ソフトを悪用した著作権侵害対策協議会（CCIF）運営委員会（第21回）
	11日	● あんしんショップ認定協議会 運営委員会WG
		● 総務省「ポストコロナ」時代におけるデジタル活用に関する懇談会WG（第10回）
	12日	● TCA運営委員会（第149回）
	14日	● 総務省 事故報告・検証制度等タスクフォース（第6回）
	17日	● 総務省 マイナンバーカードの機能のスマホ搭載等に関する検討会（第6回）
	20日	● あんしんショップ認定協議会 運営委員会WG
	21日	● 情報通信技術委員会 理事会（第217回）
		● 総務省 IPネットワーク設備委員会（第67回）
	24日	● TCA理事会（第142回）
		● 総務省 衛星通信システム委員会 作業班（第26回）
	25日	● 総務省 事故報告・検証制度等タスクフォース（第7回）
		● TCA消費者支援委員会（第46回）
	26日	● 総務省 インターネットトラヒック研究会（第7回）
	27日	● あんしんショップ認定協議会 審査委員会（第2回）
	28日	● 総務省 消費者保護ルールの在り方に関する検討会（第30回）
		● 総務省 ブロードバンド基盤の在り方に関する研究会（第12回）
	31日	● インターネットコンテンツセーフティ協会 理事会（第59回）

年　月		活　動　状　況
2021年 6月	1日	● TCA消費者支援委員会 苦情相談対策検討部会（第78回）
	2日	● 総務省 事故報告・検証制度等タスクフォース（第8回）
	3日	● あんしんショップ認定協議会 運営委員会WG
		● 神奈川県 青少年インターネット利用検討委員会（令和3年度第1回）
	7日	● 日本電機工業会（JEMA）低圧蓄電システムの評価指標・ラベルJIS原案作成本委員会（第1回）
	8日	● TCA定時総会（第103回）・理事会（第143回）
	9日	●「会長および副会長の改選について」報道発表
		● TCA安全・信頼性協議会 緊急速報メールWG（第16回）
		● インターネットコンテンツセーフティ協会 理事会（第60回）
	14日	● 総務省 事故報告・検証制度等タスクフォース（第9回）
		● 総務省 消費者保護ルールの在り方に関する検討会（第31回）
	15日	● 情報通信技術委員会 定時総会（第60回）
	16日	● 総務省・TCA電話リレーサービス特定電話提供事業者説明会
	17日	● TCA消費者支援委員会 苦情相談対策検討部会（第79回）
		● あんしんショップ認定協議会 運営委員会WG
	18日	● 経団連 カーボンニュートラル行動計画／循環型社会形成自主行動計画 2021年度フォローアップ調査 実施説明会
	21日	● TCA移動電話委員会 移動電話PR部会（第1回）
	22日	● 総務省 消費者保護ルールの在り方に関する検討会（第32回）
		● ICT-ISAC社員総会（第8回）
	25日	● ネットモラルキャラバン隊実行委員会（第1回）
		● 総務省 ブロードバンド基盤の在り方に関する研究会（第13回）
		● あんしんショップ認定協議会 審査委員会（第3回）
	28日	● 2027国際園芸博覧会推進委員会 令和3年度 定期総会
		● 総務省 IPネットワーク設備委員会（第68回）
	29日	● TCA安全・信頼性協議会 安全基準検討WG（令和3年度第1回）
		● IPv6社会実装推進タスクフォース（第14回）
	30日	● 安心ネットづくり促進協議会 定時社員総会（第10回）
		● インターネットコンテンツセーフティ協会 第11期定時社員総会
		● 消防庁 地上デジタル放送波を活用した災害情報伝達手段のガイドライン策定等に係る検討会（第1回）
		● 総務省 青少年の安心・安全なインターネット利用環境整備に関するタスクフォース（第14回）
7月	1日	● 電話リレーサービス開始セレモニー
		● あんしんショップ認定協議会 運営委員会WG
	2日	● 総務省 衛星通信システム委員会 作業班（第27回）
	5日	● インターネットコンテンツセーフティ協会 理事会（第61回）
	7日	● 第5世代モバイル推進フォーラム 顧問会議　　同フォーラム2021年度総会
		● 総務省 ICTサービス安心・安全研究会 消費者保護ルール実施状況のモニタリング定期会合（第11回）
	9日	● TCA安全・信頼性協議会 安全基準検討WG（令和3年度第2回）
		● TCA移動電話委員会 不適正利用防止検討部会（第149回）
		● 迷惑メール対策推進協議会 総会（第14回）
	12日	● 総務省 消費者保護ルールの在り方に関する検討会（第33回）
	13日	● 総務省 固定ブロードバンド品質測定手法確立に関するサブワーキンググループ（第5回）
	15日	● あんしんショップ認定協議会 運営委員会WG
		● インターネット接続サービス安全・安心マーク推進協議会 総会（第21回）　同協議会 審査委員会（第61回）

年　月		活　動　状　況
2021 年 7 月	16 日	● 情報通信における安心安全推進協議会 ネット社会の健全な発展部会（第 4 回）
	19 日	● 電気通信サービス向上推進協議会 広告表示検討部会（第 49 回）
		● 総務省 青少年の安心・安全なインターネット利用環境整備に関するタスクフォース（第 15 回）
	20 日	● ICT 分野におけるエコロジーガイドライン協議会 WG（第 59 回）
		● 電気通信個人情報保護推進センター 業務企画委員会（第 68 回）
	21 日	● TCA 臨時総会（第 104 回）
	28 日	● 電気通信サービス向上推進協議会 広告表示アドバイザリー委員会（第 54 回）
		● 総務省 マイナンバーカードの機能のスマホ搭載検討会（第 7 回）
	29 日	● あんしんショップ認定協議会 審査委員会（第 4 回）
	30 日	● 大阪府 青少年健全育成審議会（令和 3 年度第 1 回）
8 月	2 日	● 総務省 衛星通信システム委員会作業班（第 28 回）
	3 日	● TCA 移動電話委員会 青少年有害情報対策部会（第 1 回）
		● TCA 移動電話委員会 移動電話 PR 部会（第 2 回）
	5 日	● あんしんショップ認定協議会 運営委員会 WG
		● TCA 移動電話委員会 携帯電話リサイクル検討連絡会（第 1 回）
	20 日	● あんしんショップ認定協議会 運営委員会 WG
	24 日	● TCA 安全・信頼性協議会 災害用伝言 WG（令和 3 年度第 1 回）
	26 日	● あんしんショップ認定協議会 審査委員会（第 5 回）
	27 日	● インターネット上の人権侵害情報に係る実務者検討会（第 7 回）
		● TCA 移動電話委員会 不適正利用防止検討部会（第 150 回）
	30 日	● IPv6 社会実装推進タスクフォース（第 15 回）
	31 日	● 総務省 事故報告・検証制度等タスクフォース（第 10 回）
9 月	1 日	● 九州総合通信局 九州電気通信消費者支援連絡会（令和 3 年度上期）
	2 日	● あんしんショップ認定協議会 運営委員会 WG
		● TCA 移動電話委員会 青少年有害情報対策部会（第 2 回）
	7 日	● TCA 移動電話委員会 移動電話 PR 部会（第 3 回）
	8 日	● 総務省 消費者保護ルールの在り方に関する検討会（第 34 回）
	9 日	● ICT 分野におけるエコロジーガイドライン協議会（第 42 回）
	10 日	● 総務省 IP ネットワーク設備委員会（第 69 回）
		● 関東総合通信局 関東電気通信消費者支援連絡会（第 25 回）
	14 日	● TCA ユニバーサルサービス支援業務諮問委員会（第 47 回）
	15 日	● 消防庁 地上デジタル放送波を活用した災害情報伝達手段のガイドライン策定等に係る検討会（第 2 回）
		● 総務省 消費者保護ルールの在り方に関する検討会（第 35 回）
		●「ユニバーサルサービス（基礎的電気通信役務）制度に係る ①令和 4 年度の番号単価の算定②交付金の額及び交付方法並びに負担金の額及び徴収方法についての総務大臣への認可申請について」報道発表
	22 日	● あんしんショップ認定協議会 運営委員会 WG/ 同協議会 審査委員会（第 6 回）
	24 日	● 総務省 電気通信事業部会（第 115 回）
	28 日	● 総務省 ブロードバンド基盤の在り方に関する研究会（第 14 回）
	29 日	● TCA 移動電話委員会 移動電話 PR 部会（第 4 回）
10 月	4 日	● TCA 安全信頼性協議会 緊急速報メール WG（第 17 回）
		● 総務省 消費者保護ルールの在り方に関する検討会（第 36 回）
	6 日	● TCA 消費者支援委員会 特殊詐欺対策検討部会（第 6 回）
	7 日	● あんしんショップ認定協議会 運営委員会 WG
		● 総務省 災害時における通信サービスの確保に関する連絡会（第 9 回）

年　月		活　動　状　況
2021年 10月	8日	● TCA 移動電話委員会 青少年有害情報対策部会（第3回）
	13日	● ネットモラルキャラバン隊実行委員会（第2回）
		● 情報通信における安心安全推進協議会 2021 年度定期総会
	14日	● NICT ナショナルサイバートレーニングセンター アドバイザリーコミッティー
	19日	● 総務省 消費者保護ルールの在り方に関する検討会 苦情相談処理体制の在り方に関するタスクフォース（第1回）
	20日	● あんしんショップ認定協議会 運営委員会 WG
		● 子供の性被害撲滅対策推進協議会 総会
	22日	●「『やめましょう、歩きスマホ。』キャンペーンの実施について」報道発表
	25日	● 情報通信技術委員会 理事会（第218回）
	27日	● 総務省 消費者保護ルールの在り方に関する検討会（第37回）
		● あんしんショップ認定協議会 審査委員会（第7回）
	28日	● TCA 消費者支援委員会 苦情相談対策検討部会（第80回）
		● IPv6 社会実装推進タスクフォース（第16回）
		● 総務省 WRC 関係機関連絡会（第49回）
	29日	● 総務省 ブロードバンド基盤の在り方に関する研究会（第15回）
11月	4日	● 電気通信サービス向上推進協議会 広告表示検討部会（第50回）
	5日	● あんしんショップ認定協議会 運営委員会 WG
		● TCA 移動電話委員会 迷惑メール送信者情報交換連絡部会（第1回）
	10日	● TCA 外部中間会計監査
	11日	● 総務省 青少年の安心・安全なインターネット利用環境整備に関するタスクフォース（第16回）
	12日	● インターネットの安定的な運用に関する協議会（第6期第1回）
	15日	● 発信者情報開示に関する実務者勉強会 アクセスプロバイダ WG（第3回）
		● 2027 年国際園芸博覧会協会 設立時社員総会
	16日	● TCA 安全・信頼性協議会 安全基準検討 WG（令和3年度第3回）
	17日	● 電気通信サービス向上推進協議会 広告表示アドバイザリー委員会（第55回）
	18日	● あんしんショップ認定協議会 運営委員会 WG
		● 違法・有害情報相談センター推進協議会（2021 年度第1回）
		● 日本電機工業会（JEMA）低圧蓄電システムの評価指標・ラベル JIS 原案作成本委員会（第2回）
	19日	● 総務省 電気通信事業部会（第117回）
		● 内閣府 首都直下地震帰宅困難者等対策検討委員会（第1回）
	22日	● 愛知県 2021 年度 消費者・事業者懇談会
		●「ユニバーサルサービス（基礎的電気通信役務）制度に係る交付金の額及び交付方法の認可並びに負担金の額及び徴収方法の認可について」報道発表
	24日	● 自由民主党 予算・税制等に関する政策懇談会
		● 総務省 マイナンバーカードの機能のスマートフォン搭載等に関する検討会（第8回）
	25日	● あんしんショップ認定協議会 審査委員会（第8回）
		● インターネット接続サービス安全・安心マーク推進協議会 審査委員会（第62回）
		● 電気通信個人情報保護推進センター業務企画委員会（第69回）
	29日	● 総務省 インターネット上の海賊版サイトへのアクセス抑止方策に関する検討会（第5回）
	30日	● 総務省 災害時における通信サービスの確保に関する連絡会・部会（第12回）
		● 警視庁 特殊詐欺対策官民会議（第17回）
		● 情報通信における安心安全推進協議会 ネット社会の健全な発展部会 シンポジウム
12月	2日	● あんしんショップ認定協議会 運営委員会 WG
		● インターネットの安定的な運用に関する協議会（第6期第2回）
	3日	● 内閣府 青少年インターネット環境の整備等に関する検討会（第51回）

年　月		活　動　状　況
2021年 12月	6日	● TCA安全・信頼性協議会 安全基準検討WG（令和3年度第4回）
	7日	● 総務省 消費者保護ルールの在り方に関する検討会 苦情相談処理体制の在り方に関するタスクフォース（第2回）
	9日	● TCA移動電話委員会 移動電話PR部会（第5回）
	13日	● TCA安全・信頼性協議会 緊急速報メールWG（第18回）
	14日	● インフラシステム海外展開戦略2025の推進に関する懇談会（第2回）
		● 総務省 ブロードバンド基盤の在り方に関する研究会（第17回）
	16日	● あんしんショップ認定協議会 運営委員会WG
	17日	● TCA移動電話委員会 不適正利用防止検討部会（第151回）
	20日	● IPv6社会実装推進タスクフォース（第17回）
	23日	●「『テレコムデータブック2021（TCA編）』の発行について」報道発表
		● HATSフォーラム評議会（第20回）
	24日	● あんしんショップ認定協議会 審査委員会（第9回）
2022年 1月	6日	● あんしんショップ認定協議会 運営委員会WG
		● TCA移動電話委員会 移動電話PR部会（第6回）
	7日	● TCA安全・信頼性協議会 ケータイWG（第31回）
	18日	● 電気通信サービス向上推進協議会 広告表示検討部会（第51回）
	19日	● 日本電機工業会（JEMA）JIS C 4411-1 原案作成本委員会（第1回）
	20日	● あんしんショップ認定協議会 運営委員会WG
		● 四国総合通信局 令和3年度愛媛県青少年安心・安全ネット利用促進連絡会
		● インターネット上の人権侵害情報に係る実務者検討会（第8回）
	21日	● 四国総合通信局 令和3年度高知県青少年安心・安全ネット利用促進連絡会
	24日	● 総務省 インターネット上の海賊版サイトへのアクセス抑止方策に関する検討会（第6回）
		● TCA消費者支援委員会 苦情相談対策検討部会（第81回）
	25日	● 総務省 消費者保護ルールの在り方に関する検討会 苦情相談処理体制の在り方に関するタスクフォース（第3回）
		● 兵庫県 令和3年度青少年愛護審議会（全体会）
	27日	● 電気通信事業によるガバナンス、サイバーセキュリティに関わるセミナー
		● あんしんショップ認定協議会 審査委員会（第10回）
		● TCA安全・信頼性協議会 ケータイWG（第32回）
	28日	● 総務省 電話番号・電話転送サービスに関する連絡会（第1回）
2月	1日	● あんしんショップ認定協議会 運営委員会WG
		● TCA電話リレーサービス支援業務諮問委員会（第2回）
		●「新学期に向けたフィルタリングサービス普及啓発の取組みについて」報道発表
	2日	●「電話リレーサービス制度に係る ①令和4年度の番号単価の算定 ②交付金の額及び交付方法並びに負担金の額及び徴収方法についての総務大臣への認可申請について」報道発表
		● 総務省 ブロードバンド基盤の在り方に関する研究会（第18回）
	3日	● 電気通信サービス向上推進協議会 広告表示アドバイザリー委員会（第56回）
		● 電気通信サービス向上推進協議会 事故対応検討WG（第4期第1回）
	8日	● 経団連 循環型社会形成自主行動計画2021年度フォローアップ調査に関する打合せ会
	10日	● 総務省 電話番号・電話転送サービスに関する連絡会（第2回）
	16日	● 総務省 消費者保護ルール実施状況のモニタリング定期会合（第12回）
	17日	● TCA運営委員会（第150回）
	18日	● インターネットコンテンツセーフティ協会 理事会（第62回）
		● あんしんショップ認定協議会 運営委員会WG
		● 総務省 電気通信事業ガバナンス検討会（第17回）
		● 消防庁 地上デジタル放送波を活用した災害情報伝達手段のガイドライン策定等に係る検討会（第3回）

年　月		活動状況
2022年 2月	18日	● TCA安全・信頼性協議会 ケータイWG（第33回）
	21日	● IPv6社会実装推進タスクフォース（第18回）
		● あんしんショップ認定協議会 あんしんショップ大賞2021表彰式
	22日	● 文部科学省 令和3年度ネット安全安心全国推進フォーラム
		● TCA移電話委員会 不適正利用防止検討部会（第152回）
	24日	● TCAユニバーサルサービス支援業務諮問委員会（第48回）
		● あんしんショップ認定協議会 審査委員会（第11回）
	25日	● TCA移動電話委員会 迷惑メール送信者情報交換連絡部会（第2回）
		● 総務省 電話番号・電話転送サービスに関する連絡会（第3回）
		● 情報通信技術委員会 理事会（第219回）
	28日	● TCA電話リレーサービス支援業務諮問委員会（第3回）
		● TCA消費者支援委員会 特殊詐欺対策検討部会（第7回）
		● ネットモラルキャラバン隊実行委員会（第3回）
		● 関東総合通信局 茨城県青少年安心・安全ネット利用促進連絡会（第9回）
3月	1日	● 関東総合通信局 関東電気通信消費者支援連絡会（第26回）
	3日	● 電気通信サービス向上推進協議会 事故対応検討WG（第4期第2回）
	4日	● 発信者情報開示に関する実務者勉強会（第4回）
	7日	● 2027国際園芸博覧会推進委員会 臨時総会
	9日	●「『歩きスマホ』の実態および意識に関するインターネット調査について」報道発表
		● 総務省 消費者保護ルールの在り方に関する検討会（第38回）
	10日	● 情報通信における安心安全推進協議会 ネット社会の健全な発展部会 担当者会合（第7回）
	11日	● ICT分野におけるエコロジーガイドライン協議会（第43回）
		● 総務省 電話番号・電話転送サービスに関する連絡会（第4回）
		● TCA理事会（第144回）
	14日	● 総務省「電気通信事業法の一部を改正する法律案」に関する説明会
	15日	● 消防庁 地上デジタル放送波を活用した災害情報伝達手段のガイドライン策定等に係る検討会（第4回）
	16日	● 総務省 インターネット上の海賊版サイトへのアクセス抑止方策に関する検討会（第7回）
		● 九州総合通信局 九州電気通信消費者支援連絡会（令和3年度下期）
	17日	● あんしんショップ認定協議会 運営委員会WG
	18日	● インターネットコンテンツセーフティ協会 臨時社員総会
	22日	● 違法・有害情報相談センター推進協議会（2021年度第2回）
	23日	● 総務省 消費者保護ルールの在り方に関する検討会 苦情相談処理体制の在り方に関するタスクフォース（第4回）
		●「令和4年度における電話リレーサービス制度に係る交付金の額及び交付方法の認可並びに負担金の額及び徴収方法の認可について」報道発表
		● インターネットコンテンツセーフティ協会 理事会（第63回）
	24日	● あんしんショップ認定協議会 審査委員会（第12回）
		● インターネット接続サービス安全・安心マーク推進協議会 審査委員会（第63回）
	25日	● TCA安全・信頼性協議会（第88回）
		● 総務省 電話番号・電話転送サービスに関する連絡会（第5回）
	28日	● TCA消費者支援委員会（第47回）
		● 総務省 マイナンバーカードの機能のスマートフォン搭載等に関する検討会（第9回）
	29日	● TCA移動電話委員会（令和3年度第1回）
4月	5日	● 総務省 青少年の安心・安全なインターネット利用環境整備に関するタスクフォース（第17回）
	6日	● あんしんショップ認定協議会 運営委員会WG
	11日	● 総務省IPネットワーク設備委員会（第70回）

年　月		活　動　状　況
2022年4月	12日	● 電気通信個人情報保護推進センター 業務企画委員会（第70回）
	15日	● ICT分野におけるエコロジーガイドライン協議会 WG（第60回）
	19日	● インフラシステム海外展開戦略2025の推進に関する懇談会（第3回）
		● 電気通信サービス向上推進協議会 広告表示検討部会（第52回）
	20日	● IPv6社会実装推進タスクフォース（第19回）
	21日	● TCA臨時総会（第105回）
	22日	● 総務省 電話番号・電話転送サービスに関する連絡会（第6回）
	25日	● あんしんショップ認定協議会 審査委員会（第1回）
		● 総務省 競争ルールの検証に関するWG（第29回）／消費者保護ルールの在り方に関する検討会（第39回）合同会合
	26日	● TCA外部会計監査
		● ユニバーサルサービス支援業務諮問委員会（第49回）
	27日	● あんしんショップ認定協議会 運営委員会 WG
		● TCA安全・信頼性協議会 ケータイWG（第34回）
	27、28日	● TCA外部会計監査
	28日	● 電気通信サービス向上推進協議会 広告表示アドバイザリー委員会（第57回）
5月	10日	● 内閣府 青少年インターネット環境の整備等に関する検討会（第52回）
	11日	● TCA運営委員会（第151回）
	12日	● あんしんショップ認定協議会 運営委員会 WG
	13日	● 総務省 消費者保護ルールの在り方に関する検討会 苦情相談処理体制の在り方に関するタスクフォース（第5回）
		● ICT分野におけるエコロジーガイドライン協議会（第44回）
	20日	● 総務省 IPネットワーク設備委員会 技術検討作業班（第41回）
	23日	● TCA消費者支援委員会 特殊詐欺対策検討部会（第8回）
		● 情報通信技術委員会 理事会（第220回）
	24日	● 総務省 WRC関係機関連絡会（第50回）
	25日	● TCA理事会（第145回）
		● あんしんショップ認定協議会 運営委員会 WG
	26日	● インターネットコンテンツセーフティ協会 理事会（第64回）
	31日	● 総務省 インターネット上の海賊版サイトへのアクセス抑止方策に関する検討会（第8回）
		● あんしんショップ認定協議会 審査委員会（第2回）
		● 内閣府 首都直下地震帰宅困難者等対策検討委員会（第2回）
6月	1日	● 電波の日・情報通信月間記念中央式典
		● 情報通信月間推進協議会 総会
		● 総務省 消費者保護ルールの在り方に関する検討会（第40回）
	2日	● あんしんショップ認定協議会 運営委員会 WG
		● 総務省 IPネットワーク設備委員会 技術検討作業班（第42回）
	3日	● 総務省 電話番号・電話転送サービスに関する連絡会（第7回）
		● インターネットコンテンツセーフティ協会 理事会（第65回）
	7日	● 総務省 災害時における通信サービスの確保に関する連絡会・部会（第13回）
	8日	● 神奈川県 青少年インターネット利用検討委員会（令和4年度第1回）
		● TCA定時総会（第106回）及び理事会（第146回）
	9日	●「会長および副会長の改選について」報道発表
		● 電気通信サービス向上推進協議会 実効速度適正化委員会（第15回）
	10日	● 総務省 災害時における通信サービスの確保に関する連絡会（第10回）
	13日	● 発信者情報開示に関する実務者勉強会（第5回）
		● TCA移動電話委員会 移動電話PR部会（第1回）

年　月		活　動　状　況
2022年 6月	13日	●「2022年度情報通信の安心安全な利用のための標語」表彰式典
	14日	● 総務省 消費者保護ルールの在り方に関する検討会 苦情相談処理体制の在り方に関するタスクフォース（第6回）
		● 情報通信技術委員会 定時総会（第61回）及び理事会（第221回）
	17日	● 総務省 プラットフォームサービスに係る利用者情報の取扱いに関するWG（第15回）
		● 総務省 電気通信事業ガバナンス検討会 特定利用者情報の適正な取扱いに関するWG（第1回）
	21日	● あんしんショップ認定協議会 運営委員会WG
		● 経団連 カーボンニュートラル行動計画／循環型社会形成自主行動計画 2022年度フォローアップ調査 実施説明会
		● TCA 消費者支援委員会 特殊詐欺対策検討部会（第9回）
	22日	● 総務省 プラットフォームサービスに係る利用者情報の取扱いに関するWG（第16回）
		● IPv6社会実装推進タスクフォース（第20回）
	23日	● 総務省 IP ネットワーク設備委員会 技術検討作業班（第43回）
		● 総務省 青少年の安心・安全なインターネット利用環境整備に関するタスクフォース（第18回）
	24日	● 内閣府 首都直下地震帰宅困難者等対策連絡調整会議（第4回）
	27日	● 総務省 プラットフォームサービスに係る利用者情報の取扱いに関するWG（第17回）
		● あんしんショップ認定協議会 審査委員会（第3回）
	28日	● 総務省 消費者保護ルール実施状況のモニタリング定期会合（第13回）
	30日	● インターネットコンテンツセーフティ協会 第12期定時社員総会
7月	1日	● 総務省 IP ネットワーク設備委員会（第71回）
		● 電話リレーサービス開始1周年オンラインシンポジウム
		● 総務省 ユニバーサルサービス政策委員会 ブロードバンド基盤WG（第1回）
		● 総務省 電気通信事業ガバナンス検討会 特定利用者情報の適正な取扱いに関するWG（第2回）
	7日	● あんしんショップ認定協議会 運営委員会WG
		● 第5世代モバイル推進フォーラム顧問会議及び2022年度総会
	8日	● インターネットコンテンツセーフティ協会 理事会（第66回）
	12日	● 総務省 消費者保護ルールの在り方に関する検討会（第41回）
	13日	● 総務省 インターネット上の海賊版サイトへのアクセス抑止方策に関する検討会（第9回）
		● 情報通信アクセス協議会（第25回）
	15日	● TCA 安全・信頼性協議会 ケータイWG（第35回）
		● インターネット上の人権侵害情報に係る実務者検討会（第10回）
		● 総務省 電気通信事業ガバナンス検討会 特定利用者情報の適正な取扱いに関するWG（第3回）
	19日	● TCA 移動電話委員会 迷惑メール送信者情報交換連絡部会（第1回）
		● 電気通信サービス向上推進協議会 広告表示検討部会（第53回）
		● 情報通信技術委員会 理事会（第222回）
	21日	● 内閣府 首都直下地震帰宅困難者等対策検討委員会（第3回）
	22日	● 総務省 IP ネットワーク設備委員会 技術検討作業班（第44回）
		● インターネット接続サービス安全・安心マーク推進協議会 総会（第22回）及び審査委員会（第64回）
	27日	● あんしんショップ認定協議会 審査委員会（第4回）
	28日	● 電気通信サービス向上推進協議会 広告表示アドバイザリー委員会（第58回）
	29日	● TCA 移動電話委員会 不適正利用防止検討部会（156回）
8月	1日	● TCA 移動電話委員会 移動電話PR部会（第2回）
	2日	● 総務省 電気通信事業ガバナンス検討会 特定利用者情報の適正な取扱いに関するWG（第4回）

年　月		活　動　状　況
2022年 8月	3日	● デジタル庁 マイナンバーカードの機能のスマートフォン搭載に関する検討会（第1回）
		● 総務省 九州総合通信局 九州電気通信消費者支援連絡会（令和4年度上期）
	4日	● TCA移動電話委員会 リサイクル検討連絡会（第1回）
		● TCA移動電話委員会 青少年有害情報対策部会（第1回）
	19日	● 一般社団法人セーファーインターネット協会 セーフラインアドバイザリーボード
	22日	● 内閣府 首都直下地震帰宅困難者等対策検討委員会（第4回）
	25日	● 総務省 プラットフォームサービスに係る利用者情報の取扱いに関するWG（第18回）
	26日	● あんしんショップ認定協議会 審査委員会（第5回）
		● あんしんショップ認定協議会 運営委員会WG
		● 総務省 電話番号・電話転送サービスに関する連絡会（第8回）
	29日	● 総務省 IPネットワーク設備委員会 技術検討作業班（第45回）
		● 総務省 ユニバーサルサービス政策委員会 ブロードバンド基盤WG（第2回）
	31日	● IPv6社会実装推進タスクフォース（第21回）
9月	1日	● 総務省 IPネットワーク設備委員会（第72回）
	5日	● TCA安全・信頼性協議会 ケータイWG（第36回）（1/2）
		● 総務省 ユニバーサルサービス政策委員会 ブロードバンド基盤WG（第3回）
	7日	● TCA安全・信頼性協議会 ケータイWG（第36回）（2/2）
		● 総務省 プラットフォームサービスに係る利用者情報の取扱いに関するWG（第19回）
	8日	● 総務省 電気通信事業ガバナンス検討会 特定利用者情報の適正な取扱いに関するWG（第5回）
	9日	● 改正プロバイダ責任制限法 プロバイダ等向け説明会
	12日	● 総務省 IPネットワーク設備委員会 技術検討作業班（第46回）
	13日	● 総務省 関東総合通信局 関東電気通信消費者支援連絡会（第27回）
	15日	● 総務省 インターネット上の海賊版サイトへのアクセス抑止方策に関する検討会（第10回）
		● TCAユニバーサルサービス支援業務諮問委員会（第50回）
		● 内閣府 青少年インターネット環境の整備等に関する検討会（第53回）
		● TCA移動電話委員会 不適正利用防止検討部会（第2回）
	16日	●「ユニバーサルサービス（基礎的電気通信役務）制度に係る①令和5年度の番号単価の算定②交付金の額及び交付方法並びに負担金の額及び徴収方法についての総務大臣への認可申請について」報道発表
		● 総務省 電話番号・電話転送サービスに関する連絡会（第9回）
	22日	● あんしんショップ認定協議会 運営委員会WG
	27日	● ICT分野におけるエコロジーガイドライン協議会WG（第61回）
	28日	● 総務省 非常時における事業者間ローミング等に関する検討会（第1回）
		● あんしんショップ認定協議会 審査委員会（第6回）
	29日	● 警視庁 特殊詐欺対策官民会議（第18回）
	30日	● TCA理事会（第147回）
		● 情報通信における安心安全推進協議会 ネット社会の健全な発展部会 担当者会合（第8回）

5-2-4　TCA 歴代会長・副会長一覧表

	会　長	副会長	
1987 年 9 月 3 日～	菊地　三男 (日本高速通信社長)		
1988 年 4 月 1 日～	神谷　　洋 (日本通信衛星社長)	皆川　廣宗 (宇宙通信社長)	
1989 年 4 月 1 日～	皆川　廣宗 (宇宙通信社長)		
1990 年 4 月 1 日～	神田　延祐 (第二電電社長)	藤森　和雄 (東京通信ネットワーク社長)	
1991 年 4 月 1 日～	坂田　浩一 (日本テレコム社長)	高階　　昇 (日本国際通信社長) 1991 年 7 月 1 日～ 大原　　寛 (日本国際通信社長)	
1992 年 4 月 1 日～	花岡　信平 (日本高速通信社長)	末次　英夫 (国際デジタル通信社長) 1992 年 7 月 22 日～ 降旗　健人 (国際デジタル通信社長)	
1993 年 4 月 1 日～	中山　嘉英 (日本通信衛星社長)	塚田　健雄 (日本移動通信社長)	
1994 年 4 月 1 日～	谷口　芳男 (宇宙通信社長)	北薗　　謙 (東京テレメッセージ社長)	
1995 年 4 月 1 日～	奥山　雄材 (第二電電社長)	大星　公二 (NTT 移動通信網社長)	
1996 年 4 月 1 日～	坂田　浩一 (日本テレコム社長)	大土井　貞夫 (大阪メディアポート社長)	
1997 年 4 月 1 日～	東　　　歆 (日本高速通信社長)	岩崎　克己 (東京通信ネットワーク社長)	青戸　元也 (関西セルラー電話社長)
1998 年 4 月 1 日～	西本　　正 (国際電信電話社長)	吉田　倬也 (日本サテライトシステムズ社長)	塚田　健雄 (日本移動通信社長)
1999 年 4 月 1 日～	日沖　　昭 (第二電電社長) 1999 年 9 月 17 日～ 奥山　雄材 (第二電電社長)	江名　輝彦 (宇宙通信社長)	
2000 年 4 月 1 日～	宮津　純一郎 (日本電信電話社長)	サイモン カニンガム (ケーブル・アンド・ワイヤレス IDC 社長)	林　　義郎 (J- フォン東京社長)
2001 年 4 月 1 日～	村上　春雄 (日本テレコム社長)	大土井　貞夫 (大阪メディアポート社長)	立川　敬二 (NTT ドコモ社長)
2002 年 4 月 1 日～	小野寺　正 (KDDI 社長)	吉田　倬也 (JSAT 社長)	津田　裕士 (ツーカーセルラー東京会長兼社長)
2003 年 4 月 1 日～	白石　　智 (パワードコム社長)	安念　彌行 (宇宙通信社長)	山下　孟男 (DDI ポケット社長)
2004 年 4 月 1 日～	和田　紀夫 (日本電信電話社長)	フィル・グリーン (ケーブル・アンド・ワイヤレス IDC 社長) 2005 年 3 月 11 日～ 笠井　和彦 (ケーブル・アンド・ワイヤレス IDC 社長)	ダリル E. グリーン (ボーダフォン社長) 2004 年 7 月 15 日～ ジェイ・ブライアン・クラーク (ボーダフォン社長) 2004 年 12 月 17 日～ 津田　志郎 (ボーダフォン社長)
2005 年 4 月 1 日～	倉重　英樹 (日本テレコム社長)	田邉　忠夫 (ケイ・オプティコム社長)	中村　維夫 (NTT ドコモ社長)
2006 年 4 月 1 日～	小野寺　正 (KDDI 社長)	磯崎　　澄 (JSAT 社長)	八剱　洋一郎 (ウィルコム社長) 2006 年 11 月 17 日～ 喜久川　政樹 (ウィルコム社長)

	会 長	副会長	
2007年4月1日～	和田 紀夫 （日本電信電話社長） 2007年7月17日～ 三浦 惺 （日本電信電話社長）	安念 彌行 （宇宙通信社長）	孫 正義 （ソフトバンクモバイル社長）
2008年4月1日～	孫 正義 （ソフトバンクテレコム社長）	田邉 忠夫 （ケイ・オプティコム社長）	中村 維夫 （NTTドコモ社長） 2008年7月15日～ 山田 隆持 （NTTドコモ社長）
2009年4月1日～	小野寺 正 （KDDI社長）	秋山 政徳 （スカパーJSAT社長）	喜久川 政樹 （ウィルコム社長） 2009年9月14日～ 久保田 幸雄 （ウィルコム社長）
2010年4月1日～	三浦 惺 （日本電信電話社長）	藤野 隆雄 （ケイ・オプティコム社長）	孫 正義 （ソフトバンクモバイル社長）
2011年4月1日～	孫 正義 （ソフトバンクテレコム社長）	秋山 政徳 （スカパーJSAT社長） 2011年4月20日～ 高田 真治 （スカパーJSAT社長）	
2012年4月1日～	田中 孝司 （KDDI社長）	山田 隆持 （NTTドコモ社長） 2012年7月11日～ 加藤 薰 （NTTドコモ社長）	
2013年6月14日～	鵜浦 博夫 （NTT社長）	森 修一 （ジュピターテレコム社長）	
2014年6月13日～	孫 正義 （ソフトバンクテレコム社長） 2015年3月19日～ 宮内 謙 （ソフトバンクモバイル副社長 ／4月1日～ 社長）	藤野 隆雄 （ケイ・オプティコム社長）	
2015年6月12日～	田中 孝司 （KDDI社長）	高田 真治 （スカパーJSAT社長）	
2016年6月10日～	鵜浦 博夫 （NTT社長）	牧 俊夫 （ジュピターテレコム社長）	
2017年6月9日～	宮内 謙 （ソフトバンク社長）	吉澤 和弘 （NTTドコモ社長）	
2018年6月8日～	髙橋 誠 （KDDI社長）	荒木 誠 （ケイ・オプティコム社長）	
2019年6月14日～	澤田 純 （NTT社長）	米倉 英一 （スカパーJSAT社長）	
2020年6月12日～	宮内 謙 （ソフトバンク社長）	石川 雄三 （ジュピターテレコム社長）	
2021年6月8日～	髙橋 誠 （KDDI社長）	井伊 基之 （NTTドコモ社長）	
2022年6月8日～	島田 明 （NTT社長）	名部 正彦 （オプテージ社長）	

統計作業部会委員（2022年10月現在）

	日本電信電話株式会社	経営企画部門	飯島　章夫
	ＫＤＤＩ株式会社	渉外統括部	今井　美玖
	スカパーＪＳＡＴ株式会社	経営管理部門　経営企画部	垣内　芳文
	株式会社オプテージ	経営本部　経営戦略部	布本　泰朗
	中部テレコミュニケーション株式会社	総務部	湯淺　喜人
	ソフトバンク株式会社	渉外本部	飯田　真由
	株式会社ＮＴＴドコモ	経営企画部　料金企画室	増田　大輝
	近鉄ケーブルネットワーク株式会社	ICT事業本部　技術部	小北　裕宣
	JCOM株式会社	渉外部	東海　政彦
	東日本電信電話株式会社	相互接続推進部	樗木　夏未
	西日本電信電話株式会社	相互接続推進部	大須賀一仁
	ＮＴＴコミュニケーションズ株式会社	経営企画部	遊亀　成美
事務局	一般社団法人電気通信事業者協会	総務部	吉田　祐佳

テレコムデータブック2022（TCA編）

2022年12月発行　定価3,520円（本体3,200円＋税10%）
企画／編集／発行
一般社団法人 電気通信事業者協会
〒101-0052　東京都千代田区神田小川町1-10興信ビル2階
Tel 03-5577-5845　Fax 03-5296-5520
https://www.tca.or.jp/
編集協力／印刷　ハリウ コミュニケーションズ株式会社

ISBN978-4-906932-20-7